과학,
인간의 신비를
재발견하다

진화론에 가로막힌 과학

과학,
인간의 신비를
재발견하다

진화론에 가로막힌 과학

제임스 르 파누 지음 | 안종희 옮김

시그마북스
Sigma Books

과학, 인간의 신비를 재발견하다 진화론에 가로막힌 과학

발행일 2010년 2월 20일 초판 1쇄 발행
지은이 제임스 르 파누
옮긴이 안종희
발행인 강학경
발행처 시그마북스
마케팅 정제용, 김효정
에디터 권경자, 김진주, 이정윤, 김경림
디자인 성덕, 김세아, 김수미

등록번호 제10-965호
주소 서울특별시 마포구 성산동 210-13 한성빌딩 5층
전자우편 sigma@spress.co.kr
홈페이지 http://www.sigmapress.co.kr
전화 (02) 323-4845~7(영업부), (02) 323-0658~9(편집부)
팩시밀리 (02) 323-4197
인쇄 백산인쇄

가격 18,000원
ISBN 978-89-8445-383-8(03470)

WHY US?

How Science Rediscovered the Mystery of Ourselves

* **시그마북스**는 (주)시그마프레스의 자매회사로 일반 단행본 전문 출판사입니다.

서문

인간의 신비

> 너 자신을 알라, 감히 신인 것처럼 생각하지 말지어다.
> 인간에게 적합한 연구 대상은 인간일 뿐….
> 진리의 유일한 심판관이 끝없는 오류 속에서 내달린다.
> 그는 이 세계의 영광이요, 조롱거리요, 수수께끼로다!
>
> ― 알렉산더 포프 *Alexander Pope*
> 『인간에 관한 에세이』 *Essay on Man*(1734)

그리스 극작가 소포클레스는 '경이로운 것이 얼마나 많은가? 하지만 그중 가장 경이로운 것은 바로 인간'이라고 말했다. 경이로운 우주의 유일한 목격자인 인간(우리 인간이 보기에는)에게 아주 적절한 표현이다 ― 비록 우리 인간은 살아가면서 우리에게 주어진 것들에 대해 점차 무감각하게 되지만 말이다.

5세기의 성 어거스틴이 말했다. "인간은 배를 타고 나가 높은 산, 거대한 파도, 긴 강들, 더 넓은 대양, 천체를 도는 별들을 보며 경탄한다. 하지만 인간은 자신에 대해서는 아무런 경이감도 느끼지 못한 채 지나친다."

우리 자신에 대해 경이감을 갖지 못하는 이유는 수세기 동안 다양하게 변해 왔다. 하지만 가장 중요한 이유는 항상 동일하다. 우리의 일상생활의 행위가 너무 단순하고 손쉬워서 특기할 만한 것이 없는 것처럼 보이기 때문이다. 잠에서 깨어 눈을 뜨면 즉시 우리 주변 세계의 형태, 색깔, 소리, 냄새, 움직임이 생생하고 섬세하게 다가온다. 우리는 허기를 느끼고, 우리가 알지 못하는 어떤 마술적인 연금술을 통해 우리 앞에 놓인 음식과 음료를 피와 살로 바꾼다. 우리가 입을 열어 말을 하면, 그 말에는 끊임없이 생각과 아이디어, 마음의 인상이 졸졸 흘러나온다. 우리는 인간 종족을 큰 어려움 없이 재생산한다. 단 한 개의 수정된 난자가 손톱보다 작은 태아로 발달하는 짧은 3개월 동안 우리는 아무런 역할도 하지 않는다. 4,000개에 달하는 태아의 신체 기능 중에는 이 책의 글자 크기만 한 박동하는 심장, 이 문장의 마지막 마침표 크기만 한 한 쌍의 눈도 있다. 우리가 아이들의 요구를 들어주긴 하지만 아이는 큰 노력 없이도 조금씩 자라 어른이 되고, 신체의 거의 모든 세포를 계속 교체하고, 두개골, 사지, 내부 기관의 모양을 새롭게 바꾸면서도 각 부분의 상대적 비율은 그대로 유지한다.

이러한 신체 기관의 실상을 돌아보는 순간, 이 기관들의 자연스러운 성장이 다소 놀랍게 다가오기 시작한다. 사실, 신체 기관은 결코 단순하지 않다 ― 하지만 실제로 우리는 신체 기관을 가장 단순한 것으로 인식한다. 신체 기관은 그렇게 저절로 존재하기 때문에 단순한 것처럼 보이는 것이다. 만약 우리의 감각이 주변의 세계를 정확하게 포착하지 못한다면, 또한 우리 몸의 물질대사가 모든 영양소를 추출하고 활용하지 못한다면, 만약 생식이 어렵고, 아이들이 성인으로 자라는 것이 거의 자동적으로 이루어지지 않는다면, 만약 우리가 말을 할 때 의식적으로 노력해야 한다면 우리 인간은 결코 존속할 수 없었을 것이다.

이런 말들은 잠시 우리를 멈추게 한다. 왜냐하면 일반적인 경험에서 볼 때, 복잡한 것을 단순하게 보이게 하는 것보다 더 어렵고 힘든 것은 없기 때문이다. 가령 음악 콘서트에서 피아노 연주자가 겉으로 보기에 힘들이지 않고 건반을 치는 것은 수년간의 수고와 연습 덕분인 것과 마찬가지다. 정확히 말하자면, 일상생활의 평범하고 단조로움은 정작 우리가 주목해야 할 대상이다. 즉, 일상생활의 단순함은 측정하기 어려운 심오함의 표시로 인식해야 한다.

그러나 오늘날 대부분의 사람들은 사실 '아무런 경이감을 느끼지 못한 채 자신에 대해서 지나친다.' 우리는 성 어거스틴의 시대에 비해 더 할 말이 없다. 왜냐하면 오늘날 우리는 일상생활의 단순함을 가능하게 하는 생물학적 복잡성을 엄청나게 많이 알고 있기 때문이다. 따라서 우리는 자연의 정교함에 대해 훨씬 더 많이 이해하고 인정해야 한다. 또한 우리가 보고, 말하고, 자손을 재생산하는 것이 거짓말처럼 손쉽다는 사실을 상식으로 받아들이고, 일부분이 되고, 이를 학교 생물학 과목의 중심 주제로 가르침으로써 청소년의 마음에 자연의 존재에 대한 경이감을 불러일으켜야 한다.

그러나 사람들은 생물학 책으로 가득한 책장을 살펴보면서 그 속에 있는 인간 생명에 대한 자세한 설명을 읽을 때도 최소한의 경이감조차 느끼지 못한다. 왜 그런가? 과학자들이 '경이감'을 느끼지 않기 때문이다. 지난 150년 동안, 과학자들은 원칙적으로 설명할 수 없는 것은 아무것도 없다는 가정하에 세계를 해석해 왔다. 지금 알 수 없는 것은 단지 앞으로 알려질 것일 뿐이다. 최근, 역사상 가장 야심적인 과학 프로젝트들 중 두 가지가 예기치 않게(어느 누구도 정말 알지 못했다) 우리 인간이 하나의 신비라는 사실을 드러내주기까지 그들은 그렇게 가정했다. 이 책은 그 연구의 진행 과정과 결과에 대한 이야기이다.

차례

제1장

과학, 승리의 문턱에 서다

진정한 발견은 새로운 땅을 찾는 것이 아니라 새로운 눈을 뜨는 것이다.

— 마르셀 프루스트*Marcel Proust*

우리는 과학의 시대에 살고 있다. 수많은 발견과 기술혁신이 우리의 삶을 획기적으로 개선했다. 불과 한두 세대 전만 해도, 소아마비와 백일해로 매년 수천 명의 아이들이 죽었고, 전화는 아주 드물었으며, 컬러 TV는 아직 발명되지 않았고, 매일 저녁식사 후 가족들은 라디오 주위에 둘러 앉아 뉴스를 들었다.

제2차 세계대전 이후, 치료 의학의 혁명적인 발전은 유아 사망률을 최소한의 수준으로 낮추었고, 덕분에 그 당시의 아이들은 대부분 지금까지 생존하고 있다. 전자공학의 혁명으로 작지만 더 뛰어난 성능을 갖춘 컴퓨터가 발명되어 인간의 지적 능력이 확대되었고, 지구 궤도를 도는 허블 망원경은 머나먼 우주 저편의 아름답고 장엄한 모습을 전해 줌으로써 우리의 공간적인 지평을 확장시켰다.

제2차 세계대전 후, 과학의 기념비적인 업적은 아주 잘 알려져 있다. 의학 분야의 경우, 항생제를 비롯한 수많은 약품, 심장 이식, 시험관 아기 등의 다양한 발전이 있었다. 전자공학 분야에선 이동전화, 인터넷 등이 발명되었고, 우주 탐험의 경우 1969년 아폴로 우주선의 달 착륙, 태양계 저편을 향한 보이저 I, II호의 긴 탐사여행 등이 이루어졌다. 그러나 과거 50년 동안 이룬 업적은 이것이 전부가 아니다. 수많은 업적들이 상호 통합되면서 유사 이래 가장 놀랍고 유일한 지적인 성취를 이루어냈으며, 우리는 태초부터 지금까지의 우주 역사를 알 수 있는 '지성의 눈'을 갖게 되었다. 지금 우리가 아는 바로는 우주의 역사는 대략 150억 년 전에 이른바 빅뱅으로 시작되었다. "이 대폭발을 통해 상상하기 어려울 정도로 빠른, 1조 분의 1초의 속도로 거대한 빛이 확산되면서 물질의 입자가 최소한 1,000만조 배 이상 확장되었다." 110억 년이 지난 후, 광대한 우주의 작은 은하계에 떠돌던 거대한 가스, 먼지, 작은 돌멩이, 바위 등이 신생 별인 태양의 주위에 모여들면서 우리가 사는 태양계의 행성들이 생겨났다. 다시 10억 년이 지나고 지구 표면이 식으면서 최초의 생물 형태가 화학물질로 가득한 태고의 늪지에 출현했다. 25억 년이 흐른 후, 달리 말하면 지금으로부터 겨우⑴ 약 500만 년 전에야 최초의 인류 조상이 중앙아프리카의 사바나 초원 지대를 직립 보행하기 시작했다.

우리는 우주가 어떻게 존재하게 되었는지, 우주의 크기가 얼마인지, 무엇으로 구성되었는지, 지구가 어떻게 생성되었는지, 대륙과 바다가 어떻게 만들어지고, 생명체가 언제 출현했는지, 모든 생명체가 종을 재생산할 수 있는 '보편적인 암호'는 무엇인지, 최초 인류의 신체적인 특징은 어떠했는지, 그리고 어떤 혁명적인 변화를 거쳐 현생 인류로 발전했는지를 얼마 전까지만 해도 알 수 없었다. 그러나 이제 우리는 그것들에 대해 알고 있으며, '지성의 눈으로' 이런 역사적인 발전을 목격하고 있다. 지금까지의 지적 탐험을 돌이켜볼 때, 이 탐험이 앞으로도 좌절되지 않을 것이며, 결코 좌절될 리가 없다고 주장하는 것도 무리는 아닐 것이다. 오늘날의 천문학자들이 약 150억 년 전 빅뱅으로 대폭발할 때 발생한 '빛'의 희미한 흔적을 이렇게 아득히 먼 곳에서 감지할 수 있다는 것은 얼마나 놀라운 일인가! 태양계가 생겨난 과정을 보여주는 놀라운 이미지를 허블 망원경으로 포착할 수 있다니 이 얼마나 획기적인 일인가! 놀랍게도, 지질학자들은 지구의 거대한 지각이 1년에 1센티미터씩 움직인 결과, 대륙과 대양이 생겼고 인도 대륙과 아시아 대륙의 충돌로 땅이 융기하여 히말라야의 산과 계곡이 형성되었다는 것을 발견했다. 또 한 가지 경이로운 점은 생물학자들이 세포 내부의 작용을 미시적인 차원에서 이해하고, 아울러 동일한 네 개의 분자가 길게 배열된 정교한 이중 나선형Double Helix 구조 속에 지금까지 존재하는 모든 생명체의 '마스터플랜'이 담겨 있다는 것을 알게 된 것이다.

이러한 중대한 발견이 주는 엄청난 지적 흥분을 제대로 전달하는 것은 그렇게 쉬운 일이 아니다. 하지만 도널드 조핸슨Donald Johanson이 거의 완벽한 골격 구조를 갖춘 350만 년 전 인류의 조상인 '루시Lucy'를 최초로 발견한 이야기는 지난 50년 동안 수많은 과학자들이 느낀 흥분을 어느 정도 전해준다.

톰(그레이)Tom Gray**과 나는 두 시간 동안 조사했다. 거의 정오 무렵이었다. 기온**

이 43도에 육박했다. 우리는 별로 발견한 것이 없었다. 멸종된 작은 말의 이빨 몇 개, 멸종된 돼지 두개골 조각, 영양의 어금니 몇 개, 원숭이 턱뼈….

톰이 말했다. "이제 캠프로 돌아갈 때가 된 것 같은데?"

우리가 막 떠나려고 할 때, 나는 경사진 언덕의 흙 속에서 무언가를 발견했다.

내가 말했다. "이건 인간의 팔 같은데."

"그럴 리가 없어. 그건 너무 작잖아. 틀림없이 원숭이 뼈일 거야."

우리는 무릎을 꿇고 살펴보기 시작했다.

톰이 말했다. "너무 작아."

나는 머리를 흔들었다. "아냐, 인간의 뼈야."

그가 말했다. "무슨 근거로 그렇게 확신해?"

내가 말했다. "네 손 바로 옆에 있는 조각 있지. 그것도 역시 인간의 뼈야."

톰이 말했다. "맙소사." 그는 그 뼈를 주웠다. 그것은 작은 두개골의 뒷부분이었다. 조금 떨어진 곳에 대퇴골 뼛조각이 있었다. 그는 다시 말했다. "이럴 수가." 우리는 일어나서 다른 뼛조각을 찾기 시작했다. 두 개의 척추 뼈와 골반 뼛조각 — 모두 인간의 뼈였다. 도저히 믿을 수 없고, 받아들이기 어려운 생각이 머리를 번쩍 스쳐 지나갔다. '만약 이 뼛조각을 모두 끼워 맞춘다면 어떻게 될까? 이것들은 아주 오래된 영장류의 골격일까? 이런 골격은 지금까지 어디에서도 발견된 적이 없잖아.'

톰이 말했다. "이것 봐. 갈비뼈야."

한 사람의 온전한 골격이었다.

나는 말했다. "믿을 수가 없어. 정말 믿을 수가 없어."

톰이 소리쳤다. "틀림없어, 인간의 뼈가 틀림없어!" 그의 목소리는 크게 울려 퍼졌다. 나도 그제야 그것이 사실이라는 것을 깨달았다. 43도에 달하는 그 뜨거운 열기 속에서 우리는 기쁨에 넘쳐 펄쩍펄쩍 뛰었다. 벅찬 감정을 나눌 사람도 없이, 흠뻑 젖은 땀과 냄새로 찌든 몸을 서로 부둥켜안았다. 열기로 후끈거리는 자갈 더미에서 서로 얼싸안으며 환호성을 질렀다. 한 구의 인간 골격임이 거의 분명한 작은 갈색의 뼛조각들이 우리 주위에 놓여 있었다.

중요한 사건에는 여러 가지 이유들이 있기 마련이다. 우주 역사에 대해 포괄적인 설명을 제공하는 최근의 근거 자료는 수세기 동안에 걸쳐 획득된 것이다. 이러한 놀라운 도전을 통해 획기적인 성과를 이루어낸 사람들의 지혜와 성실성을 제대로 전달하기란 불가능하다. 지난 60년간의 30가지 획기적인 사건을 요약해 보면 표 1과 같다.

표 1 과학의 승리: 30가지 획기적인 사건(1945~2001)

1945 원자탄: 히로시마와 나가사키에 원자폭탄 투하

1946 전자 현미경을 통해 세포의 내부 구조를 밝히다.

1947 트랜지스터의 발명으로 전자 시대를 열다.

1953 행성 내 핵융합을 통해 생명의 화학적 요소 형성 이론을 설명

1955 '생명의 기원'에 대한 실험실 시뮬레이션 시도

1955 최초의 소아마비 백신 개발

1957 소련 연방이 스푸트니크 우주선 발사, 행성 탐험의 시대를 열다.

1960 경구 피임약 개발

1961 유전자 암호 해독

1965 우주 마이크로파 배경 복사를 발견함으로써 빅뱅 이론을 확인

1967 최초의 심장 이식

1969 미국 우주항공비행사 닐 암스트롱이 역사상 최초로 달 착륙

혹자는 과학의 승리는 사실상 완성되었다고 생각할지도 모른다. 이 시기 동안 우리는 인문학(철학, 신학 또는 역사학)에서 무엇을 배웠는가? 인문학은 이러한 과학적 성취와 깜짝 놀랄 만한 과학적 통찰의 넓이와 독창성을 이제 막 접촉하기 시작했을 뿐이며, 또 제2차 세계대전 후 현대 의학의 혁명적인 발전과 현대 과학기술의 기적을 알아가고 있지 않느냐고 말할지도 모른다. 최근에 밝혀진 우주 역사는 다양한 학문에 기초한다. 우선 우주론과 천문학이 있고, 지구과학, 대기과학, 생물학, 화학, 유전학, 인류학, 고고학, 그 외 다른 학문이 관련된다. 그러나 과학은 또한 하나의 통일된 모험적인 과업이며, 이런 연구 분야들은 앞에서 개략적으로 제시한 통일된 이야기를 보여주기 위해 모두 '하나로 결합' 된다. 하지만 아직도 밝히지 못한 두 가지 중요한 부분이 있는데, 이는 우주에서 우리의 위치를 설명하는 진정한 통일 이론의 마지막 두 가지 장벽이다.

첫 번째는 모든 생명체와 마찬가지로 우리 인간이 어떻게 한 세대에서 다음 세대로 그렇게 정확하게 자신을 재생산하여 물려줄 수 있는가 하는 문제이다. 우리 모두가 잘 아는 대로, 생식의 '지침' 은 모든 세포의 핵 속에 두 가닥으로 꼬인 이중 나선형으로 길게 뻗은 유전체에 담겨 있다. 그러나 의문은 여전히 남는다. 유전자는 어떻게 무한할 정도의 다양하고 아름다운 형태, 모양, 크기, 행태를 각 사람마다 다르게 부여할 수 있는가? 유전자는 어떻게 단 한 개의 인간 수정란으로 각 인간에게 독특한 신체 특징과 정신을 부여할 수 있는가?

두 번째 문제는 두뇌 활동, 특히 인간의 두뇌에 관한 것이다. 지난 100년 간 신경학자들은 뇌의 몇 부분의 기능(대뇌의 전두엽이 합리적 사고와 감정의 '중심적인' 역할을 하고, 시각은 후두엽 대뇌 피질이 담당하고, 언어는 좌뇌가 담당한다)을 밝혔다. 그러나 의문은 여전히 남는다. 수십억 개의 뇌신경의 전기자극이 어떻게 '변환되어서' 우리가 주변 세계의 모습과 소리를 인식하며, 생각과 감정과 수많은 개인적인 기억을 갖게 되는가?

이 두 가지 중대한 질문은 여전히 밝혀지지 않고 있다. 이중 나선형 유전자 구조와 두뇌는 모두 과학적인 조사 방법으로 접근할 수 없기 때문이다. 엄청난 양의 유전자 정보를 갖고 있는 이중 나선형 유전자는 세포의 핵 속에 들어 있으며, 직경이 1밀리미터의 5,000분의 1에 불과하다. 또 수십억 개에 달하는 두뇌의 뉴런의 엄청난 전기자극 활동은 폐쇄된 작은 두개골 안에서 이루어지기 때문에 보이지 않는다. 그러나 1970년대 초반, 일련의 기술혁신을 통해 이중 나선형 유전자의 비밀이 최초로 드러났고, 두뇌를 과학적으로 조사할 수 있게 되면서 우리 자신을 과학적으로 이해하기 위해 남은 두 개의 마지막 장벽은 곧 극복될 것이라는 밝은 전망이 생겼다. 이 책에서는 이 두 가지를 차례로 간단하게 살펴볼 것이다.

이중 나선형 유전자 The Double Helix

1953년 제임스 왓슨James Watson과 프랜시스 크릭Francis Crick이 발견한 이 중 나선형 유전자는 21세기 과학에서 가장 알려진 이미지들 중 하나이다. 이중으로 꼬인, 단순하면서도 질서정연한 나선형 구조는 세포가 분열할 때 마다 분리되면서 자신을 복제한다 — 한 가닥의 유전자는 단 네 종류의 분 자가 어마어마하게 길게 배열된 것이다(편의상 이것을 네 가지 색깔, 즉 청색, 황색, 적 색, 녹색으로 된 원반이라고 생각하기로 하자). 특정한 순서로 배열된, 1,000개 이상 의 다른 색 원반들이 모여서 '유전자'를 구성한다. 이 유전자는 세대를 거 쳐 전달되고, 사람의 크기, 모양, 눈과 머리카락의 색깔, 그 밖에 인체를 구 성하는 수천 가지의 신체 기관이나 부분을 결정한다. 이론상으로 볼 때, 적 어도 15년 후면 유전자가 모두 해독될 것으로 보인다. 그러나 유색 원반의 특정한 배열이 실제로 어떤 유전자를 만들고, 각 유전자가 무슨 일을 하는 지는 여전히 알 수 없을 것으로 예상됐었다. 이런 상황은 1970년대에 극적 으로 바뀌었다. 세 가지 기술혁신을 통해 생물학자들은 처음으로 30억 개

그림 1-1 제임스 왓슨(왼쪽), 프랜시스 크릭(오른쪽)이 케임브리지의 카밴디시 실험실에서 최초의 이중 나선형 유전자 모형의 특징을 설명하고 있다.

의 '유색 원반'을 다룰 수 있는 조각으로 잘게 쪼갠 다음, 연구용으로 더 훌륭한 수천 개의 복제판을 만들고, 마침내 한 개의 유전자를 구성하는 배열(청색, 황색, 적색, 녹색)을 '확실하게 판독했다.'

어떤 과장된 말로도 이러한 세 가지 기술혁신을 통해 이룩한 흥분과 기쁨을 전달하기는 어렵다. 생물학자들은 이런 기술의 잠재력을 통해 이전의 차원과는 획기적으로 다른 출발점을 내딛게 되었고 이 분야는 '신新유전학'으로 알려졌다. '생명'의 유전 정보를 해독할 수 있다는 전망은 가능성이라는 판도라의 상자를 열었고, 생물학자들에게 유전자 변형 식물과 동물을 통해 과거에는 변경할 수 없었던 자연 법칙을 바꿀 수 있는 기회를 부여했다. 신유전학의 발견은 전문 저널뿐만 아니라 대중 인쇄매체의 페이지를 가득 채웠다 — 가령, '유전자 발견을 통해 깨어지기 쉬운 뼈에 대한 정보를 얻다', '암과 싸울 수 있는 유전자를 발견하다', '노화의 비밀을 발견하다', '유전자 치료가 관절염 환자에게 희망을 안겨주다', '세포 성장 유전자가 암 치료의 전망을 밝게 하다', '유전자 이식을 통해 빈혈증과 싸우다' 등.

신유전학은 간단히 말해, 이전의 모든 생물학을 쓸어버리고 그 자체가 곧 생물학과 비슷한 말이 되었다. 오래 지나지 않아 모든 분야의 과학 연구 자들(식물학자, 동물학자, 생리학자, 분자생물학자)이 신유전학 기술을 자신의 전공분야에 적용하기 시작했다. 이에 따라 신유전학 방법론 자체는 더욱 정교해지고, 신유전학이 '이런저런 부분을 담당하는 유전자'를 발견할 가능성을 넘어서 이중 나선형 유전자 구조의 유색 원반 전체를 완전히 해독하여 유전자 전체, 즉 유전체Genome를 밝힐 수도 있다는 전망을 열어주었다. 완벽한 유전 정보(즉, 박테리아는 박테리아가 되고, 지렁이는 지렁이가 되고, 집파리는 집파리가 되는 유전 정보)를 완전히 해독할 수 있다면 이 생물체들이 어떻게 만들어지며, 각 생물이 어떻게 서로 다른 생물로 발달하는지(왜 지렁이가 땅에 굴을 파고, 파리가 나는지)를 보여줄 것이라고 충분히 가정할 수 있다. 1980년대 말, 이중 나선형 유전자의 공동 발견자인 제임스 왓슨은 생물학 역사상 가장 야심적이고 비용이 많이 드는 프로젝트(인간 유전자 정보 전체를 해독하는 연구 과제)를 제안했다. 그리하여 '인간 유전체 프로젝트Human Genetic Project'가 탄생했고, 유전자 속의 무엇이 인간을 '인간' 되게 만드는 것인지를 분명하게 밝혀주리라는 전망을 갖게 되었다. '대답은 유전자 속에 있다'는 자명한 이치는 단순히 추상적인 관념이 아니게 되었다. 세대를 거쳐 전달되는 일련의 유전자 정보가 우리의 신체적 특징, 성격, 지능, 알코올 중독이나 심장병의 원인 등 인간 존재의 모든 측면에 영향을 미친다. 인간 유전자를 모두 해독하게 되면 유전자와 관련된 이런 현상들과 더 많은 것들을 마침내 완전히 설명할 수 있게 될 것이다.

하버드 대학교의 월터 길버트Walter Gilbert 교수에 따르면, '인간이 누구인가를 밝히는, 이른바 성배聖杯를 찾는 연구'가 지금 최고조의 단계에 도달했으며, 궁극적인 목적은 인간 유전체의 모든 세부내용을 파악하는 것이고 그것을 통해 인간이 미래에 무엇이 될 것인가를 예측하는 능력을 갖게 될 것이다. 캘리포니아 대학 총장 로버트 신세이머Robert Sinsheimer가 표현했듯이, 모든 시대를 통틀어 처음으로 살아 있는 생물체가 자신의 기원을 이해하고 자신의 미래를 설계할 수 있게 되는 것보다 더 간절한 열망은 없다. 노팅엄 대학 병원의 존 사빌John Savile 교수는 인간 유전체 프로젝트가 마치 기계 군단처럼 무지를 체계적으로 파괴하고, 과학과 의학 분야에서 역사상 유례를 찾을 수 없는 엄청난 기회를 약속할 것이라고 주장했다.

인간 유전체 프로젝트는 1991년에 공식 출범했으며, 15년의 연구기간 동안 30억 달러의 예산이 투입될 예정이었다. 인간 유전체를 해독하면서 발생하는 방대한 양의 자료를 수집하는 일은 몇 개의 센터가 나누어서 수행하는데, 대부분의 작업은 미국, 영국, 일본에서 이루어진다. 이런 '유전체 연구센터'의 내부 모습은 공상과학 영화에서나 볼 수 있다 — 우리 육안으로 볼 수 있을 정도로 떨어진 곳에서 자동 기계가 희미한 빛을 내고, 이중나선형 유전자의 각 화학분자는 각각의 형광물질로 염색되고, 레이저가 그 형광물질을 판독하여 결과를 컴퓨터에 직접 입력한다. 〈타임〉지에 대서특필된 「지금 존재하는 미래」라는 제목은 어렴풋한 윤곽 위로 드리워진 이중나선형 유전자의 상징적 이미지를 떠올리게 한다.

두뇌

한편, 인간 두뇌의 비밀도 점차 드러나고 있었다. 두뇌의 물리적 형태는 이중 나선형 유전자만큼이나 아주 잘 알려졌다. 그러나 시각, 청각, 운동감각 등을 담당하는 각 두뇌 영역에 대한 세부적인 내용은 어떤 의미에서 거의 알려져 있지 않았으며, 두뇌의 전기자극이 외부 세계의 모습과 소리를 어떻게 전달하는지 그리고 어린 시절의 오래된 기억을 어떻게 다시 생각해 낼 수 있는지에 대한 핵심적인 의문이 여전히 해명되지 않고 있었다. 두개골 안에 들어 있는, 1.36킬로그램에 불과한 부드러운 회색 물질이 어떻게 일평생의 경험을 저장할 수 있는가?

신유전학의 경우와 마찬가지로, 그에 필적하는 일련의 기술혁신 덕분에 과학자들은 처음으로 살아 있는 두뇌의 '작용'을 자세하게 조사할 수 있게 되

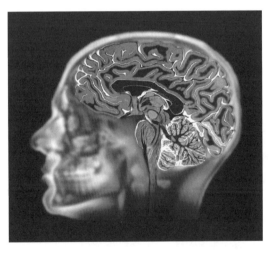

그림 1-2 1970년대 초반부터 과학자들은 발전된 두뇌 촬영 기술 덕분에 처음으로 살아 있는 두뇌의 복잡한 구조를 자세히 살펴볼 수 있게 되었다.

었다. 1973년 영국 물리학자 고드프리 하운스필드Godfrey Hounsfield는 컴퓨터 단층촬영CT 장비를 발명하여 두뇌의 내부 구조를 아주 선명하게 보여주었다. 이를 통해 뇌졸중, 종양 등을 진단하는 데 획기적인 변화가 일어났다. 얼마 후, 더욱 기술이 발전된 양전자 방사 단층촬영법PET이 등장하여 CT 장비가 보여주는 두뇌의 정적인 영상 또는 '스냅사진'을 '동영상'으로 대체하였다.

PET 장비의 작동 원리를 간단히 설명하자면 다음과 같다. 모든 생명체는 세포 안에서 화학적 반응을 일으키기 위해 산소가 필요하다. 산소는 공기 중에서 폐를 통해 흡수되어 몸으로 들어가 혈액 세포를 통해 각 세포 조직으로 전달된다. 예를 들어, 우리가 말을 하기 시작하면, 두뇌의 언어중추에 있는 뉴런이 전기자극을 발생시키기 위해 산소를 많이 필요로 하게 되고, 많은 산소를 보내기 위해 언어중추 부분의 혈액량이 증가한다. PET 장비는 이러한 혈액량의 증가를 파악하여 두뇌 '활동영역'을 다양한 색깔의 영상으로 보여준다. 처음으로, 장미 향을 맡거나 바이올린 소나타를 들을 때, 또는 (다음의 실험에서처럼) 운율이 맞는 단어를 골라낼 때 발생하는 두뇌의 내부 작용을 그 행위가 진행되는 동안에 관찰할 수 있게 되었다.

한 여자가 조용히 앉아서 실험이 시작되기를 기다린다. 그녀의 머리는 도넛 모양의 장비인 PET 안에 편안하게 뉘어져 있다. 이 장비에 설치된 서른한 개의 둥근 링 모양의 방사성 동위원소 감지기가 서른한 개의 영상을 동시에 수평 방향으로 나란히 촬영할 것이다. 그 다음, 그녀는 [산소의] 방사성 동위원소가 든 주사를 맞고, 촬영은 진행된다… TV 화면에 두 단어가 함께 제시된다. 만약 그 단어들에 압운이 있으면, 그녀는 응답 키를 누른다. 방사성 동위원소 계측기는 두뇌가 얼마나 열심히 작동하는지 측정한다… 그리고 그것은 영상으로 바뀌어 계측량이 더 높은 두뇌 영역이 더 밝은 색으로 표현된다. 이 컬러 두뇌 지도는 그녀가 두 쌍의 단어를 판단할 때 사용하는 모든 두뇌 영역을 보여준다.

자세한 내용은 나중에 소개하겠지만 PET 장비는 현대 신경과학이라는 학문을 탄생시켰고, 이전에는 결코 탐구할 수 없었던 영역을 조사하려는 수많은 젊은 과학자들을 끌어들였다. 이러한 신기술의 가능성을 인정한 미국 의회는 1989년 향후 10년간을 '두뇌의 시대the Decade of the Brain'로 지정하였으며, 중요하고 새로운 수많은 발견들을 통해 '개인 행동을 예측하고, 개조하고, 통제할 수 있는 정확하고 효과적인 수단'이 제공될 것으로 기대했다. "문제는 두뇌의 신경구조를 파악할 수 있느냐 없느냐가 아니라 그 시기가 언제인가 하는 것이다"라고 신경학자인 안토니오 다마시오Antonio Damasio가 〈사이언티픽 아메리칸Scientific American〉 저널에 썼다.

1990년대 내내, 인간 유전체 프로젝트HGP와 '두뇌의 시대'는 이미 이루어진 지난 50년간의 놀라운 과학적 성과를 완성할 것이라는 엄청난 낙관주의를 낳았다. 물론, 21세기 초에 이 두 프로젝트가 완료된다면 그것은 아주 중요한 사건임에 틀림없을 것이다.

2000년 6월에 완료된 인간 유전체 프로젝트의 1차 연구 결과는 미국 백악관의 대통령 집무실에서 기자회견을 할 정도로 매우 중요한 사건으로 간주되었다. '약 2세기 전 이 집무실에서, 토머스 제퍼슨Thomas Jefferson 대통령은 중요한 지도를 펼쳤다… 그것은 태평양으로 계속 뻗어나가는 미국 서부 개척자들의 용기 있는 탐험의 산물이었다. 하지만 오늘, 세계는 그보다 더 위대하고 중요한 지도를 보기 위해 여기에 모였다. 우리는 인간 유전체를 최초로 조사한 위업을 축하하기 위해 여기 모였다. 분명 이 연구 결과는 이제까지 인류가 만든 지도 중 가장 중요하고, 가장 놀라운 지도'라고 빌 클린턴Bill Clinton 대통령이 선언했다.

그 다음 해인 2001년 2월, 두 개의 가장 권위 있는 과학 저널인 〈네이처Nature〉와 〈사이언스Science〉가 각각 '인류가 만든 가장 놀라운 지도'의 완성판으로, (밝혀진 바에 따르면) 2만 5,000개의 유전자를 모두 보여주는 다양한 색깔의 큰 포스터를 출판했다. 〈사이언스〉는 "그것은 경외감을 불러일으키는 장면이었다"라고 말했다. 사실, 그것은 두 번째로 느낀 경외감이었다. 1950년으로 거슬러 올라가서 프랜시스 크릭과 제임스 왓슨이 이중 나선형 유전자의 구조를 밝혀냈을 때, 그들은 단일 유전자에 관한 세부적인 지식이 없었다. 단일 유전자가 무엇인지 또 그것이 무슨 일을 하는지 몰랐던 것이다. 이제 신유전학의 기술 덕분에 인간 유전체 프로젝트에 참여한 과학자들은 10년도 채 못 되어, 이중 나선형을 따라 늘어선 30억 개의 '유색의 원반'에서 인간이 누구인지를 결정하는 2만 5,000개의 유전자를 개별적으로 추출해 냈다.

토머스 제퍼슨의 미합중국 지도처럼 인간 유전자 지도는 유전적 지형genetic landscape의 주요 특징을 놀라울 정도로 자세하게 보여준다. 예전에는 폐질환의 일종인 낭포성 섬유증과 관련이 있는 결함 유전자를 찾는 데 꼬박 7년이 걸렸지만, 이제는 수초 만에 다양한 색의 포스터에서 그 유전자를 찾아낼 수 있다. 또한 혈액 속의 당 수준을 통제하는 인슐린 호르몬을 담당하는 유전자나 산소를 세포 조직으로 운반하는 헤모글로빈 분자를 담당하는 유전자를 한 번만 보고도 찾아낼 수 있다. 물론, 여전히 수많은 유전자

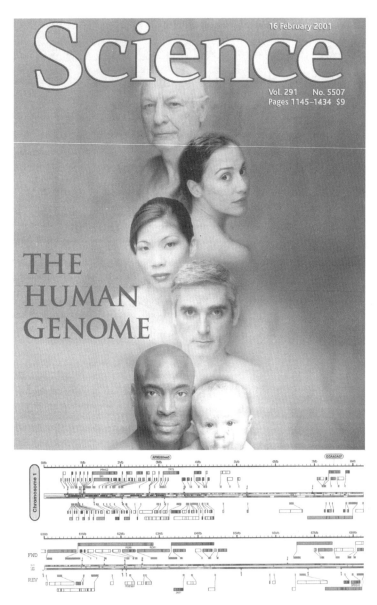

그림 1-3 인간 유전체를 소개한 〈사이언스〉지의 겉표지. 이 잡지는 '인류가 이제까지 만든 것 중 가장 놀라운 지도'라고 대서특필했다. 아래 그림은 1번 염색체 서열의 첫 부분으로 유전 정보가 고도의 기술적인 속성을 지녔음을 보여준다.

의 기능이 확실하게 밝혀진 것은 아니지만, 이제 유전자의 정확한 위치와 유전자를 구성하는 염기 서열을 알고 있기 때문에 그러한 유전자들의 기능을 아는 것은 단지 시간 문제일 뿐이다. 그 시간은 그리 멀지 않다. 인간 유전체 프로젝트 책임 설계자인 영국 웰컴 트러스트Wellcome Trust의 마이클 덱스터Michael Dexter 박사는 이렇게 주장했다. "현대는 역사상 가장 중요한 시대로 기록될 것이다. 코페르니쿠스가 태양계와 그 안에서의 인간의 위치에 관한 우리의 이해를 바꾸었듯이, 인간 유전자에 관한 지식은 우리가 자신을 바라보는 방식과 다른 사람과 관계를 맺는 방식을 바꿀 것이다."

'두뇌의 시대'의 목표가 물론 명확하게 정해진 것은 아니지만 PET 장비와 이후의 더욱 정교한 두뇌 촬영 장비들은 기대 이상의 성과를 거두었고, 그 덕분에 과학자들은 두뇌의 특정 영역이 어떤 정신 능력을 담당하는지를 완벽하게 밝혀주는 아주 정교하고 상세한 지도를 작성할 수 있었다. 그 과정에서 두뇌가 매우 단순한 하나의 과업을 수많은 다른 요소로 쪼개는 방법과 같은 많은 놀라운 발견이 이어졌다. 예를 들어, 사람들은 대뇌 후두엽의 시각 피질이 일종의 사진기 원판과 같은 역할을 하며, 눈을 통해 외부 세계의 이미지를 포착한다고 오랫동안 생각해 왔다. 그러나 두뇌는 시각 피질 안에 있는 서른 개 이상의 다른 영역의 상호작용을 통해 이미지를 '생성'하는 것으로 밝혀졌다. 각각의 영역은 시각 이미지의 다른 측면, 즉 '외부' 세계의 형태, 색깔, 움직임을 담당한다. 런던 대학 신경 생물학과 세미르 제키Semir Zeki 교수는 말한다. "과거에는 대뇌 피질이 시각 이미지를 받아들여 분석한다고 설명했습니다. 하지만 오늘날에는 시각 이미지는 대뇌 피질이 적극적으로 생성한 것이라고 믿고 있습니다."

미국 MIT 공대 두뇌 및 인지과학과 교수 스티븐 핀커Steven Pinker는 2000년(두뇌의 시대가 종료되는 해) 4월 〈타임〉지 독자들에게 새로운 기술로 무장한 신경과학자들이 '정신적인 이미지에서 도덕적 의식에 이르기까지, 또 일반적인 기억에서 천재들의 행동에 이르기까지 정신활동의 모든 측면을 조사했으며, 그 결과 두뇌활동이 경험과 어떤 상관관계가 있는지에 대한 수수께끼를 확실히 풀 수 있을 것'이라고 말했다.

인간 유전체 연구와 두뇌의 시대는 사실상 우리 자신에 관한 인식을 바꾸었다. 하지만 어떤 의미에서는 우리가 기대한 것과는 정반대로 바꾸었다.

'성배聖杯'를 향한 과학적인 모험심에 가득 찬 과학자들이 성급하게 생명과 인간 정신이 거의 손 안에 있는 것처럼 생각한 지 이제 10여 년이 흘렀다. 매달 여전히 신유전학의 기술을 통해 획득한 최근 발견 내용과 두뇌활동을 찍은 더 화려한 영상이 과학 저널의 일부를 채운다. 그러나 더 많은 정보의 축적을 통해 인간 행동에 대한 충분하고 과학적인 설명이 가능할 것이라고는 더 이상 기대하지 않는다. 왜 그런가?

앞서 언급한 인간 유전체 프로젝트로 돌아가 보자. 이 과업은 지렁이, 파리, 쥐, 침팬지, 그리고 기타 동물들의 유전자 연구와 함께 유전 정보에 대한 완벽한 지식을 통해 지구에서 함께 사는 수백만 종의 생명체들이 왜, 그리고 어떻게 형태와 특질이 서로 다른가를 설명할 수 있을 것이라는 가정하에 시행되었다. 유전자는 간단히 말해, '생명' 그 자체의 복잡성과 다양성을 보여준다. 그러나 유전자는 어떻게 해서 그렇게 되는지는 보여주지 않는다.

첫째, '수의 문제'가 있다. 2만 5,000개라는 인간의 총 유전자 수는 분

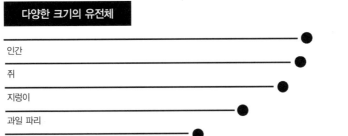

그림 1-4 '수의 문제'. 효모, 지렁이, 쥐, 인간의 생물학적 복잡성과 이런 생물체들의 각 유전체의 크기는 거의 상관관계가 없다.

명히 인간 유전체 프로젝트를 수행하기에 적절하지만, 가령 한 개의 수정된 달걀이 수개월 내에 완전한 형태를 갖춘 존재로 바뀌는 방법을 알려주거나 수십억 개의 뉴런이 함께 연결되어 평생 동안의 기억을 저장하는 방법을 알아내기에는 턱없이 부족해 보인다. 간단히 말하면, 2만 5,000개의 유전자는 '여러 가지 일을' 수행해야만 하기 때문에 각 유전자는 수많은 다른 기능을 수행하고 어마어마하게 다양한 교환 과정을 통해 서로 결합되어야 한다.

인간보다 훨씬 더 단순한 다른 생물체의 유전자와 비교해 볼 때 이처럼 적은 수의 인간 유전자는 더욱 이해하기 어렵다 — 단세포 박테리아의 경우 수천 개, 100만 분의 1밀리미터 크기의 벌레의 경우 1만 7,000개, 파리의 경우 이와 비슷한 수의 유전자를 갖고 있다. 아주 광범위하고 다양한 '유기체적 복잡성'을 띠는 생물체들이 이렇게 비슷한 수의 유전자를 갖고 있다는 점은 이해하기 어렵다. 단지 인간 유전자가 사실상 쥐와 침팬지 같은 척추동물의 유전자와 상호교환이 가능하다는(98퍼센트 이상 일치한다) 것만 발견했을 뿐이다. 간단히 말해, 우리와 우리의 사촌 격인 영장류들과 쉽게 구분할 수 있는 구체적인 특질(인간의 직립 자세, 이성과 상상력, 언어 능력)을 설명할 어떤 것도 없다.

침팬지 유전체 프로젝트 책임자인 스반테 파보Svante Paabo는 인간 유전체와 침팬지 유전체의 비교를 통해 인간의 특성을 잘 나타내주는 '아주 흥미 있고 필수적인 유전적 조건'을 볼 수 있을 것으로 당초에 기대했었다.

몇 가지 유전적인 우발사건 때문에 인간 역사가 가능하게 되었다는 자각은 인간의 오만한 유일성과 겸손에 대한 근거를 다시 생각하도록 철학적인 도전을 제공할 것이다.

그러나 2005년에 발표된 침팬지 유전체 연구의 최종 보고서는 그 연구의 의미를 해석하기 어렵게 만들었다. 파보는 이렇게 논평했다. "우리는 이 연구에서 왜 인간이 침팬지와 다른지를 이해할 수 없다. 비밀의 일부가 그 속에 숨겨져 있지만 우리는 아직 그것을 이해하지 못한다. 인간과 침팬지 사이의 분명한 차이점을 유전학만으로는 설명할 수 없다." 이 논평은 매우 훌륭한 것처럼 보인다. 하지만 만약 이러한 차이점을 유전자로 '설명할 수 없다면', 그렇다면 어떻게 설명할 수 있는가?

이러한 연구 결과는 전혀 예상치 못한 것은 아니었다. 이것은 생명체를 서로 명확하게 구별할 수 있는 무한대의 다양한 형태와 특성이 분명히 '유전자 속에 들어 있다'는 생물학의 핵심 전제를 허물어뜨린다. 유전체 연구 프로젝트들은 약간 고개를 숙인 아네모네의 꽃봉오리와 순백색 꽃잎을 만드는 '유전자' 가 파리나 개구리, 새, 인간을 만드는 '유전자' 와 다르다는 가정 위에서 출발한다. 그러나 유전체 프로젝트는 그와는 아주 다른 사실을 보여준다. 세포의 핵심 부분(생명의 화학작용' 을 일으키는 호르몬, 효소, 단백질)을 담당하는 유전자 '암호' 가 있으며, 여기서 모든 생명체가 만들어진다. 그러나 아네모네를 튤립과 다르게 하고, 파리를 개구리나 인간과 다르게 만드는 미묘하고 다양한 형태와 모양, 색깔은 어디에서도 발견되지 않는다. 다른 식으로 표현하면, 왜 파리의 다리가 여섯 개, 날개가 두 쌍이며 두뇌의 크기가 마침표만 한지, 어째서 인간의 팔과 다리가 각각 두 개이며 아주 큰 두뇌를 갖고 있는지를 설명할 만한 최소한의 암시도 파리나 인간의 유전자 구성에서 찾을 수 없다는 것이다. 물론, '지침' 은 틀림없이 그 안에 들어 있을 것이다. 그렇지 않다면 파리는 파리를 생식할 수 없고, 인간도 마찬가지이기 때문이다 ─ 유전체 프로젝트 이후로, 비록 상세하진 않지만 가장 놀랍고 경이로운 원리, 즉 무한한 다양성을 지닌 생명의 유전적 기초를 알고 있다는 생각을 접고, 그런 원리들을 이해하지 못할 뿐만 아니라 그것이 무엇인지도 알지 못한다는 점을 인정하게 되었다.

이제 과학사는 에블린 폭스 켈러Evelyn Fox Keller가 말한 것과 같은 상황에 놓여 있다.

성공이 우리에게 겸손을 가르쳐주는 것은 아주 드물고 멋진 순간이다… 우리는 유전 정보의 원리를 발견함으로써 '생명의 비밀' 을 발견했다고 잘못 생각했다. 우리는 만약 우리가 화학성분 배열에 담긴 메시지를 해독할 수만 있다면 생명체를 만드는 '프로그램' 을 이해할 것이라고 자신만만해했다. 그러나 이제는 유전 '정보' 와 생물학적 의미 사이에 얼마나 큰 차이가 존재하는지를 최소한 암묵적으로는 인정한다.

두뇌의 시대 또한 마찬가지다. PET 장비는 '외부' 세계를 내다볼 때, 언어의 구문과 문법을 해석할 때, 과거의 사건을 회상할 때, 그 밖의 다른 행위를 할 때, 두뇌에서 발생하는 전기자극 패턴에 대한 수많은 새로운 통찰력을 제공했다. 그러나 두뇌가 실제로 어떻게 작동하는지를 이해하려던 신경과학자들의 시도는 매번 실패했다.

애초부터 그것은 분명 '무리였다.' 아마도 '의자'와 같은 한 단어를 읽고, 말하고, 들을 때 피실험자의 두뇌를 스캔하는 것보다 더 단순한 실험은 없을 것이다. 다시 말해, 두뇌의 관련 영역이 '활성화lighting up' 될(가령, 읽을 때는 시각 대뇌 피질, 말할 때는 언어중추, 들을 때는 청각 대뇌 피질이 각각 활성화) 것으로 예상되었다. 그러나 전혀 그렇지 않았다. 촬영된 두뇌 영상은 각각의 개별적인 행위가 두뇌의 해당 부분만 '활성화' 시킬 뿐만 아니라 수백만 개의 뉴런으로 구성된 거대한 신경망 전체에 걸쳐 수많은 전기자극을 발생시키는 것을 보여준다 — 한 단어의 의미에 대해 생각하고 말하는 행위는 사실상 두뇌 전체 영역을 활성화시키는 것처럼 보였다. 두뇌는 이전에 결코 생각하지 못했던 방식으로 작동하는 것처럼 보였다. 즉, 두뇌는 확실하게 전문화된 부분의 총합으로서가 아니라 통합된 전체로 작동하며, 동일한 신경회로가 다른 많은 기능을 수행한다.

두뇌가 '외부' 세계의 모습과 소리를 수많은 개별적인 요소로 분할한다는 것을 처음 발견했을 때의 놀라움은 대단했다. 하지만 더욱 놀라운 것은 인간이 그렇게 분할된 요소를 재통합하여 일관성이 있으면서도 지속적으로

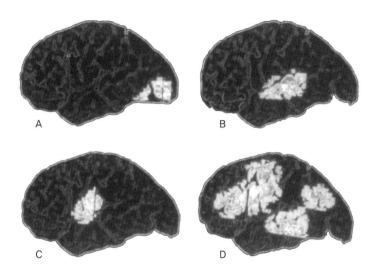

그림 1-5 '이해하기에 너무 복잡한 두뇌활동.' 가장 단순한 지적 활동도 해당 영역의 수백만 개의 뉴런을 포함한 광범위한 전기자극을 발생시킨다. 위의 그림은 읽을 경우 시각 대뇌 피질에 서(A), 들을 경우 청각 대뇌 피질에서(B), 단어를 생각할 경우 측두엽에서(C), 생각하고 말할 경우 두뇌 전체 영역에서 광범위한 부분이 동시에(D) 활성화되는 것을 보여준다.

변하는 세계의 중심에 늘 존재한다는 경험을 갖게 하는 보완 메커니즘이 분명히 없다는 점이다. 분할된 모든 요소를 어떻게 다시 '묶는가' 하는 문제를 고찰한, 노벨상 수상자인 하버드 대학 데이비드 허블David Hubel은 다음과 같이 말했다.

형태, 색깔, 운동과 같은 특징들이 두뇌의 특정 조직에서 처리된다는 확고한 입장은 모든 정보(가령 붉은 공이 뛰는 모습을 인식하는 것)가 결국 어떻게 통합되는가 하는 질문을 불러일으킨다. 분명 그것은 통합되는 것이 틀림없다. 하지만 어디에서, 어떻게 통합되는지에 대해 우리는 전혀 아는 바가 없다.

그러나 우리를 가장 당혹스럽게 하는 사실은 수십억 개의 뉴런의 단조로운 전기자극이 우리가 일상생활에서 경험하는 거의 무한대에 가까운 범위의 주관적 경험과 특성(빠르고 덧없이 흘러가는 모든 순간은 각각 독특하고 고유한 무형의 느낌을 갖고 있는데, 가령 바흐의 칸타타의 리듬은 번개 불빛과는 전혀 다르며, 버번 위스키의 맛은 여운이 오래 남는 첫 키스의 기억과도 역시 다르다)을 어떻게 전달하는지 설명할 수 없다는 것이다.

이러한 사실이 갖는 의미는 분명하다. 이론적으로 볼 때, 신경과학자들이 모든 것, 가령 두뇌의 물리적 구조와 활동에 대해 알 수도 있겠지만 두뇌의 '산물'인 정신mind과 사고, 아이디어, 감정, 정서에 대해서는 여전히 설명할 수 없다는 것이다. 철학자 콜린 맥긴Colin McGinn은 다음과 같이 말했다.

> 내가 당신의 두뇌에 대해 모든 것을 안다고 가정해 보자. 나는 당신 두뇌의 해부학적 구조, 두뇌의 화학적 구성성분, 다양한 두뇌 영역의 전기자극 패턴을 안다. 심지어 모든 원자의 위치와 그보다 하위 단위인 전자구조까지도 안다. 그렇다면 내가 당신의 정신에 관해 모든 것을 아는 것인가? 분명 그렇지는 않을 것이다. 나는 당신의 정신에 관해 모른다. 당신의 두뇌에 관한 지식을 안다고 해도, 나는 당신의 정신에 대해서는 전혀 알지 못한다.

물리적 두뇌의 전기자극과 비물질적인 정신(사고와 아이디어를 포함하여) 사이의 이러한 차이는 서로 다른 것이 너무나 자명해서 이에 대해 추가적인 설명이 필요 없는 것처럼 보일 수도 있다. 그러나 신경과학자에게 있어서는 두뇌의 전기자극이 어떻게 사고나 감각으로 전환되는가 하는 의문은 정확히 설명되어야 하는 문제이다 — 그리고 그들이 이 문제를 설명하지 못한다는 사실이 그들의 머릿속에서 계속 떠나지 않고 있다. 〈네이처〉의 편집자인 존 매독스John Maddox는 두뇌의 시대(1989~1999)가 성취한 모든 것을 두고 평가하면서 그 시기가 끝날 무렵에 다음과 같이 인정했다. "우리는 100년 전만큼이나 '두뇌'에 대해 이해하지 못하는 것 같다. 우리는 의사 결정이 어떻게 이루어지는지, 상상력이 어떻게 날개를 펼치는지 이해하지 못한다."

위와 같은 인간 유전체 연구 프로젝트와 '두뇌의 시대'의 결과가 실망스럽다는 평가는 다소 성급한 견해처럼 보일 수도 있다. 지금은 아주 초기이기 때문에 앞으로 20~30년 내에 무언가 성과가 나타날 것이라고 예측하는 것 또한 너무 성급하다. 인간의 지식 발달 과정에 대한 확실하고 유일한 사실은, 겉으로 보기에 해답이 없을 것 같은 질문을 지속적으로 제기하여 때가 되면 그 문제가 해결되고 계속 전진할 것이라는 점이다. 마침내 과학이 '한계에 봉착했을지도 모른다'는 견해는 논쟁의 여지가 아주 많은 것처럼 보이며, 사실 과거에 여러 차례 제기되었지만 결국 잘못된 것으로 판명이 났다. 유명한 일례로, 물리학자 켈빈 경은 19세기 말에 물리학의 미래가 '소수점의 여섯 번째 자리' 안에 머무를 것이라고 내다보아야 한다(즉, 당대 지식 수준이 별로 발전하지 않았다)고 주장했다. 수년 후, 알베르트 아인슈타인Albert Einstein은 일반 상대성 이론을 제시하여 켈빈 경이 확신한 고전 물리학을 극복했다.

　그러나 지금의 상황은 약간 다르다. 왜냐하면 과학자들은 신유전학과 최신 두뇌 촬영 기술을 통해 거의 아무런 제한 없이 마음껏 연구할 기회를 누리고 있어서 그들이 앞으로 어떤 연구 결과를 새롭게 보여줄지 어느 정도

예측할 수 있기 때문이다. 만약 과학자들이 원한다면, 그들은 지구에서 함께 사는 수백만 종(달팽이, 박쥐, 고래, 코끼리 등)의 유전자를 상세하게 파악할 수 있을 것이다. 하지만 그것은 유전자가 다양한 동물들의 몸을 이루는 세포의 각 요소를 담당하는 '암호'인 수천 개의 유사한 유전자로 구성된다는 사실만 확인해 줄 것이다. 반면 그러한 유전자들이 어떻게 독특한 형태와 특성을 갖는 달팽이, 박쥐, 코끼리, 고래 등을 만드는가 하는 진짜 흥미 있는 질문은 여전히 해결되지 않은 채로 남아 있을 것이다. 신경과학의 촬영 기술에도 불구하고, 튀는 붉은 공을 보는 피실험자의 두뇌를 찍은 수백만 장의 촬영 영상은 정작 우리가 알기 원하는 부분(신경회로가 튀는 붉은 공을 붉고, 둥글고, 튀는다는 사실을 어떻게 경험하는가)을 이해하는 데는 아무런 도움도 주지 않을 것이다.

한편, 이런 두 가지 분야의 과학적인 도전이 맞닥뜨린 좌절을 과학이 아직 해답을 찾지 못한 분야라고 간단하게 취급해 버릴 수도 있다. 그러나 우주학자들이 우주 탄생의 첫 몇 분 동안 무슨 일이 발생했는지 신뢰성 있게 추론할 수 있고 지질학자가 거대한 대륙 이동을 센티미터 단위 수준의 근사치로 계산함에도 불구하고, 인간과 파리를 구별하게 해주는 유전 정보를 이해하지 못하는 것이나 우리가 어떻게 전화번호를 기억하는가와 같은 기본적인 것을 설명하지 못한다는 사실은 인간의 불가해성을 더욱 분명하게 각인시켜 준다. 우리 인간과 모든 생명체가 어떤 면에서 하나도 같은 것이 없다는 것에서도 알 수 있듯이, 인간은 우리가 속한 물리적 세계보다 더 심오하고 더 복잡하다.

그럼에도 불구하고, 인간 유전체 프로젝트가 생명체의 형태와 특성에 관해 아무런 정보도 주지 못하는 이유나 두뇌의 시대가 지금까지 인간의 정신을 설명하기에 역부족이었던 이유는 분명히 존재한다. 과학이 잘못된 곳을 들여다보고 있으며, 어쩌면 자신의 영역을 벗어난 부분에 대해 질문하고 그 해답을 찾고 있는 게 아닌가 하는 인상이 짙다. 과학이 모든 사실을 아직 밝혀내지 못했다는 식의 문제가 아니라 엄청나게 중요한 무언가(가장 기본적인 유전자를 생명 세계의 놀라운 다양성으로 전환시키고, 또 뉴런의 단조로운 전기자극을 엄청나게 다양한 인간 정신의 감각과 사고로 전환시키는 무언가)가 '빠진 듯한' 느낌이 든다. 그 '빠진' 요소는 무엇일까?

수많은 과학의 권위는 개별적인 관찰을 연결하여 그것들의 근저를 꿰뚫는 프로세스를 밝히는 능력에서 비롯된다. 하지만 이것은 과학이 그것이 설명하는 현상을 '파악'한다는 의미는 아니다 — 결코 그런 의미가 아니다. 요컨대 물 분자의 화학식(수소 원자 두 개와 산소 원 자 한 개)은 우리가 개인적인 경험을 통해서 알고 있는 다양한 물의 특성(여름 비의 따뜻함과 축축함, 겨울 눈의 순수함과 차가움, 거품이 이는 시냇물, 잔잔한 호수, 마른 대지를 적시고 꽃을 피우고, 모든 것을 깨끗하게 만드는 것)을 제시하지 못한다. 전통적으로는 이런 차이를 '두 가지 종류의 실재'로 설명한다. 물의 '첫째' 또는 '일차적인' 실재는 물의 다양한 상태와 특성에 대한 개인적인 지식으로서, 우리의 감각으로 물을 아는 방식뿐만 아니라 우리가 물에 대해 갖는 기억, 정서, 느낌을 포함한다. 이와 반대로, '이차적인 실재'는 물의 물질성, 즉 물의 화학적 구성요소로서 현대 화학의 창시자인 프랑스의 천재 화학자 앙투안 라부아지에Antoine Lavoisier의 실험방식에 의해 밝혀지는 것이다. 앙투안 라부아지에는 1783년 수소와 산소를 시험관에서 전기자극을 통해 결합시켜 '물로 보이는' 이슬 같은 물방울을 발견하였다.

이와 같은 근본적으로 다른 물의 '두 가지 실재'는 상호보완적이지만 서로 다르게 경험된다. 우리의 개인적인 경험 속에는 물의 화학적인 구성요소에 대한 어떤 암시도 찾을 수 없고, 반대로 화학 공식에서 비, 눈, 거품이 이는 시냇물 등 우리가 경험을 통해 아는 물의 수많은 다양성에 대한 암시를 전혀 발견할 수 없다. 겉으로 보기에 도저히 이어질 수 없을 것 같은 이러한 두 가지 종류의 실재 사이의 차이는 (비록 정확하지는 않다 해도) '실재의 이중성'이라는 개념(즉, 정신의 사고나 인식과 같은 비물질적인 영역과 의자와 같은 객관적이며 물질적인 영역을 말한다)과 일치한다. 이들 두 영역은 (역시 정확하지는 않지만) 우리가 철학적 시각과 과학적 시각으로 각각 설명하는 두 가지 지식의 범주와 일치한다. '첫 번째 종류'인 철학적 시각은 감각을 통해 알게 되고, 이성과 상상력을 통해 해석되고 이해된 세계에 관한 인간 지식의 총합이다. '두 번째 종류'인 과학적 시각은 물질세계에 한정되고, 과학적 방법을 통해 드러난 물질세계의 법칙을 설명한다. 그들은 둘 다 똑같이 실재이다 ― 눈이 손바닥에서 녹는다는 사실은 그것이 수소 분자와 산소 분자를 결합시키는 틀이 느슨해지는 것이라는 과학적 설명만큼이나 중요하다. 하지만 일반적으로 '철학적' 시각은 과학적 시각을 포괄한다고 말할 수 있다. 왜냐하면 철학적 시각으로는 손바닥에서 녹는 눈을 눈으로 알 뿐만 아니라 물질에 관한 원자 이론과 눈의 화학적 요소도 알 수 있기 때문이다.

따라서 과학적인 지식을 더 '실재적'이라고 우위에 놓거나, 과학적 발견을 더 신뢰할 만한 것이라고 가정하는 것도 잘못된 것처럼 보인다. 간단히 말하자면, 지금까지 그렇게 잘못 인식해 왔다. 과학의 부흥 이전에는 자연계의 경이를 관상하는 종교적 암시와 '알 수 있는 것보다 더 많은 무언가'가 존재한다는 풍요로운 인간 정신을 비롯한 철학적 시각이 확실히 우위를 차지했다.

18세기 후반부터 계속된 새로운 과학적 성취는 자연계의 불가해한 복잡성을 더 손쉽게 설명할 수 있는 부분과 메커니즘으로 '축소'하는 과학의 능력을 통해 그러한 철학적 추론에 서서히 도전했다. 대지의 비밀은 지질학자의 망치에 굴복했고, 복잡한 식물 조직과 동물 조직은 현미경 관찰자의 면밀한 조사 대상이 되었으며, 영양과 물질대사의 신비는 화학자들의 분석 기법에 넘겨졌다. 한편, 화학원소 주기율표의 발견과 열, 자기, 전기에 관한 역학 이론은 과학적 설명력을 엄청나게 확대시켰다. 그리고 무엇보다 중요한 것으로, 생물학적 진화론은 가장 큰 경이(무한한 다양성을 가진 생명체의 형태와 특성의 기원)에 대해 설득력 있는 설명을 제공했다.

이와 같은 거칠 것 없는 과학 지식의 확장에서 비롯한 자신감은 과학이 본질적으로 철학적 관점보다 우월하다는 신념을 불러일으켰으며, 우주와 그 속의 만물은 궁극적으로 물질적 속성 그 자체의 관점에서 설명이 가능하다는 기대를 갖게 만들었다. 과학은 '유일한 진리의 생산자'가 되었으며, 과학적 지식이 가장 신뢰할 만하며, 또한 인문학적 지식보다 더 가치 있다고 여기게 되었다. 이러한 과학적 시각의 우위성에 대한 주장은 과학적 물질주의(또는 '물질주의')로 나타나 서구 문명에 획기적인 변화를 만들고 미래의 과학적 진보와 기술 발달로 가는 신호탄이 되었다. 그리고 과거 2,000년 동안 지속된 철학적 시각, 즉 '우리가 알 수 있는 것보다 더 많은 것이 존재한다'는 시각을 대체하게 되었다. 20세기의 과학 연구 프로그램의 특징은 점차 물질의 특성을 더 깊이 파고들고, 광대한 우주에서부터 모든 생명체의 구성요소인 미세한 세포에 이르기까지 양극단의 스케일로 이루어졌다는 점이다. 과학의 설명력은 마치 한계가 없는 것처럼 보이기 시작했다.

인간 유전체 프로젝트와 두뇌의 시대는 이러한 가정의 논리적인 결론을 보여준다. 첫째, 인간 유전체 프로젝트는 이중 나선형 유전자를 풀면 '생명의 비밀'을 알 수 있을 것이라는 가정 위에 서 있다. 마치 일련의 화학 요소가 살아 있는 세계의 경이롭고 광대한 특성을 설명해 줄 수 있을 것처럼 가정한 것이다. 두 번째 가정은 두뇌 촬영 기술이 정신을 설명할 수 있다는 것이다. 마치 뉴런의 전기자극과 인간의 기억, 사고, 행동의 무한하고 풍요로운 내적 지평이 동일하다고 가정한 것이다. 회고하건대, 이 두 가지 가정은 '이차적인 실재', 즉 물의 화학 요소가 비, 눈, 바다, 호수, 강, 시내의 '일차적인 실재'의 다양성을 설명할 수 있으리라고 잘못 가정한 것이기 때문에, 두 프로젝트(인간 유전체 프로젝트와 두뇌의 시대 프로젝트)가 자신의 목표를 성공시킬 가능성이 없었다.

이것은 분명 강력한 역할을 하는 '빠뜨려버린 힘'이 무엇인지에 대해 관심을 갖게 만든다. 이 힘이 '두 종류의 실재' 사이의 차이를 이어주고, 아울러 가장 기본적인 유전자와 두뇌로부터 풍요로운 인간 경험을 만들어낼 수 있는 능력을 갖고 있을지도 모른다. 이것은 보기보다 훨씬 더 굉장한 의문이다. 왜냐하면 인간 유전체 프로젝트들이 진행되면서 우리가 자신에 대해 확실하게 알고 있다는(살아 있는 세계와 인간의 고유한 특성은 과학적으로 증명된 생물학적 진화 과정의 결과라고 하는) 기본 전제에 대한 신뢰를 부지불식간에 무너뜨리기 때문이다. 분명, 우주 역사의 명확한 특징은 앞서 설명했듯이 점진적이고 창조적이고 진화적인 변화를 통해 가장 단순한 물질에서 더 높은 차원의 복잡한 조직으로 발전한 것이다. 헤아릴 수 없는 시간이 흐르면서 은하계 공간의 가스 구름이 지금과 같은 태양계로 바뀌었다. 그 후, 불모와 같은 지구의 지형이 다시 생명이 살 수 있는 현재의 생태공간으로 바뀌었고,

그렇게 계속 지구는 변화했다. 우주 전체의 역사는 진화의 역사이다. 이 말은 논쟁의 여지가 없지만, 생물학적 진화론은 한층 더 나아가 거의 무한대에 가까운 (인간을 비롯한) 생명의 다양성이 단일한 공통 조상으로부터 임의적인 유전적 변화의 과정을 통해 진화했을 것이라는 메커니즘을 밝혀냈다고 주장한다.

물론 생물계와 우리 자신이 정말로 그렇게 진화했을 수도 있다. 사실, 그렇지 않았을 것이라고 생각하기도 어렵다. 그러나 인간 유전체 프로젝트와 신경과학이 발견한 가장 중요한 연구 결과들은 그런 기본적인 진화론을 미궁 속으로 빠뜨려버렸다. 앞서 언급했듯이, 거의 완벽한 골격의 형태로 발견된 '루시'는 과거 500만 년에 걸친 인간의 점진적인 진화에 대한 강력한 증거를 제공한다. 그렇다면 혹자는 당연히 이렇게 질문할 것이다. 인간과 비슷했던 원시적인 인류와 현생 인류를 확연히 구분해 주는 인간의 고유한 특징인 직립 보행과 엄청나게 커진 두뇌에 대한 암시가 왜 인간 유전체 안에는 전혀 나타나지 않는가?

신유전학과 두뇌의 시대가 보여준 실망스러운 결과에 따른 여파는 분명 엄청나고, 우리가 자신을 이해하는 관점에 구조적인 변화가 임박했다는 것을 보여준다. 이런 문제는 다른 어떤 것보다 3만 5,000년 전 현생 인류인 호모 사피엔스의 등장을 알리는 최초의 인류 문명이 이룩한 성취를 조사하면 가장 정확하게 설명할 수 있다.

제2장

인간의 발달: 두 개의 수수께끼

아무도 없는 아주 넓은 곳에서 작은 램프 불빛을 밝혔을 때, 우리는 이상한 느낌에 사로잡혔다. 모든 것이 너무나 아름답고 신선하여 무엇과도 비교할 수 없을 정도였다. 시간이 사라졌다. 마치 우리와 이 그림을 그린 화가를 분리시키는 수만 년의 세월이 더 이상 존재하지 않는 듯했다. 화가들이 이 걸작들을 막 창조한 듯했다. 갑자기 우리는 침입자가 된 것 같은 느낌이 들었다. 깊은 감동을 안고서 우리는 더 이상 혼자가 아니라는 느낌에 사로잡혔다. 화가들의 영혼과 정신이 우리를 둘러싸는 듯했고, 그들의 현존이 느껴지는 것 같았다.

－ 장 마리 쇼베Jean-Marie Chauvet,
세계에서 가장 오래된 기원전 3만 년의 동굴벽화를 발견했을 때

호모 사피엔스(사고할 수 있고 논쟁하기를 좋아하고 반성할 줄 알고 창의적인 현생 인류)인 우리 자신의 기원이 기원전 3만 5,000년쯤 유럽 서남부 지역에서 시작되었다는 점을 상당한 정확성을 갖고 말할 수 있다. 모든 인간 문명 중 최초의 문명, 그리고 가장 오래 지속된 문명이 지금의 프랑스 남부와 스페인 북부를 가르는 눈 덮인 피레네 산맥 근처에서 번성했다. 그 문명은 활달하고 일관성이 있고 통일성이 있는 문화였으며, 놀랍게도 2만 5,000년 동안 세대를 거쳐 전달되었다. 이 구석기 문화는 진정한 최초의 현생 인류인 유럽 사람들에 의해 발생하였으며 그 후 뒤이어 나타난 어떤 문명보다도 더 오랫동안 지속되었다. 2,500년에 이르는 이집트의 파라오 통치 기간보다 열

배 이상, 그리고 1,000년의 그리스-로마 문명보다 스물다섯 배 이상 더 긴 시간이었다.

현생 인류의 역사적인 계보는 훨씬 더 거슬러 올라가 거의 상상할 수 없을 정도로 먼 과거인 5~600만 년 전에까지 이른다. 하지만 훨씬 더 오래된 고대의 조상들은 많은 논란을 불러일으키는 소중한 두개골, 뼈, 치아, 석기, 깎는 도구, 돌칼, 동물을 사냥하고 죽일 때 사용한 도끼 등을 조금 남겨 놓았을 뿐이다.

호모 사피엔스 또는 '크로마뇽인'(이 이름은 1868년 처음으로 크로마뇽인의 유물이 처음 발견된 바위동굴 주거지인 크로마뇽, 즉 큰 구멍이라는 이름을 따서 붙여진 것이다)은 우리 현생 인류의 첫 주자로 알려져 있는데 이전 인류와는 무언가 다른 점이 있었다. 프랑스 서남부에 크로마뇽인이 도착한 후 기술혁신 문화가 급격히 발달했고, 그 이후 인류의 특징으로 자리 잡은 예술적인 표현이 등장했다. 크로마뇽인은 자신의 이미지를 남겨 놓은 최초의 인류였다. 비록 우리와 3만 5,000년이나 떨어져 있지만 우리는 크로마뇽인과 쉽게 만날 수 있다. 비행기나 기차를 타고 파리로 가서 서쪽 방향으로 가는 지하철을 타고 도시 근교의 생제르맹앙레 역으로 간다. 역 입구를 나서면 해자에 둘러싸인 인상 깊은 국립 고고학 박물관이 보이는데, 그곳은 프랑스 최대의 고고학적 유물을 모두 모아놓은 곳이다. 도시에서 멀리 떨어져 있어 관광객이 거의 없기 때문에(비록 스릴을 느끼지는 않겠지만) 낯익은 석기 유물들이 빼곡히 들어찬 첫 번째 전시관을 혼자서 돌아볼지도 모른다. 그러다가 갑자기 당신의 눈은 맘모스의 빛나는 상아로 만든 10대 소녀의 얼굴과 마주칠 것이다. 소녀상은 당신의 손안에 쉽게 들어올 정도로 작고 섬세하다(그림 2-1 참조). 소녀는 삼각형 모양의 얼굴에 길고 곧은 코와 깊게 파인 눈, 가늘고 우아한

그림 2-1 최초의 인간의 이미지. 브라상푸이의 어린 여인은 목이 길고, 머리를 땋았으며, 성숙한 여성의 조각상은 육감적이다. 두 조각상은 약 기원전 3만 년의 것으로 남부 프랑스의 같은 동굴에서 발견되었다.

목, 촘촘히 땋은 머리를 하고 있는 모습이다. 소녀는 '브라상푸이의 여인La Dame de Brassempouy' 으로 불리는 인류 최초의 인간 조각상으로, 프랑스 고고학자 에두아르 피에테Édouard Piette가 1895년에 발굴했다. 그는 프랑스 남부 브라상푸이 마을에서 몇 킬로미터 떨어진 동굴 바닥에 널려져 있던 맘모스와 코뿔소 뼈 더미 속에서 소녀상을 발견하여 그 지명을 따서 조각상의 이름을 붙였다. 소녀의 청순한 자태는 동일한 장소에서 발견되어 같은 전시실에 진열된 비슷한 크기의 두 번째 조각상과 상호 보완관계를 갖는다. 그 조각상은 시간을 초월한 여성성의 다른 이미지(성숙하고 아기를 임신한 모습)를 전형적으로 보여준다. 그것은 부서진 조각상의 일부에 지나지 않지만 조각된 여성의 풍만한 가슴과 통통하게 살찐 허벅지는 많은 아이를 낳은 여성의 것임에 틀림없다.

어린 10대 소녀의 조각상과 성숙한 여성의 조각상은 현생 인류의 첫 이미지로서 시각적이면서도 입체적이며, 매끈하게 닳은 조각상의 표면은 수많은 세대의 손길이 땋은 머리를 쓰다듬고, 풍만한 곡선을 어루만졌음을 보여준다. 이 조각상들은 우리가 거의 변하지 않았음을 인식하게 함으로써 과거 원시시대에서 문명화된 현재에 이르는 인간 역사에 관한 전통적인 인식을 뒤집어놓는다. 현생 인류의 문화적 역사는 3만 5,000년 전으로 거슬러 올라가지만 인류의 초기 시대부터 현재에 이르기까지의 시간은 분명히 '한 점'에 지나지 않는다.

브라상푸이의 여인에게는 위와 같은 측면만 있는 것이 아니다. 이 조각상의 직계 유럽 조상인 네안데르탈인은 눈썹이 굵고 목이 두꺼웠다. (이 인류의 흔적이 처음으로 발견되었던 독일의 네안더 계곡의 이름을 따서 네안데르탈인이라고 이름을 붙였다.) 네안데르탈인은 수백만 년 전 아프리카의 사바나 초원 지대를 횡단한 초기 인류보다 더 정교한 물건을 만들 능력이 없었다. 네안데르탈인들은 많은 장점을 지녔다. 그들은 매우 강하고 영리했기 때문에 주기적으로 유럽 대륙을 뒤덮었던 빙하기라는 악조건을 50만 년 동안 견디고 살아남았다. 그리고 그들의 두뇌 용량은 현재의 우리보다 약간 더 컸다. 그러나 그들은 앞서 소개한 것과 같은 이미지를 단 한 점도 남기지 않았다. 브라상푸이의 여인을 통해 우리는 이제 가장 중요한 질문을 확실하게 던질 수 있게 된다. 즉, 오늘날의 인류로 넘어오는 과도기에 무슨 일이 벌어졌는가? 우리를 초기 인류와 구분 짓는 것은 무엇인가? 왜 우리는 초기 인류와 다른가?

크로마뇽인들은 아직 그 이유를 알 수 없는 이주diaspora를 통해 유럽 서남부 지역에 등장했다. 10만 년 전, 현생 인류인 호모 사피엔스는 그들의 고향인 아프리카에서 강제로 쫓겨나서 지구의 곳곳으로 흩어졌다. 물론 수만 년간 지속된 크로마뇽인들의 문명 시기에 기온은 낮았다. 수백 마일에 달하는 만년설이 유럽 북부 지역에 이르기까지 확장되었다가 물러가기를 반복했다. 그러나 그들은 도르도뉴 지역과 피레네 산맥의 남쪽 바위투성이 계곡에 은신처를 발견하여 차가운 바람을 피했다. 그들은 불을 피워 몸을 따뜻하게 하고 동물 털옷을 입고, 상아로 만든 바늘을 이용해 정교한 상아 단추를 옷에 달았다. 그들은 독립된 주거지에 흩어져 수백 개의 공동체를 이루고 살았으며, 총 인구는 2만 명이 약간 넘었을 것으로 추정된다. 3만 년 된 정교한 나신 여성상의 흔들리는 가슴으로 미루어 보건대 그들은 춤을 추었고 음악을 연주했으며, 맘모스의 뼈로 드럼을, 턱뼈로 캐스터네츠를, 속이 빈 새의 뼈로 플루트를 만들었다. 플루트는 머리 부분에 불 수 있는 부분이 있어 강하고, 깨끗한 음을 낼 수 있었다. 그들은 매우 귀중한 몇 가지 재료(특별한 형태의 바다조개와 동물 이빨)를 사용하여 장신구와 구슬을 만들어 착용했으며, 그런 물건을 먼 지역과도 거래했다. 그들은 훌륭한 기술혁신가였다. 그들의 선조가 사용했던 석기 도구는 100만 년 동안 거의 변하지 않았지만, 크로마뇽인들은 창과 작살을 발명함으로써 식량 공급원을 엄청나게 확대하였다. 그들은 기름 램프를 발명하여 동굴 내부를 밝혔고 바늘 '귀'를 뚫을 수 있는 송곳과 텐트를 결합시킬 수 있는 밧줄을 발명했다.

그들은 예술에 대한 열정이 있었다. 이탈리아의 예술사가인 파울로 그라지오시Paolo Graziosi는 "우리는 그들이 의도적이고 지속적으로 그림, 도형, 조각품을 만들려고 노력했다고 확실히 말할 수 있다"고 썼다. 이것은 초기 석기시대 예술의 전형적인 형태인 '막대기'로 표현된 사람들이 활과 창을 들고 사냥감을 추적하는 것과는 다르다. 크로마뇽인의 예술은 이탈리아인들의 르네상스와 비견할 만한 것이며, 현실의 깊고 불변하는 본질을 표현하려고 노력했던 자연주의적 양식이다. 그들의 관찰력은 '빙하시대 유럽의 멸종된 코뿔소의 그림에 북실북실한 털을 묘사할' 정도로 매우 예민하였으며, 거대한 뿔을 가진 사슴이란 뜻의 특이한 메갈로서루스 기간티쿠스 Megalocerus giganticus는 어깨 뒷부분에 불쑥 튀어나온 검은 등이 있었다고 미국 자연사 박물관의 이언 태터설Ian Tattersall이 썼다.

크로마뇽인은 두 가지 형태의 예술적인 유산을 남겼다. 첫째는 '들고 다닐 수 있는' 예술 형태로 대부분 상아와 사슴뿔에 새긴 조각들이며, 둘째는 '들고 다닐 수 없는' 예술 형태로, 깊은 산중턱에 숨겨진 동굴 중앙의 벽이나 천장에 그린 엄청나게 거대한 프레스코화이다. 그들은 동굴 벽을 이용하여 '3차원의 현실을 2차원으로 표현하고, 움직임의 느낌을 살리는 문제를 해결했다.'

얼마나 생동감이 넘치는가! 고고학자 존 파이퍼John Pfeiffer는 프랑스 남부 라스코 동굴의 '비교할 수 없을 정도로 탁월한' 벽화를 처음 보았을 때의 느낌을 이렇게 회상한다.

동굴 안은 칠흑같이 어두웠다. 불을 켰다. 어떤 예고도 없이 한 편의 대작이 우리 눈에 들어왔다. 그림 전체를 훑어보니 붉은색, 검은색, 노란색으로 칠해져 있었고 한 무리의 동물들이 달리고, 뿔이 달린 거대한 동물들이 이끄는 행렬이 있었다. 동물들이 왼쪽에서 오른쪽으로 달려가면서 두 떼로 모여들고 있었는데 깔때기 모양의 입구로 흘러들면서 계속 더 깊은 회랑으로 통하는 깊은 구멍으로 들어가는 듯했다.

여기에서 크로마뇽인의 예술적 성취를 모두 설명한다는 것은 불가능하기

때문에 두드러진 세 가지 작품을 소개하는 것으로 만족해야 할 것 같다. 첫 번째는 투창 손잡이에 새겨진 조각품으로, 순록의 뿔로 만든 것이다. 어린 야생 염소가 큰 그루터기에 엉덩이를 붙인 채 주위를 돌아보는데 엉덩이에는 새 두 마리가 앉아 있는 모양이다. 동물의 팽팽하게 긴장된 목 근육이 익살스러운 모양의 조각 속에 아름답게 표현되고 있는데, 그 이후 발견된 몇몇 다른 종류의(하지만 사실상 동일한) 것들과 마찬가지로 널리 보급되었음이 틀림없다.

다음 작품은 이 장의 첫 인용문에 소개되었던, 사자 무리를 묘사한 쇼베 동굴의 프레스코화다. '풍부하고 아름답게 꾸며진 이 동굴'에는 맘모스, 코뿔소, 말 머리를 '세밀하게 묘사한' 패널화도 있다.

하지만 그중 가장 인상적인 작품은 사자 무리를 표현한 그림으로서, 크로마뇽인들이 3차원의 원근감을 어떻게 나타냈는지를 보여준다. 그들은 사자 목 아래 부분을 진하게 칠함으로써 이미지의 원근감을 표현했다.

세 번째 작품은 기원전 1만 5,000년경에 들소의 머리를 진흙으로 만든 조각상으로 엄숙한 분위기를 자아내며, 역사적인 걸작이라 할 수 있다(그림 2-4 참조). 어떤 사람도 조각의 황금시대인 고대 아테네보다 1만 4,500년 전

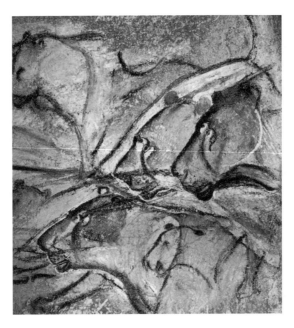

에 이런 작품이 만들어졌을 것이라고 상상하기는 어려울 것이다. 사실상 파르테논의 벽에 표현된, 제사행렬 앞을 인도하는 소의 머리 조각과 비교했을 때, 이 두 작품이 동일한 사람의 손으로 만든 것이라고 생각해도 무리가 아닐 것이다.

지금까지 살펴본 세 개의 뛰어난 예술작품은 각각 인류 첫 조상의 심오한 마음과 유머, 열정, 그 당시 함께 공존했던 동물들의 모습에 대한 깊은 인상을 매우 훌륭하게 보여주었다.

19세기의 고고학자들은 다른 무엇보다도 석기시대 동굴에 살았던 원시인들이 인간의 지성을 이토록 놀랍게 표현할 수 있었을 것이라는 가능성에 대해 매우 당혹스러워했다. 인간이 그렇게 아득한 과거에 탁월한 예술적인 능력을 발휘할 수 있었다고 상상하기는 어려운 것처럼 보인다. 그래서 마르퀴스 드 사우투올라Marquis de Sautola가 스페인 북부 알타미라의 동굴 벽화를 우연히 처음 발견했지만(그의 여덟 살 난 딸이 먼저 동굴 천장에 그려진 들소 행렬을 바라보면서 한 "봐요, 아빠, 소떼예요!"라는 유명한 말을 들은 후 동굴벽화를 발견했다) 어느 누구도 그를 믿지 않았다. 1880년 리스본에서 개최된 국제 고고학회 강연에서 그는 자신의 발견에 대해 사람들이 '의심하고 경멸하면서 성급하게 무시했다'고 설명했다. 알타미라 벽화는 그가 죽기 전까지 진정성을 인정받

그림 2-4-1 유사점과 차이점: 기원전 1만 5,000년, 프랑스 남부의 한 동굴에서 발견된 들소 머리 조각상

그림 2-4-2 기원전 430년, 파르테논 신전 벽에 조각된 황소

지 못했다. 오히려 사람들은 그 벽화의 예술적 탁월함이 그가 그 벽화들을 위조했음을 보여주는 확실한 증거라고 추정했다. 마르퀴스는 죽을 때까지 확신했다. 그 당시 고고학계가 그를 모질게 비난했던 것은 우리 인식의 뒤처짐을 보여주는 것이었다. 그들의 의심은 부당한 것이 아니었다. 왜냐하면 석기시대 사람이 그렇게 위대한 예술품을 만들어낼 수 있다고 가정하는 것 자체가 타당하지 않은 것처럼 보였기 때문이다.

요즘, 우리는 더 많은 것을 알고 있다. 최근 발견된 놀라운 인류의 첫 조상(특히 화석화된 골격이 거의 완벽하게 보존된 상태로 발견된 '루시'와 '투르카나 소년')은 인간이 처음으로 발전하던 두 단계, 즉 인류의 조상은 직립하였으며, 두뇌의 용량이 엄청나게 확장되었음을 명확하게 보여준다. 크로마뇽인의 예술적 성취가 보여주는 '문화적 비약'은 인류 진화의 최고 단계를 결정짓는 인류의 독특한 세 번째 특성인 언어 능력을 갖게 되었음을 보여준다. 하지만 신유전학과 두뇌의 시대의 연구 결과에 따르면, 지금도 진행되고 있는 인류 진화의 드라마는 회의적이었던 19세기의 고고학자들이 느꼈던 것보다 더 당혹스럽게 다가온다. 그것은 '인류의 발달에 대한 수수께끼'이다.

인류 진화의 유산에 대한 일반적인 이해는 찰스 다윈Charles Darwin이 1859년에 저술한 『종의 기원On the Origin of Species』(이 책은 12년 후에 '현대 인류'에 관한 내용을 포함시켜 『인간의 유래The Descent of Man』란 제목으로 증보 출판되었다)으로 시작된다. 이 책의 핵심 주장은 생명체의 모양, 형태, 특성의 무한한 다양성이 최초의 가장 단순한 생물에서 진화해 왔으며, 이 최초의 생물은 수십억 년 전 지구 표면에 '따뜻하고 작은 웅덩이'에 녹아 있는 다양한 암모니아와 인산염으로부터 저절로 형성self-assembled되었다는 것이다. 다윈 이론에 대한 현대적인 해석을 간단히 말하면 다음과 같다. 물고기를 물고기답게 만들거나 새를 새답게 만드는 주요 결정 인자는 2만 개 (내외)의 유전자에 담긴 정보인데, 이 유전자는 단 네 개의 화학성분(앞에서 제안했듯이, 녹색, 적색, 청색, 황색의 네 가지 색깔의 원반으로 상상하면 가장 좋다)이 각각의 모든 세포의 핵 안에 이중 나선형 구조로 길게 배열되어 있다. 이 유전 정보는 임신하는 순간에 정자와 난자를 통해서 전달되며 그 결과 물고기의 새끼는 물고기가 되고, 새의 새끼는 새가 된다. 이러한 개별적인 유전자는 세포가 분열할 때 놀라울 정도로 정확하게 자신을 복제하지만 아주 가끔 실패, 즉 '돌연변이'가 일어날 수 있다. 가령 녹색 원반이 적색 원반으로 대체되어 유전 정보에 미묘한 변화가 생긴다. 대부분 이러한 변화는 심각하거나 결정적인 것이 아니지만, 아주 가끔씩 유전 정보의 '우연한 돌연변이'는 생물학적인 이점을 제공하여 생존 투쟁에서 생존 가능성을 최대로 높여줄 수 있다. 그런 돌연변이를 일으킨 생물의 후손은 부모의 변경된 유리한 유전 정보를 물려받을 가능성이 있으며 이런 과정이 여러 세대를 거쳐 계속되면서 종의 특성이 점차 하나씩 변하여 생존환경에 가장 적합(또는 적응)하게 될 것이다. 수백만 세대를 지나면서 '자연'이 유전자 돌연변이를 통해 가장 뛰어난 수영 능력을 갖춘 물고기를 '선택'(여기에서 '자연선택' 이라는 말이 유래했다)했기 때문에 물고기는 물속의 생활에 적합하게 된다. 반면 새는 동일한 과정을 통해 비행 능력을 극대화했기 때문에 능숙하게 날게 된다. 다른 방식으로 표현하면, 모든 생명체는 공통의 조상에서 '환경에 따라 변화하면서 생긴 자손'이다.

다윈이 『인간의 유래』에서 주장한 바에 따르면 인간도 예외가 아니다. 사실, 인간과 인간의 사촌 격인 영장류 사이의 놀라운 신체적 유사성만큼 다윈의 진화론을 설득력 있게 증명하는 것은 없을 것이다 — 영장류들은 원숭이와 비슷한 공통의 조상으로부터 '변화하면서 생긴 후손'이라는 점을 확고하게 보여준다. 인간이 직립 보행을 하고 더 큰 뇌 용량을 갖게 만든 유전적 돌연변이를 자연이 '선택'함으로써 상당한 생물학적 이점을 제공하였고, 이를 통해 인간의 생존 가능성을 극대화시켰기 때문에 인간은 살아남아 번성하였다. 분명, 탁월한 지적 능력 때문에 인간은 다른 동물과 별개의 존재인 것처럼 보일 수도 있다. 그럼에도 불구하고 우리의 사촌 격인 영장류들은 우리와 마찬가지로 질투, 의심, 감사와 같은 유사한 감정을 보인다. 영장류들은 선택을 하고, 과거의 사건을 회상하고, (어느 정도) 이성적인 능력도 있다. 다윈이 주장했듯이, 인간 지성의 탁월성은 연속성을 보여준다. 즉, 그것은 '정도'의 차이일 뿐 '종류'의 차이는 아니다.

일단 세부적인 내용은 차치하고, 하나의 강력한 이미지가 인류의 기원에 대한 아주 영향력 있는 이해를 갖고 있다. 다윈의 절친한 친구이자 신봉자인 토머스 헉슬리Thomas Huxley는 그의 책 『자연에서 인간의 위치에 관한 증거Evidence as of Man's Place in Nature』(1863)의 삽화에 침팬지, 고릴라, 인간의 골격을 차례로 보여주면서 이들의 놀라운 신체적 유사성을 손등을 땅에 짚고 걷는 침팬지에서 직립 보행하는 호모 사피엔스로 발전한 인간의 이야기로 바꾸어 제시했다. 동일한 이미지가 일련의 '사람과科'에 속하는 중간 매개자에게로 확대 적용되어 다른 모습을 지닌 수많은 것들(종종 우스꽝스러운)을 다시 만들어냈으며, 이는 20세기에 가장 익숙하고 영향력 있는 상징이 되었다. 원숭이와 유사한 조상으로부터의 변형을 통해 인간이 그 '후손으로 생겨났다'는 의미는 실제로는 거대한 생명의 질서 속에서 인간이 탁월한 위치로 '상승'했다는 이야기이다. 지난 50년 동안의 중요한 고고학적 발견은 그것이 사실임을 보여주었다.

1868년 크로마뇽인의 화석화된 뼈를 발견한 것은 그것의 선조인 눈썹이 짙은 네안데르탈인의 발견과 함께 인류의 진화 역사를 20만 년 이상으로 끌어올렸다. 하지만 1930년 전까지는 그보다 더 이전 시대에 관한 증거가 나타나지 않았다. 1970년에 비로소 거의 완벽하게 화석화된 골격 두 개 중 하나가 중앙아프리카의 황야에서 발굴됨으로써 원숭이를 닮은 공통의 조상에서 호모 사피엔스가 유래했다는 다윈의 가설이 입증되었다.

긴팔원숭이   오랑우탄   침팬지   고릴라   인간의 골격

그림 2-5 인간의 발달. 토머스 헉슬리의 긴팔원숭이, 오랑우탄, 침팬지, 고릴라, 인간의 골격 그림. 원숭이에서 인간으로 단계적이고 점진적으로 진화했다는 생각은 그 이후 수많은 대중적인 삽화와 만화에 등장했다.

거의 완벽하게 보존된 두 개의 골격 중 첫 번째는 350만 년 전의 '루시'이며 학명은 오스트랄로피테쿠스 아파렌시스Australopithecus afarensis이다. 이 발견은 이미 설명했듯이 도널드 조핸슨과 톰 그레이의 감정을 강력하게 자극했다('…우리는 흠뻑 젖은 땀과 냄새로 찌든 몸을 서로 부둥켜안았다. 열기로 후끈거리는 자갈 너미에서 서로 얼싸안으며 환호성을 질렀다'). 한 구의 화석화된 골격은 다른 골격과 아주 비슷해 보이지만 두 사람이 감격했던 결정적인 단서와 근거는 대퇴부의 상부가 위쪽 방향으로 확실하게 각이 져 있었다는 점이다. 인간

은 골격의 무게 중심이 두 다리 사이의 좁은 공간에 있다 — 루시는 직립 보행하는 가장 오래된 인간들 중 최초의 조상임을 확인시켜 준다.

루시가 새로운 이동 방법을 사용했다는 사실은 350만 년 전 탄자니아 북부 라에톨리 지역의 화산재에서 놀라운 세 쌍의 발자국을 발견함으로써 곧바로 확인되었으며, 이는 아주 먼 과거에

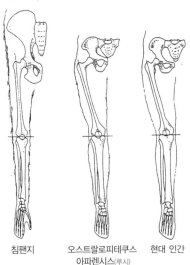

침팬지　　오스트랄로피테쿠스　　현대 인간
　　　　　　아파렌시스(루시)

그림 2-6 도널드 조핸슨은 루시의 골격에 대한 확실한 특징을 증명했다. 루시가 인간이라는 핵심적인 두 가지 단서는 대퇴부의 상부가 위쪽 방향으로 확실하게 각이 져 있었다는 점과 확연한 골반 구조인데, 이를 통해 몸의 무게 중심을 두 다리 사이에 둘 수 있다 — 따라서 루시는 직립 보행이 가능했다.

그림 2-7 라에톨리 발자국은 성인 한 명과 아이 두 명의 것으로 화산재로 덮인 지면 위에 새겨졌다. 이 발자국은 현대 인류와 동일한 힘의 분산이 이루어졌으며 발의 앞부분과 뒤꿈치에 주로 힘이 가해졌음을 보여준다.

살았던 이 조상이 인간과 관계가 있다는 가장 감동적인 통찰을 제공했다.

"발자국은 인간과 같이 큰 발가락이 있는 왼발과 오른발이 정상적인 위치를 잡고 있었음을 보여준다"고 영국 신경학자 존 에클스John Eccles가 썼다.

이 발자국의 특징은 한 사람이 앞선 다른 사람의 발자국 자리에 발을 놓았다는 점이다. 세 번째 사람은 더 작고, 약간 비틀거리는 더 큰 발의 걸음을 따라서 왼편으로 가까이 붙어서 걸었다. 우리는 이 발자국들이 두 명(엄마와 아이?)이 손을 잡고 함께 걸었으며, 또 다른 앞선 사람(다른 아이?)의 발자국에 정확하게 발을 놓았다고 해석할 수 있다. 영광스럽게도 우리는 360만 년 전에 한 가족이 새로 만들어진 화산재 위를 걸었던 흔적을 볼 수 있었다. 마치 우리가 썰물 때 부드러운 모래 위에 발자국을 남겨 놓은 것과 같았다!

10년 후인 1984년, 케냐의 오래된 투르카나 호수 근처에서 유명한 고생물학자 리처드 리키Richard Leakey가 더 완벽한 골격(투르카나 소년)을 발견했다. 그 골격은 약 160만 년 전의 호모 에렉투스의 청소년으로 두개골의 크기가 루시와 현대 인류의 중간 수준이며 인간의 두 번째 독특한 진화적 특징인 엄청난 뇌 용량의 증가를 보여준다.

투르카나 소년이 속한 종인 호모 에렉투스는 인류 최초로 도구를 만들었으며, 이것은 인간의 독특한 특징인 손재주를 지녔음을 보여준다. 투르카나 소년은 엄지손가락이 2.5센티미터 정도 길어지는, 겉으로 보기엔 작은 진화 과정을 겪었고, 다른 네 손가락을 '함께 사용하여' 물건을 '집을 수 있게' 되었다.

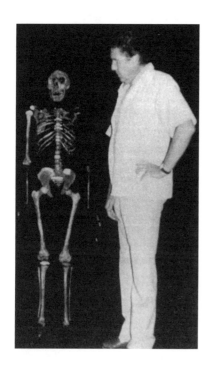

그림 2-8 발굴 책임자였던 앨런 워커Alan Walker가 다시 맞춘 투르카나 소년의 골격 옆에 서 있다. 소년의 두개골의 크기는 루시와 현대 인류의 중간 수준이며 두뇌의 크기가 점진적으로 진화하면서 증가했다는 점을 보여준다.

영국 해부학자 존 네이피어John Napier는 이렇게 썼다. "인간이 손으로 할 수 있는 가장 정확한 동작은 엄지손가락의 끝을 집게손가락의 끝과 접촉시키는 것이다. 따라서 두 손가락은 가장 많이 접촉한다. 인간은 이러한 손가락 동작을 통해 미세하게 압력을 조절하거나 방향을 수정할 수 있는 엄청난 능력을 발휘하면서 작은 물체를 다룬다. 이것이 인류의 주요한 특징이다. 인류가 아닌 어떤 영장류도 이것을 흉내 낼 수 없다."

인간의 엄지손가락이 2.5센티미터 더 길어짐에 따라 영장류가 손으로 붙잡는 힘은 매우 다양하고 정확하게 쥘 수 있는 동작으로 바뀌었으며, 결국 이 동작을 통해 인간은 그림을 그리고, 조각하고, 글씨를 써서 자신의 경험을 기록할 수 있었다. 만약 이런 것들이 없었다면 인간의 역사는 시간의 어두운 심연 속으로 완전히 사라졌을 것이다.

우리는 호모 에렉투스의 뇌 용량 증가가 어떻게 또는 왜 손으로 붙잡고 쥐는 (그 이전에는 숨겨져 있던) 능력을 발휘하게 만들었는지 알지 못한다. 하지만 호모 에렉투스의 석기를 통해 그 결과는 쉽게 알 수 있다. 돌 다루는 기술을 배운 고생물학자들은 사냥감의 피부를 자를 정도로 적당한 크기의 날카로운 파편을 만들기 위해서는 적당하게 생긴 '석핵石核'을 찾은 다음, 돌 망치를 사용하여 정확한 각도로 힘을 알맞게 조절하여 돌을 쳐내는

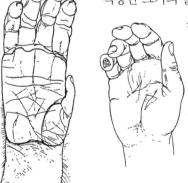

그림 2-9 인간의 주요한 특징. 인간은 엄지손가락이 2.5센티미터 더 자라면서 손으로 붙잡는 능력뿐만 아니라, 바느질을 하거나 플루트를 부는 데 필요한 놀라운 정확성을 갖게 되었다.

기술이 꼭 필요하다는 사실을 발견했다.

150센티미터 정도로 키가 작은 루시와 다부진 체격의 투르카나 소년에게는 무언가 거대한 변화가 있다. 그들의 뼈는 아무 말도 없지만 그럼에도 불구하고 그들은 장구한 세월을 지나 우리에게 말을 건다. 그들은 맑은 날 아프리카의 밤하늘에 떠 있는 수천 개의 깜박이는 별과 커졌다가 작아지는 달의 극적인 변화를 보면서 무엇을 느꼈을까?

진화적 유산을 이해하는 데 엄청나게 중요한 가치를 지니는 인체 골격 유물은 다윈이 가정했듯이 인간의 직계 조상들을 확실하게 보여준다. 500만 년 전, 루시의 선조와 부족들은 안전한 숲을 버리고 중앙아프리카의 사바나 지역으로 걸어갔다. 200만 년이 흐른 후, 더욱더 확장된 두뇌를 지닌

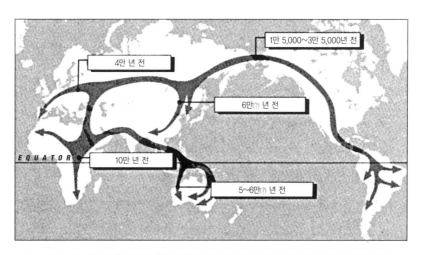

그림 2-10 인류의 전 지구적 확산. 인류가 아프리카에서 나와 지속적으로 멀리 이동한 결과, 현생 인류인 호모 사피엔스는 지구를 모두 차지했으며, 유럽의 네안데르탈인과 같은 이전의 토착민들을 대체했다. 이동 과정에서 호모 사피엔스들은 인도네시아와 오스트레일리아 대륙을 가르는 수백 마일의 바다, 기원전 3만 년에서 기원전 2만 년 사이에 있었던 빙하기 때문에 해수면이 하강하면서 일시적으로 생긴 아시아와 아메리카를 잇는 얼어붙은 황야와 같은 엄청난 지리적 장애물을 극복해야만 했다.

호모 에렉투스는 돌로 도구를 제작할 수 있을 정도로 지능이 점진적으로 발달했고, 수만 마일에 이르는 엄청난 이동을 시작하여 현재의 중동 지역과 더 멀리는 중국 북부와 인도네시아에 도착했다. 그 후 다시 150만 년이 흐른 후 등장한 호모 사피엔스는 아프리카에 기원을 두었고, 두 번째의 전 지구적 대이동을 통해 멀리 오스트레일리아, 베링 해협을 건너 아메리카로 나아갔고, 위로는 유럽과 피레네 남부 지역까지 옮겨갔으며 이 지역에서 크로마뇽인들이 최초의 인간 문명을 건설했다.

도널드 조핸슨, 리처드 리키, 그리고 다른 많은 사람들 덕분에 우리는 인류 진화의 발달에 관한 사실적 증거를 갖게 되었으며, 그 대표적인 예가 마르퀴스 드 사우투올라를 깜짝 놀라게 할 만큼 뛰어난 기술 능력을 보여주었던 알타미라 동굴 천장의 사슴과 들소 벽화이다. 이제 인류의 기원은 더 이상 알 수 없는 모호한 미스터리가 아니다. 거의 모든 서구의 학교와 대학에서 가르치는 일반적인 관점은 자연선택이라는 다윈의 진화론이 우리와 우리의 조상을 설명한다고 주장한다. 진화 생물학자인 리처드 도킨스 Richard Dawkins는 말한다. "한때 가장 위대한 신비였던 인간 존재는 더 이상 미스터리가 아니다. 다윈이 그 문제를 해결했다. 우리는 더 이상 미신에 의존할 필요가 없다… 진화를 믿지 말라고 요구하는 사람은 무지하고 어리석거나 미친 사람이라고 확실하게 말할 수 있다." 그 외 다른 어떤 설명 방법이 있을 수 있는가? 전혀 없다. 아마 혹자는 이것이 이 문제의 종착점이라고 생각할 것이다.

하지만 루시와 투르카나 소년과 같은 결정적인 발견 이후 시간이 흐를수록 진화의 역사는 더욱더 혼란스러운 것처럼 보였다. 토머스 헉슬리의 유명한 그림에 나타난 인간의 진화는 더 이상 이론적인 아이디어가 아니다. 인간의 발달은 루시의 날카롭게 각진 대퇴골과 투르카나 소년의 더욱 확장된 두개골에서 구체적으로 나타나 있다. 그러나 인간이 직립하고 더 큰 두뇌를 갖게 된 사실과 관련하여 깊이 생각할수록 다윈이 제안한 자연선택의 메커니즘에 대한 설득력이 점점 약해지는 것처럼 보인다. 게다가 크로마뇽인의 등장을 알리는 갑작스럽고 획기적인 문명 발달은 점진적이고 지속적인 진화적 전환과 상반된다. 그것은 오히려 극적인 사건에 가깝게 여겨진다 ― 마치 스위치를 켜면 커튼이 올라가고 세계사의 무대 중앙에 인간이 있는 것과 같다. 신유전학과 두뇌의 시대의 연구 결과에 따르면, 그러한 의심을 떨쳐버리기가 더 어렵다. 인간의 사촌 격인 영장류와 인간의 사소한 유전적 차이는 양자를 구분하는 물리적 차이를 설명하기에 부족한 것 같다. 그와 유사하게, 인간 두뇌의 난해한 작동 원리는 단순한 진화적 설명방식에 도전하는 것처럼 보인다.

'인간 발전'의 수수께끼 1

출발

루시와 루시의 종족들이 직립한 이유와 그에 따른 이점이 있었다는 것에 대하여 여섯 가지 논리적이고 진화적인 근거가 존재한다. 우선, 잠재적인 포식자를 더 잘 볼 수 있고, 돌보아야 하는 아기를 안을 수 있고, 다윈이 말했듯이 '두 다리로 직립함으로써 원숭이와 비슷하게 생긴 선조들은 한쪽 팔로 과일을 움켜쥘 때 다른 팔로는 나뭇가지를 붙잡을 수 있다.' 그러나 가장 간단한 해부학적 그림으로 인간과 영장류를 비교해 보면 직립이라는 새로운 이동방식이 엄청나게 어려운 형태임을 알 수 있다. 손등을 짚고 걷는 침팬지는 네 개의 강력한 기둥 같은 사지가 있어서 몸통의 중앙에 안정적으로 위치한 무게 중심에 사각형 모양의 큰 지지대를 제공한다. 루시의 경우, 무게 중심이 두 발 사이의 작은 공간으로 이동하여 신체 윗부분(머리와 몸통)의 무게 때문에 앞으로 쏠려 넘어지기 더 쉽다. 침팬지가 네 다리 달린 안정적인 탁자라면, 곧추선 루시의 골격은 별다른 지지대도 없이 막대기 위에 무거운 공(머리)을 놓고 균형을 맞추는 것과 같고, 이는 분명 중력의 법칙에 계속 거스르는 형태이다.

그렇다면 루시는 어떻게 직립하게 되었을까? 주요한 해부학적 변화는 골반 구조인데, 엉덩이의 강력한 대둔근(영장류의 경우 대둔근이 큰 역할을 하지 못한다)이 성 주위 해자 위에 줄을 달아 내렸다가 올렸다 하는 다리처럼 인간의 몸을 당겨서 곧추서게 만든다. 이러한 새로운 자세를 유지하려면 우리의 사촌 격인 영장류의 몸을 앞으로 나아가게 하는 기능을 수행하는 몇 개의 다른 근육들이 새롭게 바뀌어야 하고, 아울러 이 근육들이 인간 골격의 균형을 잡아주는 역할도 해야 한다. 이렇게 되기 위해서는 대둔근이 붙어 있는 골반 뼈가 새롭게 바뀌어야 하는데, 먼저 위로 당겨서 뒤로 물린 다음, 다시 짧게 하고 넓혀야 한다.

이러한 골반 구조의 변화와 그

그림 2-11 위험한 직립 자세. 막대처럼 직립한 루시와 그 종족의 자세는 사각형의 안정된 자세의 침팬지와 비교할 때, 중력의 법칙에 거스르는 것임에 틀림없다.

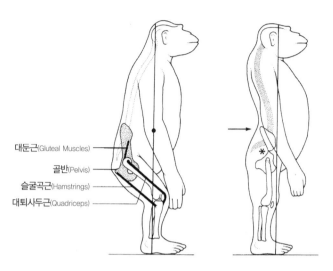

그림 2-12 직립 자세를 취하기 위해서는 골반이 완전히 바뀌어야 하고, 엉덩이의 대둔근의 크기가 상당히 커져야 하며, 골격 구조가 위로 향하기 위해 대둔근이 골반 뼈와 붙는 위치가 조정되어야 하고, 허리뼈 아래 부분이 옴폭하게 들어가야 한다.

것을 안정화시키는 근육은 도미노 효과를 유발한다. 두개골은 이제 곧추선 인간의 골격과 일직선상에 위치해야만 하며, 척추의 등뼈가 아래 부분으로 내려올수록 점차 더 넓어져야 한다. 대퇴골의 윗부분(앞서 언급했듯이)은 안쪽으로 각이 져야 하고, 무릎 인대는 강화되어 제 위치에 '자리 잡아야' 한다. 반면에 발은, 특히 엄지발가락이 견고한 받침대 역할을 하려면 10여 차례의 해부학적 변화를 겪어야 한다. 나뭇가지 사이에서 더 이상 흔들 필요가 없는 팔은 짧아지고, 반면 지금까지 신체에 비해 상대적으로 너무 짧았던 다리는 길어져야 한다 — 하지만 얼마 정도 길어져야 할까? 마치 시계추처럼 운동하는 다리의 움직임을 만들어내기 위한 '이상적인' 길이가 존재할 것이다. 여기에서 걷는 동작은 거의 자동적이며, 중력의 힘과 근육의 힘을 사용하여 몸을 앞으로 이동시키는 관성의 힘과 결합된다. 생체역학자

biomechanist 태드 맥기어Tad McGeer는 이렇게 말한다. "인간의 골격은 걷기에 맞게 만들어졌으며, 운동학과 동역학에 적합한 구조를 갖고 있다 — 사실상, 우리의 다리는 어떤 운동력 통제장치 없이도 걸을 수 있다."

보행을 위해 만들어진 짧은 팔과 긴 다리는 대칭과 조화를 보여준다. 레오나르도 다빈치는 유명한 〈비투르비안 인간Vitruvian man〉의 이미지에서 이와 같은 숨겨진 기하학적 비율 법칙을 보여주었는데, 이 그림에서 키 높이로 벌린 두 팔은 가장 기본적인 도형(원과 사각형) 안에 포함된다. 미술사가인 케네스 클라크Kenneth Clark는 이렇게 말했다. "이 단순해 보이는 비율이 르네상스 시대 인간에게 가진 의미를 아무리 과장해도 부족할 것이다. 그것은 그들의 모든 철학의 토대였다." 인간은 '만물의 척도' 였다.

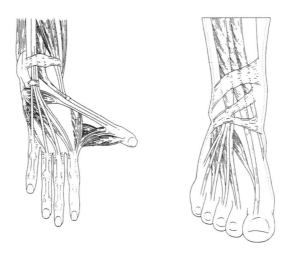

그림 2-13 영장류와 인간의 다리는 외관상 비슷하긴 하지만, 아주 다른 목적을 갖고 있음을 보여준다. 영장류의 다리는 붙잡는 기능을 하는 반면, 인간의 다리는 곧추선 인간의 골격이 아래로 누르는 압력(달리거나 걸을 때 발생하는 압력으로 킬로톤kilotones 단위로 측정한다)을 지탱하는 역할을 해야 한다. 그리고 지렛대 역할을 하는 엄지발가락 덕분에 발은 '탄력적이고 움직일 수 있으며 역동적인' 기관이 된다. 근육들과 그 근육들을 묶어주는 인대의 위치가 확실하게 차이가 난다는 점을 주목하기 바란다. 이런 차이는 발바닥 표면에 더 분명하게 드러난다.

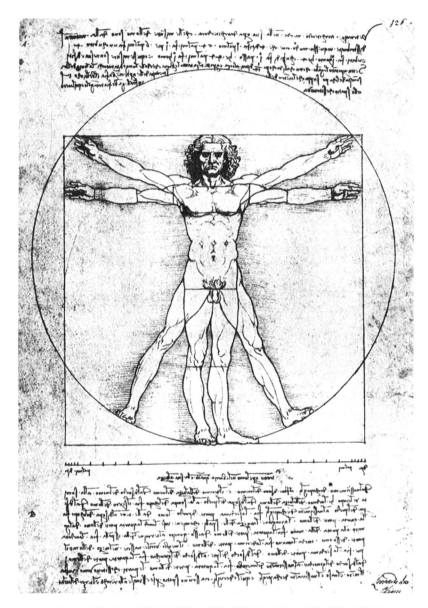

그림 2-14 레오나르도 다빈치의 유명한 그림인 〈비투르비안 인간〉. 양팔을 뻗은 자세의 이 그림이 보여주는 비율은 두 가지 기본 형태인 사각형과 원(만약 이것이 없다면 그 어떤 것도 창조할 수 없을 것이다) 안에 들어간다.

그러나 이것은 단지 명백하게 나타난 해부학적 변화에 지나지 않는다. 뼈와 근육의 상대적 위치를 감지하는 수백만 개의 감각기관이 제공하는 엄청난 피드백 정보를 처리하기 위해 신경체계 연결망과 이보다 더 정교한 순환체계가 없었다면 루시가 똑바로 선다는 것은 여전히 불가능했을 것이다. 다윈과 헉슬리에게 깊은 인상을 주었던 인간과 영장류 간의 뚜렷한 형태적 유사성은 눈에 드러나진 않지만 반드시 필요한 수많은 변화를 보지 못하게 만들었다. 그러나 한 가지의 신체 구조가 변하면 반드시 신체의 다른 많은 부분에 영향을 미치기 마련이다. 수백 개의 다른 뼈와 근육과 관절은 "서로 뗄 수 없을 정도로 긴밀하게 결합된 방식으로 형성되어 있고, 전체의 한 부분이라는 제한된 의미에서만 개별적인 존재일 뿐이다 — 그것들이 전체적인 통합성을 잃는다면 더 이상 존재할 수 없다"고 21세기 저명한 생물학자 다시 웬트워스 톰슨D'Arcy Wentworth Thompson이 말했다.

화산재에 찍힌 인상적인 발자국이 보여주듯이 루시는 이미 '두 발로 걷는 능숙한 보행자'였다. 따라서 만약 다윈의 진화론이 옳다면, 사람과科에 속하는 수많은 이전의 종들이 손등으로 걷는 영장류의 견고하고 안정적인 형태에서 막대기와 같이 직립하는 형태로 해부학적 변화를 분명히 겪을 것이라고 가정할 수 있다. 우리는 그러한 변화가 어떻게 발생했는지 추측할 수 있을 뿐이다. 대둔근이 강화되는 것은 '몸을 숙였다가 끌어올리기 위해' 반드시 필요한 요소이다 — 그러나 그렇게 하기 위해서는 골반 뼈와 대퇴부 상부 뼈가 바뀌고, 인대가 무릎에 견고하게 연결되어야 하며, 발이 직립 보행에 적합하도록 조정되는 등 여러 가지 변화가 수반되어야 한다. 따라서 '손을 자유롭게 사용한다'라는 생물학적 장점은 루시 이전의 과도기적 종들이 갖는 엄청난 불안정성 때문에 상쇄되었을 것이다. 그리고 이런 모든 해부학적 변화 때문에 그들의 걸음걸이는 뒤뚱거리고, 발을 질질 끄는 모습이었을 것이며, 사바나 지역을 비틀거리며 걷는 그들이 배고픈 육식 동물이라도 만난다면 손쉬운 먹잇감이 되었을 것이다. 달리 말하면, 이러한 불가피한 수많은 해부학적 변화에 근거하여 다음과 같은 예상을 충분히 해볼 수 있다. 즉, 직립 자세를 유지하는 것이 매우 어렵다. 추측건대, 그렇기 때문에 다른 어느 동물도 직립 자세를 시도하지 않았을 것이다. 곰곰이 생각해 보면, 인간이 똑바로 선 것은 상당히 이상한 사건이다. 왜냐하면 이 사건은 갑작스럽게 전체적인 '변화'에 의해 발생한 것처럼 보이고, 이는 다윈이 제안한 점진적 진화 메커니즘과는 확실히 다르기 때문이다. 인류의 진화 역사에서 인류 진화의 시작 또는 중요한 근거라는 루시의 중대한 역할은 상당히 모호한 것처럼 보인다.

이러한 문제점들은 우리가 살펴볼 두 번째 진화적 발달에 비하면 그렇게 심각한 것이 아니다. 투르카나 소년의 확장된 뇌는 적어도 더 나은 지능이라는 명백한 이점을 제공했을 것이다 — 그리고 점진적으로 확장된 뇌 용량과 지능은 인간의 생존 기회를 높여주었을 것이다. 하지만 더 발달한 지능의 혜택을 누렸다는 직접적인 증거라곤 그들이 만든 석기 외에는 없다. 그들의 모든 기술적 재능에도 불구하고, 석기는 200만 년 동안 사실상 거의 바뀌지 않았다. 인간 두뇌의 크기가 증가하기 시작하여 수백만 년 동안 계속 진행되었지만 마지막 시점까지 그러한 두뇌 확장의 이점을 보여주는 분명한 증거가 나타나지 않았다. 그런데 비약적인 지적 도약을 이룬 크로마뇽인이 갑자기 나타나 '획기적으로' 문명을 발달시켰다. 우리는 당연히 다음과 같은 질문을 할 것이다. 인간의 진화 과정은 왜 인간이 그렇게 오랫동안 갖지 못했던 능력들을 인간에게 부여했는가?

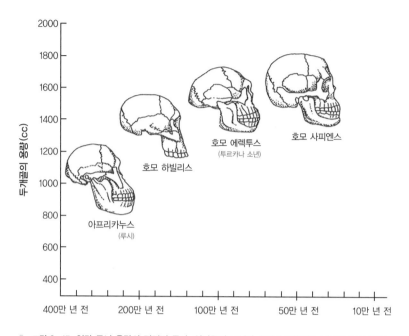

그림 2-15 인간 두뇌 용량의 점진적 증가. 영장류의 두뇌와 크기가 비슷했던 루시의 두뇌 크기는 100만 년이 흐르면서 두 배로 커져서 투르카나 소년의 두뇌 수준이 되었고, 다시 100만 년이 흐른 후 두 배로 커져 크로마뇽인의 두뇌 크기가 되었다. 이러한 두뇌 용량의 기하급수적 성장을 이루기 위해서는 음식 섭취량을 상당히 늘려야 했을 것이다. 인간의 두뇌는 인간 신체의 단 2퍼센트에 불과하지만 '에너지를 많이 소비하며', 음식으로 섭취하는 칼로리의 25퍼센트를 사용하기 때문이다.

이것은 단순한 수사적인 질문이 아니다. 왜냐하면 진화하는 동안, 인간은 두뇌를 확장시키기 위해 엄청난 대가를 지불했기 때문이다. 두뇌 확장은 직립 자세와 더불어 산부인과적으로 볼 때 출산 위험을 엄청나게 증가시켰다 — 이 사실은 인류의 생존에 더할 수 없는 생물학적 단점이 되었을 것이다. 골반 뼈를 통과하여 내려오는 태아의 머리 그림을 보면 이런 사실을 알 수 있다.

직립하기 위해 루시의 골반이 재조정됨으로써 일어난 주요한 결과는 곧

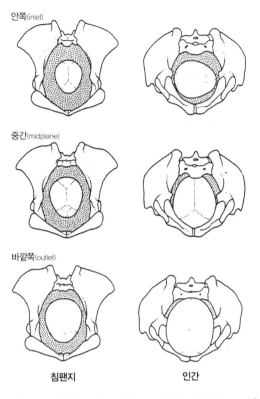

안쪽(inlet)

중간(midplane)

바깥쪽(outlet)

침팬지   인간

그림 2-16 침팬지의 넓은 골반은 태아의 머리와 몸을 충분히 통과시키고도 남을 정도로 여유 공간이 있다. 인간의 경우, 훨씬 더 큰 태아의 머리가 더 좁고 각진 골반을 통과하는 어려움을 해결하기 위해서는 자궁을 둘러싼 근육의 크기와 힘이 매우 증가되어야 한다.

고 얕은 둥근 모양의 뼈가 깊고 각진 튜브 모양으로 바뀌었다는 점이다. 먼저, 영장류인 침팬지의 경우 태아의 머리 주위에 상당한 여유 공간이 있다. 반면, 루시의 골반이 훨씬 더 좁아졌다는 것을 볼 수 있으며, 이 때문에 산모와 태아가 부딪혀서 치명적인 손상을 받을 가능성을 갖게 된다. 게다가 태아의 머리는 산모의 강력한 골반 근육(중력 때문에 아래로 처지는 복부의 내부 장기를 떠받치기 위해 더욱 강화되었다)의 더 큰 저항을 극복해야만 한다. 100만 년이 지난 후, 투르카나 소년의 '더 커진 두뇌'가 이런 힘든 문제를 더 심각하게 만든 결과, 이제 태아를 '깊고, 각진 튜브' 아래로 강제로 내려 보내기 위해 자궁 근육이 아주 장시간 수축(아주 고통스럽다)해야 하고, 이 과정에서 골반 근육과 내장, 방광이 손상될 수 있다. 이러한 모든 일을 통해 볼 때, 침팬지는 걸음을 거의 멈추지 않고도 혼자서 출산할 수 있지만 인간은 모든 인간의 경험 중 가장 고통스러운 일을 하는 그들을 도와줄 다른 사람의 지원이 필요했을 것이다 — 그렇지 않다면 특별히 힘든 상황에 놓이지 않더라도 산모와 태아의 사망률이 100퍼센트에 달했을 것이다.

이것은 단지 시작에 불과하다. 인간의 두뇌가 계속 커졌기 때문에 자궁 내에서 태아의 두뇌 성장률을 늦추고 후반기로 갈수록 속도를 가속화시키는 특별한 진화적 '해결책'이 없었다면 커진 두뇌는 출산 과정에서 도저히 극복할 수 없는 장애물이 되었을 것이다. 투르카나 소년 이후로 새로 태어난 인간은 출산 때 상대적으로 덜 성숙된 두뇌를 갖고 태어나기 때문에 완전히 무력하며, 1년 6개월이 지나야 근육을 사용하는 동작을 습득하기 시작하지만 갓 태어난 침팬지는 곧장 어머니의 등에 매달리는 동작을 한다. 인간 태아의 이런 의존성은 인간의 독특한 특징, 즉 부모에게 의존하는 자녀를 데리고 다니고, 돌보고, 먹이는 책임을 나누기 위해서 부부간의 장기적인 결속을 필요로 한다 — 화산재에 찍힌 발자국은 이런 점을 암시해 준다.

이러한 점들이 보여주는 중요한 의미들을 제대로 이해하기는 쉽지 않다. 손등을 짚고 걷는 침팬지에서 서서 걷는 인간으로 진화한 것은 상당히 논리적이고 발전적이어서 거의 자명한 것처럼 보이지만 그것은 생물 전체에서 전혀 선례가 없는 사건을 그냥 지나쳐버린다. 유일한 위안거리는 인간이 어떤 식으로든 진화했음이 틀림없다는 점일 것이다. 하지만 그 '어떻게'를 이해하고자 하는 희망이, 인간과 침팬지의 유전체가 거의 대동소이하다는 점이 드러나면서 사라져버린 것처럼 보인다. 직립 자세나 엄청나게 확장된 두뇌를 설명해 줄 것으로 예상되는 주요한 유전적 돌연변이가 발생했다는 암시는 전혀 없다. 침팬지 유전체 연구 과제의 책임자는 다소 맥 빠진 듯이 다음과 같이 인정했다. "비밀의 일부는 그곳에 숨겨져 있다. 우리는 아직 그것이 무엇인지 알지 못할 뿐이다." 동료 연구자는 더 퉁명스럽게 말했다. "인간과 침팬지의 유전적 차이에 관해 우리가 아는 모든 내용을 한 문장으로 쓸 수 있다." 터키 북부의 한 가족이 이상한 유전적인 결함 때문에 네 발로 걷는다는 사실이 2006년 보고되었다. 쿠쿠로바 대학의 우너 탄 Uner Tan 교수는 그것이 '인간 진화에 있어서 획기적인 살아 있는 모델'이라고 말했다. 그러나 추측컨대, 그렇지 않을 것이다. 그 가족의 뼈와 근육은 해부학적으로나 전체적으로 볼 때 인간이었고, 다만 상대적으로 팔이 짧고 다리가 길었는데, 그들이 네 다리로 어색하게 걸은 것은 오히려 직립 자세를 취하기 위해서는 해부학적 변화가 '완벽하게' 일어나야 한다는 점을 강조할 뿐이었기 때문이다.

인간과 침팬지의 유전자가 유사하다는 사실은 인간과 침팬지의 밀접한 관련성에 대해 가장 흥미 있는 증거를 제공하는 반면, 그 증거는 진화적인 발전이 어떻게 일어나는지에 대해 거의 아무런 암시도 제공해 주지 않는다. 오히려 그것은 우리의 직계 조상으로부터 우리를 완전히 단절시키는 것처럼 보인다. 최근 50년간의 고고학적 발굴을 통해 루시와 투르카나 소년을 포함해서 약 20여 종 이상의 선조가 발견됐으며, 그들을 일직선으로 늘어 놓고 싶은 유혹이 분명히 존재했다. 루시는 투르카나 소년을 낳고, 투르카나 소년은 네안데르탈인을 낳고, 네안데르탈인은 호모 사피엔스를 낳는 식으로 말이다. 하지만 그런 시나리오는 더 이상 유효하지 않다. 우리에게 남겨진 것은 한 묶음의 많은 가지일 뿐이며, 이것들을 연결할 중심 줄기가 없다.

　고생물학자인 이언 태터설은 이렇게 썼다. "지난 500만 년 동안 새로운 사람과科에 속하는 종들은 규칙적으로 등장하여 경쟁하고, 공존하고, 환경을 정복하면서 살아남거나 사라졌다. 우리는 이러한 혁신과 상호작용의 극적인 역사가 어떻게 펼쳐졌는지에 대해 아주 어렴풋하게 알 수 있을 뿐이다. 하지만 현생 인류가 그러한 많은 말단 가지들 중의 하나 이상에서 비롯되었다는 것은 명백하다."

신유전학의 방법들은 모든 인종(흑인, 코카서스인, 아시아인 등)이 유전적으로 동일하며, 완전히 새로운 종인 호모 사피엔스의 모든 후손, 즉 우리 자신들이 기원전 12만 년에 아프리카 동부 혹은 남부에서 등장한 후 세계로 퍼져나갔다는 것을 확인해 주었다. 그러나 그것은 우리 자신의 '말단 가지'에 대해 전혀 알려주지 않으며, 진화라는 나무의 이전 가지에 명백하게 우리 자신을 연결시켜 주지 못했다. 또한 최근까지 아주 분명해 보였던 우리 자신에 대한 이야기가 상당히 풀기 힘든 문제라는 생각을 갖게 했다. 우리는 진화 역사의 두 번째 수수께끼('예술에 대한 열정'을 지녔던 크로마뇽인)를 고찰한 후에 다시 이 문제를 살펴볼 것이다.

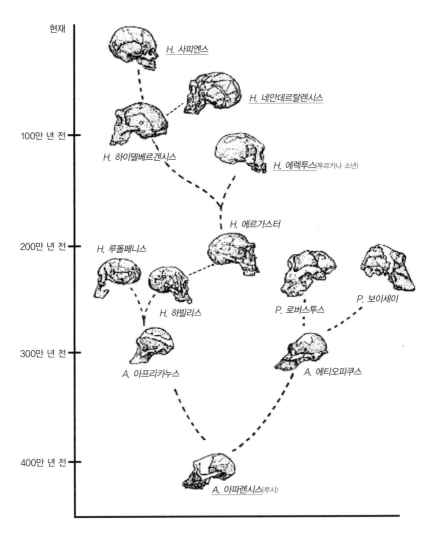

현재

100만 년 전

200만 년 전

300만 년 전

400만 년 전

H. 사피엔스

H. 네안데르탈렌시스

H. 하이델베르겐시스

H. 에렉투스(투르카나 소년)

H. 에르가스터

H. 루돌펜시스

H. 하빌리스

A. 아프리카누스

P. 로버스투스

P. 보이세이

A. 에티오피쿠스

A. 아파렌시스(루시)

그림 2-17 인간 조상의 수수께끼. 신유전학의 기법은 호모 사피엔스의 다양한 종(흑인, 코카서스
인, 아시아인)들이 동일한 공통 조상의 후손임을 밝혀주었는데, 이 조상은 연대기적으로 볼 때 가
장 직접적인 조상인 네안데르탈인과는 유전적으로 아주 달랐다. 인간과 인류 선조와의 관계성에
대한 수수께끼가 위 그림에서 점선으로 표시되어 있으며, 종래의 인류 가계도는 인간 기원이 불
확실하다는 점을 보여준다.

'인간 발전'의 수수께끼 2

문명의 획기적인 발달과 언어의 기원

> "호모 사피엔스는 자신의 조상보다 좀 더 발전한 것이 아니라 그들과는 질적
> 으로 전혀 다른 새로운 인간이었다… 유례가 없는 완전히 새로운 존재가 지
> 구상에 나타났던 것이다. 현생 인류의 주요한 모든 지적 특성은 어떤 면에서
> 언어 능력과 결부되어 있다."
>
> *– 미국 자연사 박물관 큐레이터 이언 태터설*

현생 인류의 등장에서 가장 두드러진 특징은 현생 인류가 갑작스럽고 완벽
한 모습으로 지구상에 출현했다는 점이다. 현생 인류가 남긴 문화유적의
아름다움과 독창성은 그러한 특징을 가장 잘 보여준다. 예를 들어, 쇼베 동
굴 벽에 원근감 있게 묘사된 '사자 무리' 벽화, 이 세상뿐만 아니라 '저' 세
상에서도 자신을 치장하기 위한 구슬과 귀금속들, 노래하고 춤추며 자연계
의 경이를 축하하기 위해 맘모스의 뼈로 만든 드럼, 오일 램프, 작살, 투창
등이다. 간단히 말하자면, 현대 사회에서 발견되는 모든 특징(예술적, 기술적,
경제적, 종교적 특징)이 현생 인류에게 나타난다.

　이러한 문화의 폭발적인 발달을 촉진했던 요인이 어떤 식으로든 언어와
관계되었을 것이라는 점에 대해 사람들은 일반적으로 동의한다. 크로마뇽
인들은 '예술을 향한 열정'이 있었다. 따라서 언어에 의해 유발되어 이전
조상들과 그들을 구별해 주었던 질적인 차이에 대한 탐구는, 이를 테면 들
소 그림이나 조각이 무엇인지를 질문하는 데서 시작해야 할 것이다. 이 그
림은 분명 들소도 아니고 들소에 대한 심상도 아니고, 마치 꿈에서 본 것

같은 들소에 대한 상상적 허구도 아니다. 들소 조각은 구체적인 대상을 조각한 것이 아니라 대상 집단의 일반화된 이미지이다. 그것은 일반화한 들소를 상징적으로 나타낸 것이며 들소에 대한 사상이다. 사물과 느낌을 사상으로 개념화하고, 이 사상을 말로 표현하는 크로마뇽인의 능력은 이 세상에 완전히 새로운 차원을 열었다.

첫째, 언어(이것은 가장 놀라운 것이다)를 통해 우리는 단어를 대상이나 사상에 할당함으로써 '생각'을 한다. 어순에 문법 규칙을 적용하고 한 문장에서 단어들을 일관성 있게 결합함으로써 논리적인 생각을 표현할 수 있게 된다. 게다가 언어 능력을 통해 우리는 자신의 생각을 말로 '실재화'시키고, 같은 의견을 갖거나 또는 다른 사람의 마음에 그것을 아주 정확하게 전달할 수 있다. 사람은 언어를 통해 세계를 이해할 수 있고 세대를 거쳐 쌓아온 축적된 지식을 전달할 수 있다 — 아마도 이 지식은 결국 20세기 말까지 전달되어, 사람들은 자신이 사는 우주의 역사를 그 지식의 눈으로 들여다보았을 것이다. 언어는 진리, 곧 실재에 대한 충실한 사고와 거짓을 구별할 수 있게 해주며, 철학자 리처드 스윈번Richard Swinburne이 지적하듯이, 이성(명백하게)의 토대이며 아울러 도덕성의 토대이다. 왜냐하면 언어는 인간에게 한 가지 행동의 가치를 다른 행동의 가치와 비교하여 가치 있다고 믿는 것을 선택할 수 있는 능력을 주기 때문이다. 그리고 언어는 '사물의 선함'에 대한 개념을 제공하기 때문이다. 모든 생명체와 마찬가지로, 인간은 자연 법칙에 제한을 받는 생물학적 존재이다. 그럼에도 불구하고, 언어는 물질적인 뇌의 한계에서 우리의 지성을 해방시키고 사고, 이성, 감정이라는 비물질적인 세계를 탐구하기 위해 시간과 공간을 초월할 수 있게 한다. 그래서 이언 태터설은 "현생 인류의 모든 주요한 지적 특성은 어떤 식으로든 언어와 관련되어 있다"고 주장한다. 그렇다면 언어는 어디에서 생겨난 것인가?

최근까지의 일반적인 관점에 따르면, 이 놀라운 언어 능력은 특별한 설명이 따로 필요 없는 것으로 여겨졌고, 이런 관점은 단순한 구조에서 복잡한 구조로 전환되는 표준적인 진화 법칙 내에서 쉽게 수용되었다. 언어는 의사소통의 진화된 형태로 설명되며, 원칙적으로 다른 종들의 으르렁대는 소리와 차이가 없다. 다윈은 『인간의 유래The Descent of Man』에서 말했다. "나는 다양한 자연의 소리에 대한 모방과 변형, 다른 동물들의 소리와 인간 자신의 본능적인 외침에서 언어가 기원했다는 점을 의심하지 않는다." 현대의 진화론을 주장하는 너무나 많은 문헌들은 인간의 언어를 영장류의 언어를 능가하는 개선된 의사소통 방법이라고 설명하면서, 후두부와 성대의 유사성(하지만 겉으로 보이는 것처럼 그렇게 비슷하지 않다)을 언어의 진화적 기원의 증거로 강조한다. 리버풀 대학의 로빈 던바Robin Dunbar 교수는 말한다. "언어는 인간이 정보를 교환할 수 있도록 진화했다."

1950년대 유명한 언어학자 노암 촘스키Noam Chomsky는 언어가 원시적인 의사소통 방법의 좀 더 정교해진 형태라는 이해방식에 도전하면서, 아이들이 말을 배우는 놀라운 재능이 갖는 의미에 주목했다. 언어는 우리 삶의 구석구석을 가득 채우는 감정, 사고, 의견의 '끊임없는' 흐름을 아주 쉽게 표현한다. 그리고 아이들이 홍역에 걸리듯이 손쉽게 언어를 '습득'할 만큼 언어가 정말 단순한 것이 틀림없다고 추정하기 쉽다. 촘스키 이전에는 종이가 잉크를 흡수하는 것과 동일한 방식으로 아이들은 들은 단어를 흡수하여 반복함으로써 말을 배운다는 것이 일반적인 시각이었다. 하지만 촘스키는 언어 습득은 그렇게 될 수 없다고 주장하며, 아주 어린 아이들이 자기 연령의 지적 능력을 훨씬 초월하여 거짓말을 배우는 재능을 지적했다. 아이들은 수학의 기초 원리를 이해하기 위해 힘들게 노력해야 하지만 언어는 아주 쉽게 습득한다. 유아들은 이해할 수 없는 말을 재잘거리는 외국인들의 방에 있는 성인의 상황과는 다른 상황에서 출발한다.

> 언어학자 브레이니 모스코비츠Breyne Moskowitz는 말한다. "짧은 기간 내에, 직접적인 가르침도 없이 언어는 최소한으로 분리될 수 있는 발음과 의미로 나누어진다. 아이는 음절을 단어와 재결합하고, 단어를 의미 있는 문장으로 통합하는 규칙들을 발견한다. 열 명의 언어학자가 10년 동안 영어 구조를 분석하는 일에 온전히 집중한다 해도 다섯 살 아이의 언어 능력을 갖춘 컴퓨터 소프트웨어를 만들 수 없다."

촘스키는 언어의 엄청난 복잡성을 숙달하는 어린아이의 지적 능력을 볼 때, 고도로 특수한 '언어 습득 장치' 가 하드웨어적으로 인간의 두뇌에 장착되어 있어서 단어의 의미와 말의 의미가 통하게 하는 데 필요한 문법 형태를 '아는 것' 이 틀림없다고 가정해야 한다고 주장했다. 달리 말하면, 엄마가 "고양이 좀 봐"라고 말할 때, 아이는 엄마가 구레나룻이나 아이가 마시는 우유가 아니라 털이 난 네 발 달린 생물체를 지칭한다는 것을 어떻게 아는가. 게다가 그 '장치' 는 지칭하는 대상뿐만 아니라 동일한 '생각' 을 다른 방식으로 표현하면서도 아무런 의미가 없는 부분을 배제할 수 있는 문법 규칙을 알고 있어야 한다(존이 메리를 보았다' 는 '메리가 존에 의해 보여졌다' 와 같은 의미를 전달한다). 이 장치는 아이들이 양육된 장소가 뉴저지든 뉴기니든 상관없이 아이들은 동일한 방법으로 언어를 배우며, '현재', '과거', '미래' 에 관한 동일한 문법 규칙을 같은 순서로 습득한다는 점을 설명해 준다. 이것은 역으로 이 '장치'가 모든 언어의 공통적인 보편 문법Universal Grammar에 민감한 것이 틀림없으며 이것은 가장 미묘한 의미의 차이를 포착할 수 있게 해준다.

영장류는 이 '장치'를 갖고 있지 않다. 이것이 영장류들이 영리함에도 불구하고 (노련한 침팬지 관찰자인 제인 구달Jane Goodall의 말에 따르면) 여전히 '자신 안에 갇혀 있는' 이유이다. 이와 반대로 모든 인간 사회는 아무리 '원시적'이라 해도 '추상적인 개념과 복잡한 연쇄 추론을 표현'할 수 있는 언어를 갖고 있다. 뉴기니의 고원 지대에 사는 100만 명에 달하는 석기시대 원주민들은 1930년에 '발견'될 때까지 수천 년 동안 외부 세계와 단절된 채 살았다. 그들은 800개의 다른 언어를 사용했고, 각 언어는 복잡한 구문 규칙과 문법을 갖고 있었다.

그렇다면 어떻게 언어 능력이 인간의 두뇌에 생겨나게 되었을까? 언어학자 스티븐 핀커는 "분명 언어가 전혀 없는 단계에서 우리가 지금 아는 단계에까지 이르는 일련의 단계가 틀림없이 있었을 것이다. 각 단계는 임의적인 [유전자] 돌연변이에 의해 아주 서서히 발생했을 것이며, 각각의 중간 단계의 문법은 그것을 사용하는 사람에게 유용했을 것이다"라고 말했다. 물론, 언어가 그런 방식으로 더 단순한 의사소통의 형태 또는 '언어 이전의 언어', 즉 제스처에서 시작하여 점차 간단한 단어나 하나의 의미를 나타내는 구로, 그 다음 단어를 문장으로 연결시키는 규칙으로 진화했을 것이라고 상상하는 것은 가능하다. 영장류가 언어를 습득하는 방법과 유아들이 단어를 재잘거리다가 문장으로 빠르게 발전하는 것을 핀커가 의도적으로 비교하는 것은 진화론적 설명방식으로는 그럴듯해 보일지 모른다. 또한 만약 언어가 단순히 '정보의 교환을 용이하게 하는' 것이라면 그러한 설명이 타당할 것이다. 그러나 촘스키가 아주 설득력 있게 지적했듯이, 언어는 자율적이고, 독립적인 규칙과 의미체계이며 이를 통해 질서를 부여하고 '외부' 세계를 이해한다. 규칙과 의미는 단순한 것에서 복잡한 것으로 진화할 수 없고, 그것들은 단지 '존재' 할 뿐이다. 문장 구조는 의미가 통하거나 통하지 않는다. 대상에게 이름을 붙이는 것은 '옳거나' '그르다.' 코끼리는 코끼리이지 개미핥기가 아니다. 촘스키는 핀커에 반대하면서 언어에 대해 과학적인 설명을 찾는 사람들은, 자신들의 주장에 대한 근거가 없다는 사실을 깨달을 때까지 언어가 계속 진화했다고 설명하고 싶겠지만 그것은 신념에 불과하다고 주장했다. 물론 이것은 사소한 논쟁이 아니다. 왜냐하면 언어는 '인간' 의 모든 측면에 아주 긴밀하게 연관되어 있기 때문에 언어가 종래의 진화론적 설명으로는 불가능하다고 양보하는 것은 인간에 대한 진화론적 입장을 양보하는 것이기 때문이다.

언어의 진화론적 기원에 대한(또는 그 밖의 다른) 논쟁은 1980년대 후반까지 여전히 해결되지 않은 채 남아 있었다. 그러나 1980년대 후반 최초로 PET 스캔 화면이 가장 단순한 언어활동이 넓은 범위의 두뇌와 어떻게 관련되는지를 보여주었다. 모든 형태의 언어활동, 즉 단어에 관한 사고와 단어를 읽고 말하는 행위들은 두뇌의 여러 부분에서 수행된다. '의자' 라는 단어와 '앉다' 라는 단어를 연관시키는 단순한 언어활동도 두뇌 전체 표면에 수많은 전기자극 활동을 발생시킨다. 게다가 이러한 스캔 영상 조사를 통해 한 단어를 말하거나 듣는 데 소요되는 1초 동안에 두뇌가 어떻게 단어를 철자, 소리(음성학), 의미(의미론), 조음articulation과 관계된 네 개의 다른 모듈을 통해 단어의 구성요소로 쪼개는지를 볼 수 있다. 이런 '모듈' 은 다시 거의 무한

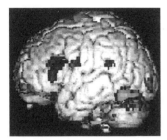

철자를 말할 때

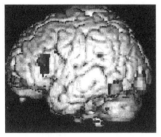

색깔 이름을 말할 때

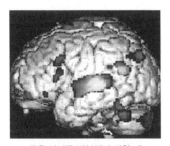

들은 단어를 반복하여 말할 때

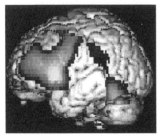

스스로 생각한 단어를 말할 때

대로 세분화된다. 소리에 대한 인식은, 예를 들어 자음 'P'와 'B' 사이를 구별하는 것은 두뇌 전체의 스물두 개 지점에서 이루어진다. 우리가 이런 식으로 단어를 분해한 후에 비로소 '코끼리'라는 단어를 이해한다고 가정할 경우, 정말 엄청난 것을 시사하는 무언가가 있는 것이다. 그리고 단어를 다시 조합하기 위해서 두뇌는 코끼리라는 단어를 '분해'하는 동시에 단어 전체의 의미를 이해해야 한다. 왜냐하면 각각의 단어를 구성하는 상징은 전체 단어의 배경 속에서만 제대로 이해할 수 있기 때문이다.

두뇌가 한 단어를 처리하는 방법을 밝혀내는 것(이것은 아주 힘든 일이다)과 그 연구 결과를 확대하여 그것을 '주어-동사-목적어'와 수많은 종속절로 이루어진 문장에 그대로 적용하는 것과는 별개의 일이다. 끝없이 대화가 이어지는 실제 세계를

그림 2-18 언어 능력, 즉 '단어에 관한 복잡한 지식체계'는 두뇌의 다른 부분에서 관장하는 여섯 개의 '하부 체계'로 구성된다 ─ 철자와 색깔 이름을 말하거나, 단어를 반복해서 말할 경우 두뇌의 각각 다른 부분이 활동하는 반면, 스스로 생각한 단어를 말할 때는 두뇌의 전두엽과 두정엽 전체가 활성화된다.

생각해 보라. 그러면 문제는 도저히 감당할 수 없는 지경이 된다. 미식축구 팬들이 경기 전에 술집에 모여 자기 팀의 시즌 전망을 토론할 때(엄청난 지식 창고를 이용하고, 이전 시즌의 결과를 판단하고, 자기 팀 선수들의 장단점을 파악하고, 상대팀의 경기력에 대해 평가한다) 틀림없이 어떤 종류의 두뇌 프로세스가 관련되지 않을까 하고 혹자는 물을지도 모른다. 그들은 어떻게 자신들의 기억 창고에서 올바른 단어들을 선택하는가? 아니면 어떻게 자신의 의견을 강조하기 위해 구문 규칙이나 문법에서 올바른 어순을 택하는가? 어떻게 그들의 두뇌 속 뉴런의 전기자극이 단어들을 나타내고, 단어들의 뉘앙스를 포착하는가?

'말이 너무나 쉽게 술술 나오기 때문에 언어활동이 단순한 것임에 틀림 없다고 가정하는 것이 쉽다'는 말은 과연 그런가? 그러나 언어는 그것이 그럴 필요가 있기 때문에 단순하게 보일 뿐이다. 무엇보다도 언어를 이해하는 데 수십 년이 걸리고 사용하기 어렵다면, 인간이 자신의 생각을 직접적으로 다른 사람의 머리에 전달하는 새롭고, 강력한 언어를 습득하는 것은 별 의미가 없을 것이다. 그러나 이미 언급했듯이, 겉으로 드러난 그런 단순성은 언어의 심오함을 보여주는 표지이며, 또한 언어가 단순하게 보이도록 하는 두뇌 기능의 불가해적인 복잡성을 보지 못하게 한다.

지난 수십 년 동안 언어학과 신경과학이 남긴 중요한 유산은 겉으로 보이는 단순함 이면에 숨은 복잡성을 밝히고, 동시에 언어 능력에는 모든 두뇌 기능의 작용이 필요하다는 점을 주목하게 한 것이다. 가령, 4만 단어의 어휘를 저장하기 위한 기억 능력이 엄청나게 증가해야 하고, 아울러 거의 즉각적으로 호출할 수 있도록 저장할 능력이 있어야 하며, 동정과 애정의 감정을 비롯한 심오한 지성적인 감정들, 추론 능력, 옳음과 그름을 도덕적으로 구별하는 능력이 필요하고, 시인과 저술가들이 자신을 고유한 방식으로 표현할 때 요구되는 상상력이 풍부한 지성이 필요하다.

나중에 이 문제를 더 깊이 숙고하기로 하고, 여기서 화제를 돌려서 '전례 없는 존재'인 크로마뇽인의 기원에 대한 전통적인 진화론적 설명과 앞의 논의 내용을 감안한 기원에 대한 오늘날의 설명방식을 간단히 비교해 보기로 한다. 분명한 사실은 과거 수백만 년에 걸쳐 꾸준히 두뇌가 확장되었고, 아울러 더 높은 지적 특성, 특히 언어 능력의 기초가 된 신경세포 능력이 훨씬 향상되었으며, 기술혁신과 예술적인 표현 같은 급격한 문화적인 성장이 이루어졌다는 것이다. 그러나 훨씬 확장된 두뇌 그 자체는 언어 현상을 설명해 주지 않는다. 또한 생각하고 행동하고 세계를 이해할 수 있다는 확실한 '편익'에 대한 증거가 왜 그렇게 늦게, 그리고 갑자기 나타났어야 했는지 그 이유를 설명하지 못한다. 두뇌가 커짐에 따라 그에 따른 '이익'이 아주 미미하고, 출산에 장애가 되며 아주 긴 양육 기간에 따른 추가적인 위험이 증가하는데도 왜 두뇌는 수백만 년 동안 계속 확장되었는가? 언어가 원시적인 두뇌에 부가된 어떤 장치가 아니라 두뇌의 엄청난 부분을 차지하며, 기억과 지능 같은 지성의 다른 특성이 크게 확장되어야 함을 알게 되면 이 수수께끼는 더욱 당혹스러운 것이 된다.

두 가지 진화론적 가설 중(언어가 '초기' 또는 '후기'에 발전했다) 어느 것도 설득력이 없다. '초기' 가설의 주창자들은 복잡한 시스템으로 진화하기 위해서는 수백만 년이 소요되었을 것이라고 (아주 정당하게) 추론한다 ―투르카나 소년의 종족, 호모 에렉투스, 그 이상으로 거슬러 올라간다. 그런데 왜 그들은 언어가 만들 수 있는 '문화'의 증거를 거의 남겨놓지 못했는가? '후기' 가설 주창자들은 언어가 호모 사피엔스에게만 나타나는 고유한 것이었으며, 호모 사피엔스는 언어를 통해 그의 가장 가까운 친척들과 달리 문화적

급성장을 이루었다고 주장한다 — 그러나 이 이론은 아프리카에서 호모 사피엔스가 등장한 후 단지 10만 년 동안 진화했다고 가정한다. 이 논쟁은 해결될 수 없지만 우리의 엄청난 무지를 주목하게 하는 데는 일조한다. 우리는 최초의, 그리고 가장 놀라운 모든 문명을 갑작스럽게 등장시킨 '획기적인' 원인에 대해 최소한의 흐릿한 단서도 갖고 있지 않다. 3만 5,000년이 흐른 지금 우리 인간은 역사상 한 시기를 풍미했던 이집트, 그리스, 로마, 아랍 등 많은 문명의 축적된 지식과 기술과 거대한 보물 창고를 활용할 수 있다. 예술을 향한 열정, 재치 있게 장식된 투창을 가진 크로마뇽의 천재들은 그들 스스로의 힘으로 그 모든 일을 만들어내야 했다.

20종 이상의 사람과科에 속하는 다른 종들이 수백만 년 동안 어떻게 그리고 왜 전면적인 해부학적 변화를 겪으면서 직립하게 되었는가 하는 점, 그리고 그 이후 대폭적인 두뇌 확장이 일어났는데 이것이 세계의 작용을 이해할 수 있는 잠재력을 가졌지만 사냥꾼으로서의 삶에 필요한 것과는 어울리지 않아 보인다는 점은 인간의 발달에 관한 수수께끼이다. 인간의 정교한 지능은 인간에게 생물학적 이점을 제공했지만, 모든 생물체(새, 박쥐, 돌고래 등)는 우리와 다른 자신만의 수준 높은 특수한 지능을 지녔으며 그것으로도 자신의 생존율을 극대화했다. 생물학자 로버트 웨슨Robert Wesson은 왜 인간의 두뇌가 심포니를 작곡하거나 추상적인 수학 정리를 푸는 것(이런 활동을 통해 수많은 자손을 얻을 것 같지는 않다) 같은 놀라운 지적 능력을 갖게 되었는가에 대해 질문한다.

이와 관련된 또 한 가지 수수께끼는 황금기였던 지난 150년 동안 왜 과학의 정설은 우리가 원칙적으로 인간의 발달에 대한 수수께끼에 대해 답을 알고 있다고 말했는가 하는 것이다. 고생물학자 이언 태터설이 인정하듯이, '우리는 그처럼 극적인 역사가 어떻게 전개되었는가 하는 문제에 대해 아주 어렴풋하게 알고 있을 뿐'이었다. 몇 쪽만 들춰보아도 매 장을 넘길 때마다 '자연선택'이 인간 발전의 추진력이라는 널리 퍼진 과학적인 확신 속에 있는 모순점들을 찾아낼 수 있었다. 물론, 자연이 약하고 덜 완벽한 것을 버리고 강하고 적합한 것을 '선택'한다는 것은 자명한 진리이다. 그러나 같은 논리에 따라, 이 메커니즘은 직립과 두뇌의 대폭적인 확장(당연히 이런 변화는 먼 인류 조상들의 생존 가능성을 아주 심각하게 저하시켰을 것이다)을 설명하는 데 적용될 수 없다. 위에서 말한 관찰 내용은 모호한 것이 아니다. 직립 자세의 해부학적 의미와 두뇌 확장에 따른 산부인과적 위험이 이를 잘 보여준다. 하지만 진화론에 관한 대표적인 책이나 인간 상승을 도표로 보여주는 박물관 전시장에서는 그런 것들이 문제가 될 수 있다는 점을 전혀 암시조차 하지 않는다 — 우리가 보아왔듯이 그렇게 생각하는 사람은 '어리석고 무지하고 제정신이 아닌 사람'으로 조롱당한다.

대부분의 사람들은 인간의 기원에 대해 전혀 생각해 보지 않고도 아주 잘 지낸다 — 만약 사정이 그렇다면, 토머스 헉슬리가 포착한 인간 발달의 첫 이미지를 재확신하는 것이 상당히 위안이 될 것이다. 하지만 인간 골격의 절묘하고 놀라운 통합, 그리고 드러나지 않는 문법의 복잡성에도 불구하고 두 살 난 아이가 그것을 이해한다는 사실을 생각할 때, 어떻게 인류 기원에 대한 그런 역사관이 그렇게 매력적이고 흥미 있는 이론으로 주목을 받는지 놀랍다. 진화론이 현혹시키는 단순성과 진화론이 설명하려는 수많은 생물학적 현상 사이의 이러한 불일치는 아주 뚜렷하다. 진화론의 주장은 경험적인 증명을 위해 결코 '실험'할 수가 없다. 자연선택 과정이 정말로 수백만 년 전의 이러한 특이한 생물학적 사건들을 설명할 수 있는지를 논증할 방법이 없다. 간단히 말해, 인간 유전체 연구 프로젝트가 인간을 영장류, 쥐, 파리, 지렁이와 구분하게 만드는 우연한 돌연변이가 어디에서도 발견되지 않는다는 확실한 연구 결과를 발표하기 전까지 표준적인 진화론적 설명에 대한 논쟁은 불가능하다 ─ 또는 논쟁이 불가능했었다.

누구나 인정하듯이, 이 모든 사실이 결국 어떻게 결론이 날지 예상하기는 매우 어렵지만 신유전학과 두뇌의 시대가 제시한 '실망스러운' 연구 결과는 그 여파가 매우 심각하다. 우리는 과학이 명확하게 드러난 것보다 더 많은 것을 안다고 말하는 것에 속아 넘어가는 이유를 알아야 한다. 우리가 분명하게 아는 것은 화학적 유전자의 단순성과 두뇌의 전기자극에서 나오는 풍성한 사고와 상상력이 자연계의 아름다움과 복잡성을 인식하는 힘을 찾아내게 해서, 언뜻 보기에 건널 수 없을 것 같은 두 개의 '실재(물질적 실재와 비물질적 실재)' 사이의 간극을 탐구해야 한다는 사실이다.

그러나 최근에 드러났듯이, 과학적 지식의 범위와 한계 그리고 역설적이고 '실망스러운' 연구 결과가 오랫동안 우리 눈에 보이지 않았던 유전 형질과 인간 정신의 특징에 관한 심오한 진리를 드러내준 것을 충분히 평가하기 위해 더 넓고 초연한 시각이 필요하다. '경이감'과 사물의 본질을 가장 성실하게 들여다보는 통찰력보다 더 좋은 출발점은 없다. 크로마뇽인은 본능적으로 이 두 가지를 깊이 음미했을 것이다. 그들은 자연계의 수많은 아름다움과 통합을 보고 '경이감'을 느꼈을 것이며, 그들이 아는 것보다 더 큰 존재의 의미를 생각했을 것이다. 또한 그들은 '왜'라고 질문하는 인간적인 갈망에 따라 천체 운동의 규칙성과 생물체의 다양성 속에서 '모든 지식의 시초인' 자연계의 원인, 패턴, 설명을 찾았을 것이다.

제3장

과학의 한계 1: 비실재적인 우주

세계는 진기한 대상이 아니라 경이감을 갈망할 것이다.

— G. K. 체스터튼Chesterton

세계는 경이로 가득하지만 정작 우리는 점차 그것을 보지 못한다. 매일 새벽, '한 치도 어김없이 정확하게' 태양이 지평선 위로 떠올라 우리의 생명에 빛과 온기를 뿌리고 위대한 생태계를 움직인다 — 태양은 인간이 1년 동안 발전소에서 만드는 에너지보다 3,000만 배 더 많은 에너지를 매 초마다 보낸다. 저녁이 되면 한 치의 어김도 없이 해가 저물면서 온 하늘에 장엄한 보라색, 빨강색, 오렌지색의 황혼을 수놓는다. 빅토리아 시대 예술 비평가 존 러스킨John Ruskin은 이렇게 썼다. "우리에게 주어진 모든 선물 가운데 색깔은 가장 거룩하고 가장 신성하고 가장 장중하다." 우리의 매일의 삶을 가득 채우는 색깔과 빛의 그 한없는 미묘함은 계절의 변화를 일깨우고 스스로 새롭게 되는 생명의 심오한 신비를 영원히 되새기게 해준다.

생명 그 자체만큼 경이로 가득 찬 것은 없다. 오늘날 우리는 이 문장의 끝에 있는 마침표보다 훨씬 더 작은 가장 미미한 박테리아의 생명활동조차도 수천 개의 화학반응의 조화로 이루어진다는 것을 안다. 박테리아는 이런 활동을 통해 토양과 물에서 흡수한 영양소를 에너지와 원형물질로 만들어 성장하고 자기를 재생산한다. 그러나 생명은 시간이 흐르면서 우리가 상상할 수 있는 모든 것 이상을 포괄할 만큼 엄청나게 다양한 모양과 형태, 특성, 성향을 갖게 되었다. 정말 얼마나 셀 수 없이 다양한가! 박물학자이며 방송인인 데이비드 어텐보로David Attenborough는 남아메리카의 숲에 대해 이렇게 썼다. "얼마나 많은 종들이 이 축축한 온실 같은 정글에 살고 있는지 아무도 말할 수 없다."

40종 이상의 앵무새, 70종 이상의 원숭이, 300종 이상의 벌새, 수만 종 이상의 나비가 서식한다. 만약 당신이 조심하지 않는다면, 100종의 모기에게 물릴 수도 있다… 하루 동안 숲에 머물면서 통나무를 뒤집고 나무껍질 아래를 살펴보고, 축축한 낙엽 더미를 자세히 조사해 보라. 나방, 유충, 거미, 코가 긴 벌레들, 빛을 내는 딱정벌레들, 장수말벌처럼 위장한 독성이 없는 나비들, 개미같이 생긴 장수말벌, 걸어 다니는 대벌레, 날개를 펴서 날아가는 잎벌레… 수백 종의 작은 생명체들을 수집할 수 있을 것이다. 과학은 이 생물체들 중 어느 하나라도 확실하게 설명하지 못한다.

지구에서 우리와 함께 공존하는 수백만 종의 생명체는 이제껏 존재해 온 생명체의 단 1퍼센트에 지나지 않는다. 각각의 생명체는 미묘한 차이를 가진 수많은 변종이 될 수 있는 가능성이 있다. 박쥐들의 이상하게 생긴 얼굴

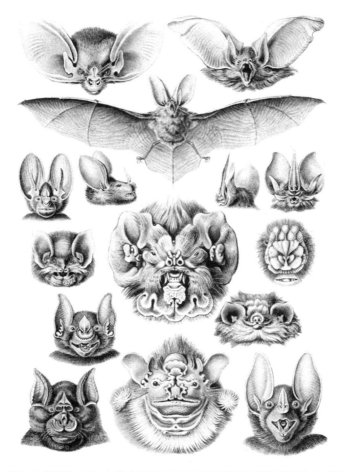

그림 3-1 환상적인 자연. 기괴하게 생긴 1,000종 이상의 박쥐의 얼굴은 '형태의 가능성을 유감없이 보여주며', 박쥐의 뛰어난 청각은 그들이 성대에서 방출한 음파가 먹이에 부딪혀 다시 돌아오는 것을 다시 포착함으로써 거의 없는 시력을 보완한다.

생김새는(이들은 거의 시력이 없기 때문에 외모에는 무관심했을 것이다) 상세하고도 기하학적인 형태의 가능성을 남김없이 보여준다. 수천 종의 새들은 비행 형태나 날개의 형태, 깃털의 색깔, 새소리의 음조에 따라 아주 쉽게 구분할 수 있다.

그러나 미국 박물학자 프랭크 채프먼Frank Chapman이 말했듯이, 새는 "자연에서 미와 즐거움과 진리를 가장 잘 표현한다." 철새의 이동은 생태계의 반복되는 신비를 잘 보여주며, 이러한 특이한 습관과 행태는 모든 설명을 무력하게 만든다 — 북극제비갈매기는 매년 지구를 한 바퀴 횡단하는데, 캐나다와 시베리아 북부의 보금자리에서 출발하여 유럽과 아프리카의 해변을 따라 남하하여 남극 해변까지 날아갔다가 돌아서 북쪽으로 다시 날아간다. 이 새가 2만 5,000마일의 지구를 도는 데 8개월이 걸리며, 하루 24시간 동안 날아간다. 얼마나 빨리 나는가! 길 없는 밤바다를 얼마나 대담하게 날아가는가!

북극제비갈매기가 별에 의지해 항해하는 법을 어떻게 아는지에 대해 경이감을 느끼는 것은 당연하다. 하지만 연어가 깊은 대양에서 자기가 태어난 작은 강으로 되돌아가는 길을 찾는다는 것은 더욱 경이로운 것처럼 보인다. 연어는 고도로 발단한 후각기관을 이용해 산란지의 물을 감지한다. 일반적인 유럽 뱀장어는 대서양을 두 번 횡단하는데, 북미 연안의 산란지에서 유럽의 강으로 갔다가 다시 돌아간다. 생물학자 로버트 웨슨은 이렇게 썼다. "생명체가 가진 정말 경탄할 만하고, 이해할 수 없는 특성들의 수는 자연의 창조성이 아니라 과학자가 그것을 설명하는 능력에 의해 제한된다."

그가 지적한 바에 따르면, 과학자들은 2만 종의 개미가 존재한다고 추정하지만 이 중 8,000종만을 설명할 수 있을 뿐이다. 지금까지 생물학자들은 단지 100종의 개미만 깊이 연구해 왔으며, 각각의 개미는 고유하고, 기이한 행동 패턴을 갖고 있다 — 예를 들어, '기생 개미의 암컷은 숙주 역할을 하는 식민지에 속한 일꾼 개미를 붙잡아 자신의 다리에 달린 솔로 일꾼 개미를 문질러 자신의 냄새를 전달하는 것으로 숙주 식민지에 들어갈 수 있는 허락을 받아낸다.' 그렇게 미미한 생명체의 정교하고, 목적지향적인 행동 패턴은 어떻게 해서 생겨난 것일까.

이렇게 거의 무한할 정도로 다양한 생명체의 깊은 배후에 놓인 통일성 속에서 모든 생명체는 동일한 사슬로 연결되어 있으며 그 안에서 자신을 계속 이어간다. 산에 떨어지는 비는 샘을 채우고 시내를 따라 흐른다. 이 시냇물은 강을 이루고 바다로 흐르며, 깊은 곳에서 안개가 올라와서 구름이 만들어지고, 그것이 다시 비가 되어 산기슭을 적신다. 산기슭의 식물은 빗물을 빨아들이고, 태양의 에너지로부터 온기를 흡수하고, 기이한 연금술을 통해 토양의 영양분을 자신의 것으로 바꾼다. 초식동물들은 풀을 먹고 복잡한 관계망을 형성한다. 왜냐하면 동물이 다른 동물에게 먹히고, 그 시체가 다시 흙으로 돌아가기 때문이다 ─ 토양의 미생물들이 동물 시체의 뼈를 먹고 화학성분으로 분해한다. 그러면 다시 앞의 과정이 계속된다. 어떤 것도 사라지지 않지만, 아무것도 똑같은 상태로 머물지도 않는다.

애버딘 대학의 자연사 교수인 아서 톰슨Arthur Thomson이 우리에게 상기시켜 주듯이, 바퀴 안의 바퀴, 즉 가장 높은 것에서 가장 낮은 것에 이르기까지 거대한 생명체의 파노라마 가운데에서 인간의 생존과 번영은 전적으로 하잘것없는 지렁이의 고된 노동에 달렸다. 지렁이가 단단하고 황량한 토양에 공기를 통하게 하는 수고가 없다면, 한 떼기의 옥수수 밭도 존재할 수 없을 것이다.

잠시 멈춰 서서 지구의 역사에서 지렁이가 해온 역할에 대해 생각해 보면, 지렁이는 가장 유용한 동물임이 명확하다. 지렁이가 땅에 굴을 파면 땅이 부드러워져서 식물이 뿌리를 내리고 비가 흘러들기에 적합하게 된다. 지렁이가 흙을 삼켜 내장 속에서 잘게 부숨으로써 미네랄 입자를 더 유용한 형태로 쪼갠다. 지렁이는 쟁기를 끄는 농부이다. 에이커당 50만 마리의 지렁이가 매년 10톤의 흙을 먹고 배출한다.

따라서 세계는 '결코 기적을 갈망하지 않을 것이다.' 오히려 하늘 위와 땅 아래 그리고 그곳에 사는 모든 것(인간의 지성, 추론과 상상력의 힘을 포함하여)이 어떻게 150억 년 전 빅뱅이라는 '단 한 번의 순간' 에 무형의 원자 덩어리에서 기원했는가에 경이감을 갖고 알기를 갈망할 것이다.

시인 윌리엄 워즈워스William Wordsworth는 하늘 위와 땅 아래에서 드러난 기쁨을 포착하려고 애쓰면서 그것을 '웅대함' 이라고 표현했다.

> 그들의 집은 황혼녘의 빛,
> 둥근 대양과 살아 있는 공기,
> 푸른 하늘,
> 영이 앞으로 나아가면서 만물을 움직이네.

자연과 '웅대함' 이 촉발한 감정들은 많은 시인과 작가들과 마찬가지로 미국 시인 월트 휘트먼Walt Whitman에게도 일상적인 현실의 숨겨진 신비한 핵심을 보여주는 가장 강력한 증거였다.

그는 이렇게 썼다. "단순한 지성은 놔두고, 우리가 세계라고 부르는 총체적인 다양성이 존재하는 시간과 공간 속에는 절대 균형의 직관적인 지식을 깨닫게 하는 놀라운 무언가가 확실하게 존재한다 ─ 사냥꾼의 손에서 뛰쳐나

가려는 사냥개와 같이, 보이지 않는 실이 모든 사건들 그리고 모든 역사와 시간을 붙들고 있다."

웅대한 자연은 항상 종교적인 시각에 가장 큰 강력한 영향을 주었다. 웅대한 자연에 대한 찬탄은 모든 위대한 종교들의 핵심적인 특징이었다. 독일 신학자 루돌프 오토Rudolph Otto(1869~1937)에게 있어서 '웅대함'은 '신비적인 경외감과 매혹'이었다 — 경외감은 무가치한 우리의 자아보다 더 위대한 어떤 존재 앞에서 우리가 느끼는 감정이며 매혹은 인간의 지성이 자연의 근본적인 법칙을 탐구할 수밖에 없도록 만드는 감정이다.

이것은 앞 장의 말미에 언급한 '경이'의 두 가지 의미 중 두 번째 의미, 즉 '왜라고 의문을 갖게' 만드는 것이다. 그리스 철학자 플라톤이 말했듯이, 그것은 '모든 지식의 출발점'이다.

19세기 프랑스 수학자 앙리 푸엥카레Henri Poincaré는 이렇게 썼다. "과학자는 유용성을 목적으로 자연을 연구하지 않는다. 과학자는 자연 자체에서 기쁨을 느끼기 때문에 자연을 연구한다. 과학자는 자연이 아름답기 때문에 자연에서 기쁨을 느낀다. 만약 자연이 아름답지 않다면, 자연은 알 만한 가치가 없을 것이며, 삶은 살 만한 가치가 없을 것이며… 친숙한 아름다움은 각 부분이 만들어내는 조화로운 질서에서 나오며, 순수한 지성은 그것을 포착할 수 있다."

가장 위대한 과학자인 아이작 뉴턴Issac Newton은 '각 부분의 조화로운 질서'를 이해하려고 노력하는 과정에서 중력과 운동의 근본 법칙을 발견했다. 이 법칙들은 보편적이고(이 법칙들은 우주 전체에 적용된다) 절대적이며(결코 무너지지 않으며) 영원하고(모든 시대에 불변하며) 막강하기(가장 강력하다) 때문에 창조자의 지성을 엿볼 수 있게 해주는 것이라고 그는 말했다. 뉴턴은 자신이 가장 성취하고 싶은 것이 웅장한 세계의 작은 부분의 작용을 설명하는 것이라고 말했다. 그는 이 유명한 고백을 통해서 '무언가에 놀라는 것'과 '왜라고 질문하는 것' 곧 경이의 두 가지 의미를 이해했다. 그는 이렇게 썼다. "세상 사람들이 나를 어떻게 보는지 모르겠지만, 스스로 보기에 나는 해변에서 노는 소년처럼 보일 뿐이다. 재미있게 놀면서 가끔 평범한 돌보다 더 매끈한 조약돌을 발견하지만 진리의 대양은 전혀 탐험되지 않은 채 여전히 내 앞에 놓여 있다."

세계에는 기적들이 너무나 많이 널려 있어서 이전 시대의 다소 덜 발달한 지성인들에게(뉴턴과 같은) 세계의 기적들이 '자연의 기적'으로 이해되었다. 분명, 한 치의 오차도 없이 정확한 태양, 생명의 순환, 무한할 정도로 다양한 생명체, 생명체들의 상호연결성, 이 모든 것들은 자연의 일부이며, 자연의 법칙에 충실하다. 이것들은 '자연적인' 것이다. 그러나 자연의 총체성, 자연의 아름다움과 통합성, 완벽성, '아직 탐험되지 않은 진리의 대양'은 지금까지 인간 정신의 힘 너머에 존재하기 때문에 '기적'이라고 부르는 편이 더 나을 것이다. 과학과 종교는 즐겁게 화해했고, 과학자들은 그들의 일을 거룩한 소명으로 이해했다. 현대 물리학의 창시자인 로버트 보일Robert Boyle은 자신의 역할을 '자연의 사원에서 일하는 성직자'라고 인식했다.

이것은 현대적인 시각은 아니다. 물론, 대부분의 사람들은 세계의 아름다움과 복잡성을 인정하고, 자연에 대해 감탄하는가 하면 심지어 자연을 숭배하기도 한다 ― 그러나 생물학이나 동물학, 천문학, 식물학 또는 다른 과학 과목 교과서에서 이런 것들을 조사해 봐야 헛수고이다. 현대 과학의 교과서는 과목의 연구 대상에 관해 놀랍고 특이한 것이 있음을 암시하지만 '기적적인 요소'는 말하지 않는다. 과학은 더 이상 '진정으로' 놀라워하지 않으며, 기적적인 요소는 별 관심을 끌지 못하는 신비주의와 뉴에이지로 쉽게 연결된다. 과학은 지적인 중립성의 후광을 덧입고 싶어하고, 냉정한 객관성, '진리'에 대한 책임감을 더 좋게 평가한다. 따라서 고도의 기술적인 지식, 외부인들이 종종 접근할 수 없는 과학의 텍스트와 학술 논문은 경이감을 엄격하게 배제한다.

나중에 보겠지만, 현대인들이 이런 경이로움을 느끼지 못하게 된 몇 가지 중요한 원인이 있다. 그중 가장 중요한 원인은 뉴턴 시대 이래로 과학이 그러한 '자연의 기적'을 전혀 경이롭지 않은, 유물론적 측면으로만 설명한 것이다. 지난 50년간의 엄청난 과학적 발견으로 우주의 기원에서 지금까지 전 우주의 역사가 통일성 있는 하나의 이야기로 통합되면서 그 절정에 달했다. 분명한 점은 과학이 모든 우주의 아름다움과 상호연결성, '만물을 움직이는 웅대한 영'을 이해할 수 없을 것이라는 사실이다. 그러나 이것은 과학이 매우 설득력 있게 묘사한 사건들을 통해 보여준 극적인 드라마와 흥분보다 더 많은 것을 보상해 준다.

지적인 성취의 규모가 너무도 대단해서 이전 시대의 '자연의 기적'이 더 이상 발붙일 여지가 거의 없는 것처럼 보일지도 모르고, 또 우리가 알 수 있는 것 이상의 것이 있는지 '의문'을 가질 여지가 없는 듯이 보일지도 모른다. 과학적 지식의 한계가 어디이며, 무엇인지를 인식하기 위해서는 과학의 광대한 영역을 살펴볼 수 있는 우주적이고 초월적인 관점이 필요하지만 그것은 불가능해 보인다. 그러나 그것이 아주 불가능한 것은 아니다. 왜냐하면 과학의 영역이 정말로 광대하며 인간의 이해를 훨씬 뛰어넘긴 하지만, 그럼에도 불구하고 과학의 광대한 영역, 곧 자연세계는 그것에 질서를 부여한 세 가지의 위대한 통일적인 현상에 의해 지탱되기 때문이다. 우리는 연구를 통해 과학에 관한 아주 심오한 것과 과학의 유물론적 설명의 한계를 알 수 있을 것이다.

가장 근원적인 질문을 제기하는 것은(항상 그러했고, 앞으로도 그럴 것이지만) 별로 유익하지 않다. '왜 무가 아니라 어떤 것이 존재하는가?' 하지만 두 번째 질문은 경우가 다르다. '무언가가 존재한다면, 왜 물리적인 우주(그리고 우주 안에 있는 모든 것)와 (무한히 다양한) 모든 생명체는 그렇게 질서정연한가? 그것들은 질서정연해서는 안 된다. 왜냐하면 마치 불에 타서 사라지고, 시계가 돌다가 멈추는 것처럼 어떤 사물을 그대로 내버려두면 카오스와 무질서 상태로 되기 때문이다. 질서를 부여하고, 잃어버린 에너지를 회복시키는 보완적인 힘이 반작용을 하지 않는다면 우주의 질서를 유지할 수 없다.

간단히 말하면, '질서를 유지하는 세 가지 힘'이 존재한다. 첫 번째는 아이작 뉴턴 경이 발견한 중력으로, 이는 우주를 하나로 통합시키는 아교풀과 같다. 두 번째는 이중 나선형 구조를 따라 길게 늘어선 강력한 유전자로서, 수백만 종의 생명체 각각에게 고유한 형태, 모양, 특성, 속성이라는 질서를 부여한다. 세 번째는 인간의 정신으로서, 자연계와 그 속에서의 인간의 위치에 대한 이해를 제공한다. 이 세 가지 힘은 우주의 모든 현상을 통제하고 유지하며 과학의 '광대한 영역'을 대표한다. 따라서 만약 이 세 가지 힘이 물리와 화학 측면에서 물질주의적이고 이차적인 실재(여기서 물은 두 개의 수소와 한 개의 산소가 결합한 것이다)로 이해된다면, 이론적으로 볼 때 분명히 과학이 알 수 없는 것은 전혀 없다. 그러나 만약 이 세 가지 힘이 그와 같은 방식으로 이해할 수 없는 것이라면, 그 힘들이 과학의 영역과 그 힘들을 감지하는 방법을 넘어서 존재하는 다른 어떤 힘을 통해서 자신의 힘을 발휘하고 있다고 추론할 수밖에 없다. 우리는 여기서 아이작 뉴턴 경의 중력 이론을 먼저 살펴보기로 하자.

그림 3-2 아이작 뉴턴 경의 저서 『자연 철학의 수학적 원리』
운동과 우주 중력에 관한 세 가지 법칙이 '과학 역사에 가장 위대한 과제'를 설명했다. 여기서 별이 빛나는 하늘의 중앙에 있는 그의 옆모습과 비유적 인물, 과학 도구는 거의 신비에 가까운 그의 위상을 보여준다.

아이작 뉴턴은 1642년에 시골 지역인 링컨셔에서 양을 기르는 반⚬문맹인 농부 가정에서 태어났다. 그는 소수에 속하는 탁월한 천재였으며 인간 지식의 영역을 개척한 인물이었다. 아리스토텔레스 이후 2,000년 동안 물질 세계의 규칙과 질서는 예전이나 마찬가지였다. 왜냐하면 그것은 신이 명령한 것으로 이해되었기 때문이었다 — 정확하고 한 치의 오차도 없는 태양, 하늘을 가로지르는 행성들의 움직임, 계절의 변화, 사과가 나무에서 떨어지는 것. 뉴턴의 천재성은 물질세계의 수많은 존재들이 숨겨진 중력 법칙에 의해 모두 연결되어 있음을 깨달았다는 점이다.

스물세 살에 케임브리지 대학을 졸업한 직후, 뉴턴은 페스트가 유행하여 어쩔 수 없이 고향으로 돌아갔다. 그는 그곳에 2년 동안 머물면서 거의 250년 후 아인슈타인이 등장하기 전까지 누구도 필적할 수 없는 일련의 과학적 발견을 이루어냈다. 그는 그곳에서 빛의 성질, 궤도를 움직이는 행성의 이동을 계산할 수 있게 만든 미적분학을 발견했다. 뉴턴의 가장 유명한 통찰은 자신의 정원에 앉아 있는 동안 사과나무에서 사과가 떨어지는 것을 볼 때 이루어졌다. 그는 사과를 땅으로 끌어당기는 지구 중력의 힘이 훨씬 더 멀리 뻗쳐서 지구 주위 궤도를 도는 달을 끌어당기지 않을까 하는 '의문'을 품었다.

뉴턴의 친구 윌리엄 스투켈리William Stukeley 박사는 나중에 그 위대한 순간을 추억하며 기록을 남겼다.

저녁식사 후, 날씨가 따뜻하여 그와 나 단둘이 정원으로 나가 사과나무 그늘 아래에서 차를 마셨다. 다른 대화를 나누는 중에 그는 자신이 이전에 중력 개념이 머리에 떠올랐을 때와 똑같은 상황에 놓였다고 말했다. 그것은 사과가 떨어질 때 일어난 일이었다. 그는 앉은 채 깊은 생각에 잠겼다. 왜 저 사과는 항상 땅과 직각으로 떨어질까? 그는 혼자 생각했다. 왜 사과는 옆으로 또는 위로 떨어지지 않고 항상 지구의 중심으로 떨어지는 것일까? 단언컨대, 그 이유는 지구가 그것을 끌어당기기 때문이다. 물체에는 끌어당기는 힘이 존재하는 것이 틀림없다… 그리고 만약 물체가 물체를 끌어당긴다면, 그것은… 우주 전체로 확장할 수 있어야 한다.

'물체는 물체를 끌어당긴다'는 뉴턴의 '중력 개념'은 천체 운동의 가장 위대한 수수께끼, 즉 왜 천체들이 당연히 원심력에 의해 궤도 밖 깊은 우주 속으로 사라져야 함에도 불구하고 변함없이 궤도를 유지하는지(지구 주위를 도는 달, 태양 주위를 도는 지구)에 대한 의문을 풀었다. 수학 천재였던 뉴턴은 중력의 대항력의 크기를 계산했다. 그는 달과 지구의 부피, 지구와 태양의 부피를 각각 곱하고, 두 물체 사이의 거리를 각각 나누면 두 물체 사이의 대항력을 구할 수 있으며, 전체 우주에도 역시 적용할 수 있음을 보여주었다. 그 무렵, 뉴턴은 세 권으로 된 그의 기념비적 저작 『자연 철학의 수학적 원리』를 1687년에 출판하였다. 그는 이 책에서 중력 이론과 운동의 세 가지 법칙을 설명함으로써 신이 창조한 물질세계를 인간이 알고 있는, 절대적이고 불가항력적이며 보편적인 법칙이 지배하는 세계로 바꾸었다. 그 물질세계는 모든 것이 영원한 인과의 사슬로 다른 모든 것과 연결된 세계였다 ― 머나먼 과거와 무한한 미래까지 연결되어 있었다.

태초의 빅뱅부터 중력의 힘이 무수한 기본 입자(또는 소립자)들에게 필수적인 질서를 부여함으로써 입자들을 응축하여 거대하고 열을 발생시키는 별로 만들었다. 수십억 년이 지난 후, 동일한 중력의 힘이 우리의 태양계에 질서를 부여하고 태양 내부 물질의 99퍼센트를 응축하여 거대한 양의 에너지, 열, 빛을 발생시켰으며, 이를 통해 지구에 생명체가 출현하게 되었다. 미래를 예측할 수 있을까? 뉴턴의 친구인 천문학자 로열 에드먼드 헬리 Royal Edmond Halley는 뉴턴의 법칙을 사용하여 그의 이름을 딴 혜성의 타원 궤도를 계산한 결과, 그 혜성이 76년 주기를 갖는다고 예측했다. 300년 후, 미국 항공우주국의 과학자들은 동일한 법칙을 사용하여 달로 가는 최초의 유인 우주선의 궤적을 계산했다. 뉴턴의 법칙은 지구가 언제 종말을 맞을지 계산할 수도 있다. 50억 년(쯤) 지나 태양이 방출하는 거대한 에너지가 고갈되면 우리 지구는 멸망할 것이다.

시간이 흐르면서 뉴턴의 중력 법칙이 갖는 설명력이 점점 더 확대되었고, 인간이 경험하는 모든 것에 적용할 수 있게 되었다. 태양과 행성의 이동, 달의 차고 기우는 것, 밀물과 썰물, 북극권의 대조적인 기후, 모래사막, 계절의 순환, 땅에 떨어지는 비, 빙하 운동에 의해 형성된 산맥의 형태, 바다로 흘러가는 강의 흐름, 고래에서 벼룩과 우리 자신의 신체 크기까지(왜냐하면 우리는 중력 때문에 넘어지는 위험에 대응하려면 현재의 크기보다 더 크면 안 된다) 중력의 법칙이 적용되었다.

뉴턴의 법칙은 과학의 설명력을 매우 압축적으로 보여준다. 이 법칙을 통해서 인간은 처음으로 우리가 사는 광대한 우주의 작용을 이해할 수 있게 되었다. 그러나 그 후 300년 동안 가장 놀라운 일은 강력하고 보이지 않는 중력이라는 아교풀이 우주에 질서를 부여하는 방법은 아직 알려지지 않았다는 점이다. 비유적으로 말해서, 공을 끈에 매달고 머리 위에서 돌리는 아이를 생각해 보자. 이것은 지구가 태양 주위의 일정한 궤도를 유지하는 것과 같은 모습이다. 줄(중력과 같다)은 공(지구)을 멀리 떨어진 나무숲으로 날아가게 하는 원심력을 상쇄한다. 그러나 실제로는 줄이 존재하지 않는다. 뉴턴 자신은 중력이 수십억 마일 떨어진 빈 우주에 영향을 미치려면 어떤 물리적 수단이 반드시 있어야 한다는 점을 너무나 잘 알고 있었다. 그는 이렇게 썼다. "지각이 있는 사람이 중력이 어떤 다른 매개물(이것을 통해 행동과 힘이 전달될 수 있다)도 없이 머나먼 진공 상태를 통과하여 작용할 것이라고 가정하는 것은 터무니없는 것이다."

그는 우주가 서로를 밀어내는 매우 작은 입자로 구성된 보이지 않는 '에테르(빛·열·전자기 복사 현상의 가상적 매체_옮긴이)'로 가득 차 있을 것이라고 추측했다. 에테르에 의해 태양은 지구를 자신의 궤도에 붙들어 둘 수 있다 — 이것은 아주 오랜 시간이 지나면 행성의 운동이 마찰 효과 때문에 점차 느려진다는 것을 의미한다. 그러나 1887년 미국 물리학자 앨버트 마이컬슨Albert Michelson은 '에테르'가 존재하지 않음을 밝혔다. 우주는 이름 그대로 빈 공간이다. 달리 말하면, 뉴턴의 이론은 우주의 물질에 질서를 부여하고, 우주의 역사를 우주의 태초와 연결시키고 우주의 종말을 예측하는 거대하고 강력한 중력의 개념과, 중력 자체가 비물질적이라는 개념 사이에 깊은 모순을 안고 있었다. 이와 같은 특이한 중력의 특성 때문에 여러 가지 설명이 시도되었다. 예를 들어, 동일하게 강력하고 보이지 않는 '힘'인 전기와 중력을 비교했다. 전기는 스위치 조작으로 방을 빛으로 가득 채운다. 그러나 전기는 '물질적'인 힘(전자의 진동이 구리 전선을 타고 흐른다)인 반면, 중력은 수십억 마일 떨어진 빈 공간, 즉 아무것도 없는 진공을 지나 영향을 미친다.

뉴턴의 이론은 (항상) 유효하지만 두 가지 방향에서 수정되었다. 첫 번째, 1915년 아인슈타인이 일반 상대성 이론에서 중력 개념을 다시 정의하여 우주 공간이 '탄력적elastic'이라는 점을 수용하였다. 이것은 태양과 같은 별이 자기 주변의 공간을 구부리거나 펼 수 있다는 말이다(별이 클수록 그 효과는 더 크다. 아인슈타인은 물질이 공간을 휠 수 있음을 보여주었다. 이 이론은 무게가 없는 빛의 입자를 빨아들이는 우주의 '블랙홀'과 같은 더 기이한 현상을 설명해 준다). 이 모든 것에도 불구하고 중력이 우주의 진공을 뚫고 영향을 미친다는 뉴턴의 미스터리는 여전히 해결되지 않는다.

두 번째, 뉴턴의 중력은 원자를 구성하는 입자인 양성자와 중성자들(이 입자들이 붕괴되면 원자 폭발에 따른 엄청난 에너지가 발생한다)을 결합시키는 힘들을 비롯한 네 가지 힘(중력과 비슷한 비물질적인 힘) 중 하나일 뿐이다. 20세기 들어, 이러한 중력의 비물질성의 수수께끼는 이 힘들이 생명과 우리 자신의 출현을 가능하게 하는 것과 정확하게 조화된다는 사실이 밝혀지면서 등장하게 되었다. 예를 들어, 이 힘들이 발휘하는 힘의 크기가 아주 조금만 더 강했다면 (태양과 같은) 별들은 별들 사이의 공간에서 더 많은 물질을 끌어당겼을 것이고, 그 결과 별들이 더 커졌다면 훨씬 더 빨리 그리고 더 세게 탔을 것이다 ― 큰 모닥불이 작은 모닥불보다 더 크게 타는 것과 마찬가지다. 그 별들은 1,000만 년이라는 짧은 시간 안에 다 타버려서 생명이 '시작되는 데' 필요한 수십억 년을 유지하지 못했을 것이다. 반대로, 만약 중력의 힘이 약간만 더 약했다면, 그 반대의 상황이 벌어졌을 것이다. 태양과 별들은 엄청난 양의 열과 에너지를 발생시킬 만큼 크지 못했을 것이다. 하늘은 밤에 텅 비었을 것이고, 우리 인류는 별들을 감상할 기회를 결코 갖지 못했을 것이다. 물론, 우주(그리고 그 이후 지구 생명체의 출현)를 만드는 데 필요한 그런 힘들이 정확히 어떻게 존재했는지를 설명하기는 매우 어렵지만, 물리학자 존 폴킹혼 John Polkinghorne은 이 힘들의 미세 조정 상수 fine tuning가 100만조의 100만조 배(추가로 수백만 조) 분의 1 이내로 정확해야 한다고 추정한다. 이것은 우주의 모든 입자보다 훨씬 더 큰 숫자이다 ― 정확성의 정도는 우주의 맞은편에 있는 약 2.5센티미터 넓이의 과녁을 맞힐 확률과 같은 수준이다.

아이작 뉴턴의 중력 이론은 과학 역사상 가장 뛰어난 이론이다. 어떤 이론도 10학년 학생들도 쉽게 이해할 수 있는 단순함과 모든 것을 포괄하는 설명력을 함께 갖춘 중력 법칙을 능가하지 못한다. 그와 같은 시대를 살았던 사람들은 그렇게 기본적인 수학 공식이 그렇게 많은 것들을 설명해 낼 수 있다는 사실에 경탄했다 ― 시인 알렉산더 포프는 웨스트민스터 성당에 있는 그의 비문에 이렇게 썼다.

> 자연과 자연의 법칙은 어둠 속에 숨겨져 있네.
> 하느님이 '뉴턴이 있으라!' 고 말하자, 모든 것이 밝아졌네.

하지만 물리적 우주에 '질서'를 부여하는 뉴턴의 중력은 과학적 '이해 가능성'이라는 시험을 분명 통과하지 못했다. 왜냐하면 우리는 이 모든 결과를 완전히 이해할 수 있지만, 여전히 '지각이 있는 사람이, 중력이 어떤 다른 매개물(이것을 통해 행동과 힘이 전달될 수 있다)도 없이 머나먼 진공 상태를 통과하여 작용할 것이라고 터무니없는 가정을 하고 있기 때문이다.' 역설적이게도, 행성 운동에 대한 관찰에 근거를 두고 있으며 수학적 형태로 표현된 가장 과학적인 이론인 뉴턴의 중력 법칙은 과학적 또는 물질주의적 관점(모든 것은 궁극적으로 오직 물질적 측면만으로 설명할 수 있다는 시각)을 뒤엎는다.

우리는 이제 살아 있는 세계인 식물, 곤충, 물고기, 새, 우리 자신에게로 방향을 돌린다. 이 세계는 뉴턴이 다룬, 죽은 물리적 세계보다 수십억의 수십억 배 더 복잡하다. 생물계에 질서를 부여하는 두 가지 힘인 이중 나선구조(생물체에 질서정연한 형태를 부여한다)와 인간의 두뇌와 정신(인간에게 체계적인 이해를 제공한다)은 엄청난 크기의 질서를 부여하며, 아교풀 같은 중력보다 더 심오하다. 우리는 이러한 두 가지 질서의 힘이 뉴턴의 중력 이론과 마찬가지로 비물질적임을 밝혀낼 것이며, 과학적인 이해 가능성이라는 시험을 통과하지 못할 것이라고 예상할 수도 있다. 그러나 '그런 결론에 도달하기 위하여' 우리는 먼저 우리가 어떤 생각을 해왔는지, 특히 19세기 중반 다윈의 위대한 진화론이 『종의 기원』과 『인간의 유래』에서 제시하였듯이, 어떻게 생명 현상을 포괄적인 유물론적 관점으로 설명했는지를 파악해야 한다.

제4장

모든 것을 설명하는 (진화론적) 논리:
확실성

생명에 대한 이러한 관점은 위대하다. 몇 가지 힘이 최초에 몇 가지 형태 또는 하나의 형태에 생명의 숨결을 불어넣었다. 처음에 아주 단순한 것에서 시작하여 가장 아름답고 가장 훌륭한 형태로 진화되었다.

– 찰스 다윈, 『종의 기원』(1859)

찰스 다윈은 케임브리지 대학의 신학생이었을 때 딱정벌레에 열중했다. "어떤 것도 나에게 그렇게 큰 기쁨을 주지 못했다." 그는 그 당시를 회상하면서 '자신의 열정이 어떠했는지'에 대해 자서전에 썼다.

어느 날, 나는 오래된 나무껍질을 벗겨내고 희귀한 딱정벌레 두 마리를 발견하여 한 손에 한 마리씩 잡았다. 그때 나는 새로운 종류의 또 다른 딱정벌레 한 마리를 보고는 도저히 놓칠 수가 없었다. 그래서 나는 오른손에 쥐고 있던 딱정벌레를 입에 넣었다. 그런데 이럴 수가! 그 녀석이 강력한 산을 쏘았고 나는 혀가 타는 듯 아파서 그 녀석을 뱉어버렸다. 결국 그 녀석을 잃어버렸다.

딱정벌레를 향한 다윈의 열정은 아주 특별했다. 그는 자연사의 황금시대에 태어났다. 그 시기에 비상할 정도로 대중의 상상력을 사로잡았던 과학은 자연의 이적을 밝혔다. 또한 신이 창조한 세계의 가장 구체적인 증거들을 제시했다. 런던의 〈동물학 저널〉의 편집자는 이렇게 말했다. "박물학자는… 살아 있는 자연의 전체 구조를 관통하는 아름다운 관계를 관찰한다. 박물학자는… 어떤 것도 아무런 의미 없이 만들어지지 않았다는 확신을 심어주는 상호의존 관계를 밝힌다."

새로운 형태의 '살아 있는 자연'은 아무런 제한이 없으며 단지 발견될 날만 기다리는 것처럼 보였다. 1771년 유명한 해양 탐험가 제임스 쿡James Cook이 기념비적인 3년간의 세계 일주를 마치고, 그 당시 어떤 나라도 갖지 못한 자연사의 가장 위대한 보물을 안고 돌아왔다 ─ 그 보물은 1,400종의 새로운 식물, 1,000종 이상의 새로운 동물, 200종의 물고기, 다양한 연체동물, 곤충, 해양생물들이었다. 쿡의 친구인 해부학자 존 헌터John Hunter는 쿡의 배가 딜 항구에 도착하기를 기다렸다. 쿡은 그의 친구에게 줄 특별한 표본을 갖고 왔다. 남아프리카 희망봉에서 수집한 줄무늬족제비, 거대 오징어의 일부, '그레이하운드 사냥개만큼 크고 아주 날쌘 쥐색의' 특이한 동물(호주 원주민 방언으로는 그 동물을 '캥거루'라고 불렀다)을 갖고 왔다.

사람들을 흥분시킨 다양한 생물의 발견은 살아 있는 생물체를 넘어 오래 전에 멸종한 생물체에까지 확대되었다. 이 시기는 또한 지구의 고대 유물에 대한 위대한 지질학적 발견의 시대였다. 지구의 암석층에서 이전에 발견했던 것보다 훨씬 더 큰 화석 뼈와 이빨이 발견되었는데, 이것은 거대하고 기이한 생물체들이 인간이 나타나기 수백만 년 전에 지구 표면을 어슬렁거리고 다녔음을 말해주었다.

자연사에 대한 강렬한 관심은 엄청나게 다양한 생물을 정확하게 설명하는 데 모아졌다. 또한 그러한 개별적인 설명을 초월하여 족제비나 오징어, 캥거루 같은 살아 있는 유기체의 해부학적인 구조와 행태를 비교함으로써 '살아 있는 자연'을 모두 연결할 수 있는 오랫동안 숨겨져 온 법칙을 발견할 수 있을 것이라고 생각하게 되었다. 이 법칙을 찾는 연구는 고대 유물에까지 확장되었고, 우선 생물체의 '생명력vitality'을 설명하기 위해 무생물체와 생물체를 쉽게 구분해 주고 죽는 순간 곧 사라지는 열, 에너지, 운동을 탐구했다. 더 미묘하지만 관련이 있는 의문은 '형태'의 특성에 관한 것이다. 족제비, 오징어, 캥거루를 서로 확연하게 구별해 주는 형태의 특성과 그것을 만드는 신체 조직은 웅장한 궁전과 초라한 공장, 그리고 블록과 모르타르처럼 쉽게 구별할 수 있다. 그러나 족제비와 오징어의 '형태'는 궁전이나 공장과 달리, 그들의 생애 내내 변함없이 유지된다는 한층 더 이상한 특성을 지니고 있다. 최초의 자연사가인 아리스토텔레스 이후 계속, 어떤 유기체적인 원리나 어떤 '형성의 힘'이 형태의 항상성을 결정하고 지속시킬 것이라고 추정하였다.

자연사가 중 대표적인 천재이며 파리 자연사 박물관의 관장이었던 조르주 퀴비에Georges Cuvier(1769~1832)는 '형성력'의 두 가지 법칙, 즉 유사성의 법칙(상동관계)과 상관성의 법칙을 제안했다. 첫 번째, 유사성의 법칙은 퀴비에가 자신이 소장한 1만 종의 표본을 세밀하게 연구한 결과를 토대로 추론한 것으로, 다양한 형태의 동물들은 그 배후에 '형태의 단일성'을 숨기고 있으며, 모든 생명체는 동일한 '청사진'의 변종이라고 보는 것이다. 가령 새와 박쥐의 날개, 돌고래의 지느러미, 말의 발, 인간의 하박골은 동일한 뼈에서 생겨난 것이며 각자의 '생활방식'(날기, 수영하기, 달리기, 움켜쥐기)에 맞게 변화되었다.

　퀴비에는 두 번째 '상관성'의 법칙에서 모든 동물의 다양한 부분, 예를 들어 두개골, 사지, 이빨 등이 모두 '하나의 조각'이며 이 조각들이 서로 연결됨으로써 자신의 생활방식을 수행하도록 형성되었다고 주장했다. 사자나 하이에나와 같은 육식동물은 먹이를 붙들 수 있는 강한 사지, 사냥감을

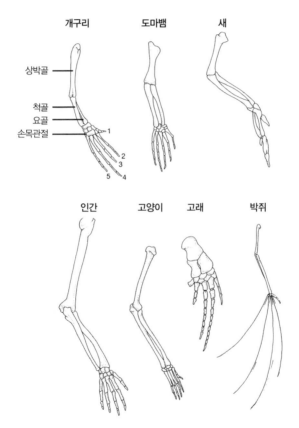

그림 4-1 조르주 퀴비에의 유사성의 법칙. 개구리와 도마뱀, 새, 고양이, 고래, 박쥐, 인간은 모두 동일한 기본 패턴을 보이며, 동일한 뼈(상박골, 요골, 척골, 손목관절, 손바닥뼈, 손가락뼈)로 이루어져 있다.

쫓아갈 수 있는 근력, 먹이를 찢을 수 있는 강력한 턱과 날카로운 이빨 등을 갖고 있다. "모든 유기체는 전체적이고 독특하며 완벽한 시스템을 갖추고, 각 부분은 명확한 하나의 행동을 수행하기 위해 상호 조화와 일치를 이룬다"고 그는 썼다.

퀴비에는 '독특하고 완벽한 시스템'을 이루는 각 부분의 조화를 설명하는 이 법칙들이 수학의 법칙만큼이나 정확하다고 주장했다. 그는 이 법칙 배후에 있는 생물학적인 힘을 구체적으로 설명하지는 못했지만 그 법칙들이 단순히 이론적 추론에 불과한 것은 아니었다. 오히려 그 법칙들을 '시험해 본' 결과, 놀랍게도 오래전에 멸종한 환상 속의 생물을 '부활시킬 수 있게' 되었다. 그는 화석 유물의 다양한 뼈와 이빨을 다시 맞추어, 두 발로 서서 나뭇잎을 뜯어 먹는 나무늘보를 닮은 '거대 동물'을 만들어냈다. 소설가 오노레 드 발자크Honoré de Balzac는 물었다. "퀴비에는 우리 시대의 위대한 시인인가? 이 불멸의 박물학자는 흰 뼈 몇 개로

그림 4-2 거대 동물. 1796년 퀴비에는 파라과이에서 발견된 거대 화석 유물을 이용해 거대 동물의 골격을 다시 만들었다 — 그것은 지구상에서 걸어 다닌 가장 큰 맘모스이며 뒷발로 섰고 코끼리 키의 거의 두 배에 달했다.

과거의 세계를 다시 구축했다… 맘모스의 발자국에서 거대한 동물을 발견했다."

퀴비에의 법칙이 비교해부학이라는 학문에 견고한 토대를 두고 있는지는 모르지만 그 법칙들은 분명 형이상학적 의미를 내포하고 있다. 그 법칙들은 필연적으로 앞발의 청사진을 그려내기 위해, 사자의 턱과 이빨, 근육이 서로 아주 잘 연결되었다는 것을 확증하기 위해 더 높은 지능이 필요하다는 것을 암시했다.

신학자 윌리엄 페일리William Paley는 그의 유명한 저서 『자연 신학』(1802)에서 자연 역사에 대한 신학적 함의를 다른 측면으로 더욱 정교하게 발전시켰다. 페일리는 생물체의 아름다움과 완벽성은 '위대한 설계가'의 존재를 증명하는 가장 설득력 있는 증거라고 제시했고, 많은 이들이 그것을 받아들였다. 그의 핵심적인 전제는 아주 잘 알려진 첫 단락에 요약되어 있다. 여기서 그는 '황야를 횡단'하는 도중에 길에서 시계를 발견한 것의 의미를 숙고했다.

> …돌멩이 하나가 발길에 차였는데, 그 돌이 어떻게 그곳에 있게 되었는지에 대한 질문을 받았다고 가정해 보자. 나로서는 그 돌이 예전부터 그곳에 놓여 있었다고 아마 대답할 것이다… 그러나 땅 위에서 시계를 발견했다고 하자… 우리가 시계를 들여다볼 때, 우리는 (돌에서는 발견하지 못하는) 시계의 부품들이 만들어져서 어떤 목적을 위해 결합되었다는 것을 깨닫기 때문에 나는 내가 앞서 말한 대답과 다르게 말할 것이다.

그는 신축성 있는 용수철, 아름다운 톱니가 달린 여러 바퀴 등 몇 가지 시

여러 가지 논증

세상 만물 가운데 눈을 제외하고 다른 사례가 없다 해도, 눈 만으로도 우리는 지적 창조자의 존재를 충분히 유추할 수 있다.

지적 창조자는 반드시 존재할 것이다. 왜냐하면 다른 가정으로는 눈을 설명할 수 없고, 또한 지적 창조자는 우리가 지식에 대해 갖고 있는 모든 원리와 모순되지 않기 때문이다. 만물이 작동하는 원리는 일반적으로 경험적 실험을 통해 옳고 그름이 증명된다.

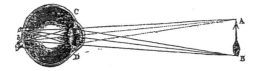

위 그림을 보면 눈이 탁월한 조절 능력을 갖고 있음을 알 수 있다. 눈의 구조는 부록에서 설명한다. A, B는 대상 물체이고, 선은 대상 물체에서 눈으로 반사되는 빛을 나타낸다.

그림 4-3 윌리엄 페일리의 '여러 가지 논증'. 인간의 수정체는 망원경의 렌즈와 같이, 빛의 굴절 법칙에 따라 망막 후면에 이미지가 맺히게 한다. 페일리는 '눈만으로도 지적 창조자가 필연적으로 존재할 수밖에 없다고 결론 내리기에 충분하다'고 생각했다.

계 부품을 계속 조사하고는… 그 시계는 틀림없이 만든 사람이 있다는 '필연적인 추론'을 내린다. 그와 마찬가지로, 자연계의 식물, 곤충, 새, 물고기, 포유류들은 '고안되고 설계되었음을 분명하게' 보여준다. 시계와 비교해 볼 때 유일한 차이점은 설계의 흔적이 '더 확실하며 모든 계산을 초월할 정도라는 것이다.'

페일리는 많은 예들 중에 첫 번째로 인간의 눈과 망원경을 비교한다. 이 두 종류의 렌즈는 동일한 목적, 곧 빛이 전달되는 법칙에 적합하게 되어 있다. 그는 시력에 필요한 눈이 가진 추가적인 '장치'는 각막을 보호하고 매끄럽게 하는 눈꺼풀, 빛의 강도에 따라 자체적으로 조정되는 셔터같이 생긴 홍채, 눈의 형태를 유지시키는 맑고 젤리같이 생긴 유리체, 눈동자의 움직임을 조절하는 정교한 근육, 전기 신호를 뇌에 전달하는 시신경 등이다. 이 장치들(수정체, 홍채, 망막, 근육, 시신경)은 시력이라는 통일적인 목적에 기여하도록 '완벽하게 설계'된 것이지만 그 자체로는 아무런 쓸모가 없다. 이것은 마치 시계의 용수철이 시간을 알려주는 데 기여하기 위해 완벽하게 설계되었지만 시계 전체와 통합되어 있을 경우에만 그 역할을 하는 것과 같다.

페일리는 '대중적인 과학' 장르의 선구자였으며, 최신 비교해부학의 연구 성과를 대중에게 널리 소개했다. 얼핏 보아서는 반박할 수 없는 그의 '지적 설계 이론'의 논리에 일반인들은 깊은 영향을 받았다. 수천 년 동안, 사람들은 대부분 자연계의 경이를 어떤 더 높은 지적 존재의 증거로 해석했다. 그러나 눈 설계의 완벽성, 그리고 각 부분의 상호의존성에 대한 페일리의 설명은 더 높은 어떤 지적 존재가 눈을 전체적으로 생각했고, 시력이라는 목적을 달성하기 위해 눈의 각 부분을 고안했다는 것을 전제한다.

요즘 사람들은 신성하게 창조된 세계(자연의 모든 측면이 신의 '지혜와 통치'에 대해 말해준다고 이해한다)에서의 삶에 어떤 목적이 있다고 상상하기 어렵다.

미국 신학자 조너선 에드워즈Jonathan Edwards는 이렇게 썼다. "하느님의 은혜와 영광스러운 주권에 대한 너무나 감미로운 생각이 내 마음속에 떠올랐다. 나는 뉴저지 주 근교를 산보하면서 만물(태양, 달, 별, 구름, 푸른 하늘, 풀, 꽃, 나무, 물과 모든 자연)에서 신적 영광을 느꼈다."

그러나 역설적이게도, 자연사에 대한 지식이 진보할수록 퀴비에의 신적인 청사진과 페일리의 '지적 설계자' 논증이 설득력을 잃게 되었다. 하느님이 수많은 종류의 곤충(물론, 희귀한 종류의 딱정벌레는 다윈의 관심을 끌긴 했다)을 설계하는 사소한 일보다 자신에게 더 중요한 일은 없다고 가정하는 것이 불합리하고, 심지어 품위가 떨어지는 것처럼 보였다. 간단히 말해, 자연사는 뉴턴의 중력 법칙과 비견할 만한 이론이 간절하게 필요했으며, 그것을 통해 자연사는 자체의 '자연 법칙'에 지배를 받으며 스스로 유지하기를 원했던 것이다. 프랑스 박물학자 장 바티스트 라마르크Jean-Baptiste Lamarck는 생물은 스스로를 설계하며 특정 환경에 적응하는 고유한 능력을 갖고 있다고 주장했다. 기린은 신이 그렇게 설계했기 때문에 긴 목을 가진 것이 아니라, 나무 꼭대기에 달린 잎을 더 잘 뜯어먹기 위해서 목이 길게 늘어났을 것이다. 이러한 '획득된 특질'은 후손에게 전달되었을 것이다. 라마르크는 "자연은 조금씩 우리가 지금 보는 것과 같은 동물 형태를 만드는 데 성공했다"고 썼다. 그의 생각은 잘 받아들여지지 않았고, 유력한 퀴비에와 싸움이 붙었다. 라마르크는 1829년 눈이 멀고, 무일푼으로 인정받지 못한 채 죽어서 극빈자 묘역에 묻혔다. 그러나 생물 종의 진화적 변화의 가능성에 대한 그의 생각은 계속 살아남았다.

『종의 기원』의 유래

한편, 자연의 역사에 대한 찰스 다윈의 열정은 그가 되고자 했던 성직자에 대한 관심을 오래전부터 뛰어 넘었다. 라마르크가 죽은 지 2년 뒤인 1831년, 그는 HMS 비글 호를 타고 플리머스를 출항하여 4년간의 세계 일주를 떠났다. 그는 남아메리카의 해안과 태평양의 몇몇 섬들을 조사하라는 지시를 받았다. 과학적 낙관주의와 신학적 회의라는 바람이 그의 돛에 가득 불었다. 그는 신진 박물학자에게 필요한 덕목, 곧 살아 있는 세계에 대한 열정, 예민한 관찰력, 그러한 관찰 내용을 널리 읽히게 할 수 있는 훌륭한 문장력을 타고났다. 항해를 떠난 지 3개월 만에 그는 브라질 해안에 도착했다. 그가 처음으로 열대우림을 걸으면서 느낀 기쁨은 신학자 조너선 에드워즈가 '만물 속에서 신적인 영광'을 느꼈던 것과 비슷한 것이다.

> 기쁘게 오늘 하루를 보냈다. 하지만 기쁨이란 단어는 처음 브라질 해변을 혼자 돌아다닌 박물학자의 감정을 표현하기에는 너무나 미약하다. 아름다운 풀… 예쁜 꽃, 반짝이는 무수한 녹색 잎, 그 무엇보다도 온통 울창하고 화려한 식물들은 정말 감탄이 절로 나오게 한다. 자연의 역사를 좋아하는 한 사람에게 오늘 같은 날은 그 어떤 것보다 더 깊은 기쁨을 안겨준다.

그 이후 「비글 호의 항해」라는 제목으로 출판된 다윈의 논문은 19세기 초 아직 탐험되지 않았고 새로운 생물을 발견할 수 있는 희망으로 가득 찬 남미의 자연계의 경이를 설명했다. 그 세계는 서구보다 훨씬 더 광활할 뿐만 아니라 접근하기 힘들고 바다는 더 넓고 산맥은 더 높았다. 그 책은 오랫동안의 여행과 모험을 통해 '막대한 부'(에콰도르의 금광이나 그에 필적할 만한 것)를 모아서 돌아온 여행가에 대한 낭만적인 이미지를 불러일으켰다. 다윈이 받은 보상은 그와 달랐다. 그것은 '전통적인 의견을 깨부수는 혁명적인 사상'이었다.

그를 유명하게 만든 진화론은 자연의 두 가지 다른 패턴을 종합한 결과

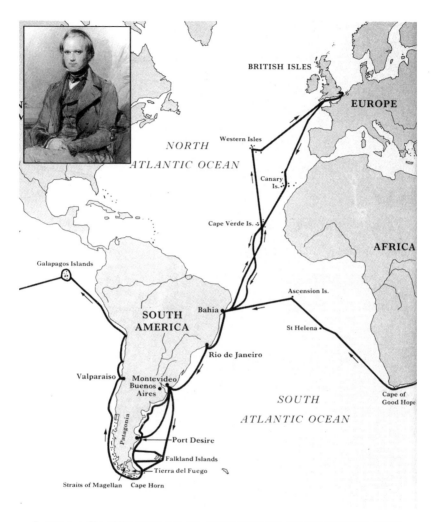

그림 4-4 찰스 다윈의 발견의 순간. 그는 27미터 크기의 비글 호를 타고 기념비적인 4년간의 세계 일주를 하는 동안, '너무나도 기이한' 갈라파고스 섬에 상륙한다 — 갈라파고스는 그 섬에 사는 가장 인상적인 동물인 거대한 거북을 일컫는 스페인 말이다.

이다. 지리 공간상의 분포 패턴(즉, 매우 밀접하게 관련이 있지만 뚜렷하게 구별되는 종

이 멀리 떨어져 분포하는 것) 그리고 시간상의 역사적 패턴(즉, 멸종한 동물 화석과 아직

살아 있는 동물과의 연결)이 그것이다.

다윈은 비글 호를 타고 남미 해안을 따라 아래로 항해한 다음, 다시 칠레 서부 해안을 거슬러 오르면서, 비슷하지만 뚜렷이 구별되는 종들의 지리적인 분포 패턴을 기록했다. 널리 알려진 바와 같이, 그는 에콰도르 연안에서 600마일 떨어진, '너무나도 기이한' 갈라파고스 섬에서 위대한 발견의 순간을 가졌다. 그 섬에는 바위 위에서 햇빛에 몸을 말리는 작은 공룡이라 할 수 있는 수많은 바다 도마뱀, 날개 없는 가마우지, 거대한 거북 등이 서식하고 있었다. 그는 배로 다시 돌아와서 표본을 분류하면서 갈라파고스의 대다수의 동물들이 얼마나 독특한지에 깊은 인상을 받았다. 분명, 그 동물들은 남미 본토에서 그가 이미 관찰한 동물들과 닮은 점도 있지만 동시에 전혀 다른 점도 있었다.

> 그는 나중에 이렇게 썼다. "나를 둘러싼 새로운 새, 새로운 파충류, 새로운 곤충, 새로운 식물, 그리고 새의 미세한 구조와 소리의 음조 및 날개, 내 눈 앞에 생생하게 펼쳐진 파타고니아의 온화한 평원이나 칠레 북부의 뜨겁고 건조한 사막은 너무나 인상적이었다."

그는 비글 호가 여러 섬으로 이동할 때 '동일한 일반적 습성'을 가진 각 섬의 도마뱀, 거북, 식물들이 섬에 따라 어떻게 다른 모양을 지녔는지를 기록했다. 정말 놀랍게도, 여러 종의 핀치새가 먹이를 찾는 독특한 방법에 적응하여 각각 특이한 모양의 부리를 갖고 있었다. 어떤 종은 먹이를 으깰 수 있도록 호두 까는 기구와 같은 부리가 있고, 어떤 종은 한 쌍의 핀셋처럼 생긴 부리가 있다(그림 4-5 참조). 창조자는 틀림없이 아주 바빴을 것이다.

지리 공간적인 차이점과 유사점이 시간상의 역사적인 패턴에서도 나타났다. 파타고니아에서 다윈은 기괴하게 생긴 말 크기의 포유동물의 거의 완벽한 골격을 발견했다. 그 동물은 거대한 골격과 개미핥기처럼 작고 긴 얼굴 모양을 갖고 있었다. 또 다른 지역에서 그는 아르마딜로와 아주 닮은 고대 동물인 글립토돈을 발견했다. 다윈의 전기 작가 에이드리언 데스먼드 Adrian Desmond는 이렇게 썼다. "그의 기록 노트에는 그가 그 의미에 대해 생각한 내용이 가득 채워졌다. 그 동물이 살아 있을 당시에 이곳은 어떤 모습이었을까? 그리고 그들은 왜 모두 멸종했는가? 그는 몽상 속에서 황소만 한 나무늘보가 지금은 상상하기 힘든 평원을 어슬렁거리는 고대 세계로 돌아갔다."

대장정에서 돌아온 다윈은 작은 명사가 되었고, 회원으로 뽑아주겠다는 까다로운 왕립 협회의 결정에 의해 의기양양해졌다. 하지만 그의 마음은 대장정에서 발견한 것을 한데 엮을 수 있는 실을 찾고 있었다.

다윈은 자서전에서 이렇게 썼다. "그 주제가 나의 머리에서 떠나지 않았다. 그 사실들은 종이 점차 개선된다는 가정하에서만 설명될 수 있음이 명확했다… 그러나 동시에 주위 환경 조건의 영향(가령, 현지의 환경)이나 생물체의 의지(기린이 자신의 의지에 의해 긴 목을 갖게 되었다는 라마르크의 이론)도 모든 종의 생물체들이 자신의 생활습관에 아름답게 적응하는 수많은 사례를 설명할 수 없다는 것도 명확했다."

다윈이 돌아온 지 15개월 후, 그는 경제학자 토머스 맬서스 Thomas Malthus의 『인구론』을 ('재미삼아') 읽다가 뉴턴의 '떨어지는 사과'와 같은 경험을 했다.

최초의
조상

큰 지상 핀치새는 호두 까는 기구처럼 으깰 수 있는 크고 강한 부리가 있다.

큰 나무 핀치새는 강하고, 날카로운 부리가 있는데 금속 절단기처럼 잡고 자를 수 있다.

지저귀며 노래하는 핀치새는 작고 뾰족한 부리가 있는데, 핀셋처럼 틈을 조사하기에 적당하다.

작은 지상 핀치새는 작은 호두 까는 기구처럼 으깰 수 있는 작고 강한 부리가 있다.

선인장 핀치새는 강하고 단단한 부리가 있는데 길쭉한 펜치처럼 생겼다.

그림 4-5 다윈의 핀치새. 갈라파고스 핀치새는 크기, 깃털, 부리 모양, 행태가 아주 다르기 때문에 쉽게 구별할 수 있다. 다양한 부리 모양은 아주 다양한 먹이활동 습관을 반영한다. 다윈은 이렇게 썼다. "혹자는 한 종에서 시작하여 다른 목적들을 위해 바뀌었을 것이라고 분명히 상상할 것이다."

다윈은 그 책에서 생명의 생식력('자연은 가장 아낌없고 대범한 손으로 생명의 씨앗을 널리 뿌린다')과, 상대적으로 아주 적은 자손만이 살아남아 성장하고 나머지는 대부분 '생존 투쟁' 과정에서 사멸하는 것과의 차이점을 주목했다.

다윈은 그 의미가 "갑자기 머리에 떠올랐다"라고 나중에 회고했다. 가장 강하고 가장 견고한 종이 '생존 투쟁'에서 살아남을 뿐만 아니라, 어떤 특별한 특성이나 돌연변이를 가진 종들은 같은 종의 열등한 개체를 거부하고, 또 환경의 요구에 가장 잘 적응함으로써 장점을 유지했다. 살아남은 종들과 그들의 자손은 유리한 돌연변이를 물려줌으로써 '살아남을' 가능성이 더 많아졌다. 그런 과정이 몇 세대를 거쳐 반복되면서 장점들이 점차 더 발전하고, 그것을 소유한 종들은 더 잘 적응했다. 다윈은 이렇게 썼다. "그 결과 새로운 종이 만들어지게 되었다. 마침내 나는 적용 가능한 [자연선택] 이론을 수립했다."

그 후 20년 동안 다윈은 자연선택이라는 줄을 엮어서 설득력 있는 주장을 만들었다 — 그러나 그의 이론은 이미 널리 받아들여져 있던 강력한 기존 학설인 퀴비에의 유사성과 상관성의 법칙, 페일리의 '지적 설계의 논증'과 정반대였기 때문에 출판을 보류했다. 그는 결국 1858년에 어쩔 수 없이 행동에 옮겼다. 그 당시, 말레이시아 정글에서 말라리아에 걸려 누워 있던 같은 고향 친구이자 박물학자인 알프레드 월리스Alfred Wallace는 다윈과 같은 생각을 갖고 있었다. 그는 돌연변이 현상을 생존 투쟁과 연결시킴으로써 과학적인 진화론의 근거로 삼았다. 다윈은 아주 중요한 우선권이 월리스에게 갈지 몰라 두려워했다. ("그렇게 된다면 그것이 얼마든 간에, 나의 모든 독창성은 손상당할 것이다"). 그래서 두 사람은 린네 학회의 모임에서 연구 결과를 공동으로 발표하기로 계획했다. 그러나 '역사적인 영예'를 얻은 사람은 다윈이었고, 다음 해에 『종의 기원』이 출판되었다.

다윈과 뉴턴의 비교

뉴턴과 마찬가지로, 다윈의 천재성은 너무나 명백해서 거의 언급할 가치가 없는 일상적인 현상의 배후에 숨겨진 의미를 인식한 것이다. 사과가 사과나무에서 떨어지는 것보다 더 분명한 것은 없을 것이다. 하지만 사과를 떨어지게 하는 힘이 달에게도 확장될 수 있고, '천체'의 운동을 설명할 수 있을 것이라고 생각하는 것은 쉬운 일이 아니다. 이와 비슷하게, 다윈은 아주 밀접한 관계가 있지만 뚜렷이 구별되는 종들 사이의 미묘한 변이라는 평범한 현상에서 그 종들이 변할 수 있다는 진화론을 추론해 냈다. 위대한 설계자의 청사진이라는 주장과 달리, 진화론은 '자연'이 유리한 특성 또는 돌연변이를 가진 종을 선택하며 그 결과 한 종이 다른 종으로 바뀔 수 있다는 것이다.

> 다윈은 이렇게 썼다. "각 존재의 생존에 이로운 방향으로 변이가 발생하지 않는다면 그것은 가장 이상한 일일 것이다. 확신하건대, [그런] 개체는 생존 투쟁의 장에서 가장 높은 생존율을 가질 것이며 비슷한 특징을 가진 자손을 생산할 가능성이 높을 것이다. 나는 그러한 보존 또는 적자생존의 원리를 자연선택이라고 부른다."

그가 절대적으로 옳다. 공통의 조상에서 '종이 형성되는' 이런 과정은 각각 다른 모양의 부리를 가진 다양한 핀치새의 경우를 아주 잘 설명해 준다. 그 이후 수많은 관찰 결과는 자연선택의 원리를 확인해 주었으며, 그중 가장 잘 알려진 관찰은 처음에 하와이 군도에 살았던 단 한 종류의 달팽이, 나방, 딱정벌레, 장수말벌이 아주 다양한 종류의 변종을 발생시킨 것이다(700 종의 과일 파리, 스물두 종류의 독특한 벌새 등).

그러나 만약 그가 '자연선택'을 '미시적으로 진화한' 변종을 설명하는 논리로 주장했다면, 『종의 기원』은 '역사상 가장 중요한 책 중의 하나'가 되지 못했을 것이다. 그가 누린 평판은 더 엄청난 상상력을 통해 자연선택 원리를 '거시적 진화'의 원인이라고 주장했기 때문에 얻은 것이다. 그는 모든 생명을 최초의 역사 시기로 거슬러 올라가는 '공통의 계보'로 연결시켰다. 이 계보에서 포유류(토끼와 캥거루, 원숭이, 코끼리, 하이에나, 고래, 인간)의 조상을 추적하면 수억 년 전에 존재했던 뒤쥐같이 생긴 작은 동물에까지 올라간다. (또는 이것으로부터 변형된 형태로 계통이 이어진다.) 이 동물들이 속하는 척추동물 강綱에는 새, 물고기, 파충류가 포함되며, 이들의 계보를 추적하면 상상하기 힘든 5억 년 전쯤의 공통의 조상에 이르고(또는 공통의 조상으로부터 변형된 형태로 계통이 이어졌고), 더욱더 거슬러 올라가면 35억 년 전의 최초의 원시 생명 형태에 이른다. 계보의 추적 방향을 위에서 아래로 돌려보면 다윈의 대담성은 더 분명해진다. 먼저 아주 작은 초기 파충류에서 시작해 보자. 수많은 형태상의 작은 변이를 통해서, 불필요하게 거대한 7.5미터의 꼬리를 가진 티라노사우루스, 또는 날개 길이가 소형 비행기만 한 익수룡과 같이 기이하게 생긴 거대한 공룡이 되기 위해서 반드시 '존재했어야' 할 거의 무한한 수의 변종을 상상해 보라. 다시 돌아가서, 뒤쥐같이 생긴 포유류에서 시작해 보자. 이 포유류가 두더지, 캥거루, 나는 박쥐, 대양을 누비는 고래가 되기까지 필요한 중간 형태를 다시 상상해 보라.

다윈이 그 위대한 상상력의 도약을 하기 전에 망설였을 수도 있지만 그의 선구적이고 지적인 이론이 가진 호소력은 매우 뛰어났다. '미시적' 진화에서 '거시적' 진화로 논리를 확대한 것은 그가 제안한 자연선택의 메커니즘을 아주 가까운 종들 사이의 작은 차이를 설명하는 이론에서 위대한 이론으로 바꾼다. 말 그대로 생물학의 모든 영역(하늘의 새, 바다의 물고기, 땅 위의 포유류, 그리고 지표면에 '기는 모든 것', 모든 종류의 식물, 나무, 풀, 꽃)들을 새롭게 설명하는 보편적인 법칙이 된다. 이 이론은 페일리를 그렇게 감탄하게 했던 설계

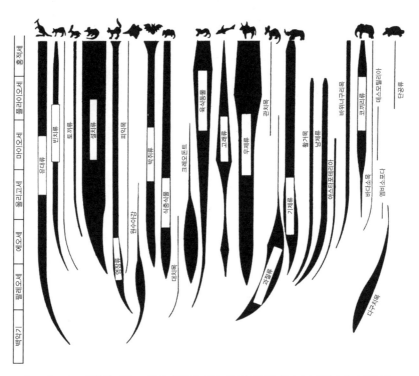

그림 4-6 포유류의 계보. 포유류는 공룡의 멸종 때문에 발생한 빈자리를 엄청나게 다양한 형태의 동물로(코끼리, 기린, 도약하는 캥거루, 굴을 파는 두더지, 코뿔소, 설치류) 채운다. 영장류는 나무에, 고래는 바다에, 박쥐는 공중에 각각 적응하는데, 이 모든 것이 1,200만 년 동안에 일어난다.

의 완벽성을 설명한다. 눈은 시력을 위해 정말 탁월하게 설계되었는가, 귀는 청력을 위해 얼마나 정교하게 설계되었는가, 사물들은 정말 훌륭하게 환경에 적응하고, 새와 곤충의 날개는 비행에 맞게 탁월하게 적응되어 있는가, 육식동물의 강력한 사지는 사냥할 수 있도록 잘 고안되어 있는가. 또한 자연선택설은 훨씬 더 다양한 멸종 생물들, 가령 쿵쿵거리며 나아가는 공룡과 날개를 넓게 펼친 익수룡을 설명해 준다. 이 이론은 이런 모든 생물들이 어떻게 존재하게 되었고, 어떻게 태초부터 한 생물에서 다른 생물로 변했는지를 설명해 준다. 간단히 말해서, 자연선택 이론이 설명하지 못할 것은 아무것도 없다. 모든 것이 현재와 같은 모습으로 존재하는 이유는 수백만 년에 걸쳐서 그런 방향으로 진화했기 때문이다.

생명 현상에 대해서 이 이상 더 야심찬 (상대적으로 보잘것없는 뉴턴의 중력 이론보다 훨씬 더 광대하다) 이론은 없을 것이다. 다윈이 『종의 기원』에서 설명하려고 했던 생명 현상은 천체의 달이나 별의 운동보다 훨씬 더 다양하고 복잡하다. 뉴턴과의 비교는 다윈의 보편적인 생물학 법칙에 대한 증거를 평가해 보면 훨씬 더 많은 것을 알 수 있다. 뉴턴은 밤에 천체의 행성의 운행을 직접 관찰하여 중력 법칙을 유추하고, 간단하고 쉽게 시험해 볼 수 있는 수학적 이론으로 그것을 확인시켜 주었다. 이와 대조적으로, 다윈은 모든 생물의 완벽한 적응의 원인으로 제안한 '자연선택' 메커니즘의 직접적인 증거를 제시하지 않았다. 또한 수십억 년 전, 한 생물이 자신을 변형시켰을 놀라운 생물학적 사건에 대해 직접적인 증거를 제시하지 못했다. 그는 가령, 어떻게 해서 땅에 사는 곰이 '거의 고래와 비슷하게' 될 수 있는가에 대한 '상상적인 설명'을 제시했을 뿐이었다.

북미에서 흑곰이 몇 시간 동안 입을 크게 벌린 채, 고래처럼 헤엄을 치면서 곤충을 잡는 것이 목격되었다. 이와 같은 극단적인 사례에서도, 만약 곤충의 공급이 일정하다면, 그리고 더 잘 적응된 경쟁자가 아직 존재하지 않는다면, 나는 곰의 자손이 자연선택에 의해서 자신의 구조와 습성을 점점 더 수중생활에 적응하면서 마침내 고래와 같은 거대한 생물이 되었을 것이라고 본다.

뉴턴의 세계에서는 일반적으로 원인에 비례하여 그 결과가 발생한다. 따라서 물체를 더 멀리 움직이려면 더 큰 힘이 필요하다. 다윈의 세계에서는 그와 반대로 동일한 원인이 전혀 비례에 맞지 않는 결과를 낳는다. 핀치새의 부리의 형태와 같은 비교적 미미한 차이를 설명하는 진화 과정이 쥐와 코끼리, 문어와 벌을 구별하는 엄청난 차이를 설명한다. 다윈이 제안한 메커니즘의 위대한 장점인 단순성은 가장 큰 단점처럼 보인다 — 너무나 단순하여 생물의 복잡성을 설명할 수 없다. 그의 이론은 이런 세세한 복잡성을 한쪽으로 제쳐두고, 그것들을 생명체가 어떻게 지금과 같은 모습으로 되었는가 하는 역사적인 설명으로 포함시켜 버린다.

게다가, 모든 것을 포괄하는 이론을 제안한 그의 대담성은 두 가지 생물학적 과정을 전제한다. 그 과정은 (그 당시에는 확실히) 불가능하다고 생각되던 것이다. 위대한 설계자의 필요성을 주장한 페일리의 이론은 설득력이 없을지 모르지만, 왜, 어떻게 눈의 다양한 기관들이 완벽하게 결합되어서 시력을 제공하는가 하는 점은 실로 하나의 수수께끼이다. 여기에서 가장 가능성이 낮은 설명은 이러한 '완벽함'이 작고 우연한 수많은 변화가 축적된 결과라는 설명이다. 이와 유사하게, 한 생물체에서 다른 생물체로 점진적이고 거의 인식 불가능할 정도로 서서히 변화되었다는 다윈의 가설은 그 당시 자연의 역사에 대한 모든 지식과 충돌하는 것처럼 보였다. 특히, 퀴비에의 상관성의 법칙, 즉 어떤 부분도 전체의 변화 없이는 변화할 수 없다는 법칙과 모순되었다.

> 퀴비에는 말했다. "단 한 개의 뼈를 조사한 후 동물의 종류를 판단할 수 있다. 동물 몸의 각 부분을 구성하는 뼈의 수, 방향, 형태가 모든 다른 부분과 필연적 상관관계를 갖기 때문에 부분을 보고 전체를 추론하는 방식으로 동물의 종류를 추론할 수 있다."

긴밀히 연관된 두 '요점'(완벽성의 수수께끼와 점진적인 변화)의 중요성은 이것들이 모두 자명한 공리로 간주된다는 점에서 잘 나타난다. 이 두 공리를 수많은 작고 유익한 변화가 축적된 결과라고 주장하는 다윈의 이론은 두 가지를 모두를 설명해야 한다. 만약 그렇게 하지 못한다면, 그의 이론은 무너지고 생물의 복잡성을 조화시키는 퀴비에의 법칙과 같은, 강력하지만 아직 알려지지 않은 '유기체적' 원리를 반드시 전제해야 된다. 앞으로도 살펴보겠지만 이 두 가지 공리는 아주 다루기 어려운 문제이다.

회의적인 시각

다윈이 그렇게 빈약한 증거를 발판으로 깜짝 놀랄 만한 지적인 도약을 어떻게 성공시킬 수 있었는지에 대해서는 그 이유가 명확하지 않다. 그에 대한 일반적인 시각은 그가 옳았거나, 그 당시의 지식 수준에서 볼 때 옳았기 때문에 (그리고 그 이후의 과학적 발견이 자연선택의 원리가 생물 다양성의 진정한 원인이라고 확신시켜 주는 경향이 있었기 때문에) 성공했다는 것이다.

그러나 다윈 이론이 일반적으로 인식되는 것보다 그렇게 옳지는 않다고 의심할 만한 충분한 증거가 이미 존재한다. 다윈의 진화론은 당대의 많은 과학자들이 제시한 근거 있는 의문을 제대로 고려하지 못했다. 무엇보다도 그때는 자연사의 황금시대, 즉 다윈의 동시대인들이 눈부시게 기여했던 풍요로운 발견의 시대였다. 수많은 새로운 식물과 동물들을 설명하고, 화석 뼈와 이빨을 이용해 오래전에 멸종된 기이한 생물의 형태를 다시 만들어냈던 시대였다. 간단히 말해, 그 세대는 생물학의 복잡성에 대한 감각을 지녔고, 생물들이 어떻게 정교하게 결합되어 있으며 단순한 설명이 불가능하다는 것을 알았다. 누구보다도 '영국의 퀴비에'인 리처드 오웬Richard Owen도 역시 그것을 알았다. 그는 1881년 세계에서 가장 큰 자연사 박물관을 지었고, 화석 생물에 관해 360편 이상의 논문을 썼으며, '공룡'이라는 말을 처음 만든 사람이었다. 〈더 타임즈〉지는 이렇게 썼다. "이 나라에서 이보다 더 탁월한 과학자는 없다." 그러므로 그의 의견은 아주 충분한 지식에 근거한 것이었다.

리처드 오웬이 『종의 기원』을 비판적으로 검토한 후 주장한 바에 따르면, 다윈의 핵심 이론은 '공통적인 발견도 없고, 예상된 결론도 전혀 없다. … 지렁이와 벼룩, 쥐와 코끼리, 순무와 인간을 알려지지 않은 같은 공통 조상의 직계 후손으로 같이 연결시킨다.' 그는 물론 자연이 '선택'한다는 점을 인정했다. 자연은 자신을 지킬 수 없는 연약한 것과 결함이 있는 것을 제거하고, 그 결과 모든 생물의 체력과 능력을 증진시킨다. 가장 단순하면서도 실제적인 차원에서, 이것은 왜 영양이 그렇게 빨리 달리며, 그들의 포식자에게서 더 잘 도망하는지를 설명해 준다. 그러나 다윈이 주장했듯이,

부적응자들을 골라내는 동일한 메커니즘이 또한 창조적인 힘, 즉 무한히 다양한 형태와, 현존 생물과 멸종 생물의 특성을 만드는 조각가가 된다는 가정은 다른 문제이다. '자연선택은 매일, 매 시간 모든 변화, 심지어 가장 미미한 것까지도 자세히 조사하여 나쁜 것을 버리고, 모든 훌륭한 것을 보존하고 확대한다. 말없이, 비정하게 각 생물의 개선을 위해 일한다.'

그러나 오웬은 여러 가지 통찰력 있는 비판 중에서 첫 번째로 다음과 같이 질문했다. 자연이 '가장 단순한 변화'를 선택하는 것의 장점은 무엇인가? 생물의 생존 가능성을 높이기 위해서 '수없이 많고, 연속적인' 그런 변화가 필요할 것이다. 그렇다면 하나의 단순한 변화에 이어 그것을 강화하기 위해 또 다른 유사한 변화가 계속 일어나서 한 종이 다른 종으로 바뀌거나 전환될 확률은 얼마인가? 자연이 그러한 작은 변화를 '선택'하는 것으로는 충분하지 않다. 부모가 또한 그것들을 자손에게 물려주어야 한다 — 이것은 확실히 사실이 아니다. 왜냐하면 이렇게 되려면 자손이 부모를 정확하게 복제해야 하기 때문이다. 비록 자연이 수많은 미세한 변화를 선택하고, 그 변화가 다음 세대로 전달된다 해도, 조만간 그 변화는 한 종과 다른 종의 상호교배를 방지하는 '이종 간 생식 불능'이라는 장벽에 부딪힐 것이다 — 이를 통해 개는 개로, 비둘기는 비둘기로 유지되며 이들의 자손도 마찬가지로 유지된다.

다윈은 이종 간 생식이 일어난다고 가정했을지도 모른다. 그러나 오웬은 말했다.

우리는 철학의 이름으로 자연을 그러한 방식으로 다루는 것에 항의한다. 우리는 『아라비안나이트』에서 아미나가 남편에게 물을 뿌려서 그를 개로 바꿀 때, 불가능에 대해 화를 내지 않는다. 그러나 우리는 과학적 진리라는 사원의 문을 지니와 사랑의 마술사들에게 열어줄 수 없다. 상상력에 의해 제안되었지만 우리가 볼 수 없는 단계인 위대한 변화들을 흔쾌히 인정하지 않는 것이 참된 철학의 정신이다.

간단히 말해서, 다윈의 '예기치 못한' 결론에 대해서는 가장 미미한 증거조차 없었다.

우리는 변화가 점진적이며 무한하여 수많은 세대를 지나면서 생물의 종, 속, 목, 강을 바꾼다는 결론의 타당성을 증명하기 위하여, 비록 그것이 아주 미미할지라도, 한 개체가 반드시 변화한다는 것을 밝힐 증거를 찾았지만 헛수고였다. 우리는 이론으로서의 '자연선택'에 전혀 반대하지 않는다. 그러나 우리는 우리의 신념에 대한 근거를 갖기 원한다. 우리가 진실로 반대하는 것은 참된 과학의 특성이 단순한 가설에 의해 더럽혀지는 것이다.

그러나 우리가 알고 있듯이, 다윈의 '단순한 가설'이 승리의 환호성을 울렸다. 왜 그렇게 되었을까? 첫째, 그는 『종의 기원』에서 자신에게 유리한 증거를 사실 그 자체보다 훨씬 더 부풀리는 방식으로 자신의 주장을 제시했다. 둘째, 시기가 완벽했다. 『종의 기원』은 자연의 역사를 유물론적 입장으로만 설명하려는 많은 과학자들의 희망을 정확하게 표현했다. 그리하여 자연의 아름다움과 경이로움이 '설계자'의 직접적인 증거라고 추론하는 성가신 신학의 손아귀로부터 자연을 해방시켰던 것이다.

『종의 기원』의 첫 번째 승리

교묘한 논증

당대의 저명한 사람들이 생각하지 못했던 심오한 통찰력(종은 불변하는 것이 아니다)을 발휘한 젊은 박물학자인 다윈을 통해 『종의 기원』이 세상에 나왔다.

> HMS 비글 호를 타고 가면서 남미에 분포한 생물 종들을 보고 매우 놀랐다… 그것은 종의 기원에 대한 어떤 빛을 내게 던져주는 것 같았다 ─ 그것은 신비 중의 신비였다… 나는 종이 불변하는 것이 아니며, 어떤 다른 종이나, 대체로 사멸된 종의 직계 후손이라는 점을 전적으로 확신한다… 대부분의 박물학자들이 옹호하고 내가 전에 옹호했던 시각, 즉 각각의 종은 독립적으로 창조되었다는 시각은 오류이다.

이러한 '신비 중의 신비'를 풀려면 먼저 한 생물 개체의 아주 다양한 변종이 존재하여 자연이 생물학적으로 가장 유리한 변종을 선택할 수 있어야 한다. 이에 대해 다윈은 19세기 대중적인 취미였던 비둘기 교배에서 충분한 증거를 볼 수 있다고 지적한다. 200년에 걸쳐, 비둘기 애호가들은 평범하게 생긴 일반적인 양비둘기를 놀라울 정도로 다양한 다른 형태의 비둘기(공작 비둘기, 자코빈 비둘기, 트럼피터 비둘기, 아주 크게 발달한 가슴에 공기를 넣어서 위세를 과시하는 파우더 비둘기, 얼굴이 작은 텀블러 비둘기, 편지를 전달하는 비둘기)로 바꾸었다. 다윈은 질문했다. 사람이 단 한 종에서 아주 다양한 다른 형태를 교배할 수 있다면, 왜 '자연'이 다양한 변종에서 가장 유리한 종을 선택함으로써 '생물의 가장 복잡한 조건에 가장 잘 적응한' 종(그것은 아주 탁월한 작품임에 틀림없다)을 만들지 못하겠는가?

갈라파고스 섬을 직접 관찰한 다윈은 '미시적 진화', 곧 자연 적응 원리를 사용하여 다양한 종의 핀치새를 설명했다. 그의 위대한 도전은 그와 동일한 원리를 전체 생물학에 확대 적용한 것이었다. 여기에서 다윈의 재간은 전혀 다른 형태의 논리적 주장을 이용하는 데서 발휘된다. 첫째, '거시적 진화'에 의해 제기된 난제들, 특히 자연선택이 설명해야만 하는 두 가지 공리(완벽성의 수수께끼와 점진적인 변화의 실제성)를 최소화함으로써 이루어졌다. 그 다음, 그는 「창세기」의 창조 이야기와 자신이 설명하는 이론의 더 훌륭한 타당성을 대조함으로써 미시적 변화의 의미를 극대화시킨다. 「창세기」에서 하느님은 세계 창조의 넷째와 다섯째 날에 '움직이는 모든 생물'을 창조한다. 이 점에 대해서 앞으로 더 구체적으로 논의할 것이다.

첫 번째 공리(자연선택이 '완벽성의 수수께끼'를 설명한다는 주장)가 제시한 난제를 최소화하는 일보다 더 굉장한 일은 없을 것이다. 인간의 눈에서 볼 수 있듯이, 문제는 이중적이다. 첫째, 페일리가 지적했듯이, 각각의 독자적인 부분(눈꺼풀, 각막, 홍채, 망막 등)은 각각의 특수한 목적을 위해 정교하게 고안되어야 한다. 왜냐하면, 이것들 중 한 부분이라도 완벽하지 못하면 (톱니바퀴에 결함이 있는 시계처럼) 눈은 사물을 식별하지 못할 것이다. 따라서 정교하게 고안된 특수한 부분도 그 자체로는 쓸모가 없으며, 눈 전체로서만 '자기 기능'을 발휘할 수 있다. 동일한 논리를 통해 모든 생물이 완벽하게 환경에 적응하면서 갖게 된 고유하고 다양한 특징을 설명할 수 있다. 각 생물은 구체적인 목적에 맞게 고안된 수많은 부분으로 구성되며 부분은 전체의 맥락에서만 '자기 기능'을 발휘할 수 있다 ─ 날개는 날기 위해서, 귀는 듣기 위해서, 심장은 펌프질하기 위해서, 폐는 호흡하기 위해서… 이렇게 한없이 나열할 수 있다.

게다가 눈의 더할 나위 없는 완벽성을 강조하지 않을 수 없다. 눈은 단순히 '잘 고안된' 것이 아니다 — 눈의 민감성은 너무나 예민해서 더 이상 개선할 수 없는 수준이며, 수마일 떨어진 밤의 희미한 불빛을 감지할 수 있고, 얼음에 비친 햇빛에서 밤에 깜빡거리는 그림자의 밝기까지 식별할 수 있다. 이와 비교할 때, 페일리의 시계는 정말 하찮은 것이다.

그렇다면 자연은 인간의 일상적인 경험에서 기적이라고 생각하는 것(가장 복잡하게 설계된 시계)을 어떻게 설계자 없이 만들어낼 수 있는가? 다윈은 이 문제를 시인했다.

인간의 이성과 같은 방법이 아니라 (가령, 특정 목적을 위해 설계되었다) 각 생물에게 유리한 방향으로 수많은 미세한 변화가 축적되어 (가령, 축적된 변화는 생물학적인 이점을 제공한다) 더 복잡한 생물로 발달했을 것이라고 믿는 것만큼 더 어려운 일도 없다.

그는 우리의 눈이 그런 우연한 변화 과정의 자연스러운 결과라고 믿는 것보다 더 어려운 일이 없을 것이라고 인정한다.

초점(수정체)을 맞추고, 빛을 다양한 수준으로 받아들이는(홍채), 탁월한 장치를 갖고 있는 눈이 자연선택에 의해 형성되었을 것이라고 가정하는 것은 솔직히 말하지만 가장 터무니없는 것처럼 보인다. 그리고 그것은 단순히 터무니없는 것이 아니다. … 만약 복잡한 기관이 수많은 미미한 변화에 의해 형성된 것이 아니라는 점을 증명할 수 있다면, 나의 이론은 무너질 것이다.

그러나 다윈은 '구체적인 증거를 발견하지 못했음에도' 자연선택이 눈의 '완벽한 시각 장치'를 만들 수 있다고 가정하는 것을 '조금도 문제 삼지 않았다.' 그는 빛에 민감한 가장 단순한 형태가 '점차 다양해지면서' 점점 더 복잡해지고, 수정체가 첨가되고, 그 다음 셔터 같은 홍채 등이 계속 생겨서 결국 인간의 눈이 되었다고 가정한다.

'수많은 작은 변화'에 의해 눈이 형성되었다는 다윈의 가설적인 시나리오는 다양한 종의 연체동물에서 발견되는 눈의 형태를 통해 가장 일반적으로 설명된다. 11만 2,000종에 이르는 연체동물은 아주 작은 꽃양산조개, 대합조개, 달팽이에서 엄청나게 발달한 오징어와 문어에 이르기까지 다양하다. 진화 생물학자인 리처드 도킨스는 다음과 같이 상세하게 설명한다.

> 단세포 동물들(그리고 꽃양산조개)은 빛에 민감한 부위가 있는데 그 부위 뒤에는 작은 색소막이 있어서 빛이 어디에서 오는지에 대한 '정보'를 제공한다… 다양한 종류의 벌레나 어떤 조개류는 이와 비슷한 기관이 있지만, 빛에 민감한 세포가 빛의 방향을 약간 더 잘 찾는 능력이 있는 작은 컵 안에 들어 있다… 컵을 아주 깊게 만들어 측면을 뒤집으면, 작은 구멍 카메라가 완성된다. (이것은 꼬불꼬불한 껍데기로 유명한, 헤엄치는 연체동물인 앵무조개의 눈과 같다.) … 컵을 눈에 대면, 컵의 렌즈 같은 특성 때문에 컵 구멍 위로 희미하고 투명한 물체가 점차 뚜렷해질 것이다. (앵무조개의 친척뻘인) 오징어와 문어는 사람의 눈과 아주 비슷한 진짜 수정체를 갖고 있다….

꽃양산조개의 빛에 민감한 부위에서 훨씬 더 복잡한 눈에 이른다는 다윈 (그리고 도킨스)의 가설적인 진화론은 필연적으로 직접적인 진화론적 관계를 전제한다. 그러나 꽃양산조개는 갑각류로 진화하지 않고, 그 다음 앵무조

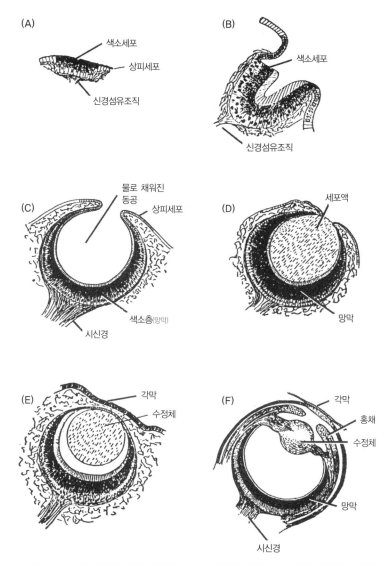

그림 4-7 단순한 것에서 복잡한 것으로 진화: 눈의 진화. 바다에 사는 10만 종 이상의 연체동물에는 엄청나게 다양하고 복잡한 형태의 생물(단순한 달팽이, 대합조개, 꽃양산조개에서 상대적으로 두뇌가 큰 오징어, 문어에 이르기까지)이 포함된다. 이러한 다양성은 연체동물의 눈의 구조에서도 나타난다. 빛과 그늘만 구별하는 꽃양산조개의 눈(B), 헤엄치는 연체동물인 앵무조개의 작은 눈(D)에서부터 정교하게 발달한 문어의 카메라와 같은 눈(F)에 이르기까지 다양하다 — 문어의 눈은 인간의 눈과 비슷하다.

개로, 문어로 진화하지 않는다. 또는 도킨스가 표현하듯이, '그것들은 조상의 형태와 같지 않다.' 그래서 이처럼 다른 눈의 형태는 단순한 생물이 단순한 눈을, 복잡한 생물이 복잡한 눈을 가졌다는 자명한 이치를 보여준다. 그것들은 '수많은 작은 변화'에 의한 진정한 진화적인 변화를 더 이상 보여주지 않으며, 양초, 램프, 탐조등을 일렬로 놓고, 양초가 램프로, 램프가 탐조등으로 점차 변화되었다고 가정하는 것과 마찬가지이다.

150년이 흐른 후, 우리는 눈이 최소한 40번 이상 몇 가지 다른 형태로 등장했다는 것을 알게 되었다. 4억 5,000만 년 전 가장 초기의 해양 생물인 삼엽충은 수중 생활에 '가장 적합하게 설계' 된 눈(17세기에 인간이 다시 그 눈을 발견했다)을 갖고 있었다. 그리고 곤충의 겹눈은 최대 수만 개의 렌즈로 구성되어 360도의 시야를 제공하기 때문에 뒤에서 공격하는 포식자를 피할 수 있다. 인간과 같은 포유류와 문어는 카메라 형태와 같은 발달된 눈을 각각 다르게 발달시켰다.

각기 다른 눈의 형태는 다윈의 난제를 더 복잡하게 만들었다. 그 당시, 각 생물에게 발생하는 우연하고 '연속적인 수많은 미세한 변화'가 각 생물에게 약간의 생물학적 이점을 제공한다고 전제할 수밖에 없었기 때문이다. 이런 전제는 필수적이었다. 왜냐하면 많은 노력에도 불구하고, '미세한 연속적인 변화를 이용하는' 자연선택이 아주 다양한 눈의 형태가 전형적으로 보여주는 '완벽성의 수수께끼'를 설명해 준다는 다윈의 제안을 뒷받침할 만한 경험적인 발견이 지난 150년 동안 단 한 건도 제시되지 않았기 때문이다. 다양한 눈의 형태는 1859년 당시보다 더 풀기 어려운 수수께끼로 여전히 남아 있다.

두 번째 공리로 제기된 난제, 즉 어떻게 자연선택이 점진적인 변화를 통해 한 종을 다른 종으로 바꿀 수 있는가에 대한 실제적 가능성은 정확하게 말해 정반대였다. 오늘날에는 화석에 대한 실제 자료가 풍부하기 때문에 그 이론의 타당성을 시험해 볼 수 있다. 점진적 변화의 과정은 거의 무한한 수의 중간 종들이 있어야 단세포 유기체에서 거의 무한대로 다양한 공룡이나 포유류로 '진화한 경로를 말해줄 수 있다.'

> 다윈은 이렇게 썼다. "모든 살아 있는 생물과 멸종한 종들 사이를 이어주는 중간과 과도기적 생물의 수는 분명 상상할 수 없을 정도로 엄청날 것이다. 확신하건대, (내) 이론이 옳다면 그 생물들이 예전에 지구상에 살았을 것이다."

문제는 생명의 역사가 그것과는 정반대의 패턴을 보인다는 것이다. 화석 기록은 (연속적인 파도 형태 속에서) 다양한 새로운 생명체가 갑작스럽게 출현했다는 것을 알려준다. 생물 종은 거의 수백만 년 이상 변하지 않고 지속되다가 우리가 아직 알지 못하는 방식으로 갑자기 사라져버렸다 — 생명의 역사는 출현, 안정, 멸종이라는 전체 주기가 반복될 뿐이다. '생명의 역사'의 간단한 줄거리는 30억 년 전의 단세포 생물에서 시작된다. 그 후, 전혀 아무일도 일어나지 않다가 6억 년 전 '캄브리아기에 해양 생물 화석이 폭발적으로 많이' 나타난다. 그 후 이 해양 생물들은 2억 5,000만 년 후에 대량으로 멸종하고 만다. 그 이후 '공룡의 폭발적인 번성기'가 지속되다가 7,000만 년 전에 그들도 대량으로 멸종되고 만다. 그 이후, 우리 인간이 속한 '포유류의 폭발적인 번성기'가 나타난다. 그 이후 지속적으로 바다에서 육지로, 육지에서 공중으로 중요한 변화를 경험한 주요한 생물 집단이 거의 또

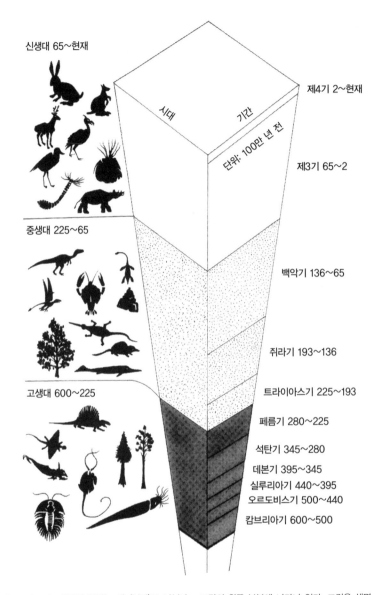

신생대 65~현재

제4기 2~현재

시대

기간

단위: 100만 년 전

제3기 65~2

중생대 225~65

백악기 136~65

쥐라기 193~136

트라이아스기 225~193

고생대 600~225

페름기 280~225

석탄기 345~280

데본기 395~345
실루리아기 440~395
오르도비스기 500~440
캄브리아기 600~500

그림 4-8 생명의 역사는 세 '시기'로 나뉜다 — 그림의 왼쪽 부분에 나타나 있다. 그것은 생명 형태에 대한 세 개의 주요한 '구분'과 일치한다. 캄브리아기 초반, 고생대의 해양 생물군('캄브리아기의 폭발적 번성'으로 알려져 있다)이 처음 등장한다. 뒤를 이어, 공룡의 중생대가 이어지고, 그들이 멸종된 후 6,500만 년 전에 신생대에 포유류가 등장한다.

는 아무런 예고도 없이 모습을 나타낸다.

　하버드 대학의 생물학자 로버트 웨슨은 이렇게 썼다. "그것은 마치 생명
체가 수풀 뒤로 사라졌다가 새로운 옷을 입고 다시 나타나는 것과 같다."
그리고 생물의 엄청난 다양성은 상상을 불허할 정도이다.

　다윈은 '가장 저명한 모든 고생물학자'(그리고 그는 이 중 여섯 명을 인용한다)와
'우리 시대의 가장 위대한 지질학자' 들이 바로 이러한 이유 때문에 점진적
변화라는 개념을 한결같이 반대한다고 인정한다. 그들은 수천 개의 중간
단계의 생명체의 화석 유물을 찾지 못했기 때문에 다윈의 설명(그리고 이것은
유일한 설명이다)을 받아들이지 않았다(중간 단계의 생물은 아직까지 '화석 자료가 매우 불
완전하기' 때문에 발견되지 않았다).

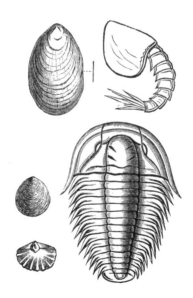

그림 4-9 해양 생물의 폭발적인 번성기인 캄브리아기의 매우 다양한 생명체들로는 삼엽충, 바
다에서 자유롭게 헤엄치던 날개 달린 달팽이, 새우처럼 생긴 히메노카리스, 대합조개같이 생긴
수많은 생명체들이 있다.

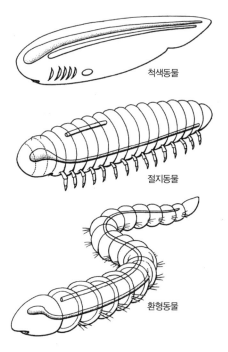

척색동물

절지동물

환형동물

그림 4-10 아주 다양한 몸의 형태. 모든 생명체는 몇 가지 독특한 신체 구조 형태의 '변종들'이다. 사실상, 모든 신체 구조는 폭발적으로 번성한 캄브리아기(생명체의 '빅뱅')의 말엽에 형성되었다. 위의 세 가지 그림(아래에서 위로)은 지렁이에서 볼 수 있는 환절 형태의 몸 구조를 보여준다. 사지가 마디로 연결된 게나 곤충과 같은 절지동물, 그리고 등을 따라 뻗은 척추가 있는 척색 척추동물은 시간이 지나면서 어류, 포유류, 인간으로 발달한다.

나는 지질학적 기록을, 계속 변하는 방언으로 기록되어 불완전하게 간직된 세계 역사로 간주한다. 이 역사 속에서 우리는 단지 두세 나라와만 관련이 있는 마지막 책을 소유하고 있다. 이 책의 여기저기에 짧은 장이 남아 있다. 그리고 각 페이지 여기저기에 몇 줄이 남아 있다. 각 단어는… 어떤 생명의 형태들을 나타내는 것일지도 모른다.

1859년의 화석 자료는 아주 불완전했지만 영국의 저명한 고생물학자인 존

필립스John Phillips는 다음 해에, 생명의 '첫 물결'인 캄브리아기의 해양 생물 화석이 다윈의 가설을 검증하고도 남을 만큼 풍부하게 남아 있다고 지적했다. 연구 결과는 아주 모호했다. 비어 있던 암석 단층이 나타나고, 그 다음 갑자기 난데없이 헤아릴 수 없이 많은 복잡한 생명체 화석(대합조개, 성게, 마디로 연결된 다리가 있는 갑각류, 그리고 가장 인상적인 완벽한 눈과 독특한 머리와 꼬리, 출현 때와 마찬가지로 이유를 알 수 없이 사라져버리기 전 2억 5,000만 년 동안 거의 변하지 않은 가시를 가진 탄력성 있는 삼엽충)이 들어 있는 단층이 나타났다.

아울러, 첫 번째 '생물이 폭발적으로 번성한 캄브리아기'의 화석에는 생물 종(벌레, 곤충, 척추동물들은 아주 다른 형태의 마디, 신경계와 순환계를 갖고 있었다)의 세 가지 주요한 신체 구조만 나타난 것이 아니라, 기존의 생물 범주에 포함시킬 수 없는 공상적인 생물 집단도 나타났다. 예를 들어, 적절하게 이름을

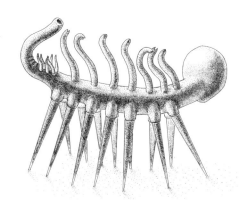

그림 4-11 캐나다 서북 지역의 로키 산맥의 높은 곳에 위치한 버제스 셸 채석장에는 '폭발적으로 생물이 번성한 캄브리아기'의 가장 복잡한 화석이 묻혀 있다. 아울러 현 시대의 해양에서 발견되는 것보다 더 다양한 생명체들도 발견되었다. 이 화석에는 엄청나게 다양한 기이한 생명체들이 포함되어 있다 ─ 가령, 줄기 위에 다섯 개의 눈이 달리고 입이 뒤로 향하고, 길고 유연하고 호스처럼 생긴 돌기의 끝에는 가시가 돋은 발톱이 나 있는 오파비니아opabinia, 140쪽에서 설명하고 있는 할루키게니아가 있다.

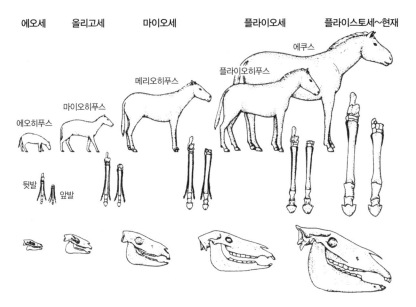

그림 4-12 에오히푸스에서 에쿠스까지. 1870년대 중반, 미국 고생물확자 오스니엘 찰스 마시 Othniel Charles Marsh는 에오히푸스(최초의 말)에서 현대의 말인 에쿠스에 이르기까지의 몸 크기의 상향적 진보를 보여주는 일련의 화석을 발견했다.

붙인 할루키케니아hallucigenia는 '기괴하고 몽환적인 외모'를 갖고 있으며 일곱 쌍의 다리로 해수면 위를 나아가고, 등에 튀어나온 일곱 개의 촉수로 소리를 냈다.

다윈이 미래에는 무엇이 나타날 것인지 전혀 말하지 않은 것은 적절했다. 『종의 기원』은 미래 세대의 지질학자와 고생물학자에게 가장 큰 선물이었다. 왜냐하면 그 책은 그들이 (그리고 대중이) 주요 생물 종들의 매우 중요한 과도기, 즉 해양 생물 화석에서 어류, 어류에서 양서류, 파충류, 마지막으로 조류와 포유류로 변화는 과도기 생물을 찾는 데 관심을 집중시켰기 때문이다.

다음 해, 바바리아의 지질학자들이 놀라운 시조새의 화석을 발견하자,

그 즉시 마치 다윈이 저명한 고생물학자의 '만장일치'의 의견을 물리친 것처럼 보였다. 시조새 화석은 파충류에서 조류로 변화하는 과도기를 특징적으로 나타내 주었는데, 파충류의 특징인 이빨, 꼬리, 깃털로 덮인 날개 끝에는 발톱이 있었다. 14년 후, 미국의 지질학자들이 말 화석의 뼈와 이빨을 결합하여 다윈의 점진적인 변화를 보여주는 가장 유명한 사례를 제시했다. 그 사례는 쥐 크기의 에오히푸스eohippus에서 시작하여 5,000만 년 동안 점차 몸집이 커지고, 발은 다섯 개의 발가락이 한 개로 바뀌고, 현대의 말의 전형적인 특징을 갖추게 된다. 가장 강력한 것은 인간의 발달에 관한 증거일 것이다. 1856년 네안더 계곡에서 두터운 눈썹을 가진 '동굴 인간 화석'인 네안데르탈인이 발견되어 인간의 진화 경로를 외견상 보여주는 일관성 있는 그림이라는 전제하에, 최초의 진정한 현생 인류인 크로마뇽인(1868년에 발견)의 골격 유물과 함께 나란히 놓였다.

　이런 사례는 아주 잘 알려져 있다. 하지만 이것들은 생물 종의 진화 역사가 점진적 변화임을 암시해 주는 사례가 거의 없음을 보여주는 아주 좋은 근거로 자주 인용된다. 그 이후 150년 동안 화석 자료는 더욱더 완벽하게(그리고 덜 '불완전하게') 되었지만, 작은 파충류에서 공룡으로, 또는 뒤쥐같이 생긴 포유류에서 캥거루로 변하는 특징을 보여주는 '상상할 수 없을 정도의 엄청난 수의 과도기적 생물 종'은 지금까지 여전히 나타나지 않고 있다. 그 대신에, 화석이 말해주는 '이야기'는 존 필립스와 같은 19세기 저명한 고생물학자들이 해석했던 내용과 상당히 비슷하다.

　시카고 자연사 박물관의 데이비드 라우프David Raup는 이렇게 말한다. "대부분의 사람들은 화석이 생명의 역사에 대한 다윈주의적 해석을 지지하는 중요한 증거를 제공한다고 생각한다. 안타깝게도, 이것은 엄밀히 말해서 사실이 아니다. 생명은 점진적으로 출현했다기보다… 생물 종들은 아주 갑자기 차례 차례 나타났으며, 화석 자료는 생물 종들이 존재할 동안 거의 또는 전혀 변화하지 않다가 갑자기 [사라졌음]을 보여준다.'

* * *

다윈은 『종의 기원』의 후반부에서 논의 방향을 바꾼다. 그의 기본적인 두 가지 공리가 제기한 '난제'를 한편으로 밀쳐놓고, 그는 갈라파고스와 다른 지역에서 본, 아주 근접한 종들 간의 상대적으로 미시적인 차이(핀치새의 부리와 같은)를 제시하면서, 그의 타당성 있는 자연적인 '미시적 진화' 이론과 하느님이 모든 생물을 개별적으로 창조했다는 「창세기」의 가정을 대조한다. 이 비교는 하느님이 만여 종의 딱정벌레를 개별적으로 설계하는 것 이외에는 따로 관심을 가질 것이 없었다고 가정하는 과학의 (그리고 사실상, 신학의) 어리석음을 뚜렷하게 보여주는 사례이다. 몇 종류의 코뿔소에 대한 설명에 대한 다윈의 과장된 사고는 이 점을 잘 보여준다.

그렇다면 우리는 자바와 수마트라에 떨어져 서식하는 다른 종의 코뿔소가 이 두 나라의 비 유기물 재료를 이용하여 암컷과 수컷으로 창조되었다는 것을 받아들여야 하는가? 우리는… 명확한 이유가 없다면, 코뿔소들이 시베리아의 고대의 털이 많은 코뿔소와, 세계의 다른 지역에 이전에 살았던 모든 다른 종들과 같은 동일한 일반적인 형태로 창조되었다고 말해야 하는가?… 명확하고 충분한 이유가 없다면, 코뿔소의 다리는 영양, 쥐, 원숭이의 다리와 동일한 계획에 따라 만들어졌다고 말해야 하는가?… 다시 말해서, 이 세 종류의 각 코뿔소들이 진정한 관계를 잘 알아볼 수 없는 모양으로 각각 창조되었다고 말해야 하는가?

수년 동안, 다윈은 개별적인 종의 미시적인 변화의 원인인 미시적 진화를 지지하는 많은 증거를 모았다. 시간이 지나고 다시 그는 동일한 요점으로 돌아간다.

우리는 갈라파고스 제도의 거의 모든 식물과 동물들이… 인근의 아메리카 본토의 식물과 동물과 아주 놀라운 방식으로 관계를 맺고 있다는 것을 안다. 이 사실들은 창조 이론에 관한 어떤 설명과도 부합하지 않는다는 것을 인정하지 않을 수 없다.

우리는 왜 대양의 섬들에는 극소수의 종들만 서식하는지 알고 있다… 그리고 대양을 횡단할 수 있는 새롭고 특이한 종의 박쥐들이 대륙에서 아주 멀리 떨어진 섬에서 매우 자주 발견된다는 사실을 알고 있다. 이러한 사실은 독립적인 창조 이론으로는 전혀 설명되지 않는다.

갈라파고스 섬들이 아메리카 대륙과 관련이 있는 것처럼, 케이프 드 베르데 섬의 서식 생물들은 아프리카의 섬들과 관련이 있다. 이 중요한 사실은 독립적인 창조라는 일반적인 시각에 기초한 설명과 부합하지 않는다.

다윈은 퀴비에가 설명한 다양한 종들의 사지에 관한 공통적인 계획 또는 '상동관계'를 언급하면서 다음과 같이 주장했다.

붙잡기에 알맞도록 형성된 인간의 손, 땅을 파기에 적합한 두더지의 앞발,

돌고래의 앞 지느러미, 박쥐의 날개가 동일한 패턴에 따라 만들어졌고, 생물 종들에게 비슷한 뼈와 동일한 상대적 위치가 있다고 주장하는 것보다 더 기이한 것은 없다. 각 생물의 종류에 속한 모든 동물들이 동일한 계획에 따라 만들어진 것이 창조자를 기쁘게 했다고 [가정함으로써] 이러한 유사성의 패턴을 설명하는 것보다 더 절망스러운 것은 없을 것이다.

여기에서 다윈은 자신의 설명을 비판하는 사람들을 성서적 창조론자들로 묘사하면서, 잘못된 반대명제를 분명하게 세운다. 일단 그 반대명제가 제기되면, 대부분의 생물학자들은 밀접한 종들에게 일어나는 많은 변종을 설명하는 자연의 미시적 진화가 틀림없이 존재한다는 점에 대해 논쟁할 수 없다. 퀴비에의 유사성과 상관성의 법칙, 아울러 거시적 진화론적 변화 메커니즘에 대해 훨씬 더 큰 의문을 제기하는 이 법칙들의 함의는 분명 전혀 다른 문제였다 — 그리고 그것은 '창조론자'와 창조론의 근본주의적 의미와 같다고 설명할 수 없는 것이었다. 오히려 퀴비에의 법칙은 비교해부학에 토대를 두고 있었고, 거대한 동물인 메가테리움 화석의 뼈와 이빨을 다시 결합하여 시험을 거친 것이었다. 분명히, 퀴비에는 청사진 뒤에 숨겨진 형이상학적 '아이디어'를 추론했지만, 이것이 과학적인 신뢰성을 약화시키고 다윈 자신의 더 단순한 유물론적 설명방식을 정당화시켜 준다는 다윈의 해석은 명백히 정당성이 없는 것이었다.

『종의 기원』은 분량이 많고 때때로 읽기가 쉽지 않기 때문에 독자들은 틀림없이 건너뛰고 싶은 마음이 들 것이다. 그래서 독자들은 이 책의 결론 부분에 이르러서는 다윈의 주장이 다시 변화를 거쳐 점점 더 분명해졌다는 점을 알아차리지 못했을 것이다. 자연선택 이론은 자연사의 '대부분의 중요한 사실을' 설명한다. 반면 '난제들'은 아주 교묘하게 처리되어 더 이상 전혀 난제가 아니게 된다. 화석 자료가 '매우 불완전'함에도 불구하고, 독자들은 그러한 화석 자료가 수정을 동반한 상속 이론theory of decent with modification, 곧 진화론을 지지한다는 것으로 설명된다는 것을 알게 된다. 심지어 자연선택의 법칙을 자연에 부여함으로써 전체 과정이 시작되게 만든 창조자의 간단한 역할도 인정한다 — 이것은 다윈의 승리에 대한 신학적인 해석의 빌미를 제공한다. 자주 인용되는 마지막 단락은 다음과 같다.

> 이러한 생명에 대한 시각은 위대하며 몇 가지 힘을 갖고 있다. 태초에 몇 가지 또는 하나의 생명체에 숨결이 불어 넣어지고, 이 지구가 일정한 중력 법칙에 따라 돌아가면서, 아주 단순한 것에서 시작해서 가장 아름답고, 가장 탁월한 셀 수 없는 생물 종으로 진화되었다.

간단히 말하면, 이렇게 하여 다윈은 과학계에서 가장 위대하고 지적인 대성공을 거두었고, 모든 신학적인 사고와 진화론에 상충되는 경험적인 증거를 무시하면서 모든 것을 포괄하는 점진적인 진화론을 '신비 중의 신비'를 푸는 이론으로 만들었다. 그리고 그가 진화론을 주장한 시기도 비할 데 없이 적절했다.

『종의 기원』의 두 번째 승리

세계가 진화론을 받아들일 준비를 하다

경험이 풍부한 생물학자 에른스트 마이어Ernst Mayr는 이렇게 썼다. "『종의 기원』의 즉각적인 성공은 세계가 진화론을 받아들일 준비가 되어 있었음을 보여주었다." 지구의 4분의 1에 해당하는 광대한 제국을 지배하던 영국의 대다수 시민들은 6일 만에 세계를 창조한 「창세기」의 하느님을 더 이상 받아들일 수 없었다. 그들은 「창세기」의 하느님이 (화석 자료가 암시하듯이) 수억 년의 간격을 두고 앞선 생물들이 멸종하면 그 다음 새로운 생물을 계속 창조했다고 믿을 수는 없었다. 그들은 다윈의 '더 나은' 이론을 받아들일 충분한 준비가 되어 있었고, 세부적이고 정확한 내용은 별로 중요하지 않았다. 과학계 이외의 사람들 중에 누가 다윈의 설명방식에 대한 타당성을 이러저러한 방식으로 판단했는가? 그것은 아주 설득력이 있는 것처럼 보였고, 설령 화석 자료에 빠진 부분이 있다 해도 미래에 과학이 진보하면서 틀림없이 그 부분을 예상대로 채워줄 것으로 여겼다.

그 당시 과학자들 대부분은 (앞에서 말했듯이) 다윈의 진화론에 쉽게 동의하지 않았지만, 그 시대는 과학적으로 들떠 있던 시기였다. 그 이전 50년 동안, 화학(물이 수소와 산소라는 두 가지 화학원소로 구성되어 있다는 라부아지에의 발견)과 물리학(열, 빛, 에너지의 성질)의 토대를 놓는 발견을 통해 과학은 독립적이고 자율적인 학문으로 정립되었다. 이러한 상황 속에서 자연의 역사에 대한 신학적 사고의 지속적인 영향력은 점차 보편성을 잃게 되었다. 게다가 리처드 오웬의 설득력 있는 모든 주장 때문에, 그 당시 일상생활을 하던 대부분의 생물학자들에게 다윈이 옳으냐 그르냐는 큰 문제가 되지 않았다. 자연 법칙에 의한 진화론의 원리를 믿어야 한다는 불가피성은 그 이론의 명백한 도전보다 훨씬 더 중요했다. 다윈의 동시대인인 동물학자 어거스트 바이스만August Weismann은 이렇게 썼다. "우리가 자연선택설을 받아들이는 이유는 우리가 그 과정을 자세하게 증명할 수 있기 때문이 아니고, 또 그 이론을 상상하기가 더 쉽기 때문도 아니다. 그것은 단순히 우리가 믿을 수밖에 없고, 또 우리가 생각할 수 있는 유일한 설명방식이기 때문이다."

1860년, 프랑스 고생물학자 프랑수아 쥘 픽테François Jules Pictet는 말했다. "우리는 한 가지 입장밖에 없다. 우리는 한편으로는 나타난 사실과 일치하지 않기 때문에 불가능한 것처럼 보이고, 다른 한편으로는 생물 유기체가 우리 시대 이전의 시기에 어떻게 발달해 왔는가에 대한 최고의 설명처럼 보이는 진화론을 받아들여야 하는 입장이다."

10년 이내에 대다수의 생물학자들은 다윈주의에 따르는 유물론적 진화론의 원리를 인정했고, 다윈의 이론이 예측했던 시조새와 같은 과도기적 생물 형태의 발견으로 힘을 얻었다. 진화론은 비록 '증명 가능한' 것은 아니지만, '대체로 과학적인 사고와 조화를 이루었다.' 진화론은 '과학의 영역을 침범한 모든 사고 내용과 방법론을 신학으로부터 획득하기 위해 계속 싸워나갔다.'

정말 강력하고 영향력 있는 사고의 특징은 '모든 사람에게 모든 것'이 될 수 있는 능력이다. 전통적인 시각과 반대로, 교회와 교회의 저명한 대표자들은 진화론에서 신학에 도움이 되는 내용을 많이 찾아냈다. 그것은 성서의 창조 이야기에 대한 문자주의적 신앙에 동의해야만 할 때 비롯되는 지속적인 당혹감을 떨칠 수 있는 출구를 제공했다. 반면, 하느님이 진화론적 메커니즘을 통해 자신의 영향력을 발휘할 수 있다는 가설은 페일리의 '설계자 논증'을 더 세련되고, 더 받아들이기 쉽도록 만든 것처럼 보였다. 사실, 진화론은 신앙에 대한 큰 장애물(어떻게 전능한 그리고 사랑이 충만한 하느님이 자연계와 인간사에서 벌어지는 잔인함, 악, 불행을 용납하는지에 대한 의문)을 제거함으로써 종교적 신앙을 갖게 하는 적극적인 유인책으로도 해석될 수 있다. 자연은 겉으로 보기에 이유도 없고 설명하기 어려운 잔인함으로 가득 차 있다. 육식 개미의 톱니처럼 날카로운 다리는 말 그대로 먹이의 머리를 단숨에 자른다. 어떤 이들은 이러한 '악의 문제'가, 창조자의 호의의 증거인 세계의 아름다움과 경이보다 자비로운 창조자에 대한 신앙을 반대하는 더 강력한 논증이라고 생각할지도 모른다. 다윈은 하느님이 자신이 창조한 세계의 악에 직접적인 책임을 면하게 함으로써 단번에 이러한 역설을 해결해 주었다. 하느님이 생명체에게 자연선택의 법칙을 부여한 다음, 그 때문에 일어날 수도 있는 불행을 미리 알려주거나 방지하기 위해 기적적으로 개입할 것이라고 기대할 수 없었다. 진보적인 영국 가톨릭 신자인 오브리 무어 Aubrey Moore는 이렇게 말했다. "다윈은 적의 복장을 하고 나타났지만 친구로서 일했다. 그는 철학과 종교에 헤아릴 수 없는 유익을 끼쳤다."

* * *

『종의 기원』이 일반 대중, 과학자, 나아가 교회 등 광범위한 영역의 사고에 미친 호소력은 이 이론이 놀라울 정도로 빨리 수용된 이유인 것처럼 보인다. 그러나 이것은 다윈의 모험적인 이론이 생물학뿐만 아니라 과학 그 자체의 근본적인 이론이 된 이유를 거의 설명하지 못한다. 이를 위해서는 『종의 기원』을 더 깊이 들여다보면서 다윈 이론이 생물학의 영역을 넘어 더 멀리 '계몽운동'의 이름하에 일반적으로 일컬어지는 모든 정치적, 철학적 사고의 등불 역할을 했음을 인식해야 한다.

계몽운동은 17세기에 뿌리를 두고 있다. 이 시기는 종교에게 불명예를 안겨주었던 가톨릭과 개신교 사이의 보복 전쟁에 대한 반작용 때문에 갈릴레오와 뉴턴의 과학혁명이 신적인 계시보다 인간의 이성이 지식과 미래 진보에 대한 더 신뢰할 만한 안내자 역할을 제공할 수 있다는 전망을 갖게 되었다. 개인과 평민들의 집단적인 힘이 자신의 삶을 개선시킬 수 있다는 계몽운동의 낙관적인 자신감은 인간의 삶이 내세의 완성으로 가는 길목의 한 지점에 불과하다는 입장의 종교적 운명주의보다는 훨씬 바람직해 보였다.

이러한 낙관주의적 계몽운동의 씨앗에 프랑스 철학자 디드로와 볼테르가 영양분을 공급하고 물을 주었다. 교회와 국가의 권위에 도전했던 그들은 신생국인 미국이 독립전쟁의 승리에서 보여준 인간의 자기 결정권의 원리와 자유, 평등, 박애라는 슬로건 아래 프랑스 혁명을 통한 프랑스 절대군주제의 전복을 주창했다. 한편, 동일한 계몽주의 이념이 약간 더 미묘한 형태로, 영국과 미국에서 여전히 강력한 귀족주의 정치 속에서 자신의 정치적 영향력을 확대하기 원했던 신생 중산 계급과 임금 노예의 족쇄에서 벗어나려고 투쟁했던 산업 노동자 계급 사이에서 지지를 얻었다.

계몽 사상은 여러 주제로 나눌 수 있지만, 19세기 중반까지 세 가지 핵심 주장으로 구체화되었다. 각 주제는 기독교 사상과 신앙의 지속적인 영향에 대해 반대하는 것으로 해석할 수 있다. 첫째, 하느님의 말씀인 성경에 반대하고, 신뢰할 만한 지식의 유일한 근거로서 인간의 이성을 확신한다. 둘째, 자연은 신적 개입과 전혀 무관한 내적인 법칙에 의해 지배되는 원인과 결과의 폐쇄 체계로 인식된다. 따라서 '자연적인 것'이든 그와 다른 것이든 기적의 가능성은 배제된다. 셋째, 종교적 신비주의보다 과학적 진보가 삶에 더 직접적인 목적과 의미를 제공한다는 신념이다.

『종의 기원』은 이러한 사상으로 가득 차 있었기 때문에 독자들은 이 책에 대해 깊은 동감을 표했다. 그러나 이 책은 인간이 알 수 있는 것보다 '훨씬 더 많은' 자연계의 아름다움과 다양성을 숙고하고, 아울러 사람들을 종교적인 암시에 묶어 놓았던 밧줄을 절단함으로써 과학 발전에 훨씬 깊은 영향을 미쳤다. 다윈의 설명은 심오할 정도로 '형이상학적'이었다. 다윈의 이론은 이성적으로 볼 때 기적이라고 생각할 수밖에 없는 자연선택의 힘에 근거하여, 맹목적이고 임의적인 과정으로부터 완벽성을 만들어내고 어떤 경험적인 증거도 없이 한 종류의 동물에서 다른 동물로 변화되는 과정을 설명했다. 그러나 핵심적인 내용은 그의 유물론적(비록 실제로 기적이 있다 해도) 설명이, 과학사가인 윌리엄 프로빈이 지적한 바와 같이 과학적인 관점으로 평가받게 되었다는 점이다.

> 세계는 기계적인 원리에 따라 엄격하게 조직되었으며… 자연에는 합목적적인 원리가 결코 존재하지 않는다. 이성으로 발견할 수 있는 하느님이나 설계하는 힘은 존재하지 않는다… 인간 사회에는 고유한 도덕, 윤리적 법칙, 절대적인 지도 원리가 없다… 영원한 삶에 대한 희망도 없다… 전통적으로 생각했던 것과 같은 자유 의지도 존재하지 않는다. 인간을 위한 궁극적인 의미는 더 이상 존재하지 않는다.

다윈의 『종의 기원』은 신학의 성가신 손아귀에서 자연의 역사를 해방했을 뿐만 아니라 과거의 미신적인 신앙에서 인간을 해방시켰으며, 이성에 의해 힘을 얻은 과학적 진보가 영광스러운 미래로 가는 길을 열고, 인간의 자기 결정권에 대한 희망을 갖게 했다. 그 이후 100년 동안 사람들은 과학과 종교 사이의 운명적 관계에서 입장이 바뀌는 현상을 목격했다. 이성과 진보의 표준적인 담지자로서의 과학이 부흥하는 만큼 종교는 그에 직접적으로 비례하여 쇠퇴하였고, 종교의 권위와 자신감이 많이 허물어졌다.

압도적이었던 종교적 시각에서 세속적 시각으로의 이러한 변화는 놀라울 정도로 전혀 고통스럽지 않았고, 더 훌륭하고 모범적이고 도덕적인 삶을 살기 위해서 어떤 '더 높은 힘'에 의지할, 또는 어떤 '더 높은 힘'이 있다고 전제할 필요가 전혀 없다는 것을 보여주었다. 그러나 종교에 대한 과학의 승리는 대가가 전혀 없는 것은 아니었다. 과학은 서구 문명의 지속성을 단절시켜 현재와 미래의 서구 문명과 과거 서구 문명의 전통적인 지혜와 업적 사이에 유리벽을 세웠다. 진화 생물학자 게일로드 심슨은 말했다. "'인간이란 무엇인가?'라는 질문에 대한 1859년 이전의 모든 시도는 가치가 없다. 이전의 시도를 철저히 무시한다면, 우리는 훨씬 더 나아질 것이다."

아울러, 자연계의 경이로움과 다양성을 실제 상황보다 훨씬 더 쉽게 이해할 수 있다고 가정하는 위험이 있다. 과학적 진보의 최대 장애물은 무지가 아니라, 지식에 대한 잘못된 환상이다. 다윈의 진화론은 그것이 (말 그대로) 모든 것에 대한 설명을 즉각적으로 제시함으로써 진지한 지적 탐구를 쉽게 단순화했다. 진화론이 설명하지 못할 것은 아무것도 없으며 심지어 나무늘보의 전혀 나무늘보 같지 않은 역설적인 배변 습관까지도 설명할 수 있다.

나무늘보는 나무 위에 사는 다른 동물들처럼 배변 욕구에 따라 배설하지 않고, 일주일 또는 그 이상 배설물을 저장하는데 이는 거친 식물성 음식을 먹는 동물에게는 쉬운 일이 아니다. 나무늘보는 배변 때문이 아니라면 거의 접촉하지 않는 땅으로 내려가서 배설하고, 배설물을 땅에 묻는다. 이러한 이해하기 어려운 행태가 갖는 진화적 측면의 장점은 추정컨대, 나무늘보가 사는 나무에 거름을 주는 것이다. 진화론은 일련의 임의적인 돌연변이를 통해 조상 나무늘보가 나무늘보답지 않은 배변 행태를 갖게 되었다고 주장한다. 이런 행태는 나무늘보가 좋아하는 나뭇잎의 질을 개선시켜서 배설물을 그냥 떨어뜨리는 나무늘보보다 더 많은 자손을 갖게 된다. 그 결과 그러한 습성이 널리 퍼지게 되었다.

『종의 기원』은 모든 것에 대한 (유물론적) 근거를 제시하고 아울러 핵심 내용에 있어서 전혀 비판을 받지 않았기 때문에 빠른 속도로 과학의 근본적인 토대가 되었다. 승리자인 과학은 자신에게 우호적인 방향으로 역사적인 이야기를 기록할 특권을 이용해 과거의 미신적 신념에 대한 '이성과 계몽'의 승리를 그렸다. 그런 이야기를 통해, 자연선택의 설명력에 도전했던 리처드 오웬과 같은 사람들은 과거의 철학적인 관점에만 집착하는 지지자(따라서 필연적으로 편견에 빠진 자)로 묘사되었고, 그 결과 그들의 탐구적 비판은 한쪽으로 밀려나게 되었다. 그러한 비판에 대항하는 훨씬 더 효과적인 방어는 『종의 기원』에는 실제로 결점이 있지만 (그럼에도 불구하고 토머스 헉슬리가 주장했듯이) '이제까지의 설명 중 가장 탁월한 설명이라고 인정하는 것이다. 그와 동시에 어떤 부분도 아직 분명하게 확인되었다고 주장하지 않는 것이다.' 다윈의 친구이자 식물학자이며, 큐Kew에 있는 왕립 식물원의 책임자인 조셉 후커Joseph Hooker는 나아가 "더 나은 설명방식이 나타난다면 다윈의 이론을 포기할 준비가 되어 있다"고 고백했다.

결점이 있는 이론이 전혀 이론이 없는 것보다는 낫다는 이런 사고는 당연히 과학에 자리 잡아서는 안 된다. 영국 수상을 세 차례나 역임한 솔즈베리Salisbury 후작은 1894년 영국 학술협회 연설에서 이렇게 말했다. "우리가 사는 작고 밝은 지식의 오아시스는 파헤칠 수 없는 광대한 신비의 미답지로 둘러싸여 있다. 그러나 우리는 만약 사실이 탄탄한 근거를 제공하지 않는다면 이론을 발견할 어떠한 의무도 지지 않는다. 자연이 제시하는 수수께끼에 대해서 무지를 선언하는 것은 우리가 할 수 있는 유일하고 합리적인 대답임에 틀림없다." 그러나 이 '무지의 선언'은 신학으로부터 자연의 역사를 해방시키려 하고, 어떤 방식이든 간에 '유물론적 설명'에 만족하는 사람들이 선택하는 대안이 아니었다.

우리는 이제 그 이후에 무슨 일이 벌어졌는지 살펴보고자 한다. 그러나 그 전에 진화론적 생물학자 스티븐 제이 굴드Stephen Jay Gould의 탄탄한 글 속에서 『종의 기원』이 과거 2,500년의 전통과 신념에 제기한 영향력의 크기와 도전을 돌아보는 것이 적절할 것이다.

자연선택이라는 급진주의는 서구 사상의 가장 깊고 가장 전통적인 위안을 무너뜨린 힘이 되었다. 특히 자연의 덕, 질서, 선한 계획이라는 개념이 전능하고 자비로운 창조의 존재를 입증하는 개념을 무너뜨렸다… 이러한 신념에 대해 다윈주의적 자연선택론은 인간이 상상할 수 있는 것 중 가장 정반대의 입장을 제시하며, 오직 한 가지 인과적인 힘만을 인정한다. 개별적인 유기체들 사이의 투쟁을 통해서 유기체는 성공적인 자기 재생산을 증진한다. 그 외에는 아무것도 없으며 더 높은 존재도 없다.

제5장

모든 것을 설명하는 (진화론적) 논리:
의심

핵심적인 의문은 미시적인 진화의 배후에 작동하는 메커니즘이 거시적인 진화 현상을 설명하는 것으로 확장될 수 있는가 하는 점이다. 회의에 참석한 일부 사람들의 입장을 무시한다면, 그 대답은 명백히 '아니오'라고 할 수 있다.

– 1980년 시카고 필드 자연사 박물관에서 개최된
회의에 관한 〈사이언스〉의 기사

과학은 분명히 점진적인 모험이며, 지난 400년 동안 지속적으로 전진하며 발전해 왔다. 과학이 품은 발견에 대한 갈망의 주요 동력은 마치 불빛으로 달려드는 나방처럼, 새롭고 더 나은 이론으로 가는 길을 열어줄 새로운 사실과 관찰 결과를 기대하면서 널리 수용된 이론의 예외성과 불일치성을 찾고 조사하는 인간의 탐구정신이다. 그러나 다윈의 포괄적인 이론인 진화론은 150년 동안 사실상 거의 변하지 않았으며, 진화론의 '난제들'에 대한 비판에도 끄떡하지 않았다. 리처드 오웬을 비롯하여 그 이후의 진화론 비판자들은 자연세계의 경이에 대한 신학적 해석을 다시 주장하려 한다는 비난을 받으며 배척당했다. 진화론의 결점을 옆으로 제쳐둔 진화론의 찬성자들은 토머스 헉슬리 이래로 지금까지 이론이 전혀 없는 것보다는 상상력에 기초한 모험적인 이론이 있는 것이 더 낫다고 주장해 왔다. 진화론은 몇 번이고 오뚝이처럼 되살아나는 원기와 융통성을 결합함으로써 자신의 신뢰성에 대한 모든 중대한 도전을 잘 받아넘겼다. 도전은 두 가지 방향에서 다가왔다. 첫 번째 도전은 20세기 초반, 아우구스투스 수도회 수도사인 그레고르 멘델Gregor Mendel의 유전형질의 유전학적 기초에 대한 발견이었다. 이 발견 때문에 잠시 동안 다윈 이론의 진화론적 변화 메커니즘이 흔들렸다. 1970년 이후, 두 가지 성가신 공리, 곧 (눈과 같은) '완벽성의 수수께끼'와 '생명의 지속성'(화석 자료들이 이것들을 설명하지 못했다)이라는 난제들이 다시 등장하여 오랫동안 득세했던 전통적인(진화론적인) 견해를 위협했다.

첫 번째 의심

그레고르 멘델과 (일시적인) 영광의 상실

『종의 기원』에서 다윈이 시도한 상상력의 도약은 보기보다 훨씬 더 대담한 것이었다. 왜냐하면 1859년에는 모든 진화론에 핵심적인 문제인 유전형질의 실재성이 아직 알려지지 않았기 때문이다 — 어떻게 물리적인 특징이 부모에게서 자녀에게로 전달되는가, 어떻게 유전적 돌연변이가 '더 좋은' 변종을 발생시키는가, 그리고 수정의 순간에 무슨 일이 벌어지는가에 대한 내용이 알려지지 않았다. 그 대신 다윈은 그 당시 지배적인 시각이 주장한 바와 마찬가지로, 부모의 심장, 폐, 뇌, 사지에서 발생한 세포로 이루어진 '생명 입자gemmules'가 혈액 안으로 흘러들어 부모의 특성이 새로운 유기체로 전달된다고 가정했다. 수정되는 순간 아버지의 정자와 어머니의 난자 안에 있는 '생명 입자'가 서로 결합되고, 심장, 폐, 뇌 등의 특징을 후손에 게 전달한다. 고양이의 '생명 입자'는 고양이 새끼를, 개의 '생명 입자'는 강아지를, 인간의 '생명 입자'는 아기를 각각 낳는다.

『종의 기원』이 출판되기 3년 전인 1856년, 수도사인 그레고르 멘델은 수 도원 텃밭에서 완두콩의 유전 패턴에 대해 체계적인 연구를 시작하여 이러 한 (적어도 현대인의 눈에는) 기괴한 이론을 무너뜨렸다. 10년 동안 멘델은 정성 들여, 씨앗의 (길거나 짧은) 크기, 색깔, 모양 등 독특한 특징별로 선택된 1,200개의 식물의 꽃가루를 손으로 일일이 다른 식물에 가루받이했다. 그 의 발견은 명백했다. 그 특성들(길거나 짧고, 매끈하거나 주름이 잡힌 씨앗)이 고정된 입자(이후에 유전자라고 불렀다)처럼 부모에게서 자손으로, 다음 세대로 계속 전 달된다. 부모의 특질은 생명 입자 이론이 가정하는 것과 달리, 함께 섞이거 나 혼합되거나 희석되지 않는다. 노란 완두콩과 녹색 완두콩의 자손은 두 가지가 혼합되는 것이 아니라 노랗거나 녹색으로 나타난다. 이는 마치 푸 른 눈의 어머니와 갈색 눈의 아버지 사이에서 난 아이가 푸른색이 도는 갈 색 눈을 갖지 않는 것과 같다. 아이의 눈은 푸르거나 갈색이다.

예를 들어, 유전자의 '고정성'은 동일한 뚜렷한 특성(오스트리아 합스부르크 왕가의 스페인계에서 나타나는 툭 튀어나온 턱과 같이)이 변하지 않고 몇 세대까지 전달 되는지를 설명해 준다. 또한 이것은 오랜 세대의 가족 사진을 서로 비교하 면서 얼굴, 사마귀의 위치, 치아의 '틈새'와 같은 세부적인 것들이 정말 닮 았다는 것을 볼 때 자주 느끼는 놀라움을 설명한다. 또한 어떻게 해서 키, 머리카락의 색깔, 성격과 같은 특성이 한 세대를 걸러서 다음 세대에 다시 나타나는지도 설명해 준다.

멘델이 자신의 연구 결과를 오스트리아 부룬Brünn의 자연과학협회 회원들에게 발표하자 회원들은 놀랐고, 곧이어 그는 수도원장으로 선출되었다. 그는 사람들이 읽지 않은 두 개의 학술 논문을 쓰고, 추가적인 실험은 하지 않았다. 그가 61세의 나이로 1884년에 죽었을 때 소장 작곡가 레오시 야나체크Leoš Janáček는 그의 장례식에서 오르간을 연주했다. 16년 후, 세 명의 저명한 식물학자가 각각 그의 발견 내용을 다시 발견했고, 그것이 아주 명백했기 때문에 다윈의 진화론을 심각하게 위협했다. 유전자가 (총알처럼) 단단한 입자여서 여러 세대를 통해 전달된다고 하는 유전자의 '고정성'에 대한 개념은 수많은 작은 변화를 거치면서 '각 개체에 이로운 것'을 택한다는 다윈의 자연선택 가설과 명백히 모순된다.

파리의 생식기관을 손상시키기 위해 파리에게 방사선을 강하게 쪼이면 파리의 후손에게 갑작스럽고 놀라운 신체 변화가 발생한다는 사실이 추가 연구를 통해 밝혀졌다. 이런 주요한 유전적 돌연변이는 거의 한결같이 해로운 영향을 미쳤다. 운 좋은 어떤 생물이 어류가 파충류로 변화할 수 있는 중대한 해부학적 변화를 시작했다고 상상하는 것은 가능하다. 그러나 '유전적으로 물려받은 작은 변화 축적'의 결과라는 가정보다 자연발생적이며 갑작스럽고 극적인 돌연변이라는 가정이 중대한 진화적 변화에 대한 더 타당성 있는 메커니즘을 제공하는 것처럼 보인다.

이 사실의 의미를 제대로 전달하려면 아주 세부적인 내용을 다루지 않을 수 없다. 하지만 요점은 유전 상속에 대한 실험 연구와 유전병의 원인에 대한 지식의 모든 잠재적 파생효과는 다윈의 진화론을 손상시키면서 발전했다는 것이다. 20년 이상, 멘델의 유전학은 다윈의 '모든 것을 설명하는 진화론적 논리'(또는 많은 사람들이 그렇게 생각하듯이, '모든 것을 설명하는 잘못된 논리')에 어두운 그림자를 드리웠다. 그러나 1920년대 초반, 가장 예기치 못했던 곳(가장 높은 수준의 추상 수학)에서 구원의 손길이 다가왔다.

내용은 이러했다. 산책을 하기 위해 밖으로 나갔을 때 눈에 보이는 모든 사람이 동일한 키와 몸무게(가령, 172센티미터와 63킬로그램)를 가졌다면 그것은 정말 놀라운 일일 것이다. 그와 반대로, 가장 뚜렷한 특징은 사람들의 다양성이다. 어떤 이는 더 키가 크고, 뚱뚱하고, 다른 이는 더 작고, 말랐다. 그러나 2,000명의 사람을 한데 모아 그들의 몸무게와 키를 측정해 보라. 그러면 '평균치'가 나타날 것이다. 대다수의 사람들은 '평균치' 주변에 몰려 있고, 반면 좀 더 키가 크거나 작고, 더 뚱뚱하거나 마른 사람의 수는 '종형 분포bell-shaped curve'에서 바깥쪽에 위치할 것이다.

물리적인 특징의 '평균치' 현상에 대한 연구는 수학에 관심이 있는 생물학자들에게 특히 설득력이 있었다. 그들은 '평균치'에 근접하는 많은 사람들이 가진, 이와 같은 숨겨진 특성을 발견할 수 있는 통계기법을 개발했다. 키와 몸무게, 심리적 특징은 (적어도 부분적으로는) 유전자에 의해 결정된다. 이것은 이 특성들이 생각하는 것보다 그렇게 '고정적'이지 않고, 오히려 사람에 따라 크고, 작고, 뚱뚱하고, 마른 것과 같이(종형 분포가 보여주는 차이의 전체 범위) 일정 범위의 사소한 변화를 허용할 정도로 상당히 융통성 있다는 것을 암시한다. 런던 대학(후에는 케임브리지 대학)의 유전학 교수인 로널드 피셔 Ronald Fisher는 멘델의 유전학과 다윈의 진화론은 화해할 수 있다고 주장했다. 그는 물리적인 특성에서 이런 사소한 유전적인 차이는 (정확히 말해) 다윈이 제안했던 일종의 작은 '변화'이며, 이 유전적 차이는 그 변화의 당사자에게 어떤 생물학적인 유익을 줄 수 있으며, 그것이 자연에 의해 선택됨으로써 진화 과정을 앞으로 나아가게 한다고 주장했다. 간단히 말하면, 피셔

모집단 N에서 동질 접합체homozygotes n_{11}와, 선택된 다른 대립 유전자 allelomorph와 결합되어 형성된 이질 접합체heterozygotes n_{1k}가 있다고 할 경우, 동질 접합체 x의 총량은 $S(x_{11})$로 표시할 수 있으며, 선택된 유전자를 포함한 이질 접합체 집단의 총량은 $S(x_{1k})$로 표시할 수 있다.

$$\frac{2S(n_{11}) + \sum_{k=2}^{i}{}' S(n_{1k})}{2n_{11} + \sum_{k=2}^{i}{}' n_{1k}} = a_1$$

여기에서 a_1은 선택된 특정 유전자의 평균이용률, Σ는 동일한 유전인자를 가진 대립 유전자의 합을 각각 나타낸다. 만약 p_1이 동일한 유전자 위치에 존재하는 모든 동질적인 유전자 종류 중에서 한 유전자 종류가 차지하는 비율이라면, 다음과 같은 결론을 명확하게 내릴 수 있다.

$$\sum_{k=1}^{i} (p_k a_k) = 0.$$

그림 5-1 로널드 피셔의 다원주의적 진화론에 대한 통계학적 증명('…라는 것이 명백하다'). 이 증명에서 피셔는 수많은 작고 임의적인 변화의 축적을 통한 자연선택 메커니즘과 멘델의 (대부분) 고정적인 유전자를 통한 유전적 상속방식을 화해시키려고 노력했다.

는 진화의 장소를 개체에서 한 종 전체로 바꾸었다. 가령, 파충류, 조류, 포유류 내에서 자주 발생하는 작은 유전적인 변화는 그 종 전체를 어느 한 방향으로 나아가게 한다고 본다.

모든 독자들이 관련된 문제의 요점을 이해하기를 바라는 마음에서 지금까지 언급한 내용에서 전문용어를 피하기 위해 노력했다. 1930년에 출판된 피셔의 주요한 저서인 『자연선택의 유전 이론』에 담긴 25쪽의 통계 증명 내용의 일부를 여기에 다시 소개하는 목적은 그의 주장을 분명하게 밝히려는 것이 아니라, 그의 핵심적인 주장이 아주 모호하여 이해하기 어렵다는 것을 보여주려는 것이다.

피셔는 자신의 '기본 정리'의 설명력을 뉴턴의 중력의 법칙과 비교했지만 그의 수학적인 계산은 일반 생물학자의 이해 수준을 훨씬 초월했다. 진화 생물학자 조지 프라이스George Price는 40년 후에 "그가 의미하는 바를 이해할 수만 있다면!"이라고 말했다. 그러나 다행스럽게도, 생물학자들은 수학을 이해할 필요가 없었다. 그들은 그것이 다윈의 이론을 다시 정립했다고 추정하기만 하면 되는 것이었다. 그 내용은 다음과 같다. 유전자는 생명체의 형태와 특성을 결정하는 중요한 요소이다. 생명체들은 매우 자주 '돌연변이를 일으킨다(즉, 오늘날 이해하고 있듯이 이중 나선 유전자 구조는 나누어질 때마다 자신을 복제한다. 한 개의 유전자를 구성하는 화학성분 또는 색깔이 있는 원반 중 어떤 것이 잘못 복제된다).' 이런 돌연변이는 새로운 것을 다양하게 만들고, 진화 과정이 진행될 수 있는 토대를 제공한다. 자연은 유리한 새로운 요소를 선택하고 그것이 가령, 어류에 널리 확산된다면 어류는 파충류로 충분히 바뀔 수 있다. 아니면 주요 생물학 교과서가 표현하듯이, '돌연변이는 궁극적으로 모든 유전적 변화의 근원이며, 따라서 진화의 기초이다.'

대부분의 이런 우연한 돌연변이는 드물고, 어떤 영향을 미치는 돌연변이의 절대 다수(99퍼센트)는 그 개체에 해롭다. 진화 생물학자 테오도시우스 도브잔스키Theodosius Dobzhansky는 말한다. "대부분의 돌연변이는 해당 개체에게 유익하지 않다. 일부 기관의 악화, 파괴, 상실을 유발한다." 유익한 돌연변이의 가능성은 일반적으로 드문 것이 아니라 정말 아주 드물며, 어떤 영향을 미치려면, 같은 종 안에서 잠재적 유익성 돌연변이를 가진 다른 수많은 개체들(그런데 그런 돌연변이를 가진 개체는 정말 극히 드물다)과 정확하게 조화를 이루어야 한다. 피셔의 주장이 갖는 의미는 외견상으로 볼 때, 그런 돌연변이가 진화 과정을 위한 현실성 있는 메커니즘이라는 점을 입증한다는 것이다. 생물학자 제임스 메이버James Mavor는 이렇게 반박한다. "생각이 깊은 학생은 우연한 돌연변이가 더 고등한 식물이나 동물과 같은 복잡한 유기체를 만들 수 있는지 질문할 것이다. 현재로서는 만족할 만한 직접적인 대답은 없다. 장구한 세월 (진화 과정은 장구한 세월을 통해 발생한다) 그 자체만으로는 충분히 만족할 만한 대답이 되지 못한다."

하지만 숫자 속에서는 항상 안전하다. 피셔의 수학적 공리에 자극을 받은 수학적 성향의 두 명의 다른 생물학자인 영국의 존 홀데인John Haldane과 미국의 슈얼 라이트Sewall Wright는 이해하기 어려운 통계적인 '증명'을 서로 비슷하게 유도해 냈다. 수학은 설득력이 있고 정확한 학문이다. 강력하고 확실한 증거를 제시한 세 명의 저명한 학자는 다윈의 자연선택 이론이 진화 과정의 추진력이라는 것을 증명하는 것처럼 보였다. 이것을 제외하면, 피셔, 라이트, 홀데인은 자신의 증명을 만들 때 (나중에 드러났듯이) 각각 다른 전제에서 출발하였고, 다른 수학 기법을 사용했으며 새롭고 수정된 진화론이 실제로 어떻게 작용하는가에 대해 서로 다른 결론에 도달했다.

수학적 방법을 똑같이 사용했지만 (자연)선택이 작용하는 방식을 해석하는 데는 확실히 의견이 일치하지 않았다… 피셔와 라이트가 자연선택이 어떻게 작용하는가를 보여주는 데 관심을 가졌지만… 그 동일한 관심은 그 선택 과정이 실제로 어떻게 발생하는지에 대한 하나의 일관성 있는 설명을 제시하지는 못했다.

일반적으로 생물학자는 고등 수학을 이해하지 못하지만 이 '증명들'은 다윈 이론에 무적불패의 수학적 후광을 제공하여 1930년대 '새로운 종합New Synthesis' 또는 신다윈주의neo Darwinism라는 현대판 진화론을 다시 등장시키는 기초를 만들었다. 이제 자연선택설은 '모든 것을 설명하는 논리' 이상의 것으로 다시 정립되었다. 다윈의 위대한 지지자 토머스 헉슬리의 손자이며, '새로운 종합'의 공동 창시자인 줄리안 헉슬리는 1959년 시카고에서 거행된 『종의 기원』 출간 100주년 기념식에서 이렇게 말했다.

> 우리는 이 책을 통해 다가올 시대의 요구에 부합할 새로운 종교의 윤곽을 분별할 수 있다. 더 이상 초자연적인 것에 대한 요구나 가능성은 존재하지 않을 것이다. 지구는 창조된 것이 아니라 진화했다. 우리 인간 자신의 두뇌와 몸, 아울러 정신과 영혼을 비롯하여 지구에 사는 모든 동물과 식물도 진화한 것이다.

같은 해, 에딘버러 대학의 유전학 교수인 콘래드 워딩턴Conrad Waddington이 에세이집 『다윈의 세기』에 기고한 글은 승리주의적 색채가 덜하다. 그는 피셔의 고등 수학이 별 근거 없이 밝힌 것과 같이, 자연의 영광스러운 장관이 오직 임의적인 유전적 돌연변이의 결과라고 가정하는 것은 직관적으로 볼 때 설득력이 약하다는 점을 부각시켰다. "아마도 유전자가 불확실한 이유 때문에 때때로 임의적으로 변하는 불안정한 존재라는 것은 옳은 말일 것이다. 그러나 이것이 이야기의 전부일 수는 없다. 어떤 사람들은 유기체의 세계에서 새로운 변화와 다른 것들을 일관성 있게, 논리적으로 연결하고 싶어 한다." 그는 우연히 생겨난 유전적 돌연변이가 진화 과정의 토대를 어떻게 제공할 수 있는가에 대한 '실제적인 가능성이 지금보다는 더 명백하게 잘 이해될 때'에만 '실제적인 이해'를 낙관적으로 고대할 수 있을 것이다.

두 번째 의심

화석 자료, 완벽성 (그리고 유사성) 문제가 다시 등장하다

모호한 수학적 증명의 뒷받침을 받은 '새로운 종합'은 40년 동안 널리 확산되었다. 그러나 사실, 많은 인간의 끈질긴 노력에도 불구하고 자연은 어떻게 자연이 작동하는지에 대한 인간의 허술한 사고를 승인해 주기를 끈질기게 거부하였다. 아주 불편한 사실들은 그것들이 해명되었다고 가정하는 사람들의 최선의 노력에도 불구하고 계속 달라붙어서 그들을 좌절시켰다. 1980년, 다윈의 진화론에서 두 개의 가장 성가신 난제가 이전보다 더 격렬하게 다시 등장했다. 첫째는 점진적인 진화 과정에서 반드시 존재해야 하는 '상상할 수 없을 정도로 많은' 과도기적 화석에 대한 화석 자료 증거가 없다는 것이었다. 두 번째는 '완벽성의 수수께끼', 즉 맹목적이고 '시행착오'적인 우연한 변화 과정이 어떻게 눈과 같은 '극히 완벽한 조직'을 만들 수 있는가를 증명할 수 없다는 것이었다. 무슨 일이 일어났던 것일까?

화석의 판결

『종의 기원』이 출판된 직후, 파충류와 새의 특징을 가진 놀라운 시조새 화석 표본의 발견으로 인해 다윈에 대한 신뢰가 엄청나게 높아졌지만 당대의 '가장 저명한 고생물학자들'의 입장은 무시되었다. 그 이후 유사한 '과도

기적 생물 형태'를 찾는 조사가 고생물학 연구의 주요한 초점이 되었다. 지금까지 발견된 것 중 가장 설득력 있는 것은 수궁목Therapsida인데, 수궁목의 뼈 골격은 파충류와 포유류의 중간적인 몇몇 특징을 갖고 있다. 가령 파충류인 도마뱀과 포유류인 쥐를 구분해 주는 대부분의 특징은 화석 형태로 남아 있지 않다. 따라서 우리는 냉온과 항온, 난생과 태생, 비늘 모양의 피부와 털이 난 피부 등을 가진 동물 사이의 진화적 과도기에 대해 전혀 알수 없다. 그러나 수궁목의 두개골 화석은 틀림없이 '과도기적'인 단계이다. 이 화석에서 파충류의 아래턱을 구성하는 뼈들은 점차 그 크기가 줄어들고, 턱 관절 방향으로 뒤로 움직여, 결국 포유류의 안쪽 귀의 작은 뼈인 '추골'과 '침골'로 변한다. 이 두 뼈는 고막의 공명을 청신경의 전기적 신호로 바꾸어 준다.

이 내용은 설득력이 있다. 그렇다면 왜 1980년에 고생물학자들은 19세기의 그들의 선배 고생물학자들의 의심이 상당히 근거가 있다는 점을 (마지못해) 받아들이게 되었는가? 수궁목 화석 유물이 잘 보여주듯이, 파충류와 포유류 사이의 점진적 변화에 대한 희박한 증거가 그것의 반대 명제(진화 과정이 '간헐적이면서도 급격하게' 발생했다)를 보여주는 '더 큰 그림'에 (말 그대로) 완전히 압도당했기 때문이다.

존스 홉킨스 대학 스티븐 스탠리Steven Stanley는 말한다. "1세기 이상, 생물학자들은 생명의 진화를 옛 생물에서 새로운 생명체로 나아가고, 동물과 식물이 서서히 전혀 다른 형태로 만들어지는 점진적 발달 과정으로 설명했다. 오늘날 우리는 화석 자료가 밝혀주는 수많은 생물 종이 수백만 년 동안 지구에서 뚜렷한 진화 없이 존재했다는 사실을 받아들이는 쪽으로 과거의 시각을 바꿀 수밖에 없다. 다른 한편으로, 중대한 진화적 변화가 급격한 변화 시기, 즉 새로운 생물이 옛 생물에서 빠르게 발생한 시기에 이루어졌다. 간단히 말해서, 진화는 간헐적이면서도 급격히 이루어졌다.”

고생물학자들이 정통 진화 이론을 신뢰할 수 없게 된 중요한 이유는 화석 기록에서 가장 뚜렷하게 나타나는 특징은 대부분의 시대에 아무런 변화도 발생하지 않았다는 점이다. 고생물학자 나일즈 엘드리지Niles Eldredge는 이렇게 썼다. “수천만 년의 지질학적 시기를 보여주는 바위 절벽의 연속적인 단층에 기록된 매우 간헐적이고 미미한 변화의 축적은 너무 느리게 진행되어 생물의 진화 역사에서 일어나는 거대한 변화를 설명해 주지 못한다. 진화의 역사에서 새로운 종이 출현하는 것을 자세히 살펴보면 일반적으로 생물 종이 갑자기 등장하며, 확실한 증거는 없지만 유기체가 어떤 부분에서든 달리 진화하지 않았다는 것을 시사한다!”

이러한 ‘정지’ 상태는 점진적인 변화의 계속적 과정이라는 다윈의 가정과 명백히 상충되지만 그 자체만으로는 특별히 흥미 있는 주제가 아닌 것처럼 보인다. 따라서 다음과 같은 추론을 확실하게 내릴 수 있다. 생물 종이 수천만 년 동안 변하지 않았다면, 이것은 진화적 변화가 실제로 발생할 시간을 줄인다. 그렇다면 변화는 갑자기 그리고 급속하게 일어나야만 한다. 그러나 얼마나 빨리 일어났을까?

이제 앞 장의 화석 자료에 대한 전반적인 내용을 다시 상기하면서, 공룡이 멸종된 중요한 시기인 6,500만 년 전 상황을 자세히 살펴보자. 공룡 멸종은 지금까지는 지구와 운석의 충돌로 인해 대기 조건이 변화했기 때문에 발생한 것으로 본다. 그 후 남겨진 작은 포유류들은 수백만 년 동안 엄청난

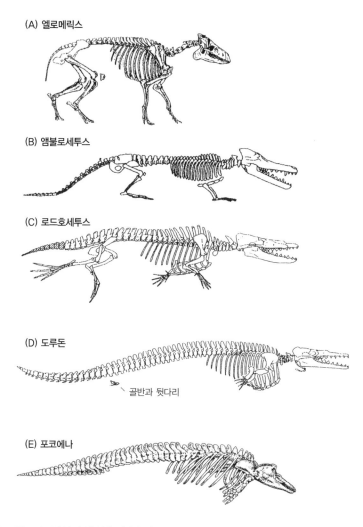

(A) 엘로메릭스

(B) 앰뷸로세투스

(C) 로드호세투스

(D) 도루돈

골반과 뒷다리

(E) 포코에나

그림 5-2 1,200만 년 동안 어떻게 하여 파키세투스는 고래가 되었을까? 1978년 미시간 대학의 필립 깅그리치Philip Gingerich 교수는 5,500만 년 된 늑대 크기의 파키세투스의 두개골을 발견했다. 이 두개골의 특징은 가장 오래되었다고 알려진 고래와 공통점이 있었다. 그 이후 30년 동안, 고생물학자들은 헤엄칠 수 있는 다리가 달린, 거의 완벽한 형태의 로드호세투스의 화석 골격과, 추진을 위해 꼬리를 사용하고, 골반과 사지가 일부 남아 있는 도루돈을 발견했다. 자연 사학자 스티븐 제이 굴드는 말한다. "이 두 동물은 모두 '진화론자들이 계속 찾고자 했던 가장 훌륭한 과도기적 생물 형태'를 보여준다." 하지만 이것들이 점진적인 진화적 변화라는 다윈의 이론과 맞아 떨어지려면, (상대적으로 말해서) 지질학적 시대의 가장 짧은 기간인 1,200만 년 동안에 수많은 과도기적 생물 종이 추가로 존재해야 한다.

종류의 포유류(코끼리, 캥거루, 토기 등)로 다양하게 변화되었다. 그중 일부(박쥐)는 공중에 적응하고, 다른 종들(고래)은 바다에 적응했다. 『종의 기원』에서 주장한 점진적 변화 과정, 가령 흑곰이 매일 몇 시간 동안 헤엄을 치고 '점점 더 수중 생활을 많이 하면' 결국 '거의 고래처럼 될 것'이라는 다윈의 상상력 넘치는 주장은 이제 다음과 같이 수정할 수 있다. 고래의 조상이라고 추정되는, 중간 크기의 포유류인 파키세투스에서 시작해 보자. 고생물학자 스티븐 스탠리는 묻는다. 1,200만 년 동안 파키세투스는 어떻게 고래가 되었을까?

종래의 진화론적인 시나리오라면 이 기간 동안 '통틀어' 열다섯 개의 연속적인 종들을 제시했을 것이다. 조상들로부터 물려받은 '유전적으로 변화된' 각 종들, 예를 들어 파키세투스는 수많은 작은 변화를 거쳐 새로운 형태(가령, 핀치새의 다양한 부리)를 획득하게 되었을 것이다. 그러나 파키세투스는 그것과 동일한 과정을 거쳐서 고래가 될 수는 없다. 몸 크기가 엄청나게 증가하고 그 유명한 '분수'를 뿜어 올리는 코가 머리 부분으로 이동하고, 뒷다리가 유선 모양으로 변하면서 작아지고, 꼬리가 진화하고, 땀샘이 체온을 관리해 주는 탄력성 있는 두꺼운 지방층으로 대체되고, 물속에서 새끼를 익사시키지 않고 젖을 먹이는 능력을 갖게 되는 등 그 외 많은 변화가 일어나려면 수백 또는 수천의 과도기적 생물이 존재해야 한다.

간단히 말해서, 1,200만 년이라는 (상대적으로) 짧은 시간에 작은 포유류에서 엄청나게 큰 고래로 바뀌는, 아주 빠르고 극적인 진화적 변화를 설명할 메커니즘이 없다는 것이다. 아울러, 박쥐의 조상이 공중에 적응하고 박쥐가 되기 위해 필요한 수많은 독특한 신체적 특징을 획득하게 된 이유를 설명할 시간이나 메커니즘도 사실상 존재하지 않는다.

1980년에 이르러 이러한 생물학적인 '해결 불능 명제'의 논리적인 의미를 받아들일 수밖에 없는 것처럼 보였다. 점진적인 변화라는 다윈의 진화론의 핵심 전제는 더 이상 학문적으로 타당하지 않았다. 그해 개최된 진화론 관련 시카고 학술회의 보고서에서 표현되었듯이, '핵심 질문은 미시적 진화(핀치새의 부리와 같이)의 배후에 깔린 메커니즘을 거시적 진화(뒤쥐같이 생긴 포유류가 고래로 변하는 것)를 설명하는 데로 확장할 수 있는가 하는 것이다. 그 회의에 참석한 일부 사람들의 입장을 무시한다면, 그에 대한 대답은 명백히 "아니오"라고 할 수 있다.'

아직까지 학계에 알려지지 않은 다른 극적인 메커니즘을 통해 화석 자료가 보여주는 그러한 놀라운 생명의 다양성을 설명해야 한다. 스티븐 스탠리는 말한다. "만약 조상 생물 종들이 놀라울 정도로 새로운 종으로 바뀌었다면 이것은 그들 자체의 변화에 의해서 발생한 것이 아니라 그들 속에서 독특한 새로운 형태의 맹아가 발생하고, 이 맹아는 또 다른 새로운 맹아를 발생시켰으리라고 추측한다."

완벽성의 수수께끼

한편, 같은 기간 동안 생물공학자들의 도전은 다윈의 두 번째 공리(일련의 우연한 변화가 인간의 눈과 같은 '완벽성의 수수께끼'를 설명할 수 있다)의 불가능성에 구원의 손길을 뻗었다. 생물공학자들이 제2차 세계대전 후 의학 치료 혁명에 기여한 수많은 공적에는 중환자실의 생명 유지 기술, 가령 인공호흡 장치, 신장 투석, 인공 심박동술 등이 포함된다. 그러나 심장과 같은 전체 기관의 복잡한 기능을 그대로 복제하려는 그들의 시도는 그들의 능력을 훨씬 넘어서는 것임이 밝혀졌다.

심장은 정말 놀라울 정도로 강력한 펌프이다. 심장은 5리터에 달하는 혈액을 동맥과 정맥이라는 '혈관'을 통해 신체 구석구석까지 보낼 수 있으며, 이 혈관을 끝에서 끝까지 다 펼치면 지구를 다섯 바퀴나 돌 수 있을 정도인 약 16만 킬로미터이다. 이 '펌프'는 오렌지보다는 크지 않으며, 손바닥으로 쥘 수 있고, 무게는 110그램 정도에 지나지 않는다. 그러나 심장이 발휘하는 힘은 혈액을 182센티미터의 높이까지 뿜어 올릴 수 있고, 이것은 마라톤 선수가 아스팔트 위를 달릴 때 사용하는 에너지의 크기와 같다.

심장은 강력할 뿐만 아니라 아주 '효율적이다.' 기술적 측면에서, 사용하는 '연료'량을 비교할 때 심장은 인간이 만든 펌프보다 두 배나 더 많은 '일'을 수행한다. 이것은 심장 근육 조직이 독특한 형태의 나선형 모양을 이루고 있기 때문이다. 심장 근육은 끝으로 갈수록 점점 더 짧아지기 때문에(성당 뾰족탑의 벽돌 수가 위로 올라갈수록 점점 줄어드는 것과 같다), 심장 박동 때마다 심실 밖으로 마지막 한 방울의 피까지 짜낼 수 있다. 공학적으로 효율성이 뛰어난 작품인 심장은 다행스럽게도 일생 동안 유지 보수나 기름칠, 매 시간 4,000번 열고 닫히는 네 쌍의 밸브를 교체할 필요도 없이 25억 회를 뛴다.

1960년에 시작된, 인공 심장의 초기 개척자들은 심장의 그러한 특성을 따라갈 수 없다고 예상했다. 그 후, 20년이 걸려서 최초로 사용 가능한 인공 심장을 개발하여, 은퇴한 미국 치과의사에게 시술했지만 호흡부전과 신부전증, 폐렴, 패혈증으로 4개월 후에 죽었다. 10년 후, 200명의 환자가 다시 비슷한 운명을 맞이한 이후에 미국 식품의약품안전청이 개입하여 이 치료를 중단시켰다.

지금까지 이 과제는 희망이 전혀 없다는 것이 명백하다. 그러나 심각한 심장마비 증세가 있는 환자가 심장 이식을 받을 때까지 임시로 사용할 수 있는 인공 심장을 만드는 것은 아마 가능할 것이다. 앞으로 40년의 기간과 수십억 달러를 투자한다면 인공 심장을 만들 수 있을지도 모른다. 현재의 인공 심장 모델은 무게가 심장의 두 배 이상이고, 효율성이 아주 낮고, 에너지 공급은 '콘솔' 에 연결된 두 가닥의 관을 통해 전달된다. 이 콘솔은 가슴 높이의 서랍장 크기이며 밑바닥에 바퀴를 달아야만 이동시킬 수 있고, 따라서 환자는 병원 안에만 머물러야 한다. 이런 투박한 장치는 최대 2개월 동안 환자를 유지시켜 준다. 훨씬 더 좋은 심장 이식을 받으면, 환자는 20년 이상 건강하게 지낼 수 있다. 2003년 42세의 미국인 켈리 퍼킨스는 심장 이식 환자로서는 최초로 마터호른 봉을 등정했고, 그 전에 이미 후지 산(산 정상에서 그녀는 그녀에게 심장을 준 기증자의 유골을 뿌렸다)과 킬리만자로 산을 정복했다. 그녀가 인공 심장을 달았다면 그런 일을 할 수 없었을 것이다.

펌프와 같은 심장의 메커니즘은 생리기관 중에서 가장 단순한 것이며, 신장이나 두뇌, 눈과 같은 감각기관의 복잡성에 비해 훨씬 더 단순하다. 따라서 지금까지 살펴보았다시피, 가장 발달된 현대적인 기술을 사용하는 뛰어난 생물공학자들의 의도적인 노력이 지금까지 자연 모델을 따라가지 못하는 상황에서, 자연의 무목적적인 과정이 수없이 많은 미미하고 우연한 유전적 돌연변이를 통해 이렇게 다양한 '설계의 걸작' 을 만들 수 있다고 생각하는 것은 잘못된 것처럼 보인다.

이 말이 결국 생물공학자의 최선의 노력을 능가하는 더 높은 지능을 가진 창조자가 존재하는 것이 분명하다는 뜻은 아니다. 그보다는 과학이 아직 다 알지 못하는 심장, 폐, 감각기관 등 엄청나게 많은 생물학적 현상(이것들은 최고 수준의 자동화된 효율성을 갖추도록 만들어졌다)이 존재하게 된 필연성에 주목해야 한다는 것이다.

풀리지 않는 유사성의 문제

인공 심장 이야기는 윌리엄 페일리의 수수께끼, 즉 왜 '자연의 탁월한 설계'는 인간의 미약한 노력보다 '훨씬 더, 헤아릴 수 없을 정도로 탁월한가' 하는 난제를 다시 생각나게 한다. 현대 발생학의 발견은 퀴비에의 유사성 또는 상동성의 법칙의 수수께끼를 다시 부활시켰다. 이 법칙의 가정은 박쥐, 새, 돌고래, 인간의 사지 구조가 동일한 청사진에 따라 만들어지게 하는 어떤 '형성력formative influence'이 존재한다는 것이다(그림 4-1 참조). 다윈은 그러한 유사성이 자신이 제안한, 한 종에서 다른 종으로 진화하는 메커니즘에 부합하는 강력한 증거라고 주장했다. 누가 옳은가?

이러한 사지 형태의 유사성을 공통 조상의 증거라고 주장한 다윈의 해석이 타당하려면 자체 논리상 그러한 유사성이 배아 발생 단계의 동일한 기본 구조에서 유래해야 한다. 그러나 주요한 척추동물들, 즉 양서류(개구리), 파충류(도마뱀), 포유류(인간)의 수정된 난자의 분화 패턴이 비전문가의 눈으로 보아도 아주 다르다는 것은 생물학자들이 처음 다른 종들의 배아를 현미경으로 자세하게 조사하기 시작한 19세기 때부터 이미 명확했다. 1960년대 탁월한 발생학자이자 나중에 영국 자연사 박물관 관장이 된 개빈 디비어Gavin de Beer 경은 이런 유사한 사지의 발생학적 기원이 영원newt, 도마뱀, 인간의 줄기세포의 각기 다른 '부분'에서 생긴다는 것을 발견했다.

디비어 경은 자신의 전공 논문 「동형론: 밝혀지지 않은 문제」에서 다음과 같이 말했다. "동형적인(유사한 형태의) 기관이 형성되는 생명 물질이 난자나 배아

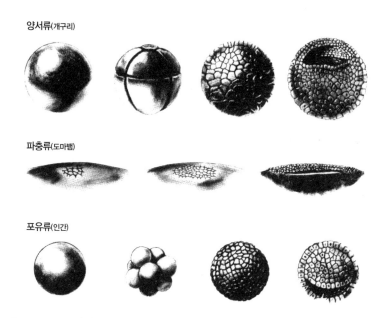

양서류(개구리)

파충류(도마뱀)

포유류(인간)

그림 5-3 풀리지 않는 유사성의 문제. 1894년, 발생학자 애덤 세드윅이 글에서 지적했듯이, 19세기 말, 초기 배아에 대한 미시적인 연구는 '한 종은 아주 초기 단계에서부터 모든 발달 단계의 끝까지 독특하다'는 점을 밝혀주었다. 위의 그림은 양서류, 파충류, 포유류의 독특한 초기 형태를 보여준다.

의 어떤 단계에서 유래하는가 하는 문제는 별로 중요하지 않아 보인다. 구조의 유사성은 구조가 궁극적으로 형성되는 배아 세포 위치의 유사성으로 환원할 수 없다."

만약 '그것이 중요하지 않다면', 오랫동안 다윈 이론의 강력한 증거라고 주장된 파충류와 포유류 앞발의 '비슷한 구조'는 공통 조상으로부터 물려받은 것이라고 더 이상 해석할 수 없다. 디비어 경과 동시대 생물학자인 알리스터 하디Alister Hardy 경은 말했다. "동형론의 개념은 우리가 진화론에 대해 말하는 내용의 절대적인 기초이다. 솔직히 말한다면, 현대 이론으로는 진화론을 결코 설명할 수 없다."

1980년대 초반에 이르면, 과학은 더 이상 생명의 역사에 대해 유물론적 설명을 타당성 있게 제시하지 못한다. 놀라운 점은 다윈의 이론이 얼마나 쉽게 반박할 수 있는 이론인지 밝혀졌다는 것이다. 진화론에는 과학적인 신뢰를 잃게 하는 숨겨진 결점이 분명히 들어 있기 때문이다. 실제로 진화론에는 결점이 있다. 다윈은 수많은 관찰과 과학적인 방법에 따라 핀치새 부리 사이의 차이점을 해석하고, 밀접한 관계가 있는 생물 종들 사이의 '미시적인 진화'의 차이에 관한 가설을 세운다. 그러나 이러한 '미시적' 진화에서 '거시적' 진화로 확장할 때, 그는 과학적인 방법을 포기할 수밖에 없었다. 모든 관찰 결과는 추정된 진화 메커니즘에 맞추어져야 했다. 관찰 결과와 진화론이 아무리 상반되고 개연성이 낮다 하더라도 상관없는 것처럼 보였다. 화석 자료는 생물 종이 분명히 비연속적으로 나타났고, 간헐적이면서도 급속하게 발생했음을 보여주었지만, 진화론의 중요성 때문에 그는 점진적이고 연속적인 종의 출현과 다른 종으로의 변화의 패턴에 들어맞는 관찰만을 제시하고, 그것과 상충되는 것들은 무시했다. 마찬가지로, 여러 구성요소로 이루어진 눈은 분명 보기 위해 설계된 것처럼 보인다. 하지만 다윈은 자신의 이론에 과도하게 집착했기 때문에 눈이 수많은 작고 우연한 변화의 축적에 의해 생겨났다는 (불가능해 보이는) 주장을 했다.

그럼에도 불구하고, 다윈 이론의 회복력과 끈기 덕택에 진화론은 거의 상처받지 않고 살아남아 있다. 현재, 진화론에 대한 회의주의자들은 은밀한 창조론자라는 비난을 받으며 배척되고 있다. 반면 진화론의 많은 결점은 더 나은 대안이 없다는 이유로 받아들여지고 있다. 다윈주의에 대한 끈질기고 우호적인 입장은 거의 보편적으로 널리 퍼져 있으며, 다윈이 생명의 기원의 신비를 풀었다는 가정은 학교와 대학에서 무비판적으로 교육되고 있다. 하지만 과학적인 만장일치의 지지를 받아온 견고하고 전통적인 의견이 부서지고 있다. 의견을 달리하는 소수의 진화론적 생물학자들은 과학 저널에 기고한 일련의 논문(「새로운 진화론적 종합이 필요한가?」, 「새롭고 일반적인 진화론이 출현하고 있는가?」)을 통해서 우리 시대의 지배적인 과학 이론의 주장과 그것에 명백히 모순되는 증거들을 화해시키려 노력하고 있다. 사실, 한 진영이 '별 근거 없이 입증되지 못한 주장을 내세운다'고 다른 진영을 비난하고, 그 결과 '거의 상대할 가치도 없는 아주 혼란스러운 주장'이라는 반대 주장만을 불러일으킨다면, 그 이론은 곧 무너질 것이라고 생각해도 무리는 아닐 것이다.

그러는 동안, 신유전학New Genetics의 개척자들은 궁극적으로 파리, 지렁이, 쥐, 인간 유전체를 판독할 수 있는 기술을 개발하고 있었다. 비록 의도적이진 않았지만, 다윈의 진화론의 타당성에 대한 명확한 의미가 이러한 유전체genome에 이미 암시되어 있었다. 다음 장에서 이 위대한 이야기의 결말을 다루고자 한다. 우리는 유전형질 메커니즘에 대한 전혀 예상치 못한 놀라운 통찰을 통해서 거의 무한한 다양한 생명체에 질서정연한 형태를 부여하는 이중 나선구조 유전자Double Helix에 대한 '과학적인 이해 가능성'을 시험해 볼 것이다.

제6장

과학의 한계 2: 파헤칠 수 없는 인간 유전자

왜 우리는 그렇게 많은 정보를 갖고 있으면서도 아는 것이 그렇게 적은가?

― 노암 촘스키

질서정연한 나선형 모양의 이중 나선구조 유전자는 뉴턴의 중력 법칙과 마찬가지로 엄청난 단순함과 경이로운 힘이 결합되어 있다. 그러나 유전자가 무슨 일을 하는지, 어떻게 수정된 난자에게 질서정연한 '형태'와 생명의 복잡한 구조를 부여하는지에 대한 문제는 질적으로 전혀 다른 차원이다. 가령, 연못 밑바닥에 있는 자갈돌과 연못 표면에 있는 비슷한 크기의 작은 파리를 비교해 보면 알겠지만, '생명'이 '물질'보다 비할 데 없이 더 복잡하다는 것은 명백한 사실이다. 자갈돌은 수십억 개의 칼슘, 인 원자로 구성되어 있으며, 고도의 규칙적인 형태로 깔끔하게 배열되어 있다. 그렇다면 파리는? 이 두 가지를 비교해 보면 너무나 깜짝 놀랄 정도로 차이가 나기 때문에 더 이상 자세하게 말할 필요가 없다. 파리는 자갈돌과 비슷한 수의 원자가 엄청나게 더 다양한 방식으로 배열되어 있다. 파리의 얼굴에는 더듬이, 눈, 입 기관이 있고, 비행 방법을 조절하는 점 크기만 한 두뇌가 있고, 날개, 아름답게 연결된 사지 등이 있다. 새로 개발된 현미경을 통해 처음으로 이러한 각 기관의 조화를 본 17세기의 박물학자들에게 그것은 일종의 계시처럼 여겨졌다.

하느님이 파리를 작게 만든 것에 대한 보상으로 머리에 보석을 박아 놓은 것 같다. 파리의 머리에는 왕관, 꽃, 그 외 다른 것들이 있는데, 최고의 부자가 만든 어떤 것도 그에 비하면 빛이 바랠 정도이다. 자신의 육안만을 사용하는 사람들은 현미경을 통해 보이는 파리의 정말 아름답고, 조화롭고, 훌륭한 모

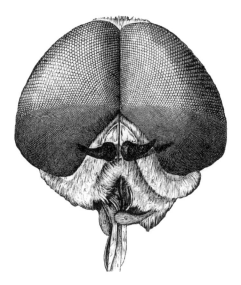

그림 6-1 로버트 후커의 주요 작품인 『마이크로그라피아』(1664)에 수록된 파리의 머리를 그린 유명한 그림. 파리의 머리에는 탁월한 '겹' 눈과 부속 기관이 있다.

양을 가장 위대한 왕자의 궁전에서도 결코 보지 못했을 것이다… 그렇게 작은 공간에 그렇게 많은 아름다움이 촘촘히 박혀 있다니….

그러나 파리와 자갈돌의 물리적이고 외적인 모습만 대조하는 것은 이들의 차이의 일부에 불과하다. 왜냐하면 파리나 다른 형태의 생명체는 복잡성을 더해가는, 더 많은 '조직적인' 차원 또는 층으로 형성되어 있기 때문이다. 첫 번째 차원은 심장, 두뇌, 창자와 같은 기관이다. 이들 기관은 조직을 구성하는 독특한 신경, 근육, 내분비선으로 이루어진다. 이 조직 자체는 가장 기본적인 생명 단위인 세포로 이루어진다. 만약 여기에서 한발 더 나아가려 한다면, '최고의 과학기술의 세계'로 들어가야 한다.

생물학자 마이클 덴턴Michael Denton은 이렇게 썼다. "우리는 사방으로 가지가 뻗은 끝없는 회랑을 보았다. 그 회랑을 따라 엄청난 규모의 생산물질(단백질, 효소)과 원료물질(화학성분)들이 질서정연하게 모든 다양한 조립 공장을 들락거렸다. 우리는 그렇게 많은 물질들의 이동이 암시하는 통제 수준에 경이감을 느꼈다. 모든 것이 일사불란했다. 인간이 만든 첨단 기계의 거의 모든 특징이 세포 속의 그것과 유사하다는 것을 알았다… 정보 저장을 위한 기억 저장장치, 정보 호출, 자동화된 부품 조립을 관리하는 정교한 통제 시스템, 품질을 관리하기 위한 교정 장치, 사전 부품 제조와 모듈식 제작 원리를 포함한 조립 공정… 이렇게 자동화된 공장은 지구에 있는 인간의 모든 제조활동과 같은 독특한 기능을 인간의 최첨단 기계가 필적할 수 없는 능력으로 수행한다. 세포는 몇 시간 내에 세포의 전체 구조를 복제할 수 있다. 그러나 지금까지 존재했던 모든 생물체를 만드는 능력을 가진 놀라운 기계장치인 세포는 인간이 이제까지 만든 가장 작은 기계보다 수천억 배 더 작다."

이것이 끝이 아니다. 연못 위에 있는 작은 파리의 특성은 생명이 없는 자갈과 비교할 수 없는 차원을 갖고 있다. 곧, 파리는 자신의 조직에 공급할 영양분을 만들고, 기관을 고치고 재생한다. 간단히 말해서, 작은 파리는 자갈보다 비교할 수 없이 더 복잡하다.

지난 400년간 생물학의 역사는 기본적으로 생명의 복잡성에 대한 더 근본적인 차원을 점진적으로, 목적의식적으로 발견해 온 역사였다. 17세기의 전체 유기체를 설명하는 해부학에서 18, 19세기의 생리학, 생물 조직학, 발생학, 생화학을 거쳐, 지난 60년 동안 세포의 신비와 이중 나선구조 유전자에 들어 있는 모든 생명체의 형태를 결정하는 정보에 대한 연구가 이루어졌다. 생물학이 더 나아갈 곳은 어디에도 없다. 이것은 마지막 종착지이며 마치 파리가 자갈보다 어마어마하게 복잡한 것처럼, 이중 나선구조 유전자의 유전 정보가 가진 힘은 뉴턴의 물리학 법칙과 비교해 볼 때, 수십억 배의 수십억 배보다 더 강하다. 이 유전 정보를 해석하는 일은 생물학의 마지막 위대한 과업이 될 것이다. 어떻게 유전 정보가 생명체에게 형태를 부여하는가? 어떻게 유전 정보는 자신을 복제하여 한 세대에서 다음 세대로 전달하는가? 유전 정보가 어떻게 한 생물체를 다른 생물체로 바꾸는가?

이보다 더 심오한 질문은 없다. 지난 150년간 이 질문에 대한 해명은 주로 세 부분으로 나뉘어 이루어졌다. 이미 언급하였듯이, 맨 처음은 멘델의 유명한 완두콩 실험으로 시작되었다. 이 실험은 생명체의 특성이 '유전자'의 형태로 대부분 고정적이고 변화하지 않은 채 어떻게 한 세대에서 다음 세대로 전달되는지를 밝혀주었다. 이러한 유전자의 고정성 때문에 고양이의 후손이 항상 고양이로 태어나고, 예외적으로 가끔씩 (일반적으로 해로운) '돌연변이' 가 일어난다.

두 번째는 1953년 프랜시스 크릭과 제임스 왓슨이 이러한 유전자가 두 개의 선이 꼬인 형태의 이중 나선구조로 이루어져 있다는 점을 밝힌 것이다. 각 선에는 네 개의 화학성분이 연속적으로 배열되어 있다. 지금까지 우리는 그것을 '색깔 원반'으로 표현했지만 일반적으로는 네 개의 문자로 표시한다 ― C(시토신), G(구아닌), A(아데닌), T(티아민). 캘리포니아 대학 생물학 교수 크리스토퍼 윌스Christopher Wills가 적절한 비유를 들어 설명해 준다.

나는 『웹스터의 새 국제사전(3판)』을 무릎에 들어 올리지 못한다. 여러분이 도서관에서 독서대에 올려놓고 자랑스럽게 앉아서 살펴보는 그 사전이다. 이 사전은 한 줄에 약 60개의 글자가 있고, 한 단에 150줄, 한 페이지에 3단이 있다. 결국 한 페이지당 2만 7,000개의 글자가 있는 셈이다. 그 사전이 대략 2,600페이지니까 모두 합하면 7,000만 개의 글자가 된다. 인간 유전자에는 약 30억 개의 글자가 있으므로 인간 유전자의 정보를 다 수록하려면 이 거대한 사전 크기만 한 책이 43권이나 있어야 하며, 이것은 3.6미터 높이의 선반을 가득 채운다.

사실대로 말하자면, 화학분자인 C G A T는 그것을 나타내는 문자의 크기와 비교할 때 엄청나게 작다. 이중 나선구조를 따라 함께 늘어서 있는 이 화학분자들은 연속적인 선을 만드는데 그 길이는 약 75밀리미터이다. 그러나 이 화학분자는 직경이 약 500분의 1밀리미터인 세포의 핵 안으로 들어가야 한다. 이런 놀라운 일을 하기 위해서 이중 나선구조 유전자는 '지금까지 개발된 가장 발달한 컴퓨터 정보 시스템보다 100조 배 이상의 엄청난 정보량을 저장한다. 구체적인 저장 과정은 다음과 같다.

먼저 이중 나선구조를 쭉 펴서 사다리 형태를 만든다. 이때 사다리의 바

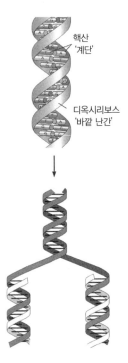

핵산
'계단'

디옥시리보스
'바깥 난간'

그림 6-2 이중 나선구조 유전자가 세포 분열을 할 때마다 유전 정보를 복제하는 과정을 나타 낸 유명한 개념도. 세포가 분열할 때마다 '각 선은 자기에게 대응하는 새로운 선을 만들어서 결 국 이전에 한 선이었던 곳에 두 개의 선이 만들어진다.'

깥 난간(이를 테면)은 당 분자(디옥시리보스Deoxyribose라고 한다)로 이루어진 두 개의 연속적인 선으로 형성된다. 각 선에는 C G A T 화학분자(핵산이라고 부른다) 배열이 매달려 있으며, 두 선의 중앙에서 두 선을 강하게 결합시켜서 사다 리의 계단을 만든다. 이것을 모두 합치면 30억 개가 된다.

'바깥 난간'을 만드는 당 분자 디옥시리보스와 '계단'을 만드는 화학분자 인 핵산Nucleic Acid이 합쳐져서 유전자DNA라는 전문적 용어가 만들어진다. 이와 같이 단순하고, 질서정연한 구조는 세포가 분열할 때보다 '100조

배로 압축된' 유전 정보를 복제하는 데 최적의 조건을 갖추고 있다. 먼저, 이중 나선구조는 중앙 부분이 나뉘고, 양편의 반쪽 계단 조각은 그것을 보완하는 문자 배열을 각각 만든다. 이 계단 조각은 유전자 복제 주형을 만들고 그 위에 세포는 기존 줄에 상응하는 한 줄을 만들어 추가한다. 이렇게 해서 한 개의 이중 나선구조는 두 개의 이중 나선구조가 된다. 크릭과 왓슨은 생물학 역사의 가장 중요한 과학 논문에서 다음과 같이 묘사했다.

> 복제하기 전에 차례대로 먼저 (두 개의 반쪽 계단을 연결하는) 결속 장치가 해체되고, 두 개의 사슬이 분리된다(말하자면, 사다리의 중앙 부분이 쪼개어진다). 각 사슬이 유전자 복제의 거푸집 역할을 하고, 그에 따라 자기를 복제하여 결국 두 쌍의 사슬이 만들어지게 된다. 우리는 이런 방식으로 각 쌍의 배열 순서가 정확하게 복제된다고 생각한다.

크릭과 왓슨의 단순한 표현은 놀랄 정도로 질서정연하고 효율적인 과정을 제대로 보여주지 못한다. 인체 내에서 매초마다 최대 400만 개의 새로운 세포가 탄생하고, 1,000개의 효소가 마치 한 무리의 독자가 체계적으로 웹스터 사전을 자세히 읽는 것처럼 이중 나선구조로 몰려들어, 30억 개의 C G A T를 올바른 순서로 정확히 각각 복사하고, 그것을 다시 함께 일렬로 배열한다.

우리는 이제 결정적인 질문, 즉 어떻게 이중 나선구조 유전자가 '정보'를 구현하는가, 더 구체적으로 말해서, 어떻게 C G A T 분자가 유전자 속에 배열되며, 어떻게 이 유전자가 생명의 복잡성을 나타내도록 '지시'하는지를 탐구하고자 한다. 이런 연속적인 화학분자 배열은 어떤 형태의 '암호'

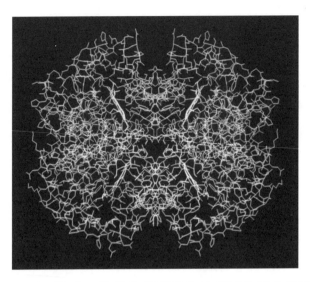

그림 6-3 당혹스러울 정도로 복잡한 헤모글로빈 분자는 네 개의 꼬인 사슬로 이루어져 있으며, 각 사슬은 140개의 '부분'으로 구성된다. 한 개의 적혈구 세포 안에 수만 개가 들어 있는 헤모글로빈 분자는 폐를 통해 들어온 공기 속의 산소를 신체 조직으로 전달하여 위대한 생명 순환이 이루어지게 한다.

를 나타내는 것이 분명하다. 이것은 앞서 살펴보았던 세포 속의 '자동화된 공장'의 작업 과정을 설명하는 내용을 떠올리면 가장 잘 이해할 수 있다. 우리는 '생산물질'들 중 한 가지 생산물에만 초점을 맞출 것이다. 왜냐하면 그것이 조립 라인을 복제하기 때문이다. 한 개의 적혈구 안에 수만 개가 들어 있는 헤모글로빈 분자는 폐에 흡입된 공기 중 산소 원자를 붙잡아서 신경과 근육으로 전달하고, 산소는 화학 반응의 연료 역할을 하여 세포의 기계장치를 돌린다.

우리가 그렇게 단순한 일을 수행하는 이 헤모글로빈 분자의 엄청나게 복잡한 구조를 보고 감탄하는 것은 당연하다. 그러나 헤모글로빈 분자는 수만 개의 다른 '생산물질', 즉 모든 생물들이 만들어지는 세포 조립 라인을 복제하는 단백질과 효소보다 더 복잡하지 않다. 헤모글로빈 분자를 더 자세히 관찰해 보면, 그것은 수백 개의 작은 부분으로 이루어져 있다. 그리고 그것을 더욱더 면밀히 조사해 보면, 20개의 다른 형태(아이들의 블록 상자에 들어 있는 직사각형, 정사각형, 원형, 삼각형에 비유할 수 있다)로 되어 있다. 이 다른 '부품'(아미노산이라고 한다)은 음식에서 생긴다. 우리는 음식을 먹고 창자에서 소화하고 세포로 전달하여 그것을 우리 자신 안으로 흡수한 다음 헤모글로빈과 같은 생산물질을 만든다. 자 이제, 다시 유전 '암호'로 돌아가보자. 이중 나선구조를 따라 길게 매달려 있는 이 C G A T 화학분자가 세 개씩 배열되면(가령, C G G) 각각은 20개의 다른 형태의 부품(아미노산)이 된다.

어떤 이들은 이 시점에서 전체적인 모습을 이해하지 못하겠다는 두려움을 느낄지도 모른다. 그러나 간단한 그림(그림 6-4)을 보면 모든 것이 확실히 이해될 것이다. 적혈구 세포는 어떻게 헤모글로빈 분자를 만드는가? 첫째, 이중 나선구조 유전자는 세 개씩 배열된 수백 개의 C G A T 분자가 헤모글로빈 '유전자'를 형성하는 장소에서 분열한다. 이 유전자는 자신을 복제하는데, 이것을 '메신저'라고 부른다. '메신저'는 핵의 바깥으로 나와서 세포의 중요한 부분으로 들어가 세포의 '생산물질'들을 만드는 수많은 작은 공장 중 하나를 찾는다. '메신저'는 전신기에서 자동적으로 나오는 종이처럼, 작은 공장의 한쪽 끝에서 자체적으로 필요한 것을 공급하면서 최초의 세 개의 화학분자를 읽고, 관련된 부품, 즉 다른 모양의 건축 블록 중 하나를 찾은 다음 그것들을 합쳐서 조립 라인을 만든다. 그 다음 그것은 두 번째의 세 개의 화학분자를 읽고(앞과 동일), 이렇게 계속 반복하여 마지막 세 개의 화학분자에 도달하면 마지막 부품이 만들어진다. 그 다음은 어떻게 되는가?

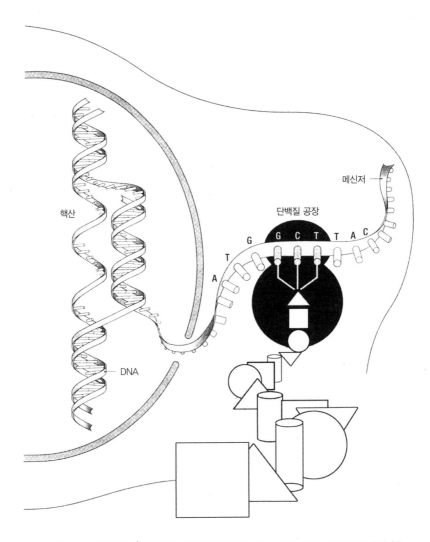

그림 6-4 생산물질이 만들어지는 원리. 혈액을 만드는 골수 세포는 먼저 헤모글로빈 유전자를 복제한다. 그 다음 복제된 유전자는 핵산에서 빠져나와 세포질 속으로 들어간다. 이러한 복제는 마치 전신기에서 자동적으로 나오는 종이처럼 자체적으로 발생하고, 수천 개의 단백질 공장(또는 리보솜) 중 한곳으로 들어간다. 유전자에 입력된 정보는 헤모글로빈 분자의 각 부분(그림에서 원, 사각형, 삼각형 등으로 표현되어 있다)을 선택하여 올바른 순서로 생산 라인에 올려놓는다.

길고 가늘게 일렬로 늘어선 다른 형태의 부품(정사각형, 원형, 삼각형 등)이 조립 라인에서 미끄러지듯이 떨어진다. 순식간에, 이 부품들이 모두 스스로 '함께 튀어 오르면서' 놀라울 정도로 복잡한 헤모글로빈이 형성된다. 비유해서 말하자면, 당신이 침실에서 사용하기 위해 새로운 조립용 서랍을 사려고 한다고 가정해 보자. 당신은 가구점에서 각 조립 부품을 구입하여 침실 바닥에 그것을 정확한 순서로 놓은 다음, 물러서서 그것들이 동시에 스스로 조립되는 장면을 놀라운 표정으로 바라본다. 여기서 어떻게 '단순하고' 질서정연한 이중 나선구조가 생명의 무한한 복잡성을 만들 수 있는가 하는 놀라운 수수께끼를 어렴풋이 감지할 수 있다. 헤모글로빈의 세 개의 화학분자 속에 들어 있는 '암호화'된 정보는 두 가지 일을 수행한다. 즉, 부품 또는 헤모글로빈 분자를 구성하는 블록과 그것들이 배열되는 순서를 결정함으로써 각 부품이 생산 라인에서 떨어져 나와 함께 배열될 때, 산소 원자를 포착하여 신체 조직으로 운반하는 데 필요한 구조가 일시에 만들어지게 된다.

이와 같이 극히 단순한 설명으로는 질서정연하게 이루어지는 활동(핵산 밖으로 흘러나오는 이중 나선구조를 따라 늘어선 유전자에서 발생되는 '메신저', 공장 조립 라인에서 쏟아져 나오는 부품, '생산물질'을 만들기 위한 자체 조립)을 볼 때 느끼는 흥분을 제대로 전달하지는 못한다. 이 생산물질들은 아주 작은 '트럭'에 실려서 세포 밖의 붐비는 '고속도로'를 따라 운반된 후 아주 다양한 기능을 수행한다. 이러한 기계적인 활동은 엄청난 변동에 의해 정기적으로 중단된다. 즉, 세포를 구성하는 부품(이중 나선구조, 핵산, 단백질 공장 등)들을 복제할 때, 세포는 자신을 분리시켜 두 개의 '딸세포daughter cell'를 만들고 이들 각각은 세포를 정확하게 복제한다.

이 모든 것에 따르는 의문들은 생각만 해도 정신이 어지럽다. 어떻게 세포는 매번 분열할 때마다 자신의 구성요소를 그렇게 정확하게 복제할 수 있는가? 어떻게 세포는 세포 속의 다른 수만 개의 유전자가 아니라, 가령 헤모글로빈 유전자를 활성화시켜야 한다는 것을 즉시 알 수 있는가? 모든 '정보'는 어디에서 오는가? 모르스 방식의 SOS 메시지의 뜻은 모르스 방식을 발명한 새뮤얼 모르스가 세 개의 점은 S, 세 개의 선은 O 등으로 규칙을 정했기 때문에 이해할 수 있다. G A G라는 세 개의 화학분자가 하나의 '부품'을 나타내고, G T G는 다른 부품을 나타낸다는 암호 규칙은 어떻게 정해졌는가?

이중 나선구조 유전자는 이런 역할을 수행하기 위해서 두 가지의 놀랍고, 사실은 모순되는 속성을 가지고 있다. 첫째, 유전자는 안정적인 동시에 역동적이다. 여기서 '안정적'이라 함은 유전자가 세대에서 다음 세대로 수백만 년에 걸쳐 정확하게 동일한 유전 정보를 전달한다는 의미다. '역동적'이라는 의미는 생물계와 무생물계를(파리와 자갈을) 구분하는 생명력은 세포가 분열할 때마다 자신을 복제하는 역동적인 능력이라는 의미이다.

두 번째, 이중 나선구조 유전자는 건물 청사진인 동시에 노련한 장인이다. 유전자는 개별적인 유기체에 대한 계획을 담고 있으며 동시에 그 계획이 최종 단계까지 구체화되도록 지시한다. 이러한 두 가지 능력은 이중 나선구조 유전자에 대해 거의 영적인 차원을 부여하게 만든다. 유전자는 세대를 통해 계속 전달되기 때문에 죽지 않으며, 각 개인의 측면에서 볼 때, 개인의 정체성, 신체적, 정신적 특성, 그리고 개인이 앞으로 무엇이 될 것인지를 결정한다.

생물학자 메이틀랜드 에디Maitland Edey는 이렇게 썼다. "한편으로는 원리의 단순함이 존재하고, 다른 한편으로는 과정의 무한한 심오함이 존재한다. 우리의 이목을 끄는 것은 바로 이 분자들의 놀라운 힘이다. 유전자를 구성하는 네 개의 분자는 어처구니없을 정도로 단순하다. 이 분자들은 살아 있는 것은 아니지만 어떤 분자도 꿈꾸지 못한 일들을 수행할 수 있다… 이 분자들은 자신이 표현하는 정보를 마법 지팡이처럼 휘둘러… 살아 있는 모든 생명체를 만들고, 지구상의 모든 식물과 동물의 발달을 점검하고, 성장하게 하고, 기능을 수행하게 하고, 낡은 부품을 교체하고, 생명체를 등장시키고 또 사라지게 한다… 보라, 박테리아, 꽃, 물고기, 프랑스인이 등장하였도다."

이중 나선구조 유전자는 정말 기이한 현상이다. 그러나 감질나게도, 두 가닥이 꼬인 형태의 유전자가 보여주는 질서정연한 단순함은 이러한 유전자의 기이한 특성과 엄청난 정보가 판독될 수 있을지도 모른다는 생각을 하게 했다. 이를 통해 '생명'의 근본적인 신비를 알 수 있을지도 모른다. 물론 그 꿈은 정확히 말해서, 세 번째이자 마지막 단계(첫 번째: 멘델이 발견한 유전자의 고정성, 두 번째: 크릭과 왓슨의 이중 나선구조의 발견에 이은 세 번째. 180~181쪽 참조_옮긴이)인 이중 나선구조 유전자에 대한 이해였다. 첫 장에서 다루었다시피, 1970년대의 기술혁신은 유전자가 생명체의 진정한 원인이며, 유전자의 우연한 변화, 즉 돌연변이가 어떻게 한 생물에서 다른 생물로 진화적인 변화를 일으키는지 밝혀줄 것이라는 타당성 있는 기대를 갖게 했다.

생물학자들이 신유전학의 세 가지 기술혁신을 통해 이중 나선구조 유전자 속에 암호화된 유전 정보를 읽고 해석할 수 있을 것이라는 점을 깨달았을 때 느꼈던 그들의 엄청난 흥분을 전달하기는 쉽지 않다. 첫 번째 기술혁신을 통해서 연구자들은 이중 나선구조 유전자를 구성하는 30억 개의 화학분자 배열, 즉 C G A T를 조작 가능한 부분으로 쪼갤 수 있게 되었다. 그 후 연구자들은 이 부분의 수많은 '복사판'을 만드는 법을 알게 되었으며, 그들이 찾던 것을 더 잘 발견하게 되었다. 마지막으로 연구자들은 각각의 유전자의 문자 또는 화학분자의 배열을 '판독'하는 방법들을 개발하였다. 그 결과, 각 배열이 어떤 생산물질을 나타내는 암호이며, 무슨 역할을 하는지 알 수 있게 되었다.

유전학은 학술 잡지의 페이지를 채우고, 노벨상을 휩쓰는 각광받는 과학 분야였다. 앞으로 연구해야 할 웹스터 사전 43권 분량의 정보는 모든 사람이 달라붙어도 모자랄 정도였다. 놀랍게도, 이 일을 모두 해결할 수 있는 무시무시한 전망이 예상보다 쉽게 금방 나타났다. 그것은 결코 생각지도 못한 사실이었다. 이중 나선구조 유전자의 95퍼센트가 쓸모없는 '쓰레기'라는 사실이 확인되었다. 즉, 유전 암호의 단 한 글자(가령, A 또는 G)가 수만 번 반복되어 세 개로 배열된 형태를 이루지 못하기 때문에 부품 또는 건축 블록을 '나타내지' 못한다는 사실을 알게 되었다. 분명히, 자연은 항상 낭비하는 법이 없다. 파리는 파리가 되는 데 더도 덜도 아닌 꼭 필요한 모든 것을 갖고 있으며, 지렁이나 다른 생명체 또한 그렇다. 따라서 이중 나선구조 유전자에 매달려 있는 유전 정보가 그와 비슷하게 적절하고 압축적인 방식으로 표현되었을 것이라고 합리적으로 기대할 수 있다. 이것은 크리스토퍼 윌슨이 43권 분량의 '정보'가 핵산 안에 들어가 있다고 비유할 때 가정한 것이다. 그러나 실제는 그와 달랐다. 오히려, 이중 나선구조 유전자 중 '쓸모없는 유전자junk'는 43권 분량의 웹스터 사전 중에서 42권에 해당되는 분량으로, 유전 정보를 전혀 담고 있지 않다. 반면 유전자 자체는 파편화된 조각으로 존재하며, 일관성 있는 메시지를 만들어내기 위해서는 우선 더 많은 '쓰레기' 유전자와 분리한 다음, 그 쓰레기 유전자들을 '삭제' 해야 한다. 달리 표현하면, 이중 나선구조 유전자의 유전 정보 배열은 혹자가 합리적으로 예상하는 것과는 거의 정반대라는 뜻이다. 요컨대, 적은 양의 유전자가 당신에게 집으로 가는 방향을 지시하는 데 거의 아무런 문제도 없다는 것이다(우체국 앞에서 좌측으로 돌고, 경찰서를 지나는 등등). 당신이 단어를 잘게 찢어서 작은 조각으로 만들어 여러 페이지의 의미 없는 헛소리에 섞지 않는다면 말이다.

이것은 앞으로 다가올 난제를 처음으로 암시하는 것이다. 생명체의 심오한 복잡성은 그에 상응하는 엄청난 양의 '정보'를 요구할 것이라고 가정하는 것은 충분한 근거가 있지만 놀라운 점은 필요한 정보량이 정말 적으며, 웹스터 사전의 한 권 분량이면 한 개의 수정된 난자가 인간으로 변하는 데 필요한 충분한 정보를 담을 수 있다는 것이다.

그러나 이런 놀라운 사실에 버금가는 놀라운 일이 이어졌다. 신유전학의 기술이 시작 단계에서 곧바로 수천 개의 유전자를 확인했을 뿐만 아니라 모든 형태의 유전 질환을 일으키는 유전 정보의 변화 또는 '돌연변이'를(그 중 이해하기에 가장 단순한 것은 혈액 질환인 적혈구성 빈혈을 일으키는 헤모글로빈 유전자의 돌연변이다) 밝혀냈기 때문이다. 한편, 신유전학은 진화론의 핵심 개념을 비판적으로 연구할 수 있는 기회를 처음으로 제공했다. 즉, 우연한 '돌연변이'가 그 생물체에 이로운 변화를 일으켜서 궁극적으로 눈과 같이 극히 완벽한 기관을 만들고, 또한 한 종에서 다른 종으로의 변화를 일으킬 수 있는지를 살펴볼 수 있게 되었다.

적혈구성 빈혈을 앓고 있는 사람들의 적혈구 세포는 병명이 암시하듯이

'낫'처럼 생겼고, 그 때문에 서로 응집된 혈구가 혈액이 모세관을 통과하는 것을 막아 조직 세포에 산소를 공급하지 못하게 한다. 그 결과 고통을 겪고 치명적인 결과를 일으킬 수 있다. 과거로 거슬러 올라가 1956년, 영국 화학자 버논 잉그램Vernon Ingram은 케임브리지의 유명한 카벤디시 연구소(이곳에서 크릭과 왓슨이 3년 전에 이중 나선구조 유전자를 발견했다)에서 일했다.

그는 헤모글로빈 분자를 구성하는 부품(아미노산) 중 단 한 개의 배열이 잘못되면 적혈구 세포가 불안정해지는 것을 발견했다. 20년 후, 신유전학 덕분에 헤모글로빈 유전자의 전체 배열을 판독하는 것이 가능해지자, 정상적인 경우 G A G로 읽히는 배열이 적혈구성 빈혈 환자의 경우 G T G로 잘못

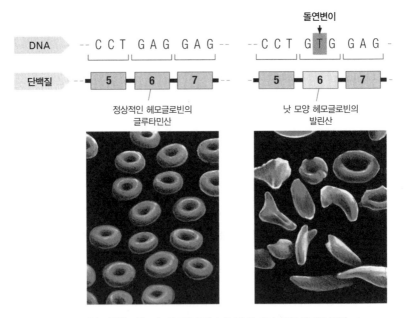

그림 6-5 문제가 발생한 경우. 헤모글로빈 유전자 중 단 한 개가 '잘못 입력된 경우'('G' 대신에 'T') 단백질 공장은 '잘못된 부품'(글루타민산 대신에 발린산)을 끼워 넣는다. 그로 인해 적혈구 세포의 형태와 기능에 큰 문제가 발생한다.

읽히는 단 한 개 돌연변이 때문에 결함이 있는 배열이 나타난다는 것이 밝혀졌다. 그 결과 단백질 공장은 '잘못된' 부품을 삽입하게 된다. 사용자가 직접 조립하는 서랍에 비유한다면, 한 개의 결함 있는 부품 때문에 서랍을 못 쓰게 되는 것과 같다.

단 한 개의 '잘못된 글자' 또는 돌연변이가 초래하는 파괴적인 결과를 보여주는 첫 사례는 그 어떤 것보다 설득력이 있었으며, 오래지 않아 많은 중요한 질병의 원인이 되는 유전적 돌연변이가 확인되었다. 예를 들어, 빅토리아 여왕에 의해 유럽의 왕가에 전달된 것으로 유명한, 피가 멈추지 않는 질병인 혈우병은 혈액 응고에 관여하는 단백질 암호를 전달하는 유전자의 돌연변이 때문이다. 서구 세계에서 가장 일반적인 유전병인 낭성 섬유증은 폐질환으로서 만성 감염에 쉽게 걸리고 결국 호흡부전을 일으키는 병이다. 근육 위축증은 점진적으로 근육이 약해지는 질병이며, 발광하는 증세를 보이는 헌팅턴 무도병은 미국인 포크송 가수 우디 거스리를 비롯해 많은 사람들이 걸렸다.

그러나 단 한 개 유전자의 돌연변이에 의해 발생하는 적혈구성 빈혈은 매우 예외적인 것으로 보이기 시작했다. 많은 유전적 질병은 한 유전자가 아니라 수십 개의 잠재적 '돌연변이'를 갖고 있는 것으로 밝혀졌다. 예를 들어, 낭성 섬유증의 경우 200개의 돌연변이가 그 질병을 일으킬 수 있으며, 이들 돌연변이들 간에는 질병 유발에 대해 아무런 차이도 없었다. 다른 한편으로, 파괴적인 유전적 돌연변이가 어떠한 질환도 초래하지 않을 수 있다는 사실도 드러났다. 이것은 망막색소상피 변성증이라는, 완전히 시력을 상실하게 만드는 유전병을 일으키는 결함 유전자를 똑같이 물려받은 두 자매의 사례에서 밝혀졌다. 두 자매 중 동생은 완전히 앞을 보지 못했지만,

동일한 유전적 돌연변이를 갖고 있는 언니의 시력은 아주 훌륭했고, 야간 트럭 운전사로 일하는 데 지장이 없었다. 이러한 복잡성은 유전자가 어떻게 움직이는가에 대한 종래의 지식으로는 설명할 수 없다. 더 나아가, 몇 가지 유전자에서 일어나는 다른 돌연변이에 의해 동일한 유전병이 발생하며, 또한 그와 반대로 몇 가지 다른 질병이 단 하나의 유전자의 돌연변이에 의해서 발생할 수 있다는 사실에 직면하면 상황은 더욱 복잡해진다.

이러한 복잡한 수수께끼는 새로 발견된 유전자의 기능을 더 정확히 찾으려는 생물학자들이 몇 가지 기발한 실험을 고안하면서 더욱 가중되었다. 그들은 실험 동물(예를 들어, 쥐)의 배아 세포 속 유전자를 '손상시키고knocking out' 그것이 이후 배아 세포의 발달 과정에 어떤 영향을 미치는지 실험했다.

파리의 에콜 노르말 쉬페리외르의 생물학 교수 미셸 모랑주Michel Morange는 1,000개 이상의 다른 유전자를 포함한 '실망스러운' 실험 결과를 설명하면서 이렇게 썼다. "어떤 경우, 유전자 손상에 아주 중요하다고 생각되는 단백질 암호 유전자를 제거했음에도 아무런 결과도 일으키지 않을 수도 있다. 때때로 유전자 손상이 돌연변이를 일으킨 동물의 기능을 개선시킬 수도 있다(!)··· 또는 기대와 완전히 다른 결과를 낳을 수도 있다. 유전자 손상은 실제로 예상된 손상을 발생시키지만 기대했던 것보다는 그 정도가 훨씬 덜하다··· 마지막으로, 유전자 손상은 예상된 결과를 발생시키는 경우도 있지만 그런 사례는 비교적 드물다."

이 '실망스러운' 결과는 '이러저러한' 개별 유전자가 생물체의 복잡성을 설명할 것이라는 순진한(회고해 볼 때, 적어도 그렇다) 개념을 대폭 수정할 것을 요구했다. 유전자는 하나의 독립된 기능을 갖는 것이 아니라, 동일한 유전자가 여러 가지 다른 기관(눈, 코, 두뇌, 뇌하수체, 창자, 췌장)의 발달에 관여하고, 즉 '다중 기능'을 수행하고, 혼자가 아니라 수천 개의 다른 유전자와 협력하여 함께 일한다는 점이 서서히 밝혀지기 시작했다. 파리의 총 1만 3,000 개의 유전자 중 6,000개가 파리의 심장을 만드는 데 관여하고, 1밀리미터보다 더 작은 날벌레의 생식기관은 2,000개의 유전자의 상호작용에 의해 만들어진다. 아울러, '상황이 전적으로 결정한다'는 점이 명백하다. 필요에 따라 유전자는 아주 반대되는 특성을 가진다. 어떤 상황에서는 세포를 성장시키지만 다른 상황에서는 자기를 파괴한다. 이와 유사하게, 동일한 유전자는 자신의 목적에 필수적이면서도 동시에 전혀 관여하지 않을 수도 있다. 많은 연구를 통해서 눈의 형성에 관여한다고 알려진 유전자는 시력이 상실된 날벌레에서도 발견되었다. 반면 다른 종의 경우, 유전자를 손상시키더라도 전혀 해로운 결과를 일으키지 않고 눈이 형성된다.

이중 나선구조 유전자의 질서정연한 단순성은 더욱더 이해하기 어려운 것이 되었다. 왜냐하면 유전자가 두뇌, 심장, 폐 등 복잡한 조직을 형성하는 '생산물질'을 만드는 세포 내의 공장에 명령을 내릴 때 아주 놀라운 방식으로 서로 연합하여 움직인다는 것이 어느 정도 분명해 보였기 때문이다.

버밍엄 대학 유전학 교수 필립 겔Philip Gell은 이렇게 말했다. "문제의 핵심은 우리가 원인의 사슬이 아니라 거미줄과 같은 시스템을 다루고 있다는 점이다. 거미줄의 어느 한곳에 충격을 주면 블랙베리 덤불에 처진 모든 거미줄의 팽팽함이 바뀐다."

그러한 '거미줄'은 진화적 변화의 메커니즘이란 가설에 더 끔찍한 도전을 제기하는 것처럼 보였다. 예를 들어 심장을 만들기 위해 6,000개의 유전자가 필요하다면, 그중 한 유전자가 더 완벽한 심장에 도움이 되는 방향으로 이로운 변화를 일으킬 확률은 얼마나 되겠는가? 아마도 미리 고안된 계획에 따라 다른 유전자를 '켜고 끄는' '조절' 역할을 하는 유전자가 있을 것이다. 이러한 조절 유전자를 찾는다면, 이러한 당혹스럽고 모순적인 발견들이 명백해질 것이다. 1980년대 후반 필립 겔의 거미줄 비유 이후, 스위스 생물학자 월터 게링Walter Gehring은 두 종류의 조절 유전자 집단을 발견했다. 혹스Hox 유전자라 알려진 이 유전자는 파리의 앞부분과 뒷부분의 3차원적 기관을 결정한다. 첫 번째 조절 유전자 집단은 파리의 더듬이, 다리, 날개 등의 발달에 관여하고, 두 번째 조절 유전자 집단은 '뒷' 부분을 결정한다. 아마도 이러한 조절 유전자가 진화적 변화의 비밀을 최종적으로 드러내는 것인지도 모른다. 다윈의 주장대로 우발적인 돌연변이가 한 종을 다른 종으로 점진적으로 바꾸는 것이 아니라, 갑자기 극적으로 물고기를 육지로 올라가게 하고, 양서류나 육상 동물이 되게 하고, 날개가 생겨서 새가 되게 하고, 바다를 좋아하는 뒤쥐 같은 포유류가 되게 하고, 그것이 고래가 되게 하는지를 밝혀줄지도 모른다. 화석 자료는 이와 같은 갑작스런 출현 패턴을 보여준다.

그러나 게링과 그의 동료들이 아주 중요한 연구를 추가로 수행하면서, 더 놀라운 것을 발견했다(아마도 생물학 역사상 가장 놀라운 발견일 것이다). 정확히 말하면, 동일한 '조절' 유전자가 모든 생명체(개구리, 쥐, 심지어 인간)의 3차원적 기관을 결정한다는 점을 발견했다. 동일한 조절 유전자가 파리가 파리의 형태를 갖게 하고, 쥐가 쥐의 형태를 갖게 한다. 영향력 있는 생물학자이자 작가인 고故 스티븐 제이 굴드는 이렇게 말했다. "이 발견의 중요한 의미는 이전에 알려지지 않은 어떤 것을 발견했다는데 있는 것이 아니라 이 조절 유전자의 전혀 예기치 못한 특성에 있다." 이제 그 내용을 살펴보기로 한다.

1990년 대 중반 이후로, 신유전학의 강력한 기술이 결국 게놈 프로젝트로 이어졌다. 이 프로젝트를 통해 모든 유전자를 판독함으로써 생물학의 성배 Holy Grail, 즉 한 생물체의 형태를 다른 생물체와 구별하게 만드는 유전형질의 비밀이 밝혀질 것이라고 기대했다. 그러나 게놈(유전체) 프로젝트의 연구 결과는, 첫 장에 언급한 바와 같이 전보다 더욱 당혹스런 결과를 보여주었다. 놀라울 정도로 적은 수의 유전자가 생물의 다양성과 형태에 관여하고, 박테리아에서 인간에 이르기까지 엄청나게 다양한 복잡성에 비해 여러 생물의 유전자가 아주 비슷하다는 사실을 보여주었다. 그럼에도 불구하고 유전체는 생명의 가장 단순한 초기 형태(박테리아)에서 가장 복잡한 형태(인간)에 이르기까지 전체 진화의 역사를 포함하기 때문에 한 생명체를 다른 생명체와 서로 비교함으로써 그러한 명백한 난제를(적어도 부분적으로는) 해명해 줄 수 있을 것이다.

유전자 전체의 크기와 복잡성이 시간이 흐르면서 점진적으로 증가하는 과정을 추적함으로써 기초적인(하지만 상당한 정보를 제공하는) 수준에서 진화의 역사에 대한 감을 잡는 것은 가능하다. 우리는 가장 작고 단순한 초기 독립 생물체인 박테리아에서 출발한다. 박테리아는 세포막 안에서 극히 작은 화학 반응을 일으킨다. 박테리아 화석은 35억 년 전의 암석층에서 처음 발견되었다. 박테리아는 단순해 보이지만 무생물(가령 자갈)보다 수십억 배 이상 복잡하며, 실제로 전혀 단순하지 않다. 박테리아의 유전자 크기는 470개의 유전자를 가진 (폐렴을 일으키는) 마이코플라즈마mycoplasma(이 크기는 유기체가 기능을 유지하고 자신을 재생산하는 데 필요한 최소한의 수준으로 추정된다)에서 8,000개의 유전자를 가진 토양 박테리아 메소리조븀Mesorhizobium(식물의 성장을 촉진한다)에 이르기까지 다양하다.

1,500만 년이 더 지나서 진화 역사는 그 다음 단계로 접어들었다. 놀라울 정도로 더 복잡한, 효모균인 사카로마이세스Saccharomyces와 같은 단세포 유기체가 등장했다. 이 효모균의 놀라운 특성은 앞서 간략하게 설명한 '최고의 과학기술 세계'에서 잠시 살펴보았다. 더 복잡한 형태의 독립 생명체들의 유전체 크기는 평균 두 배 정도 더 크며, 전체 유전자의 수는 5,000개 미만이다.

1,500만 년이 다시 지난 후, 다음 단계는 5억 년 전, 생물 종의 폭발적인 확장이 일어난 캄브리아기이다. 이 시기에 출현한 '다세포' 생물은 몇 가지 독특한 신체 구조와 함께 생존에 꼭 필요한 요소를 갖고 있었다. 가령, 주변세계를 인식하는 시각과 청각기관, 소화계와 순환계, 재생산을 위한 성기관 등을 갖고 있었다. 이렇게 비약적으로 발전한 유기체의 복잡성은 당연히 유전자의 복잡성을 엄청나게 증가시키게 된다. 시력이 없는 1밀리미터 길이의 선형동물인 씨 엘레간스C. Elegans의 세포는 총 959개이며, 유전자 수는 1만 9,100개이다. 따라서 엄청나게 더 많은 기능(눈, 날개, 다리, 기억 및 구애 능력)을 지닌 파리가 1만 3,600개의 유전자를 가졌고, 반면 우리 인간과 영장류, 쥐는 약 2만 5,000개의 유전자를 갖고 있다(이것은 인간의 두뇌가 100억 개의 신경세포를 가졌다는 사실을 설명하기엔 불충분한 것처럼 보인다)는 사실은 더욱더 놀라운 일이다.

유전자의 모습에서 드러나듯이, 이와 같이 간단한 생명 진화의 역사는 유전자의 수에서 점진적으로 증가(박테리아에서 효모, 파리, 벌레, 쥐, 인간)하는 경향이 저변에 깔려 있음을 확인시켜 준다. 그러나 생물의 역사는 유전자 입력 정보의 지속적인 증가를 배후에서 만들어내는 힘에 대한, 그리고 어떻게 유전자들이 생물들을 구별하는 특징을 만들어내는지에 대한 어떤 것도 암시해 주지 않는다. 이들의 유전자를 비롯하여 인간과 지구를 공유하는 모든 생물의 유전자는 모든 생물에 공통적이고, 그로부터 모든 생명체가 형성되는 동일한 '생산물질' 또는 세포의 부분을 나타내는 암호일 뿐이다. 따라서 우리는 수십억 년 동안 변하지 않았으며, 박테리아에서 발견되는 많은 유전자를 공유한다. 왜냐하면 우리 인간과 마찬가지로, 박테리아는 생명을 유지시키는 에너지를 얻기 위해 (인간과) 동일한 효소를 이용하여 화학 반응을 일으키기 때문이다. 우리는 파리, 쥐와 더 많은 유전자를 공유한다. 왜냐하면, 이 동물들의 '신체 조직 관리 방법'이 인간과 동일하기 때문이다. 이들도 역시 헤모글로빈을 이용하여 산소를 폐에서 신체 조직으로 수송하고, 인슐린을 이용하여 혈액 속의 당 공급 수준을 일정하게 유지하고, 생식 호르몬을 이용하여 번식하기 때문이다. 엄청나게 다양한 생물들에 비해 그에 관여하는 유전자 수가 적고, 각 생물의 유전자가 아주 비슷하다는 난제는 적어도 지금 수준에서는 설명할 수 있다. 그렇다면 생물들은 어떻게 하여 서로 뚜렷하게 구별되게 된 것일까?

앞에서 다룬 '조절' 또는 명령 유전자의 의미는, 전체 유전자 중 일부분(약 2퍼센트)에 지나지 않지만 일반적인 '유전자 상자gene kit'에서 파리의 더듬이, 다리, 날개를 발생시킬 수 있는 능력을 보유하고 있다는 것이다. 그러나 앞서 언급했듯이, 그것들을 발견했을 때의 위안은 얼마 가지 못했다. 파

리를 파리가 되게 만드는 동일한 조절 유전자가 쥐를 쥐로 만든다는 사실
이 발견되었기 때문이다. 이 수수께끼의 의미는 파리와 쥐의 눈을 보면 잘
이해할 수 있다. 이들의 눈은 아주 다른 방식으로 만들어진다. 쥐의 눈(인간
의 눈과 마찬가지로)은 윌리엄 페일리의 감탄을 자아냈던 낯익은 카메라와 같
다. 이와 달리, 파리의 눈은 '겹눈' 이며 다른 각도의 수십 개의 렌즈로 이루
어진다. 그러나 '팍스Pax 6' 라는 동일한 '조절' 유전자가 이 두 가지 다른
눈(사실은 모든 눈)을 만든다.

아주 다른 형태의 눈을 만들 때 동일한 팍스 6가 명령하는 힘은 생물학

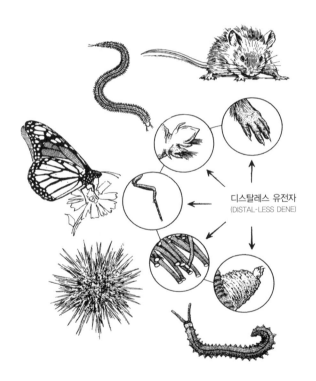

그림 6-6 전문 학술 용어로 디스탈레스distal-less라고 하는 동일한 유전자가 쥐, 지렁이, 나비,
성게의 다리 형성을 조절한다.

역사상 가장 놀라운 두 가지 실험을 통해 더 잘 이해할 수 있다. 첫 번째 실험에서 과학자들은 배아 단계의 파리의 여러 신체 조직에 포함된 팍스 6를 교묘하게 활성화시켜 파리의 날개, 다리, 다른 신체 부분에 눈이 생기게 했다.

두 번째 실험에서도 앞의 실험이 반복되었다. 이번에는 쥐에게 카메라 형태의 눈이 생기게 하는 유전자를 파리 배아에 주입하였다. 그 결과, 파리 배아에는 파리의 눈과 같은 겹눈이 하나 더 생겼다. 다리에 대해서도 같은 실험을 했다. 파리의 다리 형성을 조절하는 동일한 유전자는 역시 갑각류, 거미, 지네, 닭의 다리를 형성한다. 심장에 대해서도 같은 실험을 했다. 위스콘신 대학 교수인 션 캐럴Sean Carroll은 이렇게 썼다. "파리의 위쪽 부위에 있는 심장은 혈액을 펌프질해서 신체 중앙으로 보낸다. 인간의 기준으로 보면 대단한 심장은 아니지만 파리의 심장도 같은 일을 한다. 유전학자들은 파리의 심장을 형성하는 데 필요한 유전자를 찾아서 그것을 (『오즈의 마법사』에 나오는 심장이 없는 등장인물의 이름을 따서) 틴 맨Tin Man이라고 불렀다." 그러나 틴 맨은 무한할 정도로 더 복잡하고, 다른 구조를 가진 네 개의 방으로 이루어진 인간의 심장을 형성하는 데 중요한 역할을 한다.

그렇다면, 당연히 혹자는 어떻게 동일한 '조절 스위치'가 일반적인 유전자 상자에 담긴 수천 개의 유전자를 조절하여 그렇게 다양한 신체 구조를 각 생물에 맞게 만들 수 있는가 하고 물을 것이다. 가령, 여기에는 겹눈, 저기에는 카메라 눈, 여기에는 거미의 다리, 저기에는 가재의 집게발, 여기에는 파리의 심장, 저기에는 인간의 심장을 만든다. 일반적인 설명은 '조절 유전자'가 일반적인 유전자 상자에 들어 있는 유전자를 다른 순서로, 다른 시간에 '켰다가 끔'으로써 다른 구조를 만든다는 것이다.

캐럴 교수는 말한다. "다양성은 동물의 유전자 전체의 문제라기보다는 그것을 사용하는 방식과 관련이 있다. 형태의 발달은 발달 과정에서 다른 시간과 장소에 맞게 유전자를 켜고 끄는 것에 따라 결정된다."

다른 설명방식을 생각해 내기는 확실히 어렵지만 스위치를 '켜고 끄는' 식의 발상은 동일한 보편적인 유전자 상자에서 아찔할 정도로 복잡하고 독특한 눈의 형태(각각의 눈은 자신의 목적을 위해 너무나 아름답게 '설계되었고' 각 생물체에 적합하게 만들어졌다)를 발생시키는 것이 어떻게 가능한가를 생각하는 사람들의 모든 상상력을 가로막는 것이다. 더 나아가, 파리의 각 부분(눈, 날개, 다리)은 모두 각각 하나의 '작품'이다. 각 작품에 관련된 조절 유전자가 적합한 신체 부위를 만들기 위해 연속적인 스위치의 올바른 동작을 우연히 할 수 있었다고 생각하기는 어렵다. 그것은 마치 파리(또는 다른 유기체)의 '아이디어'가 파리를 발생시키는 유전자에 스며든 것과 같다. 왜냐하면 유전자가 적합한 신체 구조를 만들 일련의 스위치를 작동시키는 것은 자신이 파리라는 것을 알고 있는, 배아 단계의 파리의 조절 유전자를 통해서 이루어기 때문이다.

여기에 분명히 문제가 있다. 이중 나선구조 형태로 나열되어 있는 게놈은 나무, 식물, 어류, 조류, 동물, 인간에 이르기까지 모든 생물에게 무한할 정도로 다양한 형태와 특성을 부여한다. 유전자가 없었다면 이러한 복잡한 특징들이 세대를 걸쳐 그렇게 정확하게 전달될 수 없다. 그렇다면 왜 이중 나선구조 유전자의 단순함은 그러한 복잡함의 최소한의 흔적도 갖고 있지 않은 것일까? 분명, 이중 나선구조 유전자가 세포 분열을 할 때마다 자신을 복제함으로써 '생명의 암호'를 전달한다면, 그것이 단순하기 때문에 단순한 것이 아니라, 유전자가 단순해야만 하기 때문에 단순한 것이다. 단순해야 한다는 조건은 곧 이중 나선구조 유전자가 자체 안에 생물 형태를 구분하는 모든 복잡성을 압축해야 한다는 조건을 만들어낸다.

이것의 의미는 이중적이다. 첫째, 이중 나선구조 유전자가 단순해야 한다는 필요성은 유전자가 따로 혼자서 움직일 수 없다는 것을 의미한다. 오히려 유전자가 들어 있는 엄청나게 더 복잡한 세포가 유전자의 요구를 '알고' 있어야만 하고, 순간마다 2만 5,000개의 유전자 중 어느 것을 활성화시켜 적절한 메시지를 단백질 공장에 보내 수천 개의 부품을 만들지를 결정해야 한다. 그리고 이러한 명령을 내릴 때 세포는 자신이 속한 신체 조직과 기관의 요구에 다시 영향을 받을 것이다. 이런 식으로 계속하여 유기체 전체의 위계 질서까지 올라갈 것이다. 두 번째, 유전자의 단순성은 자기 구성의 원리(대표적인 예는 헤모글로빈 분자가 자신의 구성요소를 스스로 조립하는 것이다)가 세포의 자동화된 공장에서부터 더 고차원적인 수준의 '유기체'로 연속적으로 적용되어야 할 것을 요구한다. 아울러, 진화적 관점에서 볼 때 인간의 유전자와 영장류의 유전자의 유사성은 분명 우리의 '공동 조상의 유전'을 확인시켜 주고, 더 나아가 이러한 모든 발견(유전자의 총수가 적다는 점, 유전자가 '다중적인 일을 수행하고' 그들이 '조절 유전자'를 공유한다는 점)은 작고 우연한 수많은 돌연변이에 따른 자연선택의 메커니즘을 제안한 다윈의 관에 박히는 못과 같다.

이런 모든 내용을 감안할 때, 어떻게 이중 나선구조 유전자가 한 번이 아니라 두 번 연속 과학적인 이해 가능성이라는 시험을 통과하지 못하는지를 어렴풋이 알 수 있다. C G A T 분자로 된 두 가닥 선 안에 인간과 파리, 그리고 다른 모든 생명체를 아주 쉽게 구분해 주는 다양성, 형태, 특성을 압축해야 한다는 필요성은 뚫을 수 없는 장벽이 되어 우리의 과학적 이해를 가로막는다.

이중 나선구조 유전자는 과학적 이해 가능성이라는 추가 시험을 통과하지 못한다. 왜냐하면 뉴턴의 중력과 같이 유전자는 과학적으로 측정 가능한 객관적인 방법(유전자가 생명에 다양한 형태와 특성을 부여하는 방법)에 대한 증거도 없이 생명에게 질서정연한 '형태'를 부여하기 때문이다. 또한 그것은 더 큰 차원의 시험도 통과하지 못한다. 태양이 1,480만 킬로미터의 빈 우주 공간을 가로질러 지구에 영향을 미치는 것을 상상하는 것과, 단순한 선으로 된 화학적인 유전자가 지구상의 수백만 종의 곤충, 어류, 조류, 포유류들을 생성시키는 것을 상상하는 것은 전혀 다른 차원의 문제이다. 19세기의 퀴비에와 그의 동료 자연 역사가가 추론했듯이, 이 사실은 어떤 비물질적인 형성력formative influence이 틀림없이 존재한다는 점을 인정하지 않을 수 없게 만든다. 이 형성력은 정자와 난자가 수정된 순간부터, 가령 문어, 오징어, 캥거루의 배아에 질서정연한 형태를 부여하고 그것을 일정하게 유지시키고, 그것들이 성체로 성장함에 따라 세포와 조직이 계속적으로 갱신되게 하는 힘이다. 우리가 유기체를 만드는 '생명력'을 직접적으로 알 수 없는 것은 확실하다. 다만, 생명의 놀라운 아름다움과 다양성을 통해서 우리가 알고 있는 생명 현상의 '일차적 실재'와, 게놈 프로젝트를 통해 드러난 것과 같이 설명을 통해 이해한 '이차적 실재' 사이의 건널 수 없는 간격을 메워주는 잃어버린 요소로 형성적인 힘의 실재를 추론할 수 있을 뿐이다.

생명체를 만드는 '생명력'의 근본적인 의미에 대해서는 이후에 다시 다루게 될 것이다. 그러나 생물학 역사상 '전혀 예기치 못했던 발견'에 대한 가장 놀라운 이야기를 마무리하면서 두 가지를 언급하는 것이 적절할 것이다. 첫째, 우리가 더 이상 알지 못한다는 사실을 인정하게 되면 우리의 일상생활에 놀라운 변화가 일어날 것이다. 왜냐하면 최근까지 우리는 우리가 유전의 비밀을 안다고 생각했기 때문이다. 지금까지 아네모네는 그것의 유전자가 그렇게 만들었기 때문에 지금의 형태를 갖고 있다고 여겼지만, 눈을 뚫고 올라오는 10여 송이의 아네모네를 보면, 유전자가 어떻게 눈길을 끄는 흰색과 녹색을 띠고 아름답게 고개 숙인 봉오리를 만들었는지를 과학이 설명할 수 없다는 점을 인정할 수밖에 없다. 아네모네를 비롯한 자연의 아름다운 장관을 이루는 모든 것들이 '어떻게 이런 것들이 존재할 수 있는가?' 라는 깊은 신비감을 불러일으키는 것처럼 문득 보이기 시작한다.

또한 우리는 인간 게놈 프로젝트('인류가 시도한 가장 중요하고 의미 있는 프로젝트')가 (과학적인 기술의 발달과 예기치 못한 발견에도 불구하고) 우리에게 '인간성' 과 관련된 실제적인 관심에 대해 아무것도 말해주지 못한다는 것을 알게 되었다. 게놈 프로젝트는 예를 들어, 요트를 타는 24세의 독신 여성인 엘렌 맥아더의 기술과 용기에 대해 아무것도 말해주지 않는다. 그녀는 '놀라운 게놈 지도' 가 발표된 2001년에 혼자서 지구를 한 바퀴 도는 항해를 마쳤다. 그녀의 유전체(게놈)를 위에서 밑까지 샅샅이 찾아보아도 태평양의 무서운 파도와 맞서면서 항해하고, 돛과 장비를 수리하기 위해 돛대 꼭대기에 기어오르는 그녀의 용기와 결단력에 대해 어떤 암시도 주지 않는다.

우리는 이제 세 번째 질서의 힘인 인간의 정신(세계에 대한 체계적인 이해를 우리에게 제공한다)을 다룰 것이다. 우리는 이것이 앞의 것과 비슷하게 과학적 이해 가능성이라는 시험을 통과하지 못할 것이라고 예상할 수 있지만, 인간의 정신은 이보다 훨씬 더 광범위한 의미를 갖고 있다. 지난 150년 동안, 일반적인 관점은 인간의 정신이 두뇌의 전기자극의 결과에 '지나지' 않는다는 것이었다. 우리는 이것이 사실이 아님을 발견할 것이다.

제7장

인간의 몰락: 2막으로 된 비극

정신 능력의 측면에서 인간과 고등 동물 간의 근본적인 차이는 없다. 우리가 이러한 결론을 의
심하게 만드는 것은 단지 우리 선조들의 천성적인 편견과 오만 때문이다.

— 찰스 다윈, 『인간의 유래』(1871)

우리가 한 부분을 차지하고 있는 우주의 가장 기이한 점은 '아무것도 없는
것이 아니라 무엇인가가 존재' 하게 되었다는 점이다. 두 번째 기이한 점은
인간이 우주가 존재하는 것과 그것이 존재하는 것이 놀라운 사건이라는 점
을 알고 있는 (우리가 말할 수 있다는 측면에서) 유일한 존재라는 점이다. 18세기
프랑스 철학자 드니 디드로Denis Diderot가 말했다. "인간 존재가 없다면, 감
동적이고 장대한 장관인 자연은 슬픈 벙어리일 것이다. 만물은 광대한 황
야이며, 어두운 곳에서 일어나는 현상은 주목받지 못했을 것이다."

  우주의 존재를 인식하는 독특한 인간의 능력은 세 가지 별개의 사건 속
에서 예견되었다. 각 사건은 '아무것도 없는 것이 아니라 무엇인가가 존재

한다'는 사실만큼이나 놀라운 것이다. 첫 번째 사건은 앞 장에서 다루었듯이, 35억 년 전에 '생명'이 출현한 것이다. 가장 단순한 단세포 유기체도 놀라울 정도로 복잡한 화학 공장이며, 한 세대에서 다음 세대로 화학 반응에 필요한 지시 내용을 전달하는 유전 정보가 담긴 백과사전이다. 두 번째 사건은 6억 년 전의 삼엽충과 같은 초기 해양 생물의 출현이다. 이들은 시력이 있었기 때문에 외부 세계를 인식할 수 있었다. 볼 수 있는 눈과 눈에 맺히는 이미지를 해석할 능력을 가진 두뇌가 동시에 '급격하게 발달'한 덕분이다.

두뇌는 시간이 흐르면서 엄청나게 더 정교하고 복잡해졌지만, 마지막 세 번째 사건, 즉 사고 작용을 가능하게 해주고, 사상에 대해 생각하고, 사상의 의미를 토론하면서 화톳불 주위에 앉아 있는 다른 사람의 머리에 그것을 주입할 수 있게 해주는 언어 능력을 가진 인간이 출현하고 난 후에야 비로소 우주는 '인식'되었다. 현생 인류의 출현은 최초 조상들의 놀라운 예술과 기술이 웅변적으로 증명하듯이, 이전에는 결코 존재한 적이 없는 근본적으로 전혀 새로운 것(사상, 가치, 의미에 대한 지식)을 우주에 등장시켰다. 그것이 전부가 아니다. 자기 반성적인 인간 두뇌는 두뇌를 가진 개인의 관점으로 세계를 이해하기 때문에 그 결과, 필연적으로 두뇌는 사상을 소유한 우리 자신이 누구인가 하는 내적 인간에 대한 의식을 갖게 된다. 더 나아가, 반성적인 자아는 자유롭게 특정 사상이나 해석을 선호하고 자신이 갖는 즉각적인 인상보다는 '더 높은 왕국'의 통치(화톳불 주변이든 대학 세미나실이든 간에 모든 강의의 토대가 되는 '진리'의 개념)를 인정하게 된다. 여기서 다른 사람에 동의하는 것은 그 사람의 주장이 진리라는 것을 인정하는 것이고, 동의하지 않는 것은 그것을 거부하는 것이다.

더 많은 내용들이 있지만 핵심은 아주 명확하다. 더 큰 두뇌를 가진 현생 인류의 특권은 우주를 '안다'는 것만으로는 충분하지 않다. 인간은 자신을 '자율적인 자아이며, 자유롭게 선택할 수 있는 존재'라는 인식을 소유해야 한다. 아니면 18세기 철학자 애덤 스미스Adam Smith가 표현했듯이, 자기 자신과 자신의 생각에 대해 '공정하게 지식에 근거하여 숙고하는 존재'라는 인식을 가져야 한다.

> 내가 나 자신의 행위를 연구하려고 할 때… 나 자신을 마치 두 사람인 것처럼 나눈다… 연구자이면서 심판자인 나는 자신의 행위가 조사되고 판단을 받는 다른 나와는 다른 특성을 나타낸다. 첫 번째의 나는 숙고하는 사람이고… 두 번째의 나는 내가 나 자신이라고 부르는 사람이며, 그 행위에 대해 나는 어떤 해석을 내리려고 노력한다.

자율적 자아라는 의식은 비물질적인 정신이라는 특성을 훨씬 뛰어넘으며, 독특한 인격을 갖는다. 이 인격의 신념과 태도는 시간에 따라 변하지만 인격은 확고하게 동일성을 유지한다.

> 케임브리지 퀸 대학의 물리학자이며 학장인 존 폴킹혼은 이렇게 쓴다. "내가 지금 보고 있는 빛바랜 사진 속의 헝클어진 검은 머리카락의 꼬마 소년이 바로 나였는데, 지금은 머리가 벗겨진 중년의 대학 교수이다. 수학은 썩 잘했지만 읽기를 힘들어했던 그 소년이 과거의 나였지만 이제는 과학에 관해 글을 쓰는 과학자이다. 외적으로 볼 때, 이 사진은 그 소년과 현재의 퀸 대학 교수를 연결하는 역사에 의해 증명된 것처럼 보인다. 내적으로는 어린 시절 학교 공부의 성공과 문제점을 회상하는 나의 현재 기억으로 입증된다."

자아, 즉 '내적 인간'은 외부 세계를 바라보는 두 눈 위쪽에 존재하며, 몇 가지 특성 또는 부분들(주관적' 그리고 '개인적'이라는 측면에서 자아의 소유자만이 그것을 독점하고, 자아가 소유자를 규정한다)로 이루어져 있는 것처럼 보인다. 그 부분 중 첫 번째는 '외부' 세계에 대한 독특하고 주관적인 경험이다. 이것은 바람에 나부끼는 나뭇잎의 형용할 수 없는 신록의 특성과 새 소리를 통일된 전체, 즉 고독한 자아 속으로 통합시킨다. 다음으로, 자아는 자율적인 주체로서 자유롭게 선택하고, 스스로 주도적으로 세계에 대해 대응하여 의사결정을 내리고, 자신이 원하는 특정한 방향으로 움직인다. 자아의 세 번째 구성요소는 기억이라는 풍요롭고 자서전적인 내적 환경이다. 기억은 사람, 장소, 사건에 대한 풍부하게 축적된 주관적인 경험으로 어린 시절의 것까지 포함된다. 네 번째 요소는 정신의 '더 높은' 특성, 즉 이성과 상상력의 힘이다. 언어의 힘을 통해 개인적인 경험 영역을 초월하여 다른 사람의 정신에 전달되고, 우리가 사는 세계를 이해한다. 이러한 몇 가지 특성은 밀접하게 상호 연관되어 있다. 따라서 창밖 나무에 대한 나의 주관적인 인상은 나의 기억, 나무에 대한 일반적인 감정 등에 영향을 받는다. 자아가 실체를 갖지 않고, 무게를 재거나 측정할 수 없다는 점에서 분명히 비물질적임에도 불구하고, '자아'는 이러한 상호 의존적인 비물질적 특성으로 나누어지며, 이것들은 함께 결합되어 파괴할 수 없는 견고한 '내적 핵심'(이것이 각 개인이다)을 이룬다.

분명히, 자아는 자아를 발생시키는 인간의 두뇌에 기반하고 있다. 하지만 자아는 두뇌 신경회로의 끊임없이 변하는 전기자극으로 설명할 수 없는, 자체적으로 통일성과 영속성을 갖춘 '실재'이다. 영적인 인간 정신의 이중적인 특성(겉으로 보기에는 물리적 두뇌에서 생겨나는 것처럼 보인다)이라는 이 수수께끼는 몇 가지 방식으로 설명된다. 인간은 탁자나 의자와 같이, 해부학이 두뇌를 객관적으로 설명할 수 있다는 점에서 '객관적인 사물'인 동시에 세계에 대한 두뇌의 이해가 그 자체의 독특하고 개인적이고 주관적인 경험에서 파생된다는 점에서 '주관적인 주체'이다. 인간성은 '외부적으로는' 외적이고 가시적인 물리적 생명체이고, '내부적으로는' 내적이며 비가시적인 정신적 생명체이다.

인간은 자연의 일부이며 자연 속에 있고, 인간의 물질적 측면은 과학적인 탐구가 가능한 자연과 자연 법칙의 지배를 받는다. 인간의 정신은 그러한 물질성을 초월하며, 따라서 과학이 접근할 수 없다. 플라톤 이래로, 영속적이며 비물질적인 실체인 '자아'는 영혼이란 개념을 중심으로 표현된 몇 가지 요소로 이루어지며, 기독교 전통 안에서 인간을 다른 존재와 구별하고 그의 창조주와 특별한 관계를 맺는 특별함의 표지로 인식되었다. 그러나 영혼은 사후에 몸과 분리되는 정신적 존재라는 신학적인 '사상' 그 이상의 의미를 갖는다. 2,000년 동안, 영혼은 물질적 신체 그 자체만큼이나 영속적이고 실재적인 존재이며, 영적 존재인 인간에게 독특한 인간성(이를 통해서 다른 사람이 그 사람을 독특한 개성을 가진 사람으로 이해한다)을 부여하는 원리로 인식되었다.

19세기 중반의 과학 발달은 내적인 일차적 자아 혹은 영혼의 실재를 위한 공간을 전혀 남겨 놓지 않았다. 그 결과 영혼의 비물질성이 배척되었고, 또한 그것은 지식에 대한 유물론적 입장과 마찰을 빚었다. 과학의 발달은 인간을 진화론의 틀 속에 포함시킴으로써 인간을 높은 좌대에서 끌어내리고, 인간의 탁월성을 거부할 것을 요구하였다. 그 틀 속에서 인간의 정신은 인간 두뇌의 신경회로에서 일어나는 전기자극의 결과에 '지나지' 않는다.

인간이 자신의 좌대에서 쓰러지게 된 비극의 제1막은 1871년에 출판된 다윈의 『인간의 유래』에서 시작된다. 이 책은 인간을 진화론에 완전히 포함시킴으로써 진화론이란 건물을 '화려하게 장식'했다. '인간의 유래The Descent of Man' 라는 책 이름은, 혼동의 여지가 있긴 하지만(descent에는 전락, 하강이라는 뜻도 포함되어 있다_옮긴이) 인간이 영장류와 같은 공통 조상에서 '변화를 거쳐 내려온 존재' 라는 것을 의미할 뿐, 만물의 위대한 질서에서 탁월한 지위를 차지하는 위치에서 떨어진다는 의미의 '몰락' 은 아니다. 하지만 전자의 뜻이 후자의 결과를 초래하는 것은 분명하다. 비극의 제2막은 1960년대에 시작된다. 『인간의 유래』에 제시된 다윈의 주장에 대해 열심히 연구하던 진화 생물학자들이 인간의 모든 독특한 특성(이성과 진리 탐구의 능력, 도덕 의식, 옳고 그름에 대한 구별, 사랑, 우정, 무관심, 적대감을 일으키는 감정, 인간 관계, 연대와 동정과 같은 미덕)이 그 자체로는 고유한 가치가 없으며, '적자생존' 을 위해 자연이 '선택' 한 유전적 특성일 뿐이라고 주장했다.

제1막: 인간의 유래

인간의 진화론적 기원에 관한 가장 설득력 있는 주장은 항상 인간과 영장류 사이의 명백한 물리적 유사성이었다. (또는 다윈이 표현한 대로 '일반적인 신체 구조의 일치' 였다.) 이러한 유사점은 토머스 헉슬리가 제시한 손등 짚고 걷는 원인에서 직립 보행하는 호모 사피엔스에 이르는 인류의 진화적 발달에 관한 유명한 그림에서 가장 잘 드러났다. 하지만 인간은 확고하게 자신의 높은 좌대 위에 남았고, 만약 영혼이라는 개념으로 표현된 정신적, 도덕적 특징이 영장류와 인간이 공유하는 부분임을 증명하지 못한다면 진화론의 원리는 완벽한 것이 아니었다. 『인간의 유래』에서 밝힌 다윈의 핵심주장은 이렇다. '정신 능력 면에서 인간과 고등 동물 사이에 근본적인 차이점은 존재하지 않기' 때문에 이들 사이의 현저한 차이점은 분명히 '정도의 차이' 일 뿐 '전혀 다른 종류의 차이가 아니다. 이러한 결론을 의심하게 만드는 것은 단지 우리 선조들의 천성적인 편견과 오만 때문이다.'

다윈의 주장이 정말 사실일지도 모른다. 그러나 그의 주장을 두 단계로 구분하여 면밀하게 살펴볼 필요가 있다. 그는 먼저 동물의 정신과 인간의 정신 사이의 연속성을 양자가 공유하는 많은 유사성을 살펴봄으로써 입증한다. 그는 인간의 더 발달된 특성, 특히 이성과 도덕적 감수성이 생존 확률을 극대화하기 위해 진화해 온 두뇌의 정신적 특성이라고 설명한다. 그것은 '야만 상태' 인간에서 '문명화된' 인간으로 인류가 진화해 온 것을 통해 입증된다.

다윈은 인간과 동물이 많은 공통점을 갖고 있다고 주장한다. 인간과 동물은 모두 '즐거움과 고통', '행복과 불행' 을 느낀다. 동물은 동일한 감정(공포, 의심, 용기, 소심함)을 느낀다. 동물들은 독특한 성격적 특성을 갖고 있다('어떤 개는 성질이 온순하고, 다른 개들은 쉽게 거칠어진다'). 동물들은 사랑할 뿐만 아니라 사랑받고자 하는 욕구도 있다. 동물들은 질투하고 부끄러움을 느낀다. 동물들은 경이감을 느끼고 호기심을 나타내고 사람과 장소를 아주 잘 기억한다. 심지어 상상력도 있다. 동물들이 잠잘 때 움직이는 것을 보면 그들이 생생한 꿈을 꾸고 있다는 것을 암시해 주기 때문이다.

다윈은 인간의 자기 반성 능력과 언어 능력이 설명하기 훨씬 더 까다로운 문제라는 것은 인정하지만, 극복하지 못할 문제는 아니라고 주장했다.

만약 자의식이라는 것이 자기가 어디에서 와서 어디로 가는지, 삶과 죽음이 무엇인가에 대해서 숙고하는 것이라고 정의한다면, 어떤 동물도 자의식을 갖고 있지 못하다는 점은 쉽게 인정할 수 있다… 그러나 훌륭한 기억력과 상상력을 가진 늙은 개가 과거의 사냥에서 느꼈던 즐거움이나 고통을 회고하지 못한다고 우리는 얼마나 단정할 수 있는가? 이것이 자의식의 한 형태일 것이다.

앞 장에서 언급했다시피, 언뜻 보기에 도저히 극복하지 못할 것 같은 언어장벽도 비슷한 방식으로 해결된다. "나는 언어가 다양한 자연의 소리… 그리고 인간 자신의 본능적인 소리와 신호, 제스처를 모방하고 변형하는 데서 기원했다고 확신한다." 우리는 파라과이 원숭이가 '흥분했을 때, 최소한 여섯 가지의 다른 소리를 내어 다른 원숭이에게 비슷한 감정을 유발시킨다'는 것을 안다. 그리고 애완용 아프리카 앵무새가 같이 사는 사람의 이름뿐만 아니라 방문객의 이름도 지속적으로 부른다는 것을 알고 있다. 앵무새는 아침식사 시간에 모든 사람에게 "굿모닝"이라고 말하고, 사람들이 밤에 각자의 방으로 갈 때 "굿나잇"이라고 말하며 이 인사를 절대로 바꾸어 말하지 않는다.

　다윈은 개, 원숭이, 앵무새의 지능에 관한 이야기를 통해 여러 가지 놀라운 정신적 특성들을 보여준다. 그러나 그것들은 엄밀히 말해 과학적인 설명이라고 할 수 없다. 그와 반대로, 그의 주장은 완전히 순환론적 주장으로서, 그는 인간의 감정과 경이감, 호기심, 사랑, 질투와 같은 정서를 동물의 행태에 대입하여 읽어내서 동물들이 인간과 연속성을 갖고 있다고 추론한다. 개의 '사랑'이나 '호기심'이 인간의 것과 동일한지를 알아내는 것이 불가능하다는 점에서 동물과 인간의 연속성 주장은 근거가 없는 것처럼 보인다. 다윈이 개의 확실한 애정이 자신이 아내와 자녀들에 대해 갖는 애정과 질적으로 유사하다고 믿었다고 상상하기는 분명 힘들다. 또한 다윈은 시골을 산책할 때 냄새를 쫓아가는 개의 호기심과, 고대 이집트에서 천체의 행성 이동을 더 잘 관측하기 위해 천문대를 건축한 천문학자들의 호기심이 '다른 종류가 아니라' 유사한 것이며 다만 '정도의 차이'가 있는 것이라고 믿지는 않았을 것이다.

인간 정신의 '더 탁월한' 기능들, 즉 이성 능력과 도덕적 감수성은 다른 방식으로 접근해야 한다. 인간의 도덕 의식 또는 인간의 '양심'을 진화론적 틀 속에 통합시키려는 요구는 아주 절박했다. 왜냐하면 수많은 양심의 증거는 그것과 거의 반대되는 논리인 '적자생존'의 진화 원리와 명백하게 모순되었기 때문이다. 이것은 환자를 돌보고, 가난한 사람의 행복에 관심을 갖고, 자선을 베풀고, 타인의 권리를 존중하고, 용기와 자기 희생을 감행하는 데서 가장 잘 드러난다. 게다가 철학자 임마누엘 칸트Immanuel Kant와 같은 많은 사람들에게 있어, 인간의 도덕 의식은 진리와 거짓, 옳음과 그름을 구별하는 인간의 능력과 함께 신성한 우주의 표지였다. "두 가지가 내 마음을 경이감과 경외심으로 가득 채운다. 그것은 내 머리 위에서 빛나는 별과 내 안에 있는 도덕률이다."

『인간의 유래』 제4장 서두에서 다윈은 도덕적 의무감을 설명하기 힘들다는 것을 인정한다. 왜냐하면 그것은 사람들로 하여금 자신의 이익에 반대되는 행동을 하게 하고, '적자생존의' 투쟁에서 자신의 기회를 양보할 것을 매우 자주 요구하기 때문이다.

가장 충실한 사람들의 자손이 이기적이고 불충실한 부모의 자녀보다 더 많은 수의 자녀를 둘 것인지는 극히 의심스럽다. 동료를 배반하기보다는 자신의 생명을 희생할 준비가 된 사람은 종종 자신의 고귀한 본성을 물려줄 자손을 남기지 못할 것이다. 전쟁에서 항상 최전방에 나서고, 타인을 위해 아무런 대가 없이 생명을 거는 가장 용감한 사람들이 그렇지 않은 사람들보다는 일반적으로 더 많이 죽을 것이다.

다윈은 도덕 의식이 인간의 사회성과 자신이 속한 집단의 선을 위한 규칙을 준수하려는 의무감의 결과라고 주장함으로써 이 문제를 해결한다. 자연 선택은 더 탁월한 도덕성을 획득한 구성원들로 이루어진 사회를 '선택'함으로써 다음 세대로 그것을 물려준다. 시간이 흐르면서, 사회는 원시적인 사회에서 문명화한 종족들에게서 볼 수 있는 높은 수준의 사회로 점진적으로 진보한다.

다윈은 '야만족'의 문화(비도덕적이고 방탕한)와 '문명화한 종족'의 문화를 대조함으로써 진화론적 도덕 발달 개념을 설명한다.

대부분의 야만족들은 이방인의 고통에 거의 무관심하거나 그들의 고통을 보고 기뻐한다. 어떤 야만족은 동물을 학대하면서 끔찍한 즐거움을 느낀다. 북아메리카 인디언의 여자와 아이들은 그들의 적을 고문하는 것을 도왔다. 그들은 인간성이란 덕목을 알지 못한다… 가장 난폭한 행위에 대해 어떤 제재도 가해지지 않으며, 방탕과 잔혹한 범죄가 놀랄 정도로 만연하다.

이와 유사하게, 야만족의 미적인 의식(무시무시한 장식과 끔찍한 음악으로 판단해 볼 때)은 문명화한 종족의 그것보다 상당히 열등하지만, '한편으로 문명화된

종족들은 밤하늘이나 아름다운 경치에 감탄할 줄 모른다.'

이런 논쟁적인 주장은 요즘 사람들이 생각하는 것보다 다윈에게 더 자명한 것처럼 보였을 것이다. 그의 관점은 더 미개한 종족에 대한 문명 사회의 승리를 인정하는 지배 이데올로기뿐만 아니라 비글 호를 타고 직접 자신이 체험한 경험에 기초하여 형성되었기 때문이다.

> 내가 거칠고 울퉁불퉁한 해안에서 푸에고 사람들(남미 대륙 끝자락의 티에라 델 푸에고의 거주민)을 처음 보았을 때 느꼈던 놀라움은 결코 잊지 못할 것이다. 순간적으로 내 머릿속에 이런 생각이 들었다. 이들이 우리의 조상이다. 그 사람들은 완전히 벌거벗었고, 염료로 몸을 칠했으며, 긴 머리카락은 헝클어지고, 흥분 때문에 입은 거품으로 가득 차 있었고, 표정은 거칠고, 불신에 차서 놀란 모습이었다. 그들에게는 예술 행위가 거의 없었고, 그들이 잡아먹고 사는 야생 동물과 비슷했다. 그들은 통치 조직도 없고 자신의 작은 부족이 아닌 모든 사람들에게 무자비했다.

다윈은 다른 종족의 뇌 크기에 대한 해부학적인 비교를 언급함으로써 푸에고 사람들의 '야만 상태'에서 진보한 인간의 발달에 대한 해석에 과학적인 설명을 덧붙였다. 바나드 데이비스Barnard Davis 박사는 이렇게 말한다. "인간 두뇌의 크기와 지적 능력의 발달 사이에 밀접한 관계가 존재한다. 많은 면밀한 측정을 통해서 유럽인의 두개골 평균 용량이 1,840씨씨, 미국인은 1,750씨씨, 아시아인이 1,740씨씨, 호주인이 1,630씨씨로 밝혀졌다."

다윈은 자연선택이 야만인들의 두뇌 용량을 점진적으로 확대했으며, 그에 따라 도덕적 감수성도 점진적으로 증가했고, 이는 자연선택이 눈이나 비행하는 새처럼 경이로운 생물의 완전성을 만든 것과 정확하게 동일하다고 주장했다.

높은 도덕성이 개인에게는 약간의 유익을 주거나 전혀 유익을 주지 않는 반면, 도덕 수준의 진보는 분명히 한 종족이 다른 종족을 이기는 데 엄청난 장점을 제공할 것이다. 높은 수준의 애국심, 충성심, 복종심, 용기, 동정심을 갖고 있고, 항상 다른 사람을 도와주고, 공동 선을 위해 자신을 희생할 준비가 된 구성원들로 이루어진 종족은 대부분의 다른 종족들을 이길 것이다. 따라서 이것은 자연선택이다.

어떤 기준에서 볼 때, 『인간의 유래』는 '충격을 주는 책'이다. 철학자 존 그린John Greene은 '다윈은 인간에 대한 적절한 개념을 갖고 있지 않았을 뿐만 아니라' 자신이 경멸한 '야만족' 사회에 대해 어떤 동정적인 이해도 없었다고 말한다. 현대 인류학의 창시자 프란츠 보아스Franz Boas는 '야만족'인 에스키모 족과 함께 한 자신의 경험에 대한 이야기에서 다윈이 갖고 있는 이러한 오해를 바로잡으려고 노력했다.

에스키모인들과 오랫동안 친밀한 교류를 한 후, 나는 북극 친구들과 헤어질 때 슬픔과 아쉬움을 느꼈다. 나는 그들도 우리처럼 인생의 고락을 즐기는 것을 보았다. 자연은 또한 그들에게도 아름답다… 문명화된 삶에 비교했을 때 그들의 삶의 특성은 상당히 조야하지만 에스키모인들은 우리와 같은 인간이다. 그들의 감정, 미덕, 결점은 우리와 똑같이 인간 본성에 기인한 것이다.

많은 사람들은 『인간의 유래』에서 제기된 과학적 주장의 타당성이 이 책의 핵심적인 사상인 인간의 진화가 갖는 설득력보다 덜 중요하다고 생각한다.

인간이 진보하기 위해서는 강한 것이 (반드시) 번영하고 약한 것이 몰락하며, 야만족들이 문명인들에게 굴복해야 한다는 주장은 다소 냉혹한 말이기는 하지만 그것이 영국의 빅토리아 중기 시대 사람들이 가진 세계관이었다.

과학 역사가 찰스 레이븐Charles Raven은 말했다. "삶은 투쟁이었다. 모든 사업가들은 그 사실을 알고 있었다. 만약 어떤 사업가가 정직하다면, 성공과 파산의 기로에서 이윤을 확보하기 위해서는 무자비함이 불가피하다는 것을 인정했을 것이다. 자연의 붉은 이빨과 턱은 불쾌한 사실이었으며, 그것에 대해 불평해 보았자 아무런 소용이 없었다. 감상주의는 정말 좋은 것이었지만 위대한 국민은 신경질을 부릴 여유가 없었다… 그래서 논쟁이 계속되었다."

그러나 이러한 치열한 논쟁에도 불구하고, 『인간의 유래』는 『종의 기원』보다 훨씬 더 직접적인 영향력을 발휘했다. 이 책은 지난 70년 동안 수많은 사회적, 정치적 강령에 유사 과학적quasi-scientific 합리성을 제공하여 자유방임주의 경제학의 무관심, 강제 피임, '불완전한 것'의 제거, 인종적, 식민지적 우월성의 원리를 인정했다. 왜 그랬는가?

『종의 기원』과 『인간의 유래』는 각기 다른 방식으로 과학을 신학에서 해방시키려고 했다. 그러나 다윈은 『종의 기원』에서 그가 도전했던 인간에 대한 신학적 해석, 즉 '특별한 창조'라는 성서 개념을 비교적 직접적인 방식으로 거부한 반면, 『인간의 유래』에서는 그렇게 쉽게 무시해 버릴 수 없는 두 가지 심오한 진리를 언급했다. 첫째는 비물질적 인간 영혼의 개념이었다. 이 영혼 개념은 방금 전 요약했듯이, 천국과 지옥, 최후의 승리와 죽은 자들의 부활과 같이 얼핏 보기에 거의 개연성이 없는 개념들과 연결되었고, 이 파생 개념들은 기독교 신앙을 고백하는 가장 열렬한 신앙인들의 신앙조차도 시험하는 개념들이었다. 인간에 대한 유물론적 이론에는 영혼 개념을 인정할 여지가 분명히 존재할 수 없었기 때문에 그것을 거부할 수밖에 없었다. 하지만 영혼(또는 이와 비슷한 개념)은 인간 경험의 '내적'인 측면에 관한 진리와, 시간이 흐름에 따라 지울 수 없는 영적 존재로서의 '자아'의식을 포착하기 위해서 반드시 필요한 개념이다.

기독교 교리에서 두 번째로 숨겨진 '진리'는 하느님에 의해 주어진 절대적인 도덕법이라는 개념으로, 모세가 하느님이 두 개의 돌판에 직접 새겼다고 알려진 십계명을 들고 산에서 내려온 이야기에서 가장 명백하게 드러난다. 그러나 도덕성은 십계명이 전부가 아니고, 철학적 관점은 '내적인 도덕법', 즉 선과 악의 구별, 의무와 책임의 인정이 절대적인 성격을 갖고 있으며(의무는 그것이 의무가 아닐 때에만 면제될 수 있다) 인간은 자신의 이성적인 판단을 도덕적인 딜레마에 적용하여 올바른 행동방식을 찾아야 한다고 본다. 이와 같이, 인간을 옳고 그름을 구별할 수 있는 '자유로운 도덕적 존재'로 해석하는 것은 분명, 인간을 다른 영장류와 구별시키는 것이며, 유물론적 시각으로는 이것을 인정할 수 없다. 앞서 언급했듯이, 다윈은 도덕 의식이란 사회적 존재가 서로 조화롭게 살기 위해서 유전된 특질에 '지나지' 않으며, 시간이 흐름에 따라 야만인의 무법성이 진보하여 빅토리아 시대의 점잖은 과학자의 높은 도덕 수준으로 바뀌었다고 주장한다.

'영혼'과 '내적인 도덕법'이라는 두 가지 전통적인 신념을 논쟁적인 견해에 따라 자연선택 원리에 내재된 것으로 맹목적으로 치부하고, 강한 것이 약한 것을 이기는 것을 옹호하고, 강한 것의 지배권을 주장하는 것은 위험한 것처럼 보인다. 게다가, 진화론은 인간의 고통을 싸워야 할 악이 아니라 명백한 선으로 묘사한다. 왜냐하면, 다윈이 『종의 기원』에서 표현했듯이, '민족 간의 전쟁, 기아, 죽음'은 진화 과정의 요소이기 때문이다. 뮌헨대학의 막스 그뢰버Max Gruber는 1909년 다윈 탄생 100주년 기념식 연설에서 이 점을 아주 명백하게 표현했다.

> 끝없는 투쟁은 무익하지 않다. 그것은 지속적으로 세대 중에서 기형적인 것, 약한 것, 열등한 것을 제거하고, 그 결과 적합한 것들이 미래를 차지하게 한다. 부정적인 돌연변이의 냉혹한 근절을 통해서만 강한 종들과 그들의 자손을 위한 삶의 터전이 제공되며, 그렇게 하여 생물 종들이 강하게 되고, 생존 능력을 유지한다.

약한 것들에 대해 동정심을 보이지 않으며, 자연의 비인격적 법칙을 '가장 탁월한 선'으로 높이는 이러한 완고한 진보적 과학 이데올로기는 가장 중대한 결과를 낳았다.

다윈의 진화론이 가장 약한 수준으로 인간 사회에 적용된 결과, 영국 빅토리아 시대의 자유방임 자본주의 경제의 가치가 지지를 받았고, 반면 '무능력자의 가난, 무분별한 사람들의 고통, 태만한 사람들의 굶주림'을 완화하기 위한 사회 개혁가들의 선의의 노력을 약화시켰다. 그럼에도 불구하고 다윈이 지적했듯이, 병들고 장래 준비를 하지 못한 사람들을 돌보는 '문명사회'의 정책이 그 사회를 탁월하게 발전시킬 자연선택 과정을 손상시킨다는 불가피한 문제는 여전히 남았다.

야만족의 경우, 몸과 정신이 약한 사람들은 곧 제거된다. 일반적으로 살아남는 사람들은 왕성한 건강 상태를 가진 사람들이다. 우리 문명인들은 한편으로는, 그러한 제거 과정을 막기 위해 최선을 다한다. 가령, 지능이 낮은 자, 불구자, 병자를 위해 보호소를 만들고, 가난한 자를 위한 법을 제정하고, 의사들은 사람들의 생명을 마지막까지 구하기 위해 모든 의료 기술을 발휘한다… 문명 사회의 약자들은 자신의 후손을 늘린다. 가축 출산 과정에 참여해본 사람이라면 이런 행위가 인간 종족에 아주 큰 해가 된다는 것을 분명히 확신할 것이다.

그럼에도 불구하고, 다윈은 이러한 '매우 해로운' 결과를 예방할 수 있는 방법에 대해서는 의구심을 나타냈다. 무엇보다도, 무능력자에게 동정심을 느끼는 것은 '인간 본성의 가장 고귀한 부분'이었다. 따라서 '우리는 약자가 생존하여 자손을 확산함으로써 발생하는 분명한 나쁜 결과를 참아내야만 하며' 그들이 그렇게 하지 않기를 단지 바랄 뿐이다. 그러나 다윈의 사촌 프랜시스 갈톤Francis Galton을 비롯하여 더 완고한 관점을 가진 사람들도 있었다. 그들은 지구상에서 가장 강력한 국가로서의 영국의 위치가 영국 국민들의 '열등한 특성'에 의해 위협받고 있으며, 이것은 문명 사회의 고유한 경향, 즉 '능력이 더 많은 계층의 자손이 줄고…[반면] 가난하고 희망이 없는 사람들이 자손을 계속 보존'하기 때문이라고 생각했다. 따라서 '위대한 민족이 점차 열등하게 되고, 세대가 지나면서 고도의 문명 사회에 부적합하게 된다.' 이것은 '자연선택 법칙의 엄격성이 감소'됨에 따라 지불해야 할 대가였다. '문명 사회는 더 야만적인 환경에서는 사멸했을 약한 생명체를 보존한다.' 갈톤이 주장한 바에 따르면, 이러한 딜레마에서 벗어나는 유일한 방법은 품종 개량의 과학적 원리를 인류의 개량에 적용하는 것이었다.

말과 소의 품종 개량에 투자하는 비용과 수고의 20분의 1을 인류의 개량에 투자한다면, 우리가 만들지 못한 셀 수 없는 수많은 천재들이 태어났을 것이다! 소인증과 정신박약 증세를 보이는 크레틴 환자들을 짝지어줌으로써 바보들을 낳을 수 있는 것만큼이나 분명하게 우리는 문명의 예언자와 대제사장을 세상에 태어나게 했을 것이다.

이에 따라, 갈톤은 '우생학'을 창시하여 '미래 세대의 인종적 특성을 개선하거나 고칠 수 있는 방법에 대한 연구'에 헌신했다. 영국에서 이 새로운 학문은 폭넓은 지지를 얻었지만 '대부분 전문 직업을 가진 중산층 출신의 엘리트들이 더 많은 자손을 갖게 한다'는 계획 이상으로 진전시키지는 못했다. 아울러 이 새로운 학문은 '심한 광기를 보이거나 심약한 마음을 가진 사람, 습관성 범죄자, 극빈자들의 자유로운 출산을 엄격히 방지할 의무'를 주창했다.

하지만 영국 외 다른 지역에서는 다른 문제가 있었다. 미국, 캐나다, 스웨덴, 독일은 남성의 정관수술과 여성의 불임수술을 통해 신체적, 정신적 불구자들의 의무적 피임을 찬성하는 법을 제정했다.

미국 버지니아 주의 불임시술 기관들이 '부적합한' 산골 가족들을 급습했다. 이들 가족들에게 생필품을 공급하던 작은 사탕가게 주인인 하워드 해일은 "복지 혜택을 받고 있는 사람들은 모두 불임시술을 받아야 한다는 것을 두려워해서… 산으로 모두 숨어버리자… 보안관이 산으로 올라가서 두 대의 차에 그들을 실어 병원으로 데려가서 불임시술을 했다"고 회상한다.

독일에서 다윈의 가장 열렬한 지지자였던 제나 대학 동물학 교수 에른스트 헤켈Ernst Haeckel은 우생 정책을 더 강력하게 시행할 것을 촉구했다. 이로 인한 비극적인 결과는 아주 잘 알려져 있다.

> 헤켈은 웅변적으로 질문했다. "인간은 매년 태어나는 수천 명의 신체 장애인, 농아인, 말 못 하는 사람, 크레틴 환자, 영구적인 유전적 결함을 가진 사람에게서 어떤 이익을 얻는가? 이런 암울한 사람들 자신은 또 얼마나 어마어마한 고난과 고통을 당하는가, 그리고 그들의 가족에게 얼마나 말할 수 없는 걱정과 슬픔을 끼치는가, 건강한 사람보다 개인의 자원과 비용이 얼마나 더 많이 소모되는가."

'소량의 모르핀이나 청산가리만 투여하면 육체적, 정신적 장애아들이 길고 고통스러운 삶에서 자유로워질 수 있다'는 헤켈의 제안은 30년이 지난 후 독일 제국의 공식적인 안락사 정책이 되어 '살 가치가 없다'고 추정되는 7만 명의 사람들이 잔혹하게 체포되었다.

새로운 과학인 우생학과 함께 『인간의 유래』는 과학적 인종주의의 합리적 근거를 제공했다. 다윈은 인종주의를 만들지도 않았고 노예제에 대해 열정적으로 반대했지만 '하등' 원숭이를 '고등' 원숭이와 비교하듯이 '고등'과 '하등'이라는 기준으로 인류를 묘사하는 데 전혀 주저함이 없었다. 그러나 『인간의 유래』는 '야만족'의 이른바 열등성을 주장함으로써 인종주의에 과학적 권위라는 후광을 씌워주었고, 더 나은 삶을 열망하던 그 당시의 진보 정신에 도전했다. 더 나은 생활에 꼭 필요한 두뇌 용량의 증가와 도덕 수준

을 획득하는 데 수천 년 동안의 진화적 진보가 필요하다고 주장하는 마당
에 어떻게 유럽 사람들이 더 나은 삶을 바랄 수 있었겠는가?

『인간의 유래』는 프랜시스 갈튼이 미국 인디언에 대해 묘사한 내용에 전

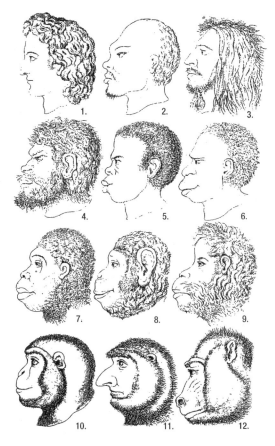

그림 7-1 에른스트 헤켈의 『창조의 자연사』 초판의 권두 그림에 열두 개의 옆 얼굴이 등장한
다. 첫 번째 여섯 개 얼굴은 다양한 인류를 보여주는데, 유럽인의 얼굴에서 시작하여 태즈메이
니아인으로 내려간다. 일곱 번째의 고릴라 얼굴 이후로는 다섯 종류의 영장류 얼굴이 나타난다.
헤켈은 태즈메이니아인과 고릴라의 얼굴 인상 차이보다 유럽인과 태즈메이니아인의 얼굴 인상
차이가 더 크다고 주장했다. 그는 이것이 인간이 영장류로부터, '야만 상태'에서 문명화된 종족
으로 직접적으로 점차 진화하면서 발달했음을 보여주는 증거라고 주장했다.

형적으로 드러나는 일종의 인종적 선입견을 조장했다. 갈톤은 미국 인디언이 우수한 '문명'을 직면하면서 자신들의 운명을 예감했다고 설명했다.

> 인디언들은 천성적으로 차갑고 우울하고 인내심이 강하고 말수가 적다. 인디언 가족들은 애정적인 연대가 아니라 우연히 함께 모인 사람들처럼 오두막에서 같이 산다고 한다. 젊은이들은 그들의 행동을 지켜보는 유럽인들을 공포에 떨게 할 만큼 부모를 무시하고 학대한다. 어머니들은 조금도 주저하지 않고 유아들을 죽이는 것으로 보인다… 미국 인디언의 본성은 인디언 종족을 지속시킬 수 있는 최소한의 애정과 사회성을 갖고 있는 것처럼 보인다.

미국에서 과학적 인종주의는 이민자 할당제에서 남부 유럽인들보다 뛰어난 '북부 유럽인'의 후손을 선호하고, 반면 아프리카와 아시아의 잠재적 이민자들을 '시민으로서 부적합한' 인종으로 간주하여 금지하는 것으로 나타났다. 1924년 이민법에 서명한 캘빈 쿨리지Calvin Coolidge 미국 대통령은 이렇게 선언했다. "미국은 미국적인 것을 보존해야 한다. 생물학적 법칙은 북부 유럽의 백인이 다른 민족과 섞일 때 열등하게 된다는 것을… 보여준다."

『인간의 유래』의 세 번째이자 더 위험한 결과는 독일 군국주의의 발흥과 '역사상 가장 처참한 유혈 전쟁'으로 이어진다. 미국 역사학회의 회장은 1918년에 다음과 같이 말했다. "만약 독일이 적자생존 이론에 광분하지 않았다면, 1914년 8월 독일이 유럽을 잔악하고 어마어마한 대규모 전쟁의 소용돌이에 몰아넣지 않았을 것이라고 확실히 믿는다."

분명히 그 이론은 군국주의적 미덕을 고양시켰고, 다윈 자신은 전쟁 찬성론자가 아니었음에도 불구하고, '인류의 진정한 건강과 더 강한 민족의 건설'을 위해 전쟁이 불가피하다고 느꼈다. 그리고 이것은 독일 군사 지도자들에게 그대로 전달되었다. 스탠퍼드 대학의 곤충학 교수인 버넌 켈로그 Vernon Kellog는 전쟁 초기에 독일 총참모본부에 배속되었다. 그는 저녁식사 테이블에 둘러앉아 들었던 '낙심천만한 논증'을 다음과 같이 기록했다.

> 폭력과 경쟁적인 투쟁에 기초한 자연선택이라는 가장 강력한 신조는 독일 지성인들의 복음이다. 다른 모든 것은 환상이고 저주이다… 투쟁은 자연 법칙이기 때문에 지속되어야만 하며, 아울러 이 자연 법칙은 잔인하고 불가피한 방법으로 인류 구원을 성취하기 위해서 지속되어야 한다.

과학 역사가들은 이와 같은 다윈의 진화론으로 인한 세 가지 불행한 유산을 그럴싸하게 얼버무리거나, 진화론을 남용한 예외적인 경우(마치 강력한 무기가 유감스럽게도 우연히 잘못된 사람의 수중에 들어갔다는 식으로 여긴다)라고 설명함으로써 베일을 덮어 가린다. 그러나 그 불행한 유산은 예외가 아니라 모든 유물론의 피할 수 없는 결과이다.

다윈의 진화론은 객관적이고 과학적인 것이기 때문에 인간을 객관적 대상으로만 볼 수 있으며, 따라서 필연적으로 '영적인 자아를 두뇌의 물리적 구조의 작용으로 축소한다.' 그것은 매우 위험한 일이다. 왜냐하면 인간 경험의 '내부'를 부인하고 인간을 단지 객체로만 보는 것은 인간의 본질을 제거하고 다른 어떤 것, 즉 비인격적인 존재로 바꾸기 때문이다. 이러한 인간의 '대상화'는 철학자 로저 스크루턴Roger Scruton이 지적하듯이, 유물론적,

전체주의적 사회 제도의 일반적인 특징이다.

유물론적, 전체주의적 사회 제도에서 인간의 삶은 사라지고, 자유와 책임의 사상도 역시 그러하다. 자유와 책임이 없는 경우, 도덕적 주체로서의 인간의 모습은 완전히 해체되며 공식적인 인정을 받지 못하고, 통치 과정에서 설 자리가 없다. 그러한 사회 제도에서 사람을 파괴하는 것은 너무나 쉽다. 인간의 삶이 이미 파괴된 공적인 세상에 들어가면 인간은 다른 사람들 사이에서 객체로서만 나타난다. 인간 과학의 전문가들이 그들을 다루기 때문이다.

다윈의 (현대인의 눈에 분명한) 시각이 반동적이라는 점은 19세기 중반 영국의 지배적인 관점에 비추어 보아서는 이해할 수 없다. 왜냐하면 그의 시각은 자신의 진화론의 '영역과 결합되어 있고', 20세기 초반 영국과 미국 대부분의 저명한 생물학자들이 거의 보편적으로 동의하던 견해였기 때문이다.

그러한 인물 중 하나인 로널드 피셔 경은 앞서 설명했듯이, 임의적인 유전적 돌연변이를 통해 어떻게 한 생물이 점진적인 진화적 변화를 거쳐 다른 생물이 되는가에 대해 비록 모호하지만 아주 중요한 수학적 증명을 제공함으로써 1930년대 다윈의 진화론을 구원했다. 피셔의 경우, 우생학의 주장들은 '새로운 단계'의 진화를 약속하는 것이었다. 더 고차원적 능력을 가진 인간이 다른 사람보다 더 좋은 조건의 배우자와 결혼하고 자녀를 더 많이 낳음으로써 '가치와 혈통에서 새롭고 자연적인 고귀함을 널리 확산시키게 된다.'

다윈을 지지했던 또 다른 인물인 줄리안 헉슬리(다윈의 위대한 지지자 토머스 헉슬리의 손자)는 피셔의 모호한 수학에서 다윈 이론의 '새로운 종합'을 만들어냄으로써 진화론의 행운을 회복시켰고, 아울러 '일단 진화론적 생물학의 함의가 충분히 파악된다면, 우생학이 미래 종교 중 하나가 될 것'이라고 예견했다. 미국에서는 20세기의 저명한 유전학자였던 헤르만 뮐러Hermann Muller가 헉슬리와 함께 「(자연)선택의 의식적 지도」라는 '선언문'을 작성했다. 스탠퍼드 대학의 유전학 책임자인 조슈아 레더버그Joshua Lederberg는 1963년에 이렇게 말했다. "인간 재생산에 관한 여러 사정은 아주 암울하다. 경제적인 지위에 따라 인간 재생산이 차등화(가난하고 무기력한 사람들이 너무 많은 자녀를 낳는다)되고, 인도적인 의술로 치명적인 결함을 돌보는 것이 특별한 관심의 대상이 되고 있다." 이중 나선구조 유전자의 공동 발견자인 프랜시스 크릭을 비롯하여 훨씬 더 많은 사람들이 1970년대에 '불임시술은 가난한 사람들이 불필요한 수많은 아이들을 낳지 못하게 막는 유일한 해결책이라고 주장했다.'

제2차 세계대전 후, 히틀러 치하 독일에서 '적극적인 우생학'의 실제적인 결과가 나타나자 생물학자들은 이러한 우생학적 신념을 이전처럼 솔직하고 공개적으로 밝히지 않게 되었다. 그러나 다윈의 진화론이 제기한 딜레마는 여전히 남아 있다. 즉, 진화론은 '자아' 또는 영혼의 독특한 영적 특성을 부인함으로써 불가피하게 인간 경험을 이해하지 못한다.

제2막: 인간의 굴욕

1970년대, 폭넓은 진화적 구조 안에서 인간과 그의 독특한 정신적 특성에게 어떤 위치를 부여할 것인지에 대한 문제가 다시 등장했다. 생물학자들은 『인간의 유래』에 포함된 다윈의 논쟁적인 해석과 아울러 모든 유감스러운 결과를 베일로 덮어두고, 그 대신 그와 비슷한 객관적이고 비인격화된 설명, 즉 이성과 도덕성이라는 인간의 '고차원적' 특성은 그 자체로는 가치가 없으며, 인간의 유전자를 성공적으로 최대한 확산시키는 방식으로 인간을 행동하게 만드는 유전적인 특질일 뿐이라고 설명했다.

이러한 해석은 과학의 역사에서 가장 놀라운 주장 중 하나에 의해 유지되었다. 우리가 우리 자신에 대해 생각하는 것처럼, 우리는 자유롭고 자율적인 존재가 아니라 우리의 '이기적인' 유전자의 장난감이다. 우리는 확실히 유전자가 자기 확산을 위해 창조한 기계이다. 마치 쓰고 버리는 봉투와 같이 유전자는 일생 동안 잠시 인간 안에 살다가 다음 세대로 계속 옮겨간다.

> 진화 생물학자 리처드 도킨스는 이렇게 주장한다. "유전자들은 외부 세계로부터 봉쇄된, 거대하고 쿵쿵거리며 걷는 로봇(인간) 안에 안전하게 거대한 집단을 이루고 있다. 유전자들은 고통스럽고 간접적인 길을 통해 외부 세계와 소통하고, 원격 조종으로 외부 세계를 조작한다. 유전자들은 당신과 내 안에 있다. 그들이 우리의 몸과 정신을 만들었다. 유전자를 보존하는 것이 인간 존재의 궁극적인 이유이다. 우리는 유전자를 생존하게 하는 기계이다."

대부분의 사람들은 당연히 그의 말을 일종의 장난스런 농담이며, 아마도 인간에 대한 유물론적 시각의 어리석음을 폭로하는 모순에 의한 증명ad absurdum(귀류법 또는 간접적 증명)이라고 생각할 것이다. 그러나 사실은 그렇지 않으며, 그의 말은 비단 도킨스 교수만의 입장도 아니다. 그의 말은 전통적인 주류 진화론적 사고를 보여주고 있고, 학교나 대학에서 교육되고 있으며, 교과서나 대중 과학서에 상술되고, 매년 수많은 학술지의 핵심 주제가 되고 있기 때문이다.

인간 경험에 대한 이런 종류의 가장 이상한(그리고 도발적인) 설명은 하버드 대학 교수이며 개미 연구의 세계적 권위자인 에드워드 윌슨Edward Wilson이 쓴 600페이지에 달하는 『사회 생물학: 새로운 종합』이 1975년에 출간되면서 시작되었다. '인간의 행태는 유전 물질을 손상하지 않고 유지하고 확산시키는 우회적인 방식이다' 라는 그의 핵심 논지는 두 가지 가정에 바탕을 두고 있다. 첫째, 언뜻 보기에 놀랍게 보일지 모르지만, 종교, 윤리, 가족 관계, 그 외 많은 인간 문화의 형태가 특정한(비록 정확히 밝혀지지는 않았지만) 유전자의 작동에 의해 결정된다. 둘째, 유전자들은 유전자를 소유한 사람들이 많은 수의 자손을 가질 확률을 최대화했기 때문에(또는 전문적인 용어로, 유전자의 '재생산 적합성' 을 극대화했기 때문에) 진화 과정에서 '선택' 되었다. 에드워드 윌슨의 주장을 통합시키는 핵심 요소는 이전 10년 동안 진화 생물학자 윌리엄 해밀턴William Hamilton과 로버트 트리버스Robert Trivers가 발견한 내용이다. 그들은 인간 문화와 행태의 전반적인 특징인 이타심과 비非이기심이 다윈의 진화론의 추진력인 경쟁적인 자기 이익 추구와 양립할 수 있다고 주장했다. 그 논증은 다음과 같다.

오로지 '적자생존' 을 추구하는 개인들 사이에 끝없이 무자비한 투쟁이 존재한다는 다윈의 주장과, 인간 사회에서 일상적으로 경험하는 현실(주요 특징은 협력에 필요한 상호 지원과 이타심이다) 사이에는 명백한 불일치가 존재하며, 지금까지도 계속 그랬다. 따라서 토머스 헉슬리가 표현했듯이, 오래전 인간이 '야만 상태'로 살 때, 인간은 지속적으로 자유롭게 서로 싸우면서 자기가 원하는 것은 무엇이든지 자기 것으로 만들고 그에 대적하는 사람들은 죽였다(고 가정되었다). 인간은 결국 이러한 야만 상태에서 벗어나 애착, 충성을 발달시켰는데 대표적인 예가 결혼, 종교, 법률, 관습 등이며, 이것들은 인간 사회의 보편적인 특징이다. 이러한 전환이 언제 일어났는지 정확하게 말하기는 어렵지만 몇백만 년 전임이 틀림없다. 왜냐하면 다른 무엇보다도 인간의 아기는 특별히 무력하기 때문에 다음 세대를 양육하는 데 상호 협력이 반드시 필요했기 때문이다.

인간이 협력하고 서로에게 이타적으로 대해야 할 강력한 동기가 아주 명백하게 존재한다. 그러나 오스트레일리아 철학자 데이비드 스토브David Stove가 지적했듯이, 이타심은 진화론에 가장 심각한 '난제'를 발생시킨다.

만약 다윈의 진화론이 진실이라면 이타심을 발휘하는 존재는 분명히 사멸했거나 단명했을 것이다. 말 그대로의 의미로 볼 때, 이타심은 그것을 소유한 사람이 자신의 이익보다 타인의 이익을 앞세우는 특성이다. 예를 들어, 자신의 목숨만 구할 수도 있는 상황에서 위험에 처한 자신의 가족을 지키는 경우, 다른 사람에게 더 많이 또는 더 잘 먹이려고 자신은 덜 먹거나 좋지 않은 것을 먹는 경우이다. 그러나 그러한 행태는 분명히 자신의 생존 가능성과 재생산 가능성을 감소시킨다. 따라서 이타심은 '생존 투쟁'의 환경에서 이타심의 소유자에게 손해를 끼치는 특성이다.

다윈이 인간의 이타심, 즉 자신의 이익보다 타인의 이익을 중시하는 성향이라는 '난제'를 해결하는 방식은 이른바 '야만족'에서 '문명화된 종족'으로 가는 과정 속에서, 도덕성을 소유하는 것이 그렇지 않은 종족보다 생존 전망을 향상시킬 수 있었기 때문에 자연이 '더 고차원적인 도덕성'을 선택했다는 것이다. 이러한 설명은 여러 가지 명백한 이유 때문에 더 이상 받아들일 수 없지만 이타심과 '적자생존'의 화해 문제는 1964년 영국의 생물학자 윌리엄 해밀턴이 해결책을 제시할 때까지 지속되었다. 해밀턴은 자연선택의 목적이 (대부분의 사람들이 가정하듯이) '최적의' 개체 생존율을 극대화하는 것이 아니라 직계 친족들과 공유하는 유전자를 성공적으로 재생산하는 것이라고 주장했다. 이 말의 의미를 정확히 이해할 필요가 있다.

1950년대 케임브리지 대학 학부생일 때 윌리엄 '빌' 해밀턴은 로널드 피셔의 저서 『자연선택의 일반 이론』에 깊은 인상을 받았다. 그 책은 (해밀턴이 공감했던) 자연선택과 우생학적 신념에 대한 불명료한 수학적 증명을 다루었다. 해밀턴은 수많은 곤충(개미, 꿀벌, 장수말벌)이 자신의 어미인 '여왕개미'와 새끼를 돌보는 일에 평생을 소비하는 생식 능력이 없는 '일개미' 계급(하지만 일벌은 자신의 새끼를 낳지 않는다)을 갖고 있다는 놀라운 생물학적인 현상을 숙고함으로써 인간의 이타적 성향이라는 끈질긴 문제에 접근했다. 이러한 불임 일개미들의 삶은 자신의 이익이 아니라 같은 일족의 이익을 도모하기 때문에 순수하게 '이타적'이다. 따라서 일개미가 자신의 후손 없이 죽고, 그에 따라 자신의 유전자가 죽을 때, 일개미가 같은 일족들과 공유한 유전자는 부분적으로는 일개미의 노력 덕분에 계속 살아남는다. 이를 통해 해밀턴은 '총체적 적합성'이라는 개념을 만들었다. 이 개념에 따르면 자연선택의 목적은 전체 개미 공동체의 최선의 이익을 도모하는 것으로 확장된다. 간단히 말해서, 불임 개미들의 관심을 다른 개체에게로 돌리는 '이타심' 유전자가 틀림없이 존재하며, 이 유전자는 개미들이 개미 집단 전체에 부여하는 더 큰 선을 통해 개미의 유전자 풀pool 안에서 보존된다.

해밀턴은 이 생각을 수학적인 형식으로 표현하는 방법을 찾았다. 그는

A의 생식에 미치는 모든 영향은 두 가지로 이루어진다고 생각할 수 있다. A 속에 있는 유전자와 친족 관계에 있는 유전자의 복제에 미치는 영향과, 친족과 관련 없는 유전자의 복제에 미치는 영향이다. 계수 r은 친족에 포함된 유전자의 예상 분할 비율을 나타낸다. 특정한 친척 관계의 정도가 주어질 경우, 이 분할의 정도는 다음과 같이 계량적으로 표시할 수 있다.

$$(\delta a_{\text{rel.}})_A = r(\delta a_{\text{rel.}})_A + (1-r)(\delta a_{\text{rel.}})_A.$$

A의 생식에 미치는 모든 영향은 대략 다음과 같이 나타낼 수 있다.

$$\sum_{\text{rel.}}(\delta a_{\text{rel.}})_A = \sum_{\text{rel.}}r(\delta a_{\text{rel.}})_A + \sum_{\text{rel.}}(1-r)(\delta a_{\text{rel.}})_A,$$

또는

$$\sum_{r}(\delta a_r)_A = \sum_{r}r(\delta a_r)_A + \sum_{r}(1-r)(\delta a_r)_A,$$

우리는 위의 수식을 다음과 같이 간략하게 다시 쓸 수 있다.

$$\delta T_A^{\bullet} = \delta R_A^{\bullet} + \delta S_A,$$

그림 7-2 윌리엄 해밀턴의 당황스러울 정도로 복잡한 수학 공식은 부모의 애정이 유전적 자기 이익에 의해 주로 결정된다는 점을 증명한다.

한 사람이 다른 사람과의 관계가 더 가까울수록 이러한 '이타적' 유전자의 작동이 더 강력하다는 것을 보여주었다. 자녀의 유전자에 중요한 '기여자' (각 50퍼센트)인 아버지와 어머니는 자신들 유전자의 4분이 1만 공유한 조카보다는 자녀를 돌보는 성향이 더 강하고, 심지어 그들 자신의 손해를 감수하면서까지 그들을 먹이고 돌보고 놀아준다. 구체적으로 말하면, '어떤 사람도 다른 한 사람을 위하여 자신의 삶을 희생하지 않는 반면, 두 명 이상의 자녀(자녀들은 각각 부모 유전자의 50퍼센트를 공유하며, 전부 합치면 100퍼센트가 된다) 또는 네 명의 이복형제(4×25퍼센트로 동일한 결과가 나온다)나 여덟 명의 사촌(8× 12.5퍼센트로 동일한 결과가 나온다)을 위해서는 희생할 것이다.'

해밀턴의 수학 공식을 여기에서 소개하는 목적은 앞 장에서 언급한 자연 선택에 관한 피셔의 '증명'과 마찬가지로, 상세한 내용을 설명하기 위해서 가 아니라 피셔의 공식과 유사하게 이해할 수 없는 모호함이 있다는 점을 보여주려는 것이다.

위 수식이 고의적으로 난해하게 만든 것이라는 의구심은 7년 후 하버드 대학의 로버트 트리버스가 발표한 주장을 간단하게 살펴보면 더 명확해질 것이다. 트리버스는 '이타심의 문제'에 있어 더 중요한 측면, 즉 인간은 왜 자신의 가까운 친족뿐만 아니라 자기와 아무런 관계도 없는 빈궁한 사람들 을 돌보는 데 자신의 삶을 헌신하는지에 대한 문제를 풀었다. 예를 들어, 왜 알버트 슈바이처는 중앙 아프리카의 거친 밀림에 한센병 환자 병원을 세우려는 충동을 느꼈을까? 1971년 이후 일련의 학술 논문을 통해 발표된 트리버스의 설명은 '상호적 이타주의'이다. 사람들은 다른 사람을 위해서 이타적 희생을 하는 것처럼 보이지만, 실제로는 다른 사람도 동일하게 보 답할 것이라는 기대 속에서 유전자가 그렇게 하도록 지시한다는 것이다.

설명을 위해서 트리버스는 어떤 사람이 물에 빠져 죽어가는 사람을 구할 가능성을 구하는 계산법을 생각한다.

어떤 사람이 물에 빠진 사람을 구하기 위해 물에 뛰어들지 않을 경우, 물에 빠진 사람이 익사할 확률이 50퍼센트라고 가정하자. 만약 어떤 사람이 물에 빠진 사람을 구하려고 뛰어들 경우, 구조자가 익사할 확률이 아주 낮은, 가령 10퍼센트라고 가정해 보자. 구조자가 익사할 경우 물에 빠진 사람은 항상 익사하며, 구조자가 구조를 시도하다가 살아남을 경우, 물에 빠진 사람도 항상 구조된다고 가정해 보자. 만약 이것이 독립된 사건이라면, 구조자는 물에 빠진 사람을 구하려 하지 않을 것이 분명하다. (왜냐하면 구조자가 물에 빠져 죽을 위험이 있기 때문이다.) 그러나 만약 물에 빠진 사람이 장래에 동일하게 보답한다면, 각 참가자가 타인을 위해 생명의 위험을 무릅쓰는 것이 더 이익이 될 것이다. 각 참가자들은 50퍼센트의 확률을 자신이 죽을 확률 10퍼센트와 바꿀 것이다. 만약 전체 인구가 조만간에 동일한 익사 위험을 겪는다고 가정한다면, 우리는 혼자서 익사할 위험에 처하는 사람들보다 서로의 생명을 구하기 위해 자신의 생명을 걸 두 사람 쪽을 선택할 것이다.

이타적으로 행동할 경우 발생하는 '순' 이익에 관한 트리버스의 이러한 수학적 추론은 앞서 해밀턴의 경우와 같은 이유로 여기에 소개한다.

이타주의자 a_2a_2에게 발생하는 순이익이 이기주의자 a_1a_1에게 발생하는 순이익보다 반드시 커야 한다. 이것을 수식으로 나타내면 다음과 같다.

$$(1/p^2)\,(\Sigma b_k - \Sigma c_j) > (1/q^3)\Sigma b_m,$$

여기에서 b_k는 이타주의자 a_2a_2가 타인을 위해 수행한 k번째 행동 때문에 발생한 편익, c_j는 이타주의자 a_2a_2가 j번째 수행한 이타적 행위에 따른 비용, b_m은 이기주의자 a_1a_1에게 행한 m번째 이타적인 행위에 따른 편익, p는 모집단에서 대립 유전자 a_2의 비율, q는 모집단에서 대립 유전자 a_1의 비율이다.

그림 7-3 〈쿼틀리 리뷰 오브 바이올로지Quarterly Review of Biology〉(1971)에 발표된 로버트 트리버스의 '상호적 이타심의 진화'에 관한 초기 전제

트리버스는 인간의 복잡한 감정 전체, 즉 우정, 감사, 동정, 신뢰 등에 대한 설명도 가능하다고 주장했다. 인간의 감정은 최선의 이익 증진을 위해 (그 결과 자신의 유전자를 확산한다) 상호적 이타심을 확보하는 것으로, '자연에 의해 선택된' 유전적으로 상속되는 특질이다. 우리는 자신에게 친절을 베푸는 사람에게 고마움을 느낀다. 왜냐하면 감사를 나타내는 유전자가 '이타적 행동의 비용/편익 비율에 민감한 덕분에 선택'되었기 때문이다. 이 주장은 몇 가지 중대한 의문을 제기한다. 혹자는 이렇게 질문할지도 모른다. 이타심, 우정, 관대함을 나타내는 유전자가 어디에 있는가? 어떻게 인간(동물은 그만두고)이 타인에게 이타적으로 행동하기 전에 수학 계산을 한다고 가정할 수 있는가? 어떻게 사람들은 수혜자가 미래의 어느 시점에 보답할 것이라는 기대 속에서 '손익' 계산을 계속하면서 이타적 행동을 수행하는가?

물론, 부모의 사랑과 인간의 동정이라는 고귀한 미덕이 유전자의 이기적인 계산에 지나지 않는다고 믿는 사람들의 마음 상태를 이해하기는 매우 어렵다. 하지만 해밀턴과 트리버스의 수학 공식은 40년 전 피셔의 자연선택 '증명'과 마찬가지로, 진화론의 가장 명백한 문제점('생존투쟁'과 인간이 자신의 이익보다는 타인의 이익을 중시하는 지속적인 성향을 화해시키는 문제)을 '해결'하는 데 과학적 객관성이라는 후광을 수여하는 역할을 하였다. 수학은 차치하고, 사랑, 동정, 공감이 이기적인 유전자가 인간 정신에 몰래 심어놓은 기만에 '불과하다'는 개념은 매우 큰 영향력을 발휘하였다.

진화 생물학자 마이클 기셀린Michael Ghiselin은 이렇게 말한다. "자연의 경제는 처음부터 끝까지 경쟁적이다. 진실한 자비에 대한 암시는 우리의 관점에 도움이 되지 않는다… 한 동물이 다른 동물을 위해 자신을 희생하는 충동은 다른 제3자보다 더 많은 이익을 얻는다는 점에서 궁극적인 합리성을 갖는다. '이타주의자'를 긁어서 지워보라. 그러면 그 아래 '위선자'가 피를 흘리고 있는 것을 보게 될 것이다."

인간의 이타심을 유전자의 숨겨진 이기심으로 보는 이러한 모순된 해석은 에드워드 윌슨 교수의 모호함에서 나온 것이다. 윌슨은 이타주의의 더 폭넓은 의미를 인정했다. 즉, 인간 활동과 행태의 전체 범위는 '유전 물질을 고스란히 보존하는 우회적인 방법'에 불과한 것으로 설명할 수 있다. 깊은 동정심은 '궁극적으로 이기적인 것'이라고 배운다. 말하자면, 동정심은 자기 자신, 가족, 일시적인 동맹자에게 최선의 이익이 되는 것을 좇는 것이다. '동정심이 많은 사람은 사회가 자신이나 그와 가장 가까운 친척들에게 보답해 줄 것을 기대한다. 그의 선행은 계산적이고 그의 행동은 사회의 복잡한 강제와 요구에 의해 조정된다.'

이와 비슷하게, 용기와 충성 같은 고귀한 인간 덕목의 목적은 상호적인 이타심의 원리를 강화하는(가장 뛰어난 영웅적인 삶은 엄청난 보상을 받을 것으로 기대한다) 반면, 속임수와 배반자들에게 따라다니는 악명은 그러한 상호 보답의 규칙을 어긴 사람들을 막기 위한 것이다.

이와 반대로, 많은 이들이 인간의 공격성은 비난할 만한 도덕적인 결함이라고 생각하는 반면, 에드워드 윌슨 교수는 이를 인간의 조상들이 거주 영역 위협에 대해 진화적으로 '적응'한 것이라고 설명한다.

인간은 그러한 위협에 대해 본능적인 증오로 대응하는 강한 습성을 갖도록 만들어져 있다… 우리는 낯선 사람들의 행동을 매우 두려워하며 공격을 통해서 갈등을 해결하는 습성이 있다. 이러한 규칙은 인간이 진화하는 동안 발전되어 가장 충실하게 규칙을 지키는 사람에게 생물학적 이익을 제공했을 가능성이 높다.

모든 인간 사회에 거의 보편적으로 존재하는 종교적 신앙도 이와 비슷한 방식으로 설명된다. 우리는 '인간'이 '정말 쉽게 신앙적 교리를 받아들인다'는 것을 알고 있다. 그 이유는 종교적 신앙이 유전과 비슷하게 결정되고, 인생의 목적이나 의미를 가정하는 데서 오는 생물학적 이익을 제공하기 때문이다. 타인을 위한 봉사라는 가장 비非다원적 방식으로 일생을 바쳤던 알버트 슈바이처와 같은 사람들의 동기는 자신의 비이기적인 행위가 천국에서 보상을 받을 것이라는 기대 속에서 발생한 것으로 쉽게 설명된다. 간단히 말해서, 에드워드 윌슨은 우리가 타인의 곤경에 진정으로 공감하거나, 나치 독재에 저항하는 사람들의 영웅심에 감탄하거나, 주변 세계의 '탁월함'에서 더 높은 지성의 존재를 추론한다고 생각하는 것은 자기 착각이라고 주장한다. 그런 감정과 추론은 타인이 우리에게 친절하게 만들거나 우리가 자신에 대해 좋은 감정을 갖게 함으로써 자신의 이익을 증진하려는 책략일 뿐이다.

에드워드 윌슨의 사회 생물학은 심리학의 새로운 분야인 '진화 심리학'을 개척했다. 진화 심리학은 위와 동일한 논리를 적용하여 모든 인간의 감정과 정서(질투, 충성, 지위 추구, 다른 많은 감정들)가 후손 재생산의 성공 확률을 극대화시키기 위해, 자연에 의해 '선택된' 석기시대의 조상들에서 유전적으로 물려받아 뇌에 저장된 '여러 가지 모듈'이라고 설명한다. 한 가지 예를 들어보면, 우리는 부부애가 인류의 특별하고 고귀한 특성이라고 쉽게 가정하지만, 그것은 부모가 자녀를 생존하도록 돌봄으로써 자신의 유전자를 확실히 지속시키기 위한 '진화 공학의 탁월한 작품'이다.

부부애의 목적은 유전자 확산과 관련하여 남성과 여성 사이의 이른바 '이익의 비대칭성'을 해소하는 것이다. 작가 고어 비달Gore Vidal이 표현한 바에 따르면, '소년은 정액을 분출하도록 만들어졌고, 소녀는 난자를 낳도록 지어졌다. 만약 이 사실을 감안한다면, 소년들은 자신이 정액을 분출한 대상에 그리 많은 관심을 보이지 않을 것이다.' 많은 정액을 가진 성인 남자들은 자신의 유전자를 최대한 확산시키기 위해 최대한 많은 여성과 섹스를 하는 데 많은 관심을 보이는 반면, 성인 여성은 짝지을 대상을 까다롭게 가린다. 여성들의 '재생산'은 단 하나의 수정란이며, 자손의 수는 가임 기간 동안 내내 최대 약 1년에 1회 정도로 제한되기 때문이다.

이러한 '이익의 비대칭성'은 남성들이 '쉽게 발기'하고, '일상적인 성적 상대자에 대한 무제한적인 욕구를 갖도록 진화되었다는 것을 의미한다'고 가장 탁월한 진화 심리학자인 MIT 대학의 스티븐 핑커 교수는 말한다. 사실, 남성들은 '…오직 다양성을 위해 다양한 성적 상대자'를 바라는 '충족할 수 없는 욕구'를 가지고 있다. 그들은 자신의 유전자를 확산하기 위해 '헤픈' 여자들을 찾지만, 자신이 선택한 '헤픈' 여자 때문에 결국 남의 자손을 책임질 위험에 처한다. 따라서 자신이 자기 자녀의 부모임을 확실하게 확인하기 위해서, 장기적인 결혼 관계를 맺고 배우자의 정절을 강조해야 한다. 이러한 이중적인 기준은 '최적의 유전 전략을 낳는다. 즉, 남성 배우자를 자유롭게 내버려두지만 자신은 다른 남성 배우자와 짝을 짓지 않는 여성 배우자와 결혼하는 것이다.'

한편, 여성들은 '섹스를 접대나 애교의 표시'(이러한 직설적인 표현은 동물과 인간의 성적 행태 사이의 연속성을 더 잘 강조하기 위해서 진화 심리학에서 널리 사용된다)로 사용함으로써 더 강하고 힘 있는 남성을 통제한다. 여성들의 배란 형태는 배란 시기를 감춤으로써 남성이 배우자 관계를 맺을 수밖에 없도록 진화했다. 왜냐하면 '남성이 자신의 자손을 임신시키기 위해서는 상당한 기간 동안 여성과 섹스를 해야 하기 때문이다.'

이러한 관점에서 볼 때, 부부애는 '남성과 여성이 자녀를 양육할 정도로 충분히 오랜 기간 확실히 서로를 결속시키기 위해' 진화시킨 수단이라고 이해할 수 있다. 더 직설적으로 표현하자면, '남성은 여성 배우자에게 자신의 유전자를 팔아서 자신의 절반의 유전자를 가진 아이를 낳게 하고, 또한 자녀 양육을 분담할 여성 배우자를 덤으로 얻는 것이다. 남성은 유전적 결속을 통해 일을 훌륭하게 수행할 탁월한 동기를 가진 자녀 양육자를 얻는다. 이타심은 시장 인센티브를 대신한 대체물이며, 남성은 여성 배우자에게 자녀를 통해 유전적 지분을 제공함으로써 그 대체품을 활용한다'고 시카고 대학의 리처드 포스너Richard Posner는 썼다.

물론 처음부터 여건이 좋지 않고 배우자에게 제공할 필수 자원이 없는 어떤 남성들의 경우 배우자를 찾지 못할 수도 있다. 이것은 패배자인 강간범이 자신의 유전자를 확산하는 유일한 방식으로 강압적인 힘에 의존할 수밖에 없는 동기를 설명해 준다. 콜로라도 대학의 진화 심리학자이며, 『강간의 자연사The Natural History of Rope』의 공동 저자인 크레이그 파머Craig Palmer는 이렇게 말한다. "강간하는 사람은 출산 예정일까지 아이를 잘 지킬 가능성이 더 높은 사람을 식별하여 공격할 수 있다." 이쯤 되면 혹자는 진화론적 '인간 과학'이 풍자 만화 수준을 넘어서 갈 데까지 갔다고 생각할지도 모른다.

그렇다면 사회 생물학과 그것의 분파인 진화 심리학의 목적은 무엇일까? 인간 행동에 나타나는 이타심의 문제를 '해결'하는 것인가? 아니면 뉴욕 대학의 생물학자 제임스 C. 킹James C. King이 주장하듯이, '낡아빠진 유전학과 사회 관계에 대한 냉소적 해석을 조합하여 만든 유사 과학pseudo scientific 법칙으로 우리를 유혹하려는 충격적인 시도일까?'

킹 교수가 언급한 '낡아빠진 유전학'이라는 말은 우리를 문제의 핵심으로 데려간다. 왜냐하면 현대의 진화론적 인간 과학의 가장 두드러진 특징은 이 과학의 배후에 깔린 음울한 성격이다. 이는 진화론적 인간학의 연구 결과나 의미에 동의하지 않기 때문이 아니라 그것을 실제로 인정할 만한 근거를 갖고 있지 않기 때문이다. 허구적이고 이기적인 유전자가 동일하게 질투, 충성 등의 허구적인 두뇌의 '모듈'을 만들고, 그러한 두뇌 모듈이 만든 허구적(그리고 반동적)인 본능과 정서는 인간에 대한 허구적인(그리고 천박한) 이해를 낳는다.

우리가 지금까지 살펴보았듯이, 인간 유전체에 존재하는 수천 개의 유전자가 어떻게 인간 두뇌와 같은 아주 복잡한 현상을 발생시키는 정보를 담을 수 있는지를 이해하는 것은 상당히 어렵다. 그러나 어떤 유전자가 자신의 이기적인 이익을 추구하기 위하여 이타심, 동정, 그 외에 이해하기 힘든 다른 특성(진화 과정이 발생시킨 특성으로서 인간 행동을 설명한다고 생각되는 특성)을 '유발'시킨다고 가정하는 것은 전혀 또 다른 문제이다. 유전학자 리처드 레원틴Richard Lewontin은 말한다. "지금까지 인간의 사회적 행동의 측면을 어느 특정 유전자나 유전자 집합에 관련시킬 수 있는 사람은 존재하지 않았다. 인간 사회 행동의 유전적 기초에 관한 모든 말은 순전히 관념의 산물이다."

이러한 비실제적인 이타적 유전자를 인간 유전체 속에서 발견하지 못했다는 사실도 이 유전자가 큰 영향력을 발휘하는 데 아무런 장애가 되지 못했다. 오늘날 진화론 교과서는 해밀턴과 트리버스가 '적자생존'과 이타심이라는 현상을 화해시킴으로써 다윈의 자연선택 이론의 설명력을 엄청나게 확장했다고 주장한다. 물론, 진화 생물학자들도 추궁을 하면 자신이 이기적 유전자의 장난감이며, 그들 중 남성들은 어쩔 수 없이 아주 난잡한 성행위 충동을 느끼고, 여성들은 '섹스를 접대나 애교의 표시'로 사용한다는 주장에 이의를 제기한다. 그러나 우리 현대 인간들은 자신이 쳐놓은 그물에서 가까스로 빠져나갈 출구를 항상 준비해 놓는 법이다. 그러나 이 출구는 인간 행동과 문화의 결정 인자로 간주되는 허구적인 진화론적 논리를 약화시킨다.

사회 생물학과 진화 심리학의 주장을 이해하기는 어렵지만 이 학문들의 핵심 주제가 대중적인 '얄팍한 사상'과 공통점이 많다는 점은 주목해야 한다. 대중적인 천박한 사상은 자기 희생과 타인에 대한 배려 같은 덕목은 근본적으로 이기적이고 비도덕적인 우리의 동물적 본성을 숨기는 얄팍한 위장이라고 설명한다.

데이비스 스토브는 말한다. "이 신념은 특별히 그리고 불가항력적으로 영구성을 띤다. 이런 종류의 사람은 자신이 관대함과 비이기적인 능력이 부족한 사람이라는 것을 알지만 다른 모든 사람들이 사실은 똑같다고 생각함으로써 자존감을 유지한다… 그는 대부분의 사람들이 자신을 숨기고 있다(모든 사람은 이기적이고, 이러한 불쾌한 진실을 밝히려는 뛰어난 정직성을 갖고 있다)는 사실을 깨닫는 통찰력이 자신에게 있다는 것을 자랑한다.

이 모든 것에서 적절한 균형감각을 유지하는 것이 꼭 필요하다. 인간의 이기심은 매우 뿌리 깊다. 사람들은 대부분 자신의 이익에 따라 행동한다(그렇게 하지 않는다면 어리석은 것이다). 그리고 '피는 물보다 진하다'는 말처럼 인간은 익숙함과 공통의 문화로 결속된 가족, 집단, 민족의 이익을 지키려고 노력한다. 인간의 진정한 동정심이 자신과 일차적인 관련 집단을 벗어나는 경우는 드물다. 또한 프랑스 철학자 라 로슈푸코La Rochefoucauld가 표현했듯이, '우리는 다른 사람의 불행을 견딜 만한 충분한 힘이 있다.' 그러나 그 반대의 경우도 똑같이 분명하다. 동정심, 자기 희생, 용기, 연대는 널리 퍼져 있을 뿐만 아니라 자신의 삶을 통해 이러저러한 미덕을 보여준 사람들은 존경받는다. 게다가 그런 높은 존경은 인간이 자신의 행동을 책임지고, 그러한 방식으로 행동함으로써 자기 이익보다 타인의 이익을 우선하는 남다른 선택을 스스로 한다는 가정에 기초한다. 이것은 적자생존의 전제를 핵심으로 하는 진화론에 동의하는 모든 사람들과 에드워드 윌슨 교수에게 하나의 문제 제기가 될 것이다. 그럼에도 불구하고, 인간이 유전자의 장난감이라는 모호한 수학 증명을 만들고, 생떼를 쓰면서 인생을 보내기를 원한다면 그것은 그들의 불행이다.

또 다른 종류의 '문제'가 있다. 그것은 인간의 기원 문제를 풀어갈 때, 다윈이 인간 정신에 대한 유물론적인 설명을 거의 보편적인 가정으로 제시했다는 점이다. 또한 이 가정은 그렇게 함으로써 인간을 과거의 미신에서 해방시켰고, 인간이 자연 과정('생물 개체의 재생산을 증진시키기 위한 개체 간의 투쟁')의 우연적 결과 '그 이상도 그 이하도 아니라'는 거친 현실에 직면하게 되었다는 것이다.

그러나 그러한 인간의 몰락(인간이 마침내 높은 좌대에서 떨어져 자신의 무의미성을 직면하게 된 것)은 우리가 보아왔듯이, 첫째로 가장 암울한 사회 정책을 낳았고, 둘째로 인간의 자유가 박탈되어 인간이 유전자의 장난감에 지나지 않게 만들었다. 이런 모든 오류의 근원은 인간을 있는 그대로가 아니라, 진화론의 틀에 맞는 존재로 만들어 설명하려 했기 때문이다. 진화론은 다른 영장류와 '단지 정도 차이만 있을 뿐 전혀 다른 종류가 아닌' 인간을 요구한다.

간단히 말해서, 우리에게는 우리를 특별하게 만드는 인간 경험의 핵심적 실재를 인정하는 더 포괄적이고 더 종합적인 시각이 필요하다. 자율적이고 독립적인 '자아' 의식을 어둡고 이해할 수 없는 실재가 아니라 각 사람의 인격과 성격의 힘을 설명하는 실제적이고 구체적인 것으로 바라보는 시각이 필요하다. 이러한 '더 포괄적인' 시각은 어디에서 나올 수 있을까? 과학에서 나올 수 있을까?

종종 나쁜 일이 있으면 그만큼 즐거운 일도 있는 법이다. 1980년대 후반, 『종의 기원』에서 제시된 다윈의 진화론은 가장 심각한 문제에 봉착했다. 진화론에 치명타를 날린 것은 신유전학이라는 과학이었다. 신유전학은 인간, 쥐, 영장류 동물, 파리, 벌레의 유전체가 거의 비슷하다는 것을 밝혀주었다. 인간에게 적용된 다윈의 주장은 『인간의 유래』에서 처음 제시되었고, 해밀턴, 트리버스, 에드워드 윌슨, 그 외 다른 사람들이 발전시켰지만 이제 앞의 경우와 마찬가지로 가장 심각한 문제에 빠졌다. 다음은 두뇌의 시대의 신경과학이 인간 정신의 유물론적 관점에 대한 판결을 내릴 차례이다. 신경과학자들은 연구를 수행하는 과정에서 이번 세기 또는 모든 세기를 통틀어 가장 중요한 과학적 통찰을 우연히 발견했다.

제8장

과학의 한계 3: 측정 불가능한 뇌

두뇌는 하늘보다 더 넓구나.
이 둘을 비교해 보라.
두뇌는 하늘뿐만 아니라 당신도
충분히 품으리라.

　　　　　　　－ 에밀리 디킨슨Emily Dickinson

우리의 생명을 뒤덮은 태양의 온기와 에너지와 아름다움에도 불구하고 태양을 인간의 두뇌와 비교해 보면 그것은 미미한 존재일 뿐이다. 분명, 태양의 크기는 태양계 물질의 99퍼센트를 차지하고, 중심 온도는 섭씨 2만 6,000도이며, 100억 년으로 추정된 나이는 정말 엄청나다. 그러나 태양은 거대한 핵융합 활동일 뿐이다. 매초마다 7억 톤의 수소를 6억 9,500백만 톤의 헬륨과 감마선 형태의 500만 톤의 열과 에너지로 바꾼다. 이 감마선은 9,000만 마일의 우주 공간을 가로질러 지구의 위대한 생태계를 만들어 낸다. 이것이 태양이 하는 대부분의 일이다. 이와 반대로, 인간의 두뇌는 너무나 깊고 다재다능해서 도저히 정확하게 이해할 수 없을 정도이다. 매 순간마다 두뇌는 '외부' 세계를 아주 구체적으로 인식하여 그 경험과 지식을 저장하고 수십 년이 지난 후에도 순간적으로 그것을 기억해 내며, 이성과 상상력의 힘을 통하여 자신이 속한 자연세계를 이해하고, 모든 화가, 시인, 작가, 작곡가들의 창조적인 재능을 만들어낸다. 두뇌의 지적 영역은 두개골의 조용한 어둠 속에 갇혀 있음에도 불구하고, 에밀리 디킨슨이 표현했듯이 '하늘보다 더 넓다.' 시간을 초월하여 과거를 회상하고 현재를 이해하며 미래를 예측하고, 동시에 공간을 초월하여 거의 무한할 정도로 광대한 우주에서 그것의 정반대인 거의 무한하게 작은 한 개의 원자에 이르기까지 모든 크기의 차원을 아우른다.

두뇌는 또한 그런 우주에서 가장 위대한 수수께끼를 제시한다. 즉, 어떻게 1.36킬로그램의 원형물질인 두뇌가 우리(지금 지구에 같이 사는 수십억의 사람들과 지금까지 지구에 살았던 모든 사람) 각자가 가진 독특한 성격과 인격을 담을 수 있는가? 독일 철학자 프리드리히 니체가 표현했듯이, '모든 인간은 자신이 이 지구상에 단 하나뿐인 독특한 존재이며, 앞으로 다시 나타나지 않을 존재라는 것을 잘 알고 있다.' 인간의 개성은 비록 전부는 아닐지 몰라도 사실상 거의 모든 중요한 것들의 원천이기도 하다. 인간 성격의 독특함은 사회적 관계의 핵심이다. 왜냐하면 우리가 아는 (또는 앞으로 알게 될) 사람들(과거와 지금의 애인, 부모, 자녀, 친구, 친척, 일시적으로 만나는 사람)의 개성과 우리가 그들에 대해 갖는 감정은 인간 존재의 독특한 색깔, 관심, 의미를 제공한다. 인간의 개성은 또한 자유의 토대이다. 우리는 정확히 말해서 자신의 생각과 신념이 다른 사람의 그것과 다른 자신만의 독특한 것일 때 자유롭다고 느끼기 때문이다. 인간에게 그러한 독특함이 없다면 어떨지 상상하기는 어렵지 않다. 공상 과학에 나오는 복제 인간처럼 인간은 서로의 복사판에 지나지 않을 것이다.

인간 개성의 의미는 수많은 예를 통해 거의 끝없이 말할 수 있지만 핵심적인 수수께끼는 아주 명확하다. 즉, 어떻게 두뇌라는 존재와 두뇌의 역할을 연결시킬 것인가? 두뇌의 동질적인 물리적 구조를 이루는 수십억 개의 뉴런의 전기자극이 어떻게 엄청난 범위의 정신생활과 독특한 생각, 기억, 신념을 가진 거의 무한할 정도로 다양한 자아의 완벽한 기초가 되는가?

이에 대한 명백한 답은 이 두 가지는 서로 연결될 수 없으며, 원형질적이고 동질적인 두뇌와 그것이 만들어내는 영적인 정신 사이의 불일치는 수천 년 동안 물질계와 비물질계로 이루어진 실재의 '이중적' 성격을 가장 설득력 있게 보여주는 증거라는 것이다.

현대 철학의 창시자인 17세기 프랑스의 르네 데카르트는 최초로 두뇌와 정신을 매우 명확하게 구별하고, 물질인 두뇌의 본질이 영적인 정신의 본질과는 질적으로 다르다는 점을 지적했다. 그에 따르면 (두뇌와 같은) 물질은 공간을 차지하는 반면, 정신과 생각은 그렇지 않기 때문이다. 과학의 방법은 물리적 두뇌를 직접 조사하고, 두뇌활동을 관찰하며, 무게를 재고, 측정하고, 실험을 통해 두뇌의 기계적 특성을 발견한다. 그러나 이 방법은 정신을 이해하기 위해서 사용하는 숙고, 자기 반성, 그리고 가장 폭넓은 의미에서의 '철학적 방법'과는 질적으로 다르다. 또한 논리적으로 볼 때, 이러한 조사 방법을 통해서 얻는 지식의 형태는 질적으로 다르다. 물리적인 두뇌 현상은 객관적이고 독립적으로 입증할 수 있다. 정신적인 현상(생각, 기억, 신념)은 주관적이며 오직 그 현상의 주체만이 알 수 있다. 이것들은 인과적으로 연결되어 있는 것이 틀림없다. 왜냐하면 두뇌 손상은 정신의 사고와 감정을 손상시키기 때문이다. 상식적인 이해에 따르면, 이 두 가지는 서로 관련되어 있지만 서로 구별되는 독특한 '실재'이다.

이러한 이해는 언급했다시피, 19세기 중반 물질주의적 과학의 발달 때문에 거의 사라졌다. 물질주의적 과학은 비물질 영역의 가장 강력하고 직관적 증거(또는 그런 것처럼 보였던 증거), 즉 인간 경험의 중심에 있는 일관성 있고 영속적인 자아 또는 영혼을 부인했다. 우리는 앞 장에서 유물론적 진화론의 넓은 틀에 인간을 포함시킴으로써 인간 정신의 독특한 비물질적인 특징을 설명하려는 시도와 그에 따른 불행한 결과를 다양하게 살펴보았다. 이제 우리는 그와 비슷한 접근을 다시 하려고 한다. 과학의 가차없는 전진은 자율적인 자아, '자유로운 선택', 자아와 상호 연결되는 몇 가지 부분('외부' 세계에 대한 개인적, 주관적 경험, 이성과 상상력, 기억력, 경험 등)을 두뇌의 물리적 구조 안에 위치시켜 버림으로써 비물질적인 영역을 부수어 물질 영역 속으로 포함시켜 버렸다. 당연하게도, 이것은 여러 가지 중대한 문제를 일으켰다. 첫째, 과학은 두뇌의 물리적 활동이 어떻게 주관적인 경험의 인식과 사고로 전환되는지에 대해 어떤 이론도 제공하지 못했다. 토머스 헉슬리는 익숙한 이야기에서 따온 아주 유용한 메타포를 통해 이 점을 인정했다. "의식의 상태와 같은 놀라운 일이 신경 조직의 자극(두뇌의 활동)의 결과로 일어난다는 것을 알라딘이 램프를 문지를 때 지니가 나타나는 것처럼 설명할 수 없는 것인가."

두 번째 문제는 정신의 인과 관계 또는 '자유 의지'의 문제이다. 즉, 가장 단순하게 말해서 정신의 비물질적인 사고가 어떻게 두뇌의 작용에 영향을 미쳐서 신경회로를 활성화시키고 특정한 행동을 선택하게 할 수 있는가? '자유 의지'의 선택 능력은 인간 정신의 가장 중요한 특성이며, 도로 횡단과 같은 아주 사소한 행동(우리는 특정한 순간에 횡단하기로 결정한다)처럼 하루에도 수십 번 사용된다. 그러나 비물질적인 사고(도로를 횡단하고 싶은 욕구)가 물리적인 결과를 만들 수 있다는 가정을 받아들이는 것은 자연 밖에 존재하는 비물질적인 힘을 자연세계에 대한 우리의 이해 속에 받아들이는 것이다. 이 딜레마는 물질주의적 시각에서 볼 때, (가령) 도로 횡단 시각에 대한 결정이 자유롭게 내려진 것이 아니라 두뇌의 전기자극에 의해서 내려진 것이라는 가정에 의해서만 해결될 수 있다. 이런 사고방식에 따르면, 우리는 앞 장에서 논의한 '유전자의 장난감' 일 뿐만 아니라 두뇌의 들러리 배우이며, '자유롭게 선택한다' 는 것에 대한 우리의 인상은 신경회로가 만든 환상이다.

마지막으로 두뇌에 대한 유물론적인 설명방식의 가장 큰 문제점은 영속적인 자아 의식 또는 영혼을 신경회로의 전기자극으로 설명하는 것이다. 자아 의식은 독특한 개성을 지니며, 이것은 시간에 따라 변하지만 동일성을 유지하고 사고, 기억, 정서와 같은 내적 영역을 주관할 뿐만 아니라 미래에 대해 전망하고 '외부' 세계를 이해한다.

이러한 관점에서 볼 때, 과학적 이해의 일반적인 한계를 인정하는 것 이외에 다른 방법이 없는 것처럼 보임에도 불구하고, 인간 정신은 결국 두뇌의 물리적 활동으로 환원된다는 측면에서 설명할 수 있다고 주장해 온 것처럼 보인다. 달리 어떻게 할 수 있겠는가? 물질적인 두뇌와 비물질적인 정신을 두 가지 다른 '본질' 로 보는 데카르트의 이원론은 이 두 가지가 서로 연결될 수 있는 방법에 대해 아무런 암시도 주지 않았다. 이 두 가지는 어쨌든 하나이며 동일한 것이라고 주장하는 것이 훨씬 더 논리적인 것처럼 보인다. 이중 나선구조 유전자의 공동 발견자인 프랜시스 크릭은 이렇게 표현했다.

개인 자신, 개인의 기쁨, 슬픔, 기억, 야망, 정체 의식, 자유 의지는 실은 신경세포와 그와 관련된 분자가 결합하여 활동한 것에 지나지 않는다.

두뇌의 물리적 활동의 측면에서 인간 정신에 대해 객관적이고 과학적으로 설명하겠다는 노력은 세 단계에 걸쳐 이루어졌다. 첫 번째는 19세기 말 무렵 두뇌가 보이는 것처럼 신비스럽고 설명 불가능한 것이 아니라는 발견으로 시작되었다. 회선형의 대뇌 반구는 전문적인 기능을 수행하는 일종의 장기판과 같다는 것이 입증되었고, 현미경으로 조사해 본 결과, 뇌의 밀도 높은 아교질은 아찔할 정도로 복잡한 격자 모양의 신경섬유로 되어 있으며, 신경섬유의 상호 연결을 통해 비물질적 정신의 다양한 특성을 아주 쉽게 만들어낼 수 있다는 것이 발견되었다.

두뇌 영역 구분: 1861~1950

두뇌 표면을 몇 가지 영역으로 나누는 두뇌 지도는 아주 잘 알려져 있기 때문에 수천 년 동안 어떻게 두뇌 지도가 전혀 탐구되지 않은 대륙으로 비어 있었는지를 상상하기가 어려울 정도다. 1861년 프랑스 신경외과 의사인 피에르 폴 브로카Pierre Paul Broca는 최초의 중요한 기념비적 발견, 즉 두뇌 좌측에 언어 중추가 있다는 것을 발견했다. 이 유명한 이야기에서, 브로카는 파리의 비에트레 병원에서 '탠'(이것은 30년 전 뇌졸중이 일어난 후 지금까지 그 환자가 말할 수 있는 유일한 소리였다)이라고 알려진 남자 환자를 만났다. 탠은 사지에 발생한 괴저병 때문에 곧 죽었고 그 후 이어진 부검에서 브로카는 대뇌 좌측 뒷부분만 손상되었음을 발견하고는 다음과 같이 명확히 결론 내렸다. 그가

'대뇌 좌측 반구가 인간의 언어를 관장한다'고 발표하자 비슷한 발견이 엄청나게 쏟아져 나왔다. 얼마 지나지 않아서 독일 신경의학자 칼 베르니케 Karl Wernicke가 탠과 비슷한 결함을 가진 환자에 대해서 보고했다. 그 환자는 말은 유창하게 할 수 있지만 말을 이해할 수는 없었으며, 부검 결과, 대뇌 측두엽 뒷부분이 손상되었음이 밝혀졌다. 이것은 정신 기능의 특정 기능들, 예를 들어 언어 능력이 두뇌의 각기 다른 부분에서 처리된다는 것을 처음으로 보여준 사례였다. 제1차 세계대전의 참화 속에서 다친 부상자들도 '두뇌 영역 지도'를 더 세밀하게 그리는 데 많은 기회를 제공했다. 가장 유명한 사례는 아이슬란드 신경의학자 고든 홈즈Gordon Holmes의 연구이다. 그는 총알과 포탄 파편으로 인해 대뇌 후두엽 시각 피질에 손상을 입은 병사들의 시각 영역을 실험한 결과, 아주 작은 손상에도 그에 상응하는 시력 상실을 가져온다는 것을 발견했다.

1930년대 이래, 두뇌 영역 지도 제작자 중 가장 많은 연구 성과를 낸 사람인 캐나다 신경외과 의사 와일더 펜필드Wilder Penfield는 자신의 환자를 수술대에 올려놓고 두뇌 표면을 약한 전류로 자극하며 그 결과를 조사했다. 그는 감각과 운동을 담당하는 독립된 감각과 운동 대뇌 피질 영역이 두뇌의 양 측면 아래로 뻗어 있음을 확인할 수 있었다. 그리고 그는 팔, 입, 생식기와 같은 가장 민감한 부분이 어떻게 불균형적으로 나타나는지를 보여주었다.

1950년, 정신의 특성들을 담당하는 두뇌의 특정 영역을 밝히는 위대한 프로젝트를 통해 적어도 개략적인 두뇌 지도가 완성되었다. 인체의 독자적인 부분을 담당하는 운동과 감각 대뇌 피질은 두뇌 양 측면 아래로 뻗어 있고, 언어 중추는 대뇌 좌반구에 흩어져 있다. 시각 대뇌 피질은 후두엽에 있고, 대부분의 전두엽은 계획, 합리적 사고와 같은 더 고차원적인 정신 기능을 담당하는 영역이다.

우리는 관련 기능을 담당하는 각 영역으로 두뇌를 세분화함으로써 두뇌 작용에 대한 더 깊은 지식을 얻을 수 있다는 암시를 받는다. 시각을 시각 대뇌 피질에, 청각을 청각 대뇌 피질에 할당함으로써 어떻게 인간이 '외부' 세계를 보고 듣는지 알게 될 것이라는 암시를 갖게 된다. 그러나 그와 반대로, 두뇌 각 부분의 구조와 전기자극은 거의 구별할 수 없으며, 각 감각을

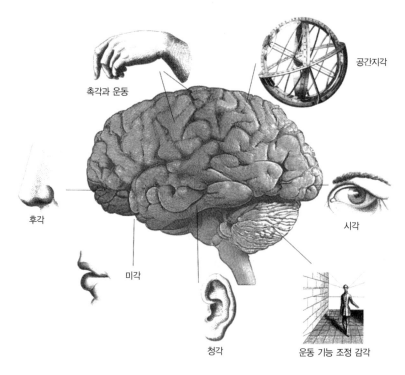

공간지각

촉각과 운동

후각

시각

미각

청각

운동 기능 조정 감각

그림 8-1 여러 가지 다른 기능을 수행하는 두뇌의 각 영역에는 (이 그림에서 볼 수 있듯이) 시각, 후각, 청각, 미각 영역이 있다. 대뇌 전두엽은 추론이나 상상력과 같은 '더 고차원적인' 특성을 담당하며, 대뇌 좌반구의 대부분은 언어를 담당한다.

두뇌 각각의 영역에 할당하는 것은 일몰을 보거나 바흐의 칸타타를 들을 때 각 신경회로가 질적으로 완전히 다른 주관적인 경험을 어떻게 '전달'하는지에 대해 통찰력을 제공하지 못한다.

두뇌 영역 지도를 볼 때, 대부분의 영역은 각각의 고유한 기능을 담당한다. 그러나 언어 중추, 시각 대뇌 피질, 운동과 감각 대뇌 피질은 대뇌 전체에서 작은 부분을 차지할 뿐이다. 이것들은 훨씬 더 큰 전두엽 영역과 '침묵' 또는 '연합' 영역이라고 일반적으로 불리는 두정엽 측면(이 영역은 '침묵'해서가 아니라 특정한 기능을 그 영역의 특정 부분에 할당할 수 없기 때문에 그러하다)에 비하면 작아 보인다. 이 두 영역은 인간 정신의 '더 고차원적인' 인지 능력의 중심이며, 감각의 다양한 인상을 일관성 있는 전체로 통합시키고, 사랑, 증오, 놀람, 열정과 같은 인간 감정(그리고 지혜, 판단, 통찰, 창의성)의 근원이 된다.

전두엽의 이러한 통합적인 기능들은 25세의 뉴잉글랜드 출신이며 철도 건설 작업반의 반장이었던 피네아스 게이지의 불행에 의해 드러났다. 1848년 게이지는 바위에 폭발물을 집어넣는 쇠막대기가 왼쪽 눈 아래 부분 전두엽을 지나 두개골 정수리를 관통하여 15미터를 날아가는 끔찍한 부상을 당했다. 놀랍게도 그는 살아남았지만, 그 후 그를 치료했던 의사 중 한 명이 말했듯이, 그는 "더 이상 과거의 게이지가 아니었고, 발작적이며 변덕이 심해졌고, 항상 계획을 수립하고 곧 폐기했다." 탠의 언어 장애가 아주 특정한 영역에 국한된 것인 반면, 쇠막대기에 전두엽을 다친 게이지는 그와 반대로 정신의 모든 고차원적인 측면(의사 결정, 문제 해결, 판단, 공감, 수행 능력 등)에 영향을 받았다.

피에르 폴 브로카, 고든 홈즈, 와일더 펜필드, 그 외 많은 사람들의 두뇌 영역 지도를 만들려는 노력 덕분에 두뇌의 비밀을 밝히는 중요한 제일보를 내딛게 되었다. 그러나 더욱 발전하기 위해서는 물리적인 두뇌가 어떻게 비물질적인 정신을 발생시키는지를 상상하는 데 있어 더욱 중요한 역할을 하는 지능적인 무언가가 필요하다. 1936년, 뛰어난 영국 수학자 앨런 튜링 Alan Turing은 단 두 가지 기호 '1'과 '0'으로 된 '이진법'을 사용하여 원칙적으로 모든 수학 계산을 수행할 수 있는 '보편적인 기계'를 구상했다. 이와 유사하게, 두뇌의 개별적인 뉴런도 두 가지 방식을 갖고 있다. 뉴런은 아주 근접한 다른 뉴런의 전기자극을 '자극'하거나 '억제'할 수 있다. 따라서 두뇌는 디지털 컴퓨터라는 새로운 메타포를 얻는다. 이 두 가지 방식은 두뇌 문제 해결의 두 번째 단계를 보여주며, 특히 '자연'(신경회로의 '하드웨어')과 '양육'(경험이라는 '소프트웨어'를 프로그래밍하는 것)의 종합을 통해 어떻게 두뇌의 단일적 구조로부터 우리 각자의 독특한 개성을 만들어낼 수 있는지를 보여준다.

컴퓨터로서의 두뇌: 1950~1980

컴퓨터와 두뇌는 모두 지능이 뛰어나긴 하지만 이 둘을 나란히 비교해 보면, 컴퓨터가 훨씬 더 똑똑한 것 같다. 컴퓨터가 1초라는 짧은 시간 동안 가상 공간에서 막대한 양의 지식을 불러오는 능력(대표적인 예는 엄청난 검색 엔진인 구글이다)은 인간 정신의 능력을 훨씬 능가한다. 그럼에도 불구하고, 상상할 수 있는 가장 강력한 컴퓨터라도 결코 사랑에 빠질 수 없고, 한 줄의 시도 쓸 수 없고(시를 알지 못한다), 농담도 할 수 없으며, 장미 꽃 냄새도 맡을 수 없고, 우리의 일상생활을 채우는 여러 가지 평범한 일들도 할 수 없다. 그리고 앞으로도 역시 하지 못할 것이다. '두뇌가 컴퓨터'라는 메타포는 언젠가 그 유효성이 분명히 없어지겠지만, 그 시기는 이 메타포가 심오한 통찰력을 많이 제공한 다음일 것이다. 먼저 간단하게나마 컴퓨터 메타포가 왜 그렇게 설득력이 높은지를 생각해 보자. '두뇌 영역 지도'에서 '컴퓨터' 메타포로의 변화는 눈으로 볼 수 있는 두뇌의 거시적인 구조를 연구하는 것에서 미시적인 구조를 연구하는 것으로 변화한 데 따른 것이다. 이러한 변화는 이미 오래전에 예고되었다. 1872년 이탈리아 생물학자 카밀로 골지 Camillo Golgi는 아름답고 복잡하게 조화를 이루고 있는 두뇌의 신경 연결망을 '발견했다.'

두뇌 내부 구조의 가장 놀라운 특징은 두뇌를 반으로 절단했을 때, 안쪽 중심의 하얀 물질과, 바깥 표면의 얇고 주름진 회색 물질층으로 뚜렷하게 구분된다는 것이다. 두뇌는 놀라움의 연속이지만 그중 가장 놀라운 사실은 하얀 물질 전체가 두뇌의 한 부분을 다른 부분과 연결하는 신경섬유로 이

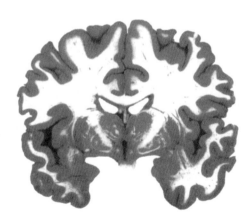

그림 8-2 이 두뇌 단면도는 중심 부분의 '하얀' 물질을 보여준다. 이 부분은 각 부분을 연결하는 수십억 개의 신경섬유로 이루어져 있으며, 감각 정보를 수신하고, 근육에 명령을 전달한다. 모든 정신활동, 곧 두뇌가 '수행하는' 모든 일은 두뇌 표면의 얇은 '회색 물질' 층(두께가 0.3센티미터이다)에서 일어난다.

루어진다는 점이다. 따라서 두뇌가 하는 모든 일, 즉 보는 것, 사고하는 것, 느끼는 것, 추론하는 것 등 인간의 모든 정신생활이 두께 0.3센티미터인 얇고 주름진 회색 물질층에서 '일어나며' 이 주름진 층을 깨끗하게 펴면 중간 크기의 냅킨 네 장 정도 크기이다.

19세기 중반 현미경을 통해 들여다보던 생물학자들은 이전에는 숨겨져 있던 심장, 폐, 뼈, 치아, 근육 조직의 복잡한 구조(이 조직들은 가장 복잡하고 미세했다)를 발견했지만 두뇌 조직은 발견하지 못했다. 두뇌 조직은 단지 하얀 원형질 덩어리처럼 보였다. 어느 날, 이전에는 감추어져 있던 이런 두뇌 조직을 조사하는 열정에 사로잡혀 있던 카밀로 골지는 자신의 부엌을 작은

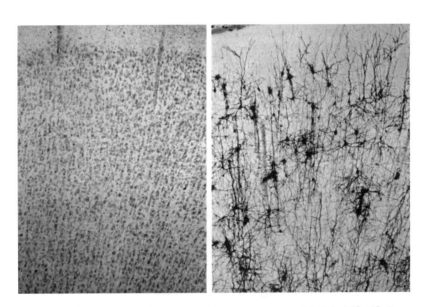

그림 8-3 깜짝 놀랄 만큼 복잡하게 연결된 신경 연결망이 토끼의 시각 대뇌 피질을 찍은 두 장의 미시적인 그림에 잘 나타나 있다. 왼쪽 그림은 수천 개의 개별 신경세포의 핵(검은 점)을 착색한 것이고, 오른쪽 그림(골지와 같은 방식으로 착색했다)은 100개와 연결된 하나의 뉴런을 보여준다. 각 뉴런은 수많은 연결망으로 서로 연결된다. 이러한 풍부하고 밀도 높은 두뇌 회로와 마이크로 프로세서 '칩'의 설계를 비교해 보면 두뇌의 작용이 컴퓨터의 그것과 유사해 보일 수도 있다.

실험실로 바꾸어 두뇌 조직의 일부를 우연히 질산은 용액이 담긴 용기에 집어넣었다. 며칠 후, 그 조직을 다시 꺼내 잘게 썰어서 현미경으로 관찰하자, 그 하얀 원형질 덩어리는 마치 마술을 부린 것처럼 엄청나게 복잡한 신경 연결망이 되어 있었다. 알려지지 않은 이유 때문에, 질산은 착색은 결코 뚫을 수 없을 정도로 얽힌 덩어리의 수많은 뉴런 중에서 100개의 뉴런과 연결된 한 개의 뉴런을 '포착해 냈다.' 뉴런이 가지를 뻗어 연결된 모양이 겨울날 하늘에 비친 나뭇가지처럼 선명하게 나타났다.

수년 후, 스페인의 현미경 관찰자 라몬 카할Ramon Cajal이 말했다. "한 번 보는 것으로 충분했다. 나는 아연실색하여 현미경에서 눈을 뗄 수 없었다. 모든 것이 투명 종이에 먹으로 스케치한 것처럼 뚜렷했다. 두뇌 조직을 오랫동안 바라보면서 이렇게 복잡하게 얽힌 것을 아무리 풀려고 노력해도 아무런 성과를 얻지 못할 것이라고 생각했었지만, 이제는 정반대로 모든 것이 도표처럼 분명하고 뚜렷했다."

그 후, 생물학자들은 더 큰 배율의 현미경을 사용하여 개별 뉴런이 가장 작은 틈(시냅스)을 사이에 두고 수천 개의 다른 뉴런과 연결되어 셀 수 없을 정도의 방대한 연결망을 만들어내는 것을 발견했다. 카밀로 골지는 자신의 발견이 가진 온전한 의미를 거의 이해하지 못했을 것이다. 왜냐하면 전기 회로의 소형화(이것은 복잡한 신경 연결망과 아주 비슷하다)는 훨씬 후에야 나타났기 때문이다. 1948년 가장 소량의 전류를 승압시킬 수 있는 트랜지스터가 발명되고 난 후에야 두뇌 회로(아마존 열대우림의 나무 수와 비슷한 수십억 개의 뉴런과 수조 개의 시냅스를 이용한다)가 아마 컴퓨터와 비슷하게 작동할 것이라고 생각하게 되었다.

곧이어 1950년대 중반, 미국 랜드 사에서 일하던 허버트 시몬Herbert

Simon과 앨런 뉴웰Allan Newall이 컴퓨터 프로그램을 만들었다. 이 프로그램은 인간 능력과 유사한 방식으로 작동하는 논리 법칙을 증명하여 언젠가 두뇌의 회색 물질 속에 있는 뉴런의 광대한 상호 연결망을 궁극적으로는 전산화된 정보 처리 기계로 생각할 수 있게 하였다.

그리하여 사람들은 '정신의 컴퓨터 이론'에 도달하였고, 철학자이자 신경과학자인 레이몬드 탈리스Raymond Tallis가 이를 분명하게 요약했다.

컴퓨터는 아주 폭넓은 의미에서, 이른바 '정보'라는 것을 처리하는 기계이다. 이 일을 수행하기 위해서 컴퓨터는 정보를 입력할 수 있는 입력 장치(예를 들어, 키보드)가 있어야 하고, 컴퓨터의 계산 결과를 표현할 수 있는 출력 장치(예를 들어, 화면)가 있어야 한다. 이 두 가지 사이에 정보를 처리하는 중앙처리 장치CPU가 있다… 이 장치는 현재 입력된 자료와 이전에 입력된 자료를 처리하고, '기억 장치'에 이를 저장한다.

인간 두뇌와의 유사성은 매우 설득력이 있으며 무시할 수 없다. 신체의 입력 장치는 촉각, 시각, 청각, 체온 감지 기능 등이고, 신체의 출력 장치는 가시적인 운동과 비가시적인 생리적이고 생화학적인 조절이며, 이것들은 입력에 따라 반응하면서 일어난다. 두뇌의 가장 높은 차원은 중앙처리 장치와, 이전에 입력된 정보와 프로그램이 저장된 기억 장치로 구성된다. 뉴런이 연결되는 방식은 전기회로 기판의 배선에 해당한다.

요즘은 두뇌를 극히 뛰어난 컴퓨터 형태로 생각하는 사고방식에 익숙해져 있기 때문에 이러한 지능형 기계(이것은 또한 충분히 정신작용을 설명할 것이다)의 발명 가능성을 처음 생각했던 초기 선구자들의 환희를 상상하기 힘들다. 정보를 처리하는 두뇌의 능력은 정말 놀랍다. 의사소통 전문가 찰스 존서

Charles Jonscher는 이렇게 썼다. "우리는 머릿속에 한 대의 컴퓨터 능력만을 갖고 있지 않다. 인간의 두뇌에는 200억 개 이상의 컴퓨터가 있다고 해야 제대로 비교한 것이다. 두뇌의 복잡성은 정말 상상하기 어려울 정도이다." 두뇌는 초당 1,000조 번의 계산 능력을 갖고 있는 것으로 추정되며 이는 자신의 행동을 '계산'하는 가장 발달된 슈퍼컴퓨터의 능력보다 훨씬 더 뛰어나다. 그러나 컴퓨터 메타포의 가치는 직접적인 비유라기보다는 '두뇌 영역 지도'와 마찬가지로 두뇌와 정신 사이의 심오한 신비로운 관계가 적어도 부분적으로는 해결될 수 있다는 전망을 보여준다. 여기에서 인간 정체성의 두 가지 주요한 결정 인자인 자연과 양육은 인간 정신의 특성을 출생 때 두뇌의 신경회로 속에 '하드웨어적으로 장착'시키고, 경험과 성장의 '소프트웨어'를 프로그래밍함으로써 그것을 더 정교하게 만드는 것과 각각 (정확하지는 않지만) 대응한다.

자연―두뇌를 '하드웨어로 장착시키다'

인간의 개성을 '자연'과 '양육'의 적절한 혼합으로 보는 개념은 19세기 후반, 이미 언급한 빅토리아 시대의 박식가이며 찰스 다윈의 사촌인 프랜시스 갈톤까지 거슬러 올라간다. 그는 이렇게 말했다. "자연nature과 양육 nurture이라는 말은 아주 편리한 운율이 느껴지는 단어들이다. 인간의 개성은 이 두 가지 표제어에 따라 구분되고, 이 두 가지의 셀 수 없는 다양한 요소들로 이루어지기 때문이다."

갈톤은 (부모로부터 동일한 유전자를 공유한) 일란성 쌍생아와 (부모로부터 동일한 유전자를 공유하지 않은) 이란성 쌍생아의 특성을 비교함으로써 자연과 양육 각각의 기여를 평가하기 위한 '쌍생아 연구'의 독창적인(비록 간단하긴 하지만) 방법을 제안했다. 그가 발견한 내용은 너무나 명확해서 당혹스러울 정도이다.

그는 이렇게 썼다. "자연이 양육보다 훨씬 더 우세한 것이 틀림없다. 일란성 쌍생아는 외모뿐만 아니라 질병, 성격, 관심이 일생 동안 비슷하게 나타난다. 이와 반대로 이란성 쌍생아는 그들이 성장함에 따라 점점 더 달라졌다… 내가 두려워하는 것은 이 증거가 너무나 많은 것을 입증해 주기 때문에 믿기지 않을 정도라는 것이다."

그로부터 100년이 지난 1980년대, 미국인 심리학자 토머스 부샤드Thomas Bouchard는 갈톤의 방식을 다듬어 출생 때부터 떨어져서 다른 사회 환경에서 성장한 39쌍의 일란성 쌍생아를 연구했다. 연구 대상에는 정원사에게 입양된 딸인 바버라와 야금학자에게 입양된 다페인이라는 쌍생아가 포함되었다. 바버라가 처음으로 자신이 쌍둥이라는 사실을 어렴풋이 알아챈 것은 연금에 가입하기 위해 출생 증명을 확인했을 때였다. 그녀는 의사가 자신의 출생 시간을 적어두었다는 사실을 알았다. 영국에서는 이런 방식을 사용하여 쌍둥이를 구별한다. 그녀는 거의 40년을 따로 산 후에야 드디어 일란성 쌍둥이를 런던의 킹스 크로스 역에서 만났다.

두 사람은 베이지 드레스와 갈색 벨벳 자켓을 입고 있었다. 그들은 똑같이 구부러진 작은 손가락(이 작은 결함 때문에 그들은 타이핑을 배우거나 피아노 연주를 할 수 없었다)을 잡고서 서로 인사를 나누었다. 그들은 자신들이 정말 똑같이 검소하고, 어릴 때 소녀단원이었으며, 푸른색을 가장 좋아하고… 코를 벌렁거리는 이상한 습관 때문에 '코훌쩍이'라 불리며, 블랙커피와 냉커피를 좋아한다는 것을 발견했다. 그들은 모두 16세 때 결혼할 남자를 만났다. 두 사람은 그들이 아는 어떤 다른 사람보다 더 많이 웃었다.

따로 양육된 일란성 쌍생아들 사이의 이런 놀라운 유사성은 많은 주목을 받았다. 부샤드는 이러한 유사성과 단순한 일치를 구분하기 위해 유전적으로만 상속될 수 있는 성격의 특성을 보여주는 심리 검사를 실시했다. 그의 연구 결과는 갈톤이 예상했던 것을 훨씬 더 능가했다. 개인 성격 차이의 40퍼센트 이상(체중과 동일한 정도의 유전 상속 가능성)이 유전적 요인에, 10퍼센트가 가족 양육의 영향에, 25퍼센트가 장기간의 아동기 질병, 학교 교육의 질과 같은 삶의 우연한 사건에 각각 기인했다. 부샤드는 어떤 특성이 다른 특성들보다 더 유전적 성향이 강할 것이라고 가정했지만, 거의 예외 없이 연구 결과는 한결같았으며, 모든 것이 대부분 유전적으로 상속되며, 일란성 쌍생아는 비일란성 쌍생아보다 훨씬 더 비슷했다.

갈톤이 옳았다. 사람의 성격은 자신의 유전형질에 깊이 뿌리박혀서 정신의 특성이 두뇌의 신경회로에 '하드웨어적으로 장착'되는 것처럼 보인다. 이중 나선구조 유전자의 공동 발견자인 제임스 왓슨은 아주 많이 인용되는 구절에서 이렇게 말했다. "우리는 자신의 운명이 별에 있는 것으로 생각했었다. 이제 우리는 그것이 대부분 유전자에 있다는 것을 안다." 하드웨어적으로 고정되는 것은 비단 성격적 특성만이 아니다. 많은 독특한 인간의 특성(그중 가장 뚜렷한 언어 능력)이 '하드웨어적으로 장착된' 두뇌의 모듈과 비슷하게 유전되기 때문에, 아이들은 모든 단어가 잠재적으로 다양한 의미를 가지는 상황에서도 언어의 구문과 문법을 선택할 수 있는 것이다.

심리학자 로렌스 허시펠드Lawrence Hirschfeld는 말한다. "아이들이 문법 구조 없이 단어의 의미를 배우는 것은 통계 조사 보고서에 수록된 사실을 조사함으로써 자연 법칙을 발견하려는 외계인과 유사하다. 이 둘은 수많은 가설을 검토하여… (있다 해도) 거의 드물게 그리고 단지 우연하게 의미 있는 지식을 얻게 될 암울한 운명이다."

언어학자 노암 촘스키는 (앞서 설명했다시피) 아이들이 '언어 습득 장치', 즉 주위에서 재잘거리는 소리를 이해할 수 있는 신경회로 모듈을 지니고 태어나는 것이 틀림없다고 주장했다. 동일한 사고방식이 음악, 수학, 얼굴을 알아보는 능력, 원인이 결과를 발생시킨다는 것을 이해하는 능력에 적용될 수 있다. 이 모든 것에는 각각의 능력별로 전문화된 신경회로 모듈이 필요하다. 더 나아가, 눈을 통해 두뇌로 들어가는 정보가 충분하지 않기 때문에 두뇌는 '외부' 세계의 모든 측면, 즉 색깔, 형태, 사물이 3차원 공간에 존재하는 방식을 파악할 수 없다. 따라서 두뇌는 시각을 위한 '하드웨어적' 장치를 갖고 있음에 틀림없다. 요컨대, 두뇌는 세계의 '작동' 방식에 대한 지식을 선천적으로 갖고 태어나야만 한다.

실리콘밸리의 가장 훌륭한 컴퓨터 설계가들은 인간의 태아가 자신의 미래의 정신에 필요한 하드웨어적 회로를 만드는 규모나 정확도를 단지 상상만 할 수 있을 뿐이다. 태아는 자궁에서 9개월 동안 머물면서 1분당 평균 2만 5,000개의 새로운 뉴런을 만든다. 총 1,000억 개의 뉴런을 만들고 각 뉴런은 다른 1,000개의 뉴런과 연결되어 아찔할 정도로 많은 100만 조 개의 연결망을 만든다. 신경회로의 정확성에 대해 말하면, 각 뉴런은 나무가 빽빽이 들어찬 아마존의 열대우림과 같은 두뇌를 가로질러 자신의 '연결' 대상을 찾아 이동한다. UCLA 의과대학 정신의학 교수인 제프리 슈와르츠 Jeffrey Schwartz는 이것을 '아기가 뉴욕에서 시애틀까지 기어가서, 아기가 맨해튼을 떠날 때 도달하도록 운명 지어진 정확한 동네와 거리와 집을 찾는 것'에 비유했다.

누구도 어떻게 이런 일이 일어나는지 설명할 수 없다. 수십억 개의 뉴런을 안내하고 100만조 개의 시냅스 연결망(이를 통해 성격, 언어와 인식 모듈, 그 외 다른 많은 것들이 두뇌에 '하드웨어적'으로 장착된다)을 형성하게 하는 '지침'은 우리가 앞에서 보았듯이, 아주 적은 수천 개의 유전자에 담겨져 있다. 이해할 수 없지만 사실이다. 인간의 유전체와 영장류의 유전체를 구별시켜 주는 2퍼센트의 차이는 인간의 두뇌를 영장류보다 세 배 더 크게 만들 뿐만 아니라 측정할 수 없을 정도로 더 강력하고 유능한 정신을 만들어낸다.

양육-두뇌를 '프로그래밍하다'

이제 우리는 프랜시스 갈톤의 '편리한 운율'의 두 번째 요소, 즉 인간의 개성을 결정하는 양육의 형성적인 영향력 또는 (컴퓨터 메타포를 따른다면) 가장 넓은 의미의 '문화'가 유전적으로 결정되어 물리적으로 장착된 두뇌회로를 프로그래밍하는 방식(이로 인해, 꼬마 텍산이 자라서 성인 텍산이 되지만, 만약 그가 다른 장소와 시대에 있었다면 다른 사람이 되었을 것이다)에 대해 알아볼 차례이다. 그러나 문화는 자신을 거침없이 프로그래밍하는 어린 두뇌만큼 많은 것을 프로그래밍하지는 않는다. 어린 두뇌는 경험하는 모든 것을 그대로 받아들이고 자신 안으로 통합시킨다. 어린 두뇌의 이러한 '신경 형성력neuroplasticity'(주어지는 요구에 대응하여 자신의 구조를 바꾸는 능력)은 아이들이 한 사회에 태어나서

각기 다른 곳에서 양육되지만 자신의 유전형질에 상관없이 그 사회의 언어, 습관, 가치관을 습득하는 예에서 가장 명백하게 나타난다. 미국 인류학자 애슐리 몬태규Ashley Montagu는 미국의 초기 정착 사회에서 토착 원주민들에게 유괴된 아이들이 어떻게 완전히 인디언화되었고, 그 후 다른 사람들이 아이들의 기원을 그들에게 알려주는 방법 이외에는 아이들이 자신의 실제 혈통을 알지 못했다고 보고한다. 이와 마찬가지로, 전후 수년 동안 10만 명의 한국 아동들이 가장 규모가 큰 다문화 입양 프로그램에 의해 미국 가정에 입양되었을 때, 그들은 단 한 세대 만에 완전히 '미국인화' 되었다.

이와 같이 양육의 형성력은 아주 명백하지만 그것의 생물학적인 기초(예를 들어, 어린 두뇌가 영어 또는 한국어의 타당한 구문과 문법을 물리적으로 장착된 언어 모듈에 프로그래밍하는 방법)는 1963년까지 모호한 채로 남아 있었다. 1963년 하버드 의대의 데이비드 허블과 토르스튼 위즐Torsten Wiesel은 갓 태어난 고양이의 오른쪽 눈꺼풀을 꿰매고 6주 후에 그 결과를 관찰했다.

우리는 새끼 고양이의 시각 능력을 대략적으로 알고 싶었다. 우리는 꿰맨 오른쪽 눈을 열고, 왼쪽의 정상적인 눈에는 불투명한 콘택트 렌즈를 달았다. 정교한 시력 검사는 필요 없었다. 새끼 고양이를 탁자 위에 놓자, 더듬으면서 탁자 끝으로 가더니 바닥에 깔아 놓은 쿠션으로 떨어졌다. 이것은 자기를 돌볼 줄 아는 새끼 고양이라면 결코 일어나지 않는 일이다. 우리는 그것을 사실상, 새끼 고양이의 꿰맨 눈이 시력을 상실했다는 명백한 증거로 받아들였다.

불쌍한 새끼 고양이를 죽여서 두뇌를 잘라 관찰한 결과, 꿰맨 오른쪽 눈과 연결되는 시각 대뇌 피질의 신경세포가 창백해진 것을 보고 그들은 '깜짝

놀랐다.' 현미경을 통해 면밀히 조사한 결과, 그 부위의 신경 연결망이 '죽어 있었다.'

이런 작은 과학적인 주제를 다룬 단순한 실험에는 더 많은 것들(충분히 예상할 수 있지만 아주 놀라운 것들)이 담겨 있다. 양육의 심오한 영향력은 앞의 경우에서처럼, '경험'이 두뇌의 물리적 구조에 직접적으로 영향을 미친다는 것을 전제하기 때문에 예상된 것이었다. 그러나 허블과 위즐이 수행한 구체적인 실험 결과는 정말 놀라운 현상을 보여주었다. 즉, 우리의 시각 능력은 우리의 감각기관에 새겨지는 외부 세계의 장면과 소리가 발생시키는 전기적 충격, 그리고 시각 대뇌 피질의 신경회로를 '프로그래밍'하는 과정을 통해 만들어진다는 것을 보여주었다. 혹자는 '문화'(어머니의 사랑, 자녀들 간의 경쟁, 집에 있는 책)라는 다른 형성력이 그 자신을 어떻게 두뇌의 신경회로에 각인시키는가 하고 당연히 질문할 것이다.

허블과 위즐의 눈먼 고양이 새끼가 탁자에서 굴러 떨어진 예에서 알 수 있는 것보다 엄청나게 더 많은 신경 형성력 현상이 존재한다는 것이 밝혀졌다. 필요하다면, 양육은 정신의 특성을 자신이 바라는 두뇌의 일부로 프로그래밍할 수도 있다. 이것은 1980년대 초반, 존스 홉킨스 의대 소아 신경외과 의사들이 난치성 간질에 걸린 아이들을 치료하기 위해 손상된 두뇌의 절반을 제거하는 '절체절명'의 수술을 할 때 가장 명백하게 드러났다. 그들은 이 수술로 인해 아이들에게 사지 마비나 언어 상실이 발생할 것이라고 예상했지만 결과는 반대였다. 그 선구적인 수술에 참여한 한 사람이 말했다. "우리는 항상 놀란다. 수술을 받은 아이들은 달리고, 점프하고, 이야기하고, 학교에서 잘 지내면서… 정상적인 생활을 하고 있다. 두뇌의 절반을 제거한 아이들이 겪는 가장 큰 문제는 주변시(시선의 바로 바깥쪽 범위)와 몸 한쪽의 정교한 운동 능력에 약간의 장애가 있는 것이다."

이와 동일한 놀라운 신경 형성력이 유아기에 발생한 두뇌 구조의 거대한 결함을 보이는 아주 일반적인 성인들에서도 점차 많이 관찰되고 있다. 나무와 충돌한 후 혼수 상태에 빠져 병원에 입원한 55세의 튼튼하고 건강한 트럭 운전사의 두뇌 영상 사진을 보면, 액체로 가득 찬 거대한 낭종이 두뇌의 앞부분 3분의 2를 채우고 있고, 반면 그의 전두엽과 두정엽, 측두엽은 사라지고 없었다. 어린 두뇌가 상실된 이런 주요 부분을 성공적으로 대체하는 놀라운 능력은, 제프리 슈와르츠가 표현했듯이, 두뇌가 '전체 신경 조직이라는 대지를 다시 재구획하여 한 가지 목적에 할당된 일부 토지를 다른 목적을 위해 재개발할 수 있음이 틀림없다는 것'을 보여준다.

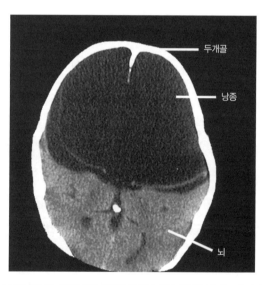

그림 8-4 놀라운 형성력. 55세 트럭 운전사의 두뇌 영상 사진은 날 때부터 생겨서 손을 쓸 수 없을 정도로 거대해진 낭종 때문에 전두엽과 두정엽이 사라진 모습을 보여준다. 유아기와 아동기 때, 그의 두뇌는 이성, 예측, 상상 기능이 남아 있는 '두뇌 조직'으로 재배치되었을 것이다.

이러한 신경 형성력은 더 미약한 형태이긴 하지만 성인이 되어서까지 지속된다. 성인의 두뇌는 다른 인지 능력의 민감도를 '알맞게 조정' 함으로써 시력 상실과 같은 신체 손상에 대응한다. 시력 상실이 시작된 후 수주 이내에 촉각에 관련된 감각 대뇌 피질의 일부가 이제는 남아도는 시각 대뇌 피질로 상당 부분 잠식한다. 그리하여 브라유식 점자 책 위를 미끄러지는 손가락이 책 표면에 솟은 점을 '읽을 수' 있다. 이에 더하여 두뇌는 단지⑴ 손상에 적응하는 일 이상을 하고 있음이 분명하다. 포위당한 도시의 사령관이 방어선을 유지하려고 노력하는 것처럼, 두뇌는 기능을 수행하는 통합적인 전체로서의 본래 모습을 보존하며, 외상으로 잃어버린 좌반구나 측두엽의 발달 실패에 대처하기 위해 손상된 정신의 기능을 손상되지 않은 신경 회로에 재할당한다.

이 시점에서 컴퓨터 메타포는 보기 좋게 '무너진다.' 분명, 양자 간의 유사점은 여전히 상당한 설득력을 갖고 있다. 두뇌는 엄청난 정보 처리 기계이며 비슷한 회로로 만들어져 있다. 그리고 뉴런의 두 가지 방식, 즉 '자극' 또는 '억제' 는 인간이 만든 컴퓨터의 이진법에 대응된다. 컴퓨터가 더 강력하고 정교해질수록 아마도 더 인간적이고 지능화될 것이다. 대표적인 예는 1996년 IBM 컴퓨터 '딥 블루' 가 타의 추종을 불허하는 세계 체스 챔피언 게리 카스파로프와 여섯 게임 경기에 도전하여 승리한 것이다.

그러나 컴퓨터가 숫자를 처리하고 장기 말을 옮기는 능력과 인간의 정신이 대화를 하거나 행복이나 슬픔을 느끼거나 어떤 행동을 하는 능력은 전혀 다른 것이다. 엄밀하게 따져보면, 컴퓨터 메타포의 의미는 예상한 것과 정반대이다. 더 엄밀하게 비교할수록 두뇌는 더욱더 놀랍고 컴퓨터와 다르다는 것이 드러난다.

디지털 컴퓨터의 성공은 컴퓨터 연산의 엄밀한 논리, 즉 불확실성을 제거하는 능력을 통하여 동일한 단계를 거치면 항상 같은 결과에 확실히 도달하는 데 있다. 컴퓨터는 오직 흑과 백의 세계만 안다. 컴퓨터는 계산 능력에 영향을 줄 수 있는 외부 간섭의 근원에서 완전히 단절된 회로에 의존한다. 이와 반대로 인간 두뇌의 정보 처리는 끊임없이 유동적이다. 왜냐하면 두뇌는 감각기관을 통해 매 순간 엄청난 '감각 정보'를 받아들이고, 그에 따라 행동을 표출하고, 자신의 '계산 결과'를 살아 있는 표면에 기록하는데, 이것은 바로 필기하는 행위와 동일한 것이다.

컴퓨터 메타포에 대한 신뢰 상실은 (비록 의도하지는 않았지만) 그 메타포가 가장 기본적인 사실과 가장 기초적인 두뇌 작용 구조에 관한 우리의 지속적이고 심오한 무지를 어떻게 은폐시켰는지 되돌아보게 한다. 첫째, 컴퓨터 메타포는 10여 개의 연결선이 있는 컴퓨터 칩의 회로와 단 한 개의 뉴런에 수천 개의 시냅스가 연결된 두뇌 사이의 엄청난 차이를 보지 못하게 한다. 이러한 복잡성의 엄청난 차이는 또한 각각의 기능에도 반영된다. 왜냐하면 슈퍼 컴퓨터 딥 블루와 같은 가장 발달된 컴퓨터가 수행하는 일은 두뇌가 놀라운 외부 세계에 접촉하여 반응하면서 수행하는 '상상하기 힘든 수준'의 정보 처리와 비교할 때, 아무것도 아니기 때문이다.

철학자 레이몬드 탈리스는 이렇게 썼다. "우리는 사전 경고나 준비 없이 대상을 인식할 수 있으며(가령, 오랫동안 본 적이 없는 사람의 얼굴) 다양한 각도와 거리에서 대상을 볼 때에도 즉각적으로 확실히 인식하고, 우리가 결코 전에 만난 적이 없는 빛과 배경 속에서도 대상을 식별한다. 이것은 우리가 상상할 수 있는 컴퓨터(컴퓨터는 관련 데이터를 불러오고 그것을 이용하여 인식 과정을 시작한다)의 능력을 완전히 초월하는 것이다."

두 번째, 시냅스의 단조로운 전기자극이 어떻게 무한할 정도로 풍요로운 인간 정신으로 전환되는지에 관한 핵심적인 수수께끼는 여전히 풀리지 않는다. 시각 대뇌 피질의 전기자극이 창문을 통해 보이는 대로 나무와 새의 영상을 만들어내고 청각 대뇌 피질이 계속 변하는 새소리를 그대로 만들어내는 전기자극의 패턴 속에 어떤 '암호'가 분명히 숨겨져 있다고 추정할 수밖에 없다. 아울러, (가령) 무지개의 색깔, 단어, 음표, 비틀즈 노래의 가락과 음량 등 무한한 대상을 분리해 내고 구별할 수 있는 또 다른 '더 깊은' 암호가 존재하는 것이 틀림없다. 하지만 그 암호가 어떤 형태인지는 도저히 상상할 수 없다.

컴퓨터 메타포가 우리를 기만하는 또 다른 부분은, 필요할 경우 두뇌는 자신의 기능을 한 두뇌 영역에서 다른 두뇌 영역으로 재배치하여 다양한 특성을 가진 통합적인 기관으로서 계속 기능을 수행할 수 있는 능력이 있다는 점이다.

컴퓨터 모델의 한계는 두뇌에는 새로운 메타포가 절실히 필요하다는 것을 보여준다. 그러나 과연 그것이 무엇일까? 런던 신경학 연구소의 신경 생물학자이며, 두뇌를 파헤치는 이 역사적인 이야기의 세 번째이자 마지막 부분의 핵심 인물인 칼 프리스턴Karl Friston은 다소 산문적인 어투로 연못의 잔물결을 새로운 메타포로 제안한다.

런던 동물원의 연못가에 서서 칼 프리스턴은 하버드 심리학자 스테판 코슬린Stephen Kosslyn에게 두뇌에 대한 새로운 시각을 설명했다. 전통적인 사고방식에 따르면, 두뇌는 일종의 컴퓨터로서 초당 수십억 개의 입력 자료를 처리하여 의식 상태로 출력한다. 그러나 사실, 두뇌는 새로운 입력 자료가 기존의 상태에 폭넓은 파문을 일으키는 것처럼 움직인다. 연못을 떠올리면 그것을 더 잘 이해할 수 있다. 두뇌는 수면과 같고, 두뇌의 신경회로는 일정한 긴장 상태를 빈틈없이 유지하고 있다. 그때 당신이 조약돌을 연못에 던지면(이것이 당신의 감각 정보이다) 잔물결과 같은 활동이 즉시 일어난다. 이 무늬들은 조약돌이 수면에 부딪히는 방식에 대해 어떤 것을 말해준다. 그러나 그것은 그이전에 던져진 조약돌이 남긴 잔물결과 섞인다. 모든 것이 연못가에 부딪혀 반향을 만들기 시작한다.

프리스턴의 메타포는 그 의도에서 있어서 '두뇌 영역 지도'나 '컴퓨터'와는 질적으로 다르다. 그것은 두뇌활동의 세부내용을 명료하게 설명하는 데 과도하게 집착하지 않음으로써 두뇌 작용에 관해 근본적으로 다른 사고방식을 제안한다. 두뇌는 이제 더 이상 고정된 신경회로의 전기자극을 통해 외부 세계에 반응하는 것이 아니라, 매 순간마다 '외부' 세계를 포착하는 힘을 발휘할 수 있는 놀라운 유동성을 갖고 있다. 우리는 이제 '새로운 사고방식'과 이 사고에 불을 붙였던 PET 스캐너 기술의 발달(제1장에서 언급했다)에 대해 알아보자.

신경과학의 혁명: 1980~2000

매주 과학 학술지를 가득 채우는 수많은 연구 속에서 우리의 세계관을 바꿀 극소수의 연구를 찾는다는 것은 항상 어려운 법이다. 그러나 1988년 2월 〈네이처〉지에 실린 논문에 발표된 '활동 중인' 두뇌를 최초로 관찰한 연구는 그 의의가 확실하다. 그 논문 제목 「대뇌 피질의 단어 처리방식에 관한 PET 연구」는 다소 모호해 보인다. 공동 저자인 미주리 주 워싱턴 의과 대학 소속의 심리학자 마이클 포스너Michael Posner와 방사선학자 마커스 라이클Marcus Raichle은 그 당시에는 알려진 인물이 아니었고, 그들이 PET 스캐너를 이용해 조사한 현상(한 단어를 반복할 때 나타나는 두뇌활동 패턴)은 평범한 것이었다. 그러나 포스너와 라이클이 처음으로 인간 사고와 언어의 주관적이고 개인적인 영역과 과학의 객관적으로 측정 가능한 영역을 통합시킴으로써 브로카 시대 이후로 두뇌에 대한 과학 연구를 항상 방해하던 그리고 극복할 수 없을 것 같았던 장벽을 뚫었다. 즉, 두뇌 밖에서가 아니라 두뇌 안에서 두뇌를 정밀하게 조사할 수 있게 되었다.

포스너와 라이클이 '활동 중인' 두뇌를 단순히 관찰만 한 것은 아니었다. 그들은 신경과학을 '주목받는 대단한 학문'으로 바꾸었다. 깨끗하고 정교한 현대 스캐너 기계와 컴퓨터가 종래의 조야한 뇌 연구 방법을 대체했다. 종래의 연구자들은 동물 권익 옹호자들의 주의를 피하기 위해 요새 같은 실험실에서 동물 실험에 거의 의존했다. 허블과 위즐이 새끼 고양이의 한쪽 눈을 꿰맨 것은 수많은 실험 동물(고양이, 개, 쥐, 원숭이, 다른 영장류들)이 과학의 이름으로 가장 끔찍한 학대를 당한 것(실험 동물을 줄로 의자에 묶은 뒤 두개골을 조금 쪼개어 열고 전극을 집어넣었다)에 비하면 심한 경우가 아니었다.

과학 저술가 존 맥크론John McCrone은 말한다. "천문학자들은 우주의 기원을 탐구하기 위해 외딴 산꼭대기에 거대한 망원경을 건설하였다. 공학자들은 달로 로켓을 쏘아 보냈다. 그러나 두뇌 연구자들은 어쩔 수 없이 음지에 숨어서 사람들의 이목을 별로 끌지 않기를 바랐다. 그들은 마취된 고양이가 강철 틀에 매달려 있고, 부드러운 호흡 동작이 머리에 박힌 전극의 위치에 지장을 주지 못하도록 폐에 구멍을 뚫은 모습을 찍으라고 텔레비전 카메라를 초청할 수는 없었다. 또 원숭이의 운동 중추 대뇌 피질 일부를 제거하고 몇 달이 지난 후, 그 원숭이가 좁은 틈새로 자신의 손을 집어넣으려고 노력하지만 계속 실패하는 모습을 촬영하게 할 수는 없었다."

새로운 스캐닝 기술을 구현하는 하드웨어의 비용은 매우 비싸다. 수백만 파운드에 달하는 기계뿐만 아니라 물리학자, 공학 기술자, 컴퓨터 프로그래머 등 그 기계를 운영하는 여러 사람들도 필요하다. 그러나 포스너와 라이클의 예에서 볼 수 있듯이 연구 자체는 동물 실험과 비교할 때 '깨끗하고', 아울러 수개월 이내에 솔직하게 연구 계획을 구상하여 실행하고 연구 보고서를 작성할 수 있다. 예전에는 대학의 윤리위원회로부터 새로운 원숭이 실험 허가를 받아내는 데만 수개월이 걸렸다. 새로운 연구 방법에는 헤아릴 수 없이 큰 장점이 있다. 이 방법은 여러 가지 일을 수행할 때 두뇌가 '활동하는' 모습을 아름답고 선명한 컬러 영상으로 제공할 수 있으며 과학자뿐만 아니라 일반인도 쉽게 이 영상을 이해할 수 있다.

만약 새로운 스캐닝 기술이 두뇌 작용에 대한 매혹적이고 예기치 못한 일련의 영상을 제공하지 못했다면, 신경과학은 결코 크게 발전하지 못했을 것이다. 가장 대표적인 사례가 포스너와 라이클이 '활동 중인' 뇌를 관찰한 논문을 최초로 발표한 것이다. 그들은 열일곱 명의 자원자들에게 1초당 한 단어의 속도로 화면에 나타나는 단어를 먼저 읽고 그 다음 암송하라고 요구했다. 그런 다음 그 단어와 쉽게 결합하는 다른 단어(예를 들어, '의자'는 '앉다', '케이크'는 '먹다')와 연결하여 생각하도록 요구했다. PET 스캐너는 피에

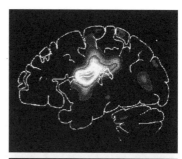

그림 8-5 '활동 중인' 두뇌는 (매우) 간단한 과제를 배운다. 맨 위의 그림은 화면에 나타난 명사 목록(가령 '의자')에 맞는 적절한 동사(가령, '앉다')를 응답한 피실험자의 두뇌를 촬영한 것이다. 중간 그림은 이 과제 수행으로 발생한 넓고 강력한 전기자극이 연습과 함께 희미하게 사라지는 모습을 보여준다. 아래 그림은 피실험자가 다른 명사 목록을 이용해 똑같이 실험했을 때 나타나는 두뇌의 모습이다.

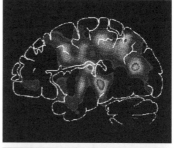

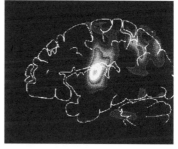

르 폴 브로카와 칼 베르니케가 처음 설명한 것처럼 언어 영역뿐만 아니라 두뇌의 넓은 영역에서 '활동하는' 것을 보여주었다. '의자'와 '앉다'라는 단어를 연결시키는 더 복잡한 일은(사실, 전혀 복잡한 일은 아니지만) 전두엽의 더 넓은 영역과 우뇌가 관련되는 것으로 밝혀졌다. 이러한 최초의 아주 단순한 실험은 언어 중추와 같이 독자적인 기능을 가진 해부학적 영역이 어떻게 '조약돌이 떨어진 연못의 잔물결'처럼 역동적이고, 통합적인 전기자극 네트워크로 모두 통합되는지를 보여줌으로써 두뇌 작용에 대한 기존의 가정을 모두 무너뜨렸다. 같은 실험 자원자들이 단어 결합 과제를 반복하여 미리 실험 과정을 알고, 그래서 적절한 대답을 자동적으로 만들 수 있을 경우, 전기자극은 사라지고 네트워크는 침묵한다. 가장 단순한 과제(일단 학습되고 나면 너무나 효율적이고 자동적으로 진행되어 두뇌 스캔 영상에 미약한 깜빡임만 나타난다)를 배우기 위해 수백만의 뉴런과 수십억 개의 시냅스가 필요할 것이라고 누가 상상이나 할 수 있겠는가?

시간이 지나면서 활동 중인 두뇌를 관찰하는 방법은 더 빠르고 정교해졌으며, 더 많은 것을 보여주었다. 10년이 흐른 후, 1998년 포스너와 라이클이 미 국립과학원의 후원을 받아 자신들의 첫 논문을 기념하면서 세미나를 개최했을 때, 신경과학자들은 인간 정신의 거의 모든 영역(인식, 특히 시각 능력, 언어, 언어 장애, 장·단기 및 몇 가지 형태의 기억, 통증과 감각의 민감도, 얼굴 인식, 개념적 지식, 예상되거나 예상치 못한 사건에 뇌가 다르게 반응하는 방식, 그 외 수많은 영역)을 조사하기 위해 스캐닝 방법을 활용했다. 라이클이 말했다. "이 연구들은 인류가 당면한 가장 중요한 과학적, 의학적, 사회적 질문에 대한 비할 데 없이 탁월한 통찰을 제공할 가능성이 있다."

세계 도처의 선구적인 연구 센터에서 쏟아지는 수많은 과학 논문을 상세히 다루는 것은 불가능한 일이지만, 정신에 대한 우리의 이해를 확실히 바꾸는, 가장 중요한 부분은 세 가지 주요한 영역이다. 그 첫 번째는 인식이다. 두뇌가 여러 감각을 통하여 어떻게 '외부' 세계를 파악하고 그것을 수십억 개의 뉴런의 전기자극으로 전환하여 우리가 직접적인 경험에서 얻는 형태, 모양, 색깔, 소리를 만들어내는가 하는 점이다. 다음으로는 인간 정신의 핵심인 기억이다. 기억은 인생의 축적된 경험과 지식을 두뇌 신경회로에 저장시키고, 몇십 년 후에 쉽게 다시 불러올 수 있다. 마지막으로 '자유 의지'라는 수수께끼(비물질적인 사고인 자유 의지는 물리적인 결과를 유발한다)는 인간의 주체 의식을 창출함으로써 우리가 그에 따라 행동하고 주변 세계에 영향을 미치도록 한다. 이 세 가지 영역을 간단히 살펴보기로 하자.

외부 세계: 순간을 인식하다

모든 과학적인 주장 가운데 우리가 받아들이기 가장 어려운 것은 우리가 사는 3차원적 세계가 우리 눈에 보이는 대로 '저쪽 외부'에 존재하는 것이 아니라 우리 두뇌의 전기자극에 의해 만들어진 것이라는 점이다. 그러나 이것은 틀림없는 사실이다. 왜냐하면 우리의 두뇌는 어두운 두개골 속에 숨겨져 있어서 감각을 통하지 않고는 객관적인 세계를 접촉할 수도 없고, 직접적으로 알 수도 없기 때문이다. 그리고 우리의 감각을 차례로 닫으면, 즉 눈을 감고 귀를 막고 코를 막으면 세계의 색깔, 형태, 소리는 사라져버린다.

아울러, 나무의 녹색과 하늘의 푸른색이 마치 열린 창문처럼 우리의 눈을 통해 흘러들어 온다는 압도적인 인상을 갖고 있지만 눈의 망막에 영향을 주는 빛의 입자가 무색이고 고막을 울리는 음파에는 소리가 없으며, 냄새 분자에는 냄새가 없다는 사실은 더욱 믿기가 어렵다. 이것들은 모두 보이지 않고 무게가 없으며 공간을 떠 다니는 물질의 입자이다. 이것들에게 색깔, 소리, 냄새를 부여하는 것은 바로 두뇌이다. 위대한 아이작 뉴턴은 그의 『광학에 관한 논문Treatise on Opticks』에서 이렇게 썼다. "빛은 정확히 말해서 색깔이 없기 때문에, 그 속에는 다양한 색깔을 느낄 수 있도록 자극하는 어떤 힘과 성질 외에는 아무것도 존재하지 않는다."

뉴턴이 지적했듯이, 우리가 경험하는 수백만 개의 색깔은 외부에서 흘러들어 온 것이기보다는 두뇌 안에서 '자극된' 것이라는 점을 증명하기는 쉽다. '어두운 곳에 있는 사람이 손가락으로 눈가를 누르면 공작새의 꼬리와 같은 다양한 색을 보게 된다.'

300년 이상 우리는 이러한 주장을 받아들이지 않았다. 현대 신경과학의 엄청난 도전은 두뇌가 어떻게 외부 세계에 대한 우리의 주관적인 경험의 순간을 만들어내는가를 설명하는 것이다. 구체적인 예를 들자면, 유명한 작가이자 환경론자인 레이첼 카슨Rachel Carson이 경험한 느낌의 단일성과 강도를 설명하는 것이다.

어느 폭풍우 치는 밤, 약 20개월 된 조카 로저를 담요에 싸서 비 내리는 어두운 해변으로 데리고 갔다. 우리가 어디에 있는지 분간조차 할 수 없는 그곳에서 거대한 파도가 우르릉거리며 몰려오고 어렴풋하게 보이는 하얀 형체가 우우우 큰소리를 치며 우리에게 달려와 거품을 쏟았다. 우리는 온전한 기쁨을 느끼며 함께 웃었다. 아기인 조카는 처음으로 바다의 거친 파도를 보았고, 나는 적어도 반평생 동안 바다를 사랑하며 가까이 지냈다. 그러나 그날, 나는 우르릉거리는 거대한 바다와 주변의 거친 밤을 보고 동일한 가슴 떨리는 흥분을 느꼈다.

감각은 밤에 몇 마일 떨어진 불빛의 깜박거림을 보거나 바늘이 떨어지는 소리를 들을 수 있을 정도로 아주 예민하다. 너무나 예민해서 수백만 종류의 색깔, 그보다 더 많은 수의 음악 소리, 수만 종류의 냄새, 한 점의 바람과 피부에 떨어지는 단 하나의 물 분자를 구별할 수 있고, 비할 데 없이 탁월할 정도로 미세한 촉감을 가진 물질 세계의 모든 미묘하고 세세한 것을 인식한다.

이렇게 극히 민감한 감각이 제기하는, 극복 불가능할 것 같은 첫 번째 문제는 감각이 어떻게 영상과 소리의 입자를 뉴런의 전기자극으로 전환하며, 그 다음 두뇌가 그러한 전기자극을 레이첼 카슨이 주관적으로 경험한 '바다의 거친 파도'로 어떻게 다시 전환시키는가이다. 물론 매우 설득력 있는 종래의 관점은 파도의 '어렴풋하게 보이는 하얀 형체'가 눈에 인식되고, 사진 감광판에 찍히듯이 두뇌의 후두엽 시각 대뇌 피질에 새겨진다는 것이다. 그러나 사실은 그렇지 않다. 현대 스캐닝 기술의 주요한 발견 중 하나는, 사실상 두뇌가 외부 세계의 이미지를 만들어낸다는 점이다.

런던 대학 신경 생물학 교수 세미르 제키는 이렇게 썼다. "과거의 신념 체계는 (두뇌) 대뇌 피질이 받아들이고 분석한 시각적 세계의 이미지라는 개념에 뿌리박고 있었다. 오늘날에는 시각적 세계의 이미지는 대뇌 피질이 적극적으로 만든 것이라는 신념을 갖고 있다."

왜 그런가? 눈의 이미지 처리 능력은 너무나 제한적이어서 '외부' 세계의 엄청난 미묘함과 복잡성을 반영할 수 없다. 이러한 한계는 쉽게 알 수 있다. 눈 자체는 끊임없이 움직인다. 눈은 하나가 아니라 두 개의 이미지를 만들어내고, 이것들은 왜곡되고 뒤집어져 있다. 우리가 볼 수 있는 유일한 방법은 유아기 때부터 축적된 두뇌 자체의 거대한 지식(두뇌의 전기자극에 의해 전달된 정보가 나타내는 것과 관련된 지식)을 활용하는 것이다.

제키는 이렇게 쓴다. "두뇌가 받아들이는 시각적 자극은 안정적인 정보 암호를 제공하지 않는다. 표면에서 반사된 빛의 파장은 위치 변화와 조명에 따라 계속 변하지만 두뇌는 대상에게 같은 색깔을 부여할 수 있다. 몸짓으로 말하는 화자의 손이 만드는 이미지는 망막상에서 매 순간 다른 이미지로 맺히지만 두뇌는 지속적으로 그것을 하나의 손으로 분류한다. 대상의 이미지는 거리에 따라 바뀌지만 두뇌는 그 대상의 실제 크기를 정확히 파악할 수 있다.

두뇌가 수행하는 일은 두뇌가 받아들이는 끊임없이 변하는 엄청난 정보에서 일정하고 변하지 않는 특징이나 대상을 추출하는 것이다… 따라서 두뇌는 단순히 망막에 맺힌 이미지를 분석하는 것이 아니다. 두뇌는 시각적 세계를 적극적으로 만들어낸다."

두뇌가 시각적 이미지를 만드는 방식을 가장 단순하게 이해하는 방법은 그날 저녁 바닷가에서 레이첼 카슨의 두뇌 구조 속으로 들어온 '어렴풋하게 보이는 하얀 형체'가 만드는 빛의 파장을 추적하는 것이다. 파도에서 반사된 빛이 수십억 개의 광자(순수한 에너지이며 질량이 전혀 없다) 형태로 초당 18만 6,000마일의 속도로 눈에 들어온다. 이 절대 수치는 카메라 셔터 같은 홍채 근육이 이완될 때 훨씬 더 극대화되고, 수정체를 통해 수신하는 '위성 접시'와 같은 망막에 초점이 맺힌다. 수백만 개의 망막 세포에는 각각 빛에 민감한 100만 개의 시각 색소 분자가 들어 있다.

여기에서 두뇌는 '자연과 조용히 대화'를 시작한다. 거의 측정할 수 없을 정도로 적은 양의 에너지를 가진 각각의 광자는 일련의 복잡한 화학 반응을 일으켜서 미세한 전기자극을 충분히 만들 수 있기 때문이다. 요컨대, 이런 전기자극은 시각 신경으로 수렴되고, 신경의 고속도로를 따라 빠른 속도로 두뇌의 전 영역을 횡단하면서 후두엽에 있는 시각 대뇌 피질을 찾는다. 제키 교수는 이를 계기로 시각은 '어렴풋하게 보이는 하얀 형체'에서 온 광자가 발생시킨 전기자극이 시각 대뇌 피질이라는 감광판에 인상을 남기는 것이라는 '과거의 신념 체계'를 버리게 되었다. 사실은 그 반대이다. 현대 신경과학의 PET 스캐너가 보여주는 바에 따르면, 시각 대뇌 피질은 폭발하는 폭죽처럼 이미지를 잘게 쪼개어 두뇌의 전 부분에 흩뿌리고, 수많은 각 부분의 이미지들이 개별적이지만 상호 연결된 두뇌의 시각 영역에 의해 분석된다. 첫 번째 호출 통로는 일차적인 시각 대뇌 피질(V1이라고 한다)이며, 구체적인 '선'(수직선, 수평선, 곡선, 코너, 경계선)을 감응하여 시야에 들어오는 사물의 형태나 깊이를 포착한다. 그 다음은 어떻게 되는가?

제키 교수는 '외부' 세계의 두 가지 다른 특징, 즉 시각에 나타나는 대상의 색과 움직임이 각각 자신의 시각 영역을 갖고 있다고 생각했고 그것은 사실로 밝혀졌다. 그는 몬드리안 타입의 화려한 추상 미술을 살펴보는 피실험자의 두뇌를 촬영하여 일차적으로 시각 대뇌 피질(V4라고 알려진 영역, 그림 8-7 참조) 앞부분에서 직경 몇 밀리미터의 일정한 '활동 지점hotspot'을 찾아냈다. 그는 실험을 반복하여 움직이는 흰 사각형과 검은 사각형을 바라보는 피실험자의 두뇌를 촬영하면서 그 움직임을 전문적으로 감지하는 영역을 찾았다. 그 결과 V5라고 명명된 또 다른 '활동 지점'을 찾아냈고, 계속 이런 방식으로 실험이 진행되었다. 그는 나중에 이렇게 썼다. "우리는 이 이상 더 만족스러운 연구 결과를 바랄 수는 없을 것이다. 이 연구를 시작할 때, 이렇게 많은 정보를 얻게 될 것이라고는 생각하지 못했다." 그것은 단지 시작에 불과했다. 추가 연구를 통해 두뇌가 시각 이미지를 분해하여 시각 대뇌 피질(그림 8-6 참조) 도처에 30개의 독립적인 전문 '두뇌 영역'으로 분산한다는 것을 밝혀냈다.

시각은 단순히 보는 것 이상이다. 그것은 또한 우리의 모든 움직임과 행동을 안내한다. 이를 위해서 우리는 대상의 형태, 색깔, 움직임에 대한 인식을 넘어서서 대상의 실체를 인식하고, '공간'에서 그들의 위치를 인식해야 한다. 레이첼 카슨의 경우처럼, 조약돌이 깔린 해변에서 조약돌을 줍는 것과 같이 가장 단순한 행동을 할 경우에도 돌의 정확한 크기, 무게를 추정

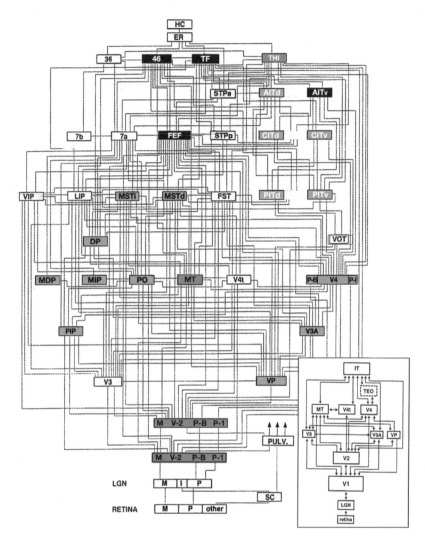

그림 8-6 복잡한 시각 회로. 시각 대뇌 피질의 연결망 계통도(곤충의 경우 단순하다)는 아래 부분에서 시작되며, 수십억 개의 광자가 눈 후면의 망막에 부딪힌다. 이것은 시신경의 전기자극을 발생시키고 그것은 먼저 두뇌를 가로질러 일차적으로 시각 대뇌 피질(V1)에 도달한 후, 추가적으로 30개의 다른 영역에서 처리되어 열세 개의 다른 차원에 따라 위계적으로 배열된다.

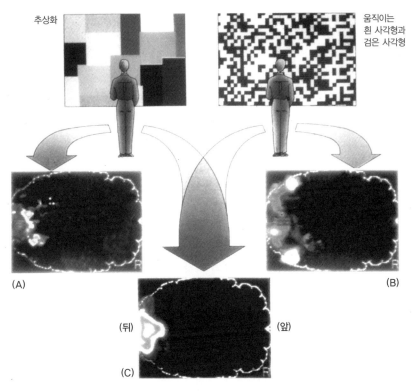

그림 8-7 색깔과 움직임. 색깔이 화려한 몬드리안의 그림을 보는 피실험자를 촬영한 PET 스캔 영상(A)은 후두엽의 시각 대뇌 피질에 있는, 색깔을 해석하는 V4 시각 영역을 보여준다. 이와 대조적으로 연속적으로 움직이는 사각형을 보는 피실험자를 촬영한 두뇌 스캔 영상(B)은 V5 시각 영역을 활성화한다. 두 가지 과업은 '일차적인' 시각 영역인 V1과 V2(C)를 활성화했으며, 이는 색깔과 움직임이 처음에 이 영역에서 처리된 후 전문화된 시각 영역으로 배분된다는 것을 보여준다.

하고, 그녀의 뻗은 팔에서부터 조약돌이 떨어진 거리를 계산해야 한다.

30개의 시각 영역의 정확한 기능은 색깔이나 움직임의 경우만큼 정확하게 설명되지는 못하지만 두 부분으로 나누어지는 것처럼 보인다. 사물이 무엇인가(예를 들어, 사물의 형태, 색깔 등)라는 의문을 밝히는 부분은 두뇌의 측면 아래 영역으로 전달되어 측두엽에 도달한다.

한편, 움직임과 깊이에 관한 정보 추출 작업은 조약돌이 어디에 존재하는지를 명확하게 해주며, 두뇌 표면 전반에서 앞의 경우와 반대방향으로 진행된다. 세부적인 내용까지 알 필요는 없겠지만 조약돌 자체를 인식할 때 처음 관련되는 활동 패턴과 공간 속에서 조약돌의 위치를 파악하는 활동 패턴 사이의 현저한 차이를 이해하기는 쉽다.

이 발견은 레이첼 카슨이 조약돌 해변에서 조약돌을 아주 정확하게 집어 올릴 수 있도록 했던 '무엇'과 '어디에'라는 경로를 단순히 설명하는 것 이상의 의미가 있다. 이 발견은 또한 이런 새로운 연구 방법이 만들어내는 긴장을 잘 보여준다. 이 조사 방법의 참신성과 관심(누가 이 방법이 이와 같은 효과를 가져오리라 상상할 수 있었겠는가?)은 인간의 시각을 설명하는 기존 방식에 포함된 중요한 문제점을 명쾌하게 해결한다. 우리는 망막이 받아들이고 해석한 정보가 시신경이라는 경로를 타고 시각 대뇌 피질에 도달한다는 식의 설명이 '외부' 세계를 포착하는 데 충분하지 않다는 것을 알게 되었다. 아울러 그 정보가 다시 미세하게 쪼개어져서 엄청나게 복잡한 여러 시각 담당 두뇌 영역과 경로로 분배된다는 것을 알게 되었다. 이것은 전두엽과 두정엽의 통합적인 '침묵 영역'의 '더 고차원적'인 정신적 특성이, 세분화된 전기자극으로부터 '외부' 세계의 통합적인 이미지를 재구축하는 방법임에 틀림없다고 전제할 수밖에 없게 한다. 이것은 제키 교수가 주장한 바, 두뇌가 시각 이미지를 '적극적으로 재구성'한다는 주장에 대해 아주 다른 타당한 근거, 즉 최근의 과학이 그것이 어떻게 작동하는지를 발견했다는 것을 의미할 수도 있다. 그러나 그것은 전두엽과 두정엽의 한 단계 더 고차원적 인식 영역이 시각 대뇌 피질에 정보를 '피드백'하여 두뇌 전체의 상향 및 하향 경로를 만들고 여기로부터 시각 이미지가 (어떤 식으로든) 나타난 것일 수도 있다.

인간의 시각을 이해하려는 가장 발전된 노력에서 이끌어낸 이와 같은 모호한 결론이 실망스러울지도 모른다. 이와 동시에 이 결론이 훨씬 더 중요한 무언가를 보여주었다고 말할 수도 있을 것이다. 즉, 삶의 매 순간에는 '세계의 존재'에 대한 인식의 불가해한 신비가 스며들어 있다는 사실 말이다. 이는 첫째, 뉴런의 단조로운 전기자극과 우르릉거리며 어렴풋하게 보이는 파도 사이의 화해 불가능성, 둘째, 두뇌가 그것을 모두 '통합'시키는 방식에 대한 이해 불가능성, 이 두 가지 측면에서 불가사의한 신비가 삶에 깊이 스며들어 있다는 것이다.

새끼 고양이의 눈꺼풀을 실로 꿰맨 최초의 실험을 한 지 거의 30년이 지난 후 데이비드 허블은 이렇게 말했다. "형태, 색깔, 움직임과 같은 특성들이 두

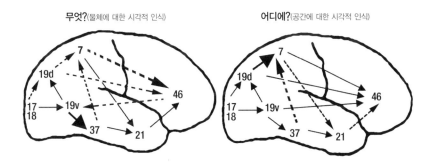

그림 8-8 물체와 공간 인식. 레이첼 카슨이 해변의 조약돌을 인식할 때 '물체'와 '공간' 정보는 시각 대뇌 피질(위 그림의 좌측에 있는 17, 18, 19영역)에서 전두엽(오른편의 46영역)으로 흐르는 두 가지 다른 경로를 통해 처리된다. (위 그림 속에 표기된 숫자는 뇌의 특정 부분을 나타내는 전통적인 숫자 표기법과 동일하다.) 실선은 긍정적인 효과를 나타내고 점선은 부정적이거나 억제하는 효과를 나타낸다. 각 선의 두께는 영향력의 크기를 나타낸다. '물체' 정보의 주요한 흐름(물체 인식)은 측두엽 아래쪽으로 향하고, '공간' 정보의 경우(공간 인식) 위쪽의 두뇌 표면을 가로질러 흐른다. 또한 전기자극 활동의 흐름도 현저하게 다르게 나타난다. '물체'에 대한 시각적 인식의 경우, 전두엽 대뇌 피질(46)이 시각 대뇌 피질(19)에 부정적인 피드백 효과를 미친다는 것을 점선을 통해 알 수 있다. 반면, '공간'에 대한 시각적 인식의 경우, 강한 긍정적 효과가 있음을 보여준다.

뇌의 각 영역에서 따로 처리된다는 지속적인 입장은 모든 정보가 결국 어떻게 통합되는지에 대한 의문, 즉 튀는 붉은색 공을 어떻게 인식하는가에 대한 의문을 즉시 불러일으킨다. 통합되는 것은 분명하지만 어디에서, 어떻게 그렇게 되는지 우리는 모른다."

'모르는 것'은 '모르는 것'이다. 우리는 레이첼 카슨의 두뇌가 어떻게 150분의 1초의 속도로 먼저 이미지를 분해한 다음, 그녀의 감각에 영향을 미치는 에너지의 미세한 힘(무색의 빛 입자가 그녀의 망막에 영향을 미치고, 소리 없는 파장이 그녀의 고막을 울리고, 공기 분자가 후각 신경에 영향을 미치고, 바람이 그녀의 피부에 영향을 미친다)이 발생시킨 전기자극 패턴을 다시 만들어내는지 알지 못한다. 우리는 두뇌가 어떻게 이런 전기자극 패턴을 바다 표면에서 반사되는 은빛 휘광의 이미지로, 파도가 부서지는 소리로, 공기 속의 소금 냄새로, 차갑고 축축한 밤의 느낌으로 바꾸는지 알지 못한다. 우리는 어떻게 이 모든 것들이 명료하고 일관성 있고 즉각적인 방식으로 세계 존재에 대한 감각으로 통합되는지 알지 못한다. 요컨대, 우리는 그녀의 또는 우리 삶의 모든 덧없는 순간을 인식하는 두뇌의 물리적 기초에 대해 알지 못한다.

이것을 기억하라

인간 정신의 핵심인 기억은 과거와 현재, 그리고 미래를 영원히 포괄한다. 왜냐하면 우리는 과거의 경험에 기초하여 다가올 미래를 예측하기 때문이다. 기억은 우리 삶의 드라마에 엄청나게 상세하고 지속적으로 변하는 배경을 제공한다. 기억을 통해 우리는 경험으로부터 배우고 우리가 사는 세상을 항해할 기술을 습득한다. 이것은 가족과 친구, 교육, 양육, 문화의 영향력을 우리의 정신에 통합하여 우리 자신의 인격을 형성하고 정체성을 만든다.

이러한 기억의 내용은 인간 정신의 구성요소만큼이나 폭넓지만, 그럼에도 불구하고 이런 각각의 특성들은 이미 언급했듯이, 두뇌의 정말 놀라운 특성인 형성력, 즉 주변 세계를 두뇌 속으로 받아들이고 두뇌 자체를 자신의 일부로 만드는 능력에 의해 뒷받침된다. 기억이 현대 신경과학에 제기하는 근본적인 질문은 간단히 이렇게 표현할 수 있다. 두뇌의 신경회로가 어떻게 외부 세계에 대한 (가장 폭넓은 의미에서) 지식을 습득하는가?

시각과 마찬가지로, 대부분의 사람들은 기억이 몇 가지 다른 형태로 구성되며, 기억은 주요한 세 가지 구성요소, 즉 정보 입력, 저장, 재생으로 구성되고 서로 밀접하게 관련된다고 생각할 것이다. 폭풍우 치는 밤의 레이첼 카슨 이야기를 계속해 보자. 기억의 '생애'는 '어렴풋하게 보이는 하얀 형체'에서 온 빛이 두뇌를 가로질러 후두엽의 시각 대뇌 피질에 들어오는 것에서 시작된다. 여기에서 그 내용이 기억된다. 달리 말하면 첫 단계, 즉 '단기' 또는 '작업' 기억working memory이 형성되며(작업 기억은 두뇌의 다른 영역에서 온 정보에 의존한다) 이것은 그 이미지를 순간마다 '정신의 눈 속에' 저장한다. 이미지는 잠시 동안 머물다가 연기처럼 사라지는데, 만약 그 이미지를 '장기' 기억이라는 몇 개의 바구니로 옮겨야 할 이유가 없다면 완전히 망각된다. 이런 관점에서 볼 때, 두뇌는 단기 기억 창고에 저장되는 많은 기억 형태를 구별하여(그리고 그것은 가장 놀라운 일이다) 어느 장기 기억 장소로 옮길지를 결정해야 하는 것처럼 보인다. 따라서 우리가 이유를 알지 못한 채 수행하는 걷기, 말하기 같은 학습된 기술, 즉 암묵적 기억과 의도적으로 회상해

야만 하는 명시적 기억 사이를 구별하는 것은 일상적인 것이다. 두뇌는 이러한 명시적 기억을 두 개의 바구니, 즉 일화적인 또는 자서전적인 저장 장소(이것은 레이첼 카슨이 몇 년 동안 계속 그날 저녁의 바닷가를 선명하게 기억해 내도록 도와준 것이다)나 축적된 사실, 예를 들어 바다의 거대한 파도를 만들어냈던 달, 별, 중력에 대한 레이첼 카슨의 지식을 서술하는 저장 장소에 배분해야 한다.

이러한 위계적 기억 형태는 엄격하게 구분되면서도 서로 연결되어 있다. 예를 들어, 간질병을 치료하기 위해 측두골 일부를 제거하는 실험적인 수술을 받은 헨리 M은 더 이상 단기 기억을 자서전적 장기 기억으로 이전할 수 없었으나 그의 암묵적 기억(새로운 기술을 습득하는 능력)과 먼 과거에 대한 기억은 손상되지 않았다.

신경학자 콜린 블레이크모어Colin Blakemore는 이렇게 썼다. "주정부 재활센터에서 일하는 헨리는 마분지 상자에 담배 라이터를 집어넣는다. 그는 능숙하게 일하는 법을 배웠다. 그러나 그는 자신이 일하는 장소, 그가 그곳에 온 방법, 그가 하는 일의 형태에 대해 전혀 이야기하지 못한다. 그래도 헨리는 새로운 운동 기술을 배우는 능력은 상실하지 않았다. 그는 자신의 새로운 의식적인 경험 내용을 기억하지 못한다. 그의 전체적인 지능은 결코 낮아지지 않았으며, 자신의 결함을 깨닫고는 고통스러워한다. 그는 자신이 정신이 없다는 것에 대해 끊임없이 사과한다. 그는 한때 이렇게 말했다. '지금 나는 궁금해요. 혹시 내가 잘못된 말이나 일을 했나요? 있잖아요, 지금 이 순간에는 모든 것이 나에게 분명해 보이기는 하는데, 방금 전에 무슨 일이 있었죠? 그것 때문에 걱정이 돼요. 마치 꿈에서 깨어난 것 같아요. 기억이 나지 않아요… 매일 매일이 연결되지 않고, 따로 존재해요. 내가 느낀 모든 즐거움이나 슬픔이 연결되지 않아요.'"

이와 같은 몇 가지 다른 기억 형태로 확실하게 구분하는 것은 추상적이거나 이론적인 해석이 아니라 실제적이면서도 핵심적인 것이라는 점을 강조해야 한다. 사실 레이첼 카슨의 바닷가 경험을 돌아볼 때, 기억 체계가 별이 총총한 밤의 달을 본 인상에 대한 자서전적 기억과 그 당시의 사물과 행위에 관한 전혀 다른 서술적인 지식을 혼동할 것이라고 상상하기는 어렵다.

헨리 M과 그와 비슷한 다른 사람들의 경험으로 볼 때, 이러한 다른 형태의 기억이 틀림없이 두뇌의 다른 영역에 할당된다는 충분한 증거가 된다. 그러나 그러한 기억을 한 부분에서 다른 부분으로 이동시키는 과정은 1980년대 후반 마이클 포스너와 마커스 라이클의 두뇌 촬영 기법이 등장할 때까지 깊은 신비로 남아 있었다. 이제 처음으로 기억이 발생할 때 정보 입력, 저장, 재생되는 전체 과정을 관찰할 수 있게 되었다. 그러나 그것이 전부가 아니었다. 왜냐하면 그 무렵 컬럼비아 대학 에릭 캔들Eric Kandle 교수가 수행한 바다달팽이 아플리시아의 기억 회로 연구가 성과를 맺었기 때문이다. 에릭 캔들 교수는 이 연구에서 기억이 두뇌 회로에 저장될 때 '무슨 일이 발생하는가' (현재라는 짧은 순간이 어떻게 물리적 뉴런 구조에 영구히 '입력'되었다가 40년 이상이 지난 후에 거대한 기억 창고에서 의도적으로 재생될 수 있는가?) 하는 근본적인 문제를 설명하려고 노력했다.

캔들 교수의 아플리시아 연구와 '활동 중인 기억'에 대한 PET 촬영은 확실히 상호 보완적이며, 이 두 과학적 연구는 협동적인 기억의 특성을 포착하고 그 비밀을 드러냈다. 이제, 모든 연구의 선례가 된 포스너와 라이클의 최초 두뇌 영상 연구(이미 앞에서 언급되었다)를 살펴보기로 한다.

포스너와 라이클이 단어 연결('의자'와 '앉다'를 연결)과 같은 단순한 과제를 수행하는 피실험자의 두뇌를 촬영하여, 두뇌 좌반구의 언어 중추의 '집중' 적인 활동 영역, 즉 단어의 의미를 입력시키는 명시적 기억 형태의 핵심을 보여주었다고 생각한 것은 충분히 타당성이 있다. 사실, 피실험자의 두뇌 영상은 뜻밖에도 두 개의 주요한 영역인 '침묵' 영역과 통합 영역(전두엽과 두정엽)이 광범위하게 활성화되는 것을 보여주었다. 그것은 두뇌가 통합적인 단일체로 기능하며, 가장 단순한 지적 작업(이 실험에서는 '의자'라는 단어를 단기 기억에 저장하고 관련 단어를 기억에서 찾아내 불러내는 것이었다)을 수행할 때 수십억 개의 뉴런이 활성화된다는 것을 최초로 보여준 것이었다. 그러나 몇 분 동안의 연습을 통해 단어 목록을 배워서 대답을 미리 알고 있는 경우 두뇌는 침묵에 빠졌다. 이것 역시 새로운 사실이었다. 새로운 사실을 생각하거나 습득하는 중요한 과업과 이미 알고 있는 것을 활용하는 작은 과업 사이의 대조는 두뇌의 놀라운 형성력(이미지, 소리, 외부 세계의 영향력을 신경회로에 통합시키는 두뇌 능력)의 축소판을 최초로 생생하게 보여주는 것이었다. 이와 동일한 과정이 '일 하는 법'을 아는 '암묵적' 기억을 습득할 때 명확하게 나타난다. 이 경우에서는 양배추 모양의 운동 기능 조정 센터coordinating center인 두뇌 뒷부분의 소뇌가 과업을 습득(예를 들어, 아이가 운동화 끈을 묶는 법을 배우는 것)할 동안 '활성화'되며, 연속적인 동작이 자동적으로 수행될 경우에는 침묵에 빠진다.

포스너와 라이클의 두뇌 영상 연구는 처음부터 명확하고 단순한 연구였지만, 세미르 제키가 인식 분야에서 그런 것처럼, 기억과 학습에 대한 과학적 이해에 근본적인 변화를 확실히 예고했다. 그 다음에 수행된 명확한 연구 형태는 기억 자체에 관한 것이다. 어린 시절 공휴일의 그림 같은 생생한 장면은 어디에 저장되는 것인가? 또 오랫동안 기억되는 찬송가나 시는 어디에 저장되는 것일까? 두뇌 영상 연구는 그러한 특별한 기억의 정확한 저장 장소를 처음으로 확인할 수 있는 기회를 제공했다. 이 연구들의 성과는 다시 한 번 두뇌의 작용에 관한 이전의 모든 가정을 허물었다.

저장 장소 개념은 기억이 깔끔하게 쌓여져 있고, 각각의 기억이 서랍에 들어 있어서 즉시 꺼내 올 수 있을 것 같은 이미지를 불러일으킨다. 특히, 얼굴 인식과 '공간 지각력'(사물이 어디에 있는지 아는 인식)의 경우 더욱 그렇게 보인다. 억양과 함께 얼굴의 독특함은 인간 개성의 큰 표지 중 하나이며, 이것에 대한 즉각적인 인식은 사실상 인간의 모든 사회생활의 기초이다. 작가이자 의사인 올리버 삭스Oliver Sacks는 신경 장애를 앓고 있는 남자가 '아내를 모자로 착각한' 유명한 이야기에서 이렇게 묘사했다.

P 박사는 뛰어난 음악가이며, 지방 음악학교 교사로서도 유명했다. 이상한 점이 처음 발견된 것은 그와 학생들과의 관계에서였다. 가끔 학생이 P 박사 앞에 있어도 P 박사는 학생을 알아보지 못했다. 특히 그의 얼굴을 알아보지 못했다. 학생이 말을 하면 그제야 목소리를 듣고 알아보았다. 그러한 일이 여러 번 반복되면서 당황, 당혹, 공포가 생겼고, 때때로 코미디가 연출되기도 했다.

피실험자들이 유명인(가령, 빌 클린턴 전 미국 대통령)과 평범한 사람들의 사진을 구별할 때 그들의 두뇌를 촬영한 연구자들은 전두엽의 특정 부분이 얼굴 인식을 전문적으로 담당하기 위해 '활성화' 되는 것을 발견했다.

이와 대조적으로, 런던 택시 운전사는 공간 지각(런던의 거리와 광장의 배치에 관한 지식)을 위해 다른 형태의 시각적인 기억을 사용한다. 운전사들이 메이

페어의 그로스베너 스퀘어에서 런던 남부의 엘리펀트 앤드 캐슬 교차로로 가는 경로를 다시 운행할 때 그들의 두뇌를 찍은 사진을 보면, 두뇌의 다른 특정 영역(오른편 해마 영역)이 '집중적으로 활성화' 된다.

이것은 매우 인상적이며, 각 형태별로 고유한 신경회로를 갖고 있는 이런 시각 인식의 형태들은 아주 예외적이다. 이러한 명시적 기억의 특별한 형태, 즉 자서전적 기억과 서술적 기억(사실에 관한 지식)은 대뇌 피질의 넓은 영역(이제까지 그렇게 예상되었다)뿐만 아니라 매우 비슷한 영역을 활성화시킨다는 것이 곧 드러났다. 이것은 피실험자들에게 자신의 과거 경험을 회상하여, 아래와 같은 일련의 질문에 대답하라고 요구한 실험에서 나타났다.

- 자서전적 사건 : 학교의 예수 탄생 연극에서 당신은 크리스마스의 별이었다.
- 자서전적 사실 : 윙키와 프롤리는 학교 때 친구였다.
- 서술적 지식 : 콕스 오렌지 피핀은 사과의 한 종류이다.

두뇌 영상 촬영 기법의 훌륭한 장점은 단순성, 명료성, 아울러 두뇌 작용에 관한 깊은 진실을 한 장의 사진에 포착할 수 있다는 것이다. 그러나 기억이 어느 영역과 관련되는지에 대해서는 더 이상 보여주지 않는다. 이러한 다른 기억 형태가 두뇌 좌반구의 앞과 뒷부분에서 서로 비슷한 두뇌 경로를 갖는 모습을 활성화된 흑백 반점(그림 8-9 참조) 속에서 '확인' 하는 데는 전문가나 전문 지식이 필요하지 않다. 이 이미지들은 자서전적 기억과 서술적 기억이 아주 다른 기억 형태라는 가정과 모순되지 않는다. 이 이미지들은 그것을 분명하게 보여주기 때문이다. 그것들은 크리스마스의 별을 연기하거나 콕스 오렌지 피핀이 사과의 한 종류라는 사실을 아는 것과 같은 특수한 기억들이 두뇌에 '실려서' 어떤 식으로든 어딘가에 입력되는 것이 아니라는 가정과도 모순되지 않는다. 그러나 이 이미지들은 두뇌가 특별한 기억들의 저장 장소라는 일반적인 인식, 즉 각 기억들은 특정한 신경회로에 할당된다는 인식을 아주 분명하게 거부하며 그런 인식의 부적절함을 분명하게 보여준다. 그러나 아직 그런 인식을 대신할 만한 것은 없다. 달리 표현하면, 이러한 독특한 기억 형태들은 자신만의 '주소'를 갖고 있지 않다. 오히려 그와 반대로, 작업 기억, 단기 기억, 자서전적 기억, 개념적 기억의 형태는 동일한 신경회로를 많이 공유한다.

세인트루이스 주 워싱턴 대학 랜디 버크너Randy Buckner 교수는 이렇게 썼다. "왜 우리가 그렇게 놀라는지를 생각해 보면 도움이 될 것이다… 정보가 기억에서 재생될 때, 우리가 수행하고 있는 그것이 무엇인지에 대해 설명하는 많은 이론과 사고는 더 세부적인 영역에서 거의 안내 역할을 하지 못한다." 따라서 우리는 당연히 놀랄 수밖에 없다. 유동적인 것처럼 보이는 신경회로는 기억의 가장 두드러진 특징(수십 년 동안 기억은 고정되어 있다)과 모순되기 때문이다.

그 이후, 토론토의 신경과학자들은 일생 동안 우리의 기억은 두뇌의 한 영역에서 다른 영역으로 다시 할당된다는 더 당혹스러운 사실을 발견했다. 이제 이 연구 과제는 단순한 것일 수 없게 되었다. 그들은 평균 연령이 26세인 '청년'과 70세인 '노인' 피실험자 10여 명을 초청하여 먼저 단어 두 쌍(가령, '부모'와 '피아노')을 암기하게 한 다음, 그것을 다시 떠올리게 했다. 두 집단은 동일하게 훌륭한 기억력을 발휘했지만 두뇌 활동이 나타난 한 지점과 다른 지점 사이를 연결하는 네트워크의 '연결성' 분석을 해본 결과, 두

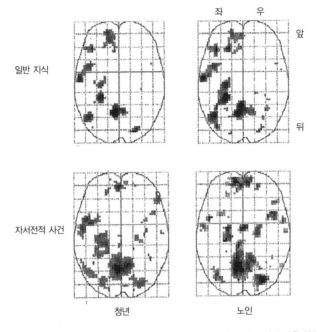

일반 지식

자서전적 사건

좌 우

앞

뒤

청년 노인

그림 8-9 서로 중첩되는 기억들. 단순한 기억 과제는 청년과 노인의 두뇌의 넓은 영역을 활성화시킨다. 그러나 일반 지식(위)의 재생과 자서전적 사건(아래)의 재생과 관련된 신경회로에는 상당한 정도로 서로 중첩되는 부분이 있다. 특히 전두엽 측면과 뇌의 중간 영역의 뒷부분이 중첩된다.

뇌 경로는 태어날 때 '하드웨어처럼' 장착되는 것이 아니라 일생 동안 끊임없이 재할당되는 것으로 나타났다.

청년 집단의 경우, 암기할 때 두뇌 활동의 지배적인 패턴이 좌측 전두엽에서 나타났고, 암기한 것을 다시 떠올릴 때는 우측 전두엽(이 자체로도 놀라운 관찰이다)에서 나타났다. 노인 집단의 경우에는 동일한 기능이 양쪽 전두엽에 똑같이 배분되었다. 이것은 아주 당혹스러운 결과인데, 특히 이러한 '네트워크 분석' 방법을 고안한 로버트 카베자Robert Cabeza에게는 더 그렇다. 이러한 시간에 따른 두뇌 연결성의 변화는 암기하고 다시 기억해 내는 능

력이 동일하다고 해서 '비슷한 신경 체계를 가졌다는 것을 암시하지 않음'
을 증명한다고 그는 말했다.

두뇌 영상 연구가 보여주듯이, 기억의 지속성과 기억의 역동적인 유동성
사이의 모순은 매우 당혹스러운 것이다. 기억이 저장될 때 신경회로에서는

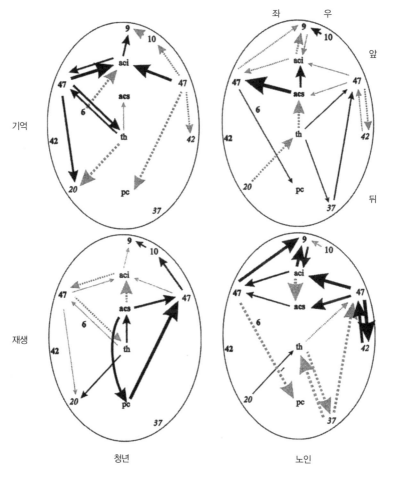

그림 8-10 기억의 확산. 단어쌍(가령, 부모-피아노)을 기억하고, 그것을 재생할 때 두뇌의 여러 부
분이 활성화된다. 그러나 청년과 노인을 비교해 볼 때, 활성화되는 두뇌 영역은 상당히 다르다.

실제로 무슨 일이 일어나는가(두뇌의 물리적인 구조가 인간의 개성을 형성하는 언어, 문화, 가족 관계의 다양한 영향을 흡수하기 위해 어떻게 변하는가)를 증명하는 것이 가능하다면 '더 안전한 토대' 위에 있다는 확신을 갖게 될 것이다. 우리는 기억의 수수께끼를 공격하는 데 있어 이제 두 번째 협력자인 에릭 캔들 교수의 연구, 즉 기억이 어떻게 그리고 왜 바다달팽이 아플리시아의 신경회로에 저장되는지를 살펴보도록 한다.

기억이 '저장' 되는 물리적 토대는 개별적인 뉴런과 한 뉴런에서 다른 뉴런으로 전기자극을 전달하는 시냅스에 있는 신경 전달 화학물질이다. 이 전달 과정에 관한 에릭 캔들 교수의 연구는 다음과 같이 수행되었다.

기억을 저장하는 가장 단순한 방법은 과거에 단절된 두 아이디어를 서로 연결하는 것이다. 예를 들어, 붉은 공을 볼 때 어린 시절 해변에서 보낸 즐거웠던 휴일이 떠오른다. 붉은 공과 즐거운 휴일이라는 두 개의 '생각' 이 두 개의 뉴런으로 표시된다고 가정해 보자. 이 두 뉴런이 전기자극을 더 자주 보낼수록 그것들 사이의 연결성은 더 강해진다. '함께 전기자극을 주고받고, 함께 결속한' 뉴런들은 생리적으로 튼튼하게 결합된다. 이 과정은 흙투성이 길을 오르내리는 트럭이 도로 표면에 점점 더 깊은 바퀴자국을 남기는 것에 비유할 수 있다.

1970년대 이후로 캔들 교수는 (물론, 단순화시킨다면) 거의 30센티미터에 달하는 거대한 바다달팽이 아플리시아(가만히 앉아 있을 때는 토끼를 닮았기 때문에 고대 로마 시대에는 집정관 토끼라고 불렸다)의 기억과 학습과정에 대한 잠정적인 가설을 연구했다. 달팽이치고는 크기가 거대함에도 불구하고 아플리시아는 아주 작은 뇌를 타고났으며, 그 대신 총 2만 개의 아주 큰(모든 생물 중에 가장 큰) 뉴

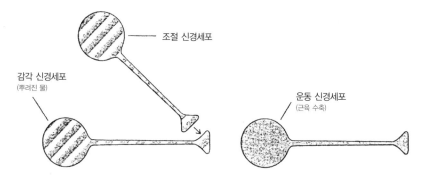

그림 8-11 캔들 교수의 바다달팽이 아플리시아의 기억에 관한 실험 연구 개요도. 아플리시아에 게 물을 뿌릴 때(감각 신경세포), 전기 충격으로 '조건'을 만들면(조절 신경세포) 바다달팽이는 껍질 속으로 들어간다(운동 신경세포).

런을 갖고 있다. 아플리시아는 단순한 뇌에 큰 뉴런이 결합되어 있기 때문에 더 단순한 학습 형태를 연구하기에 이상적인 실험 모델이 된다. 마치 러시아 심리학자 이반 파블로프Ivan Pavlov의 '조건 반사'와 같다. 20세기 초반 그는 개의 식사 시간이 되면 종소리 신호를 보내 개가 그것을 배울 수 있는 조건을 만들었다. 그 결과, 나중에 개는 종소리만 들어도 침을 흘리게 되었다.

캔들 교수는 바다달팽이에게 물을 뿌리면서 동시에 바다달팽이 꼬리에 전기 충격을 줌으로써 바다달팽이가 자신의 껍질 속으로 즉시 들어갈 수 있게 하는 '조건'을 부여했다. 주었다. 얼마 되지 않아서 아플리시아는 아주 작은 방해만 받아도 자신의 껍질 속으로 들어갔다. 그것은 바다달팽이의 세계에서는 전에 알지 못했던 것을 배운 것과 동일한 것이다. 캔들 교수는 아플리시아의 아주 단순한 두뇌에서 두 개의 감각 신경세포를 발견했다. 전기 충격에 대한 감각을 전달하는 조절 감각 신경세포와 뿌려진 물에 대한 감각을 전달하는 신경세포 사이에 시냅스가 연결되고, 그것은 다시 운동 신경세포와 연결된다. 그 결과, 바다달팽이는 근육을 수축하여 자신의 몸을 껍질 속으로 넣는다.

어떻게 그런 일이 일어날까? 그림 8-12A에 일반적인 과정이 나와 있다. 캔들 교수의 연구 결과는 세부적인 내용보다는 그 과정에 의미가 있기 때문에 어려운 화학 용어는 무시해도 괜찮을 것이다.

이것은 매우 인상적인 것처럼 보이지만 화학적인 흐름 자체에 대한 '기억'을 나타낼 수 없다. 왜냐하면 화학성분 자체는 즉시 분해되고 다시 순환

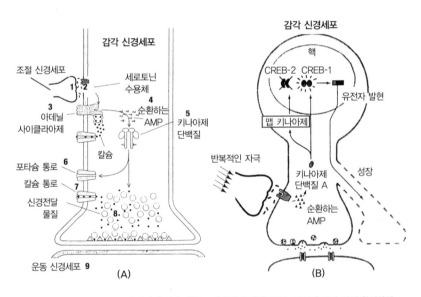

그림 8-12 아플리시아의 전기 충격에 대한 조건 반응의 화학 작용. 전기 충격에 의해 활성화된 조절 신경세포(1)가 신경 전달 물질인 세로토닌(2)을 방출한다. 이것은 두 번째 감각 신경세포의 수용체에 달라붙으며, 뿌려진 물에 반응하여 아데닐 사이클라아제를 활성화시킨다(3). 그리고 이것은 에너지를 생성하는 분자인 ATP를 활성화시켜(4) AMP로 전환한다. 이것은 또 다른 효소인 키나아제 단백질을 활성화시키고(5), 이 단백질은 포타슘 수용체(6)에 영향을 미쳐서 더 많은 칼슘이 신경세포 안으로 들어가게 한다(7). 이로 인해 신경 전달 물질인 글루타민산염이 방출된다(8). 이것은 시냅스를 거쳐서 운동 신경세포의 수용체로 들어가고, 계속적으로 연속적인 화학 반응을 일으켜 감각 신경세포로 다시 피드백된다. 그와 동시에 이 모든 활동의 최종 목적인 근육 수축이 일어나서 아플리시아는 껍질 속으로 몸을 움츠리게 된다.

하기 때문이다. 전기 충격에 대한 아플리시아의 학습 반응은 이와 반대로 일생 동안 지속된다. 이렇게 되려면 감각 신경세포와 운동 신경세포 사이 의 시냅스에 영구적이고 물리적인 변화가 일어나야 한다. 다른 모든 경우(그 림 8-12B)와 마찬가지로, 키나아제 단백질(5)이 신경세포의 핵으로 뚫고 들어 가서 두 가지 형태의 단백질 CREB-1과 CREB-2를 나타내는 유전자를 활 성화시켜야 한다. 이것은 아직 충분히 이해할 수는 없는 방식을 통해 감각 신경세포가 시냅스를 더 크게 성장시켜 운동 신경세포와의 연결성을 강화 한다. 이렇게 하여 감각 신경세포와 운동 신경세포가 더 자주 전기자극을 주고받을수록 그들 사이에 시냅스 연결이 강화된다. 그리고 더 높은 차원 의 활동에 필요한 자극이 단순해진다.

장기 강화라고 하는 이 과정은 포스너와 라이클이 수행한 최초의 두뇌 영상 연구 결과와 유사하다. 즉, 단어 목록 연결(예를 들어 '의자'와 '앉다')을 연습할 경우, 추정컨대 각 신경세포('의자'와 '앉다'—만약 그렇게 존재한다면) 사 이의 연결성이 강화되고, 그 결과 서로 전기자극을 일으키는 데 필요한 자 극의 강도가 줄어들었기 때문에 두뇌의 전기자극 수준은 현저하게 줄어들 었다.

캔들 교수는 '이러한 학습과 기억 메커니즘의 폭넓은 생물학적 일치가 정신 과정의 신비를 벗기는 데 강력한 촉진제가 되기를' 기대했다. 혹자는 아마 더 쉽사리 다음과 같은 정반대의 결론에 도달할지도 모른다. 바다달 팽이 아플리시아는 PET 기억 연구와 아울러 과학적 이해의 한계를 보여줌 으로써 '신비화'를 가속화할 것이다. 무엇보다도 아플리시아의 '강화된' 시냅스는 전기 충격의 기억이 무엇인지(장기 또는 단기, 명시적 또는 암묵적, 일화적 또는 서술적으로든 상관없이) 말해주지 않는다. 그리고 인간이 어떻게 자신의 기억을 정신의 깊은 곳(40년 이상 그곳에 묻혀 있었다)에서 즉각 불러올 수 있는지에 대해 아무것도 말해주지 않는다.

더 구체적으로 말하면, 그림 8-13에서 보듯이, 많은 이들에게 흰색 바탕 위의 검은 점들은 처음에는 추상적인 이미지로 보인다. 그러나 일단 알려 주고 나면 곧 이 점들이 나무줄기를 배경으로 서 있는 달마시안 개라는 것을 명확하게 식별한다. 지금으로부터 20년 후 사람들은 동일한 이미지를 장기 시각 기억 저장소로부터 다시 불러와서 즉시 그것을 식별할 것이다. PET 영상의 연구 결과나 캔들 교수의 과학적 설명은 모두 수십 년 동안 시각 이미지를 저장했다가 사람의 의지에 따라 다시 불러오는 기억의 힘을 설명하지 못했으며, 또한 익숙한 찬송가나 전화번호를 기억하거나, 레이첼 카슨이 그 '거친 밤'을 기억하는 것을 설명할 수도 없다.

그림 8-13 시각 기억의 놀라운 힘. 정신은 이 달마시안 흑백 사진처럼 자신에게 다가온 빛과 그림자의 혼란스러운 패턴에 체계적인 의미를 부여한다. 20년 후, 점점이 뿌려진 흑과 백의 모양과 그것의 의미를 즉시 인식한다.

자유 의지

'두뇌의 시대'가 보여주었다시피, 인식과 기억의 깊은 혼란은 더없이 매혹적이고 예상치 못한 것이었다. 그러나 두뇌 영상 연구가 (문자 그대로) 조명해준 인간 정신의 모든 특성 가운데 가장 의미 있는 것은 '선택의 자유', 달리표현하면 '정신적인 인과 관계의 문제'였다. 자유 의지는 두뇌의 물리적 활동 측면에서 인간 정신의 많은 특성을 설명하려 할 때 '더 차원 높은' 문제(또는 도전)를 제기한다. 왜냐하면 그것은 과학적인 측면에서 볼 때 불가능한 어떤 것을 전제하기 때문이다. 즉, '자아'의 비물질적인 사고가 물질적 두뇌의 기능에 영향을 끼치고 두뇌가 일정한 행동(포도주 잔을 잡기 위해 손을 뻗는 행위)을 선택하도록(또는 하지 않도록) 강제할 수 있다고 가정해야 한다.

그 의미는 다음과 같다. 과학은 물질적인 인과 법칙에 지배되지 않는 어떤 것도 발생할 수 없다고 주장한다. 사고는 분명히 비물질적인 것이므로 아무것도 일으킬 수 없다. 내가 어떤 행동을 자유롭게 선택한다는 주장은 두뇌의 물리적 활동이 만든 착각(그 결정을 내린 것이 나의 비물질적인 '자아', 즉 '나'라는 인상을 만들어낸다)이 틀림없다. 또는 과학사가 윌리엄 프로빈William Provine이 표현했듯이, '전통적인 의미의 자유 의지(여러 행동 대안 중에서 자유롭게 선택할 수 있는 자유)는 존재하지 않는다.' 만약 그것이 사실이라면, 즉 자유 의지가 착각이라면 책임도 역시 착각에 불과하다. 왜냐하면 우리는 두뇌의 물리적 활동에 대해 책임질 수는 없기 때문이다. 만약 책임이 사라진다면 도덕 역시 사라지고 만다. 왜냐하면 물질적인 두뇌는 분명히 선악에 대한 지식을 갖고 있지 않기 때문이다. 만약 그것이 사실이라면, 인간 행동과 활동에 대한 모든 개념은 사라질 것이다. 성자와 범죄자는 모두 두뇌의 들러리 조연 배우에 불과하기 때문에 같은 대접을 받아야 한다.

유일한 다른 대안은 그러한 과학의 주장이 틀렸으며 비물질적인 사고가 행동을 결정할 수 있다고 생각하는 것이다. 다행스럽게도, 비물질적인 정신이 물질적인 신체에 직접적으로 영향을 미친다는 충분한 과학적인 증거가 있다. 예를 들어, 천식 환자들이 조화plastic flower를 생화로 착각하고 재채기를 한다는 사실은 잘 알려져 있다. 반면 명상가를 비롯한 여러 사람들은 심장 박동수와 혈압 같은 '자율적인' 신체 기능을 자신이 원하는 대로 통제할 수 있다.

사고의 힘은 우리가 자신의 정신을 바꿀 때 나타난다. 전에 인식하지 못했던 관찰 내용, 새로운 사실이나 통찰, 어떤 주제에 대해 알고 있던 모든 내용이 갑자기 바뀐다. 마치 거대한 전율이 정신의 내용을 강타하고 그 내용을 완전히 다른 방향으로 향하게 한다.

그러나 정신이 두뇌활동에 영향력을 행사하고 있음을 보여주는 가장 직접적이고 일상적인 증거는 '주의 집중'의 필요성, 즉 세계의 특정한 측면이나 특정한 생각에 주의를 집중시키는 데 필요한 의지의 노력이다.

19세기 후반의 탁월한 심리학자 윌리엄 제임스William James는 이렇게 말했다. "어떤 대상도 신경 장치(두뇌)에 의하지 않고는 우리의 주의를 사로잡을 수 없다. 그러나 대상이 우리의 정신적인 눈을 사로잡은 후 대상에게 기울이는 주의 집중의 정도는 또 다른 문제이다. 정신을 대상에게 지속적으로 집중하는 것에는 보통 많은 수고가 따른다. 비록 주의 집중이 어떤 새로운 아이디어를 떠올리지는 못한다 해도, 헤아릴 수 없이 많은 생각을 더 깊게 하고 지속시킬 것이다. 그렇지 않으면 그 아이디어는 훨씬 빨리 사라졌을 것이다. 자유 의지를 가진 삶의 전체 드라마는 주의 집중의 정도에 의존하며 우리는

서로 경쟁을 벌이는 여러 사고 대상에 약간 더 많이, 또는 약간 더 적게 주의
를 기울인다."

100년이 지난 후, 두뇌 영상 기술의 등장으로 제임스는 '의지'의 표현인
'주의 집중'에 대한 탁월한 통찰을 아주 다른 두 가지 방법으로 시험해 볼
수 있게 되었다. 피실험자 집단에게 몇 가지 그림에 주의를 기울이라고 요
구하는 과제보다 더 단순한 두뇌 촬영을 위한 과제는 없을 것이다. 충분히
예상하겠지만, 이 과제는 두뇌 전체에 폭넓은 활동을 일으킨다. 그러나 정
신은 '조도 조절 스위치'의 조작에 따라 주의를 기울이는 대상에 집중하는
것으로 밝혀졌다. 잠시 천천히 생각해 보자. 먼저 창밖의 나뭇잎을 보고,
그 다음 옆집에서 연주하는 첼로의 구슬픈 소리에 귀를 기울이고, 부엌에
서 풍기는 닭구이 냄새로 주의가 흩어진다. 이와 동일한 시간에 두뇌 스캔
영상은 먼저 색깔에 관련된 두뇌 활동이 현저하게 증가하고, 그 다음은 청
각, 마지막에는 후각 순으로 동일하게 증가하는 것을 보여준다. 이와 동시
에 인접한 또는 경쟁하는 두뇌의 다른 부분의 전기자극은 비활성화된다.
따라서 트리니티 칼리지 더블린의 신경과학자 이언 로버트슨Ian Robertson
이 말했듯이, 자아가 [관련된] 시냅스들의 전기자극을 켜거나 끄는 방식으
로 '두뇌활동을 만들어냄으로써 주의를 집중한다.'

이것은 '정신이 정말 중요하다'는 것을 보여주는 설득력 있는 증거처럼
보인다. 그리고 더 높은 차원에서 볼 때, 자신의 사고에 대한 사고방식이
두뇌의 신경회로를 물리적으로 바꾸는 것처럼 보인다. 그 배경은 다음과
같다. 정신 치료의 두 가지 기본적인 형태는 첫째, 두뇌의 신경 전달 화학
물질의 집중과 기능을 바꾸는 프로작과 같은 약물이고, 둘째는 정신 치료

로, 특히 '인지' 정신 치료의 경우 사람들이 심리적인 문제에 대해 생각하고 대응하는 방식을 바꾸는 것을 목적으로 한다. 가령, 우울증을 앓는 사람들을 위한 인지 정신 치료 처방은 낮은 자존감을 확인하고 그것을 다른 더 긍정적인 신념으로 바꾸는 것이다.

이런 인지 정신 치료는 단순한 것 같지만 지속적이며 훌륭한 효과를 발휘한다. 인지 정신 치료의 원리는 강박신경증을 비롯한 다양한 형태의 정신 질환에 쉽게 적용할 수 있다. 구체적인 예를 들면, 주로 개인 위생과 관련된 강박적인 생각에 매몰되어 그 외 다른 것에는 주의를 기울이지 못하거나, 제프리 슈와르츠가 설명한 경우처럼 젊은 여자가 자신의 파트너의 정절에 대해 강박증을 갖게 되는 것을 들 수 있다.

> 24세의 안나는 철학을 전공하는 대학원생이다… 그녀는 자신의 파트너가 자기에게 충실하지 못하다는 의구심을 떨쳐버리지 못했다. 그가 자신을 속이고 있다고 진심으로 믿지는 않았지만, 그녀는 그런 의구심을 멈출 수 없었다. 그는 점심 때 무엇을 먹었지? 그가 십대였을 때 그의 여자친구는 누구였지? 그는 포르노 잡지를 본 적이 있을까? 그는 토스트에 버터나 마가린을 발라 먹을까? 그의 이야기에서 가장 사소한 불일치도 그녀를 낙심하게 했고, 그가 그녀를 배신하지나 않을까 하는 의구심 때문에 그녀의 모든 생활이 망가져버렸다.

이런 행태는 두뇌 회로가 어딘가 '잘못 연결' 되었음을 강하게 암시해 준다. 예상대로, 슈와르츠 교수는 강박신경증 환자의 두뇌 스캔 영상에서 전두엽과 중간 뇌의 미상핵caudate nucleus의 활동이 증가한 것을 보여준다는 것을 발견했다. 그는 인지 정신 치료 과정(그는 강박신경증 환자에게 생각의 초점을 강박적인 사고에서 기쁘고 편안한 습관으로 돌리라고 말했다)을 마친 후에 다시 두뇌 영상을 촬영했다. 지속적인 강박적 사고와 관련되었다고 알려진 두뇌 영역의 활동이 현저하게 줄어든 것을 전문 지식이 없는 일반인들도 알아볼 수 있다.

　　슈와르츠 교수는 이렇게 말했다. "이것은 인지 정신 치료가 두뇌 회로의 잘못된 두뇌 화학 체계를 바꾸는 힘을 갖고 있음을 보여주는 최초의 연구였다. 우리는 정신과 의사들이 강력한 정신 치료 약물을 이용해 치료할 수 있는 변화를, 자신의 생각에 대한 사고방식을 바꾼 환자를 통해서 입증했다."

슈와르츠 교수의 발견은 수많은 유사 연구에 영감을 불어넣었다. 가령, 거

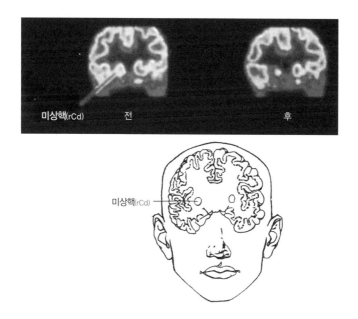

그림 8-14 물질에 영향을 미치는 정신. 비물질적인 사고가 두뇌의 물리적 작용에 직접 영향을 미치는 힘은 10주간의 인지 정신 치료 결과를 비교한 '전'과 '후'의 두뇌 영상에서 볼 수 있다. 인지 정신 치료는 강박적 신경증 환자의 특징인 미상핵의 왕성한 활동을 현저하게 감소시켰다.

미공포 때문에 치료를 받은 후 회복한 환자(환자들이 타란툴라 거미를 스스로 만졌다)나 공황 발작, 조울증과 같은 정신 질환자들의 PET 두뇌 영상의 '전'과 '후'를 비교하였다. 또한 극기 행동에 관한 연구에서도 동일한 연구 결과가 나타났는데, 의지는 외설적인 영화를 볼 때 일어나는 성적 흥분을 억제하는 힘을 갖고 있음을 직접적으로 보여주었다.

　　요약하면, 이런 연구 결과는 정신의 주관적 속성(가령, 사고, 감정, 신념)이 다양한 차원의 두뇌 기능에 상당한 영향을 미친다는 관점을 강하게 지지한다. 신념과 기대는 인식, 운동, 고통, 다양한 감정과 관련된 두뇌의 신경 생리적, 신경 화학적 활동을 현저하게 조절할 수 있다.

우리는 '자신의 생각에 대한 사고방식'이 어떻게 결함 있는 두뇌활동을 고치는지 알 수 없다. 그와 마찬가지로 우리는 중력이 수백만 마일의 빈 공간을 가로질러 어떻게 영향을 미치는지 말할 수 없다. 그러나 '신념과 기대'가 두뇌의 물리적 활동을 '조절'할 수 있음을 보여준 슈와르츠 교수와 다른 사람들의 연구는 인간의 책임이라는 개념을 다시 회복시켜 준다. 물질주의적 과학에서 착각으로 강등되었다가 지위를 회복한 자아는 다시 한 번 자신의 행동에 대해 책임지게 된다.

2000년 이후: 영혼의 재발견

선구적인 PET 두뇌 촬영 기술 덕분에 보고, 기억하고, 생각할 때 두뇌가 '활동'하는 놀라운 모습을 찍은 마이클 포스너는 과학 역사상 큰 획을 그었으며, 그 자신은 이것을 갈릴레오가 직접 만든 아주 단순한 망원경으로 천체를 보고 우주를 발견한 것에 비교한다. 그의 동료인 마커스 라이클도 이에 동의한다. 그는 그들의 첫 논문 발표 10주년 기념식 연설을 통해 현대의 신경과학은 '인류가 직면한 가장 중요한 질문들에 대한 타의 추종을 불허하는 통찰'을 제공했다고 주장했다. 비록 그들이 의도한 것은 아니었을지 모르지만, 정말 그렇다. 다른 과학 분야와 '비교할 수 없는' 신경과학의 가장 놀라운 특징은, 점차적으로 그 비밀이 밝혀지고 있는 두뇌가 영적인 정신과 연결되어 더욱더 깊은 혼란에 봉착하고 있다는 점이다.

피에르 폴 브로카의 언어 중추 발견으로 시작된 두뇌 영역 지도 프로젝트는 두뇌의 많은 특성(감각, 운동, 언어)을 각 대뇌 피질의 구체적인 영역에 할당한다는 가정에 기초해 있었다. 그러나 그것이 사실로 입증되었음에도 불구하고, 두뇌의 지배적인 특징은 '침묵' 영역에서 비롯된다. 이 영역은 사고, 감각, 감정을 지속적인 의식적 자각 속으로 통합시켜 단일화하는 능력을 갖고 있다. 이 침묵 영역의 신경활동이 어떻게 문제를 해결하고, 의사결정을 내리고, 기쁨이나 열정에 의해 고양되는가? 침묵 영역의 신경회로는 어디에서, 어떻게 이성적인 판단을 내리거나 논리적인 결론을 이끌어내는가? 그 영역은 어떻게 시간과 공간을 초월하여 마음을 해방시키고, 창의력과 상상력을 통하여 인간의 경험을 이해하는가?

컴퓨터 메타포에 의해 촉발된 다음 단계의 발견은 정보를 처리하는 두뇌의 놀라운 능력을 강조했고 아울러 헤아릴 수 없이 심오한 두 가지 요소, 즉 자연과 양육에 주의를 기울이게 했다. 첫째, 수천 개의 유전자가 어떻게 수십억 개의 뉴런을 조정하여 언어와 수학의 재능을 '물리적으로 장착'하도록 지시하는가. 둘째, 두뇌가 일생 동안의 경험을 자신 안으로 통합시키는 신경 형성력의 모든 특성의 물리적 기초가 무엇인가. 마지막으로, 활동 중인 두뇌를 관찰하는 '아주 중요한 과학'으로서의 신경과학은 우리의 모든 상상을 초월하는 과정을 보여주었다. 즉, 3차원 세계의 모든 미묘한 차이가 어떻게 우리 두개골의 어두운 곳에서 순간적으로 발생하여 분해되었다가 다시 구축되는가, 두뇌는 어떻게 우리의 기억을 분류하여 각각 다른 '바구니'에 담고, 그것을 여기에서 저기로 이동시키며, 끊임없이 변하는 신경회로 안에 영구적인 기록으로 유지하는가, 기존에 알려진 모든 자연 법칙과 달리 비물질적인 사고와 감정은 어떻게 두뇌의 물질적 구조에 직접적인 영향을 미치는가.

우리가 두뇌에 대한 위대한 발견을 배우면 배울수록 인간 정신과 관련된 일반 이론은 더 이해할 수 없는 것이 되고 마는 역설이 존재한다. 과학은 심장과 폐의 작용에 대한 지식을 알고 있을지 모른다. 그러나 두개골 안에 들어 있는 1.36킬로그램의 원형질로 된 두뇌 조직은 마치 지식 블랙홀처럼 대부분의 과학 연구 성과를 흡수해 버린다. 사고에 대한 과학의 가장 기본적인 입장은 물질주의적 설명을 거부한다. 사고가 어떻게 '비합리적'이기보다 '합리적'일 수 있으며, 진부하기보다는 영감이 있는 것인가라는 문제는 차치하고서 말이다.

풀리지 않는 수수께끼 같은 물질적인 두뇌와 영적인 정신의 관계가 다시 부각되었고, 과학의 한계를 벗어나서 철학자 존 설John Searle이 말했듯이, '두뇌의 신경활동이 어떻게 정신의 질적 변화를 일으키는가는 가장 중요하고도 유일한 문제가 되었다.'

'자의식이 있는 지성은 자연적인 현상으로서 수십억 년에 걸쳐 이루어진 진화의 산물이며, 자아의 특성은 캘리포니아 대학의 폴 처치랜드Paul

Churchland 교수가 주장하듯이 신경세포와 그와 관련된 분자들의 상호작용에 불과하다는 과학적인 시각은 여전히 지배적이다. 이른바 두뇌와 정신의 일치를 주장하는 사람들은 비록 모호하기는 하지만 컴퓨터 메타포를 주로 이용한다. 대니얼 데닛Daniel Dennett은 이렇게 썼다. "자의식이 있는 인간의 정신은 진화가 우리에게 제공한 병렬 하드웨어를 토대로 기능을 발휘하는 가상적인 직렬 기계이다." 우리는 자아가 정신 위를 끝없이 흘러가는 사고와 감정을 해석하고 있다고 가정할 수 있다. 그러나 정작 어떤 사람도 확실히 알지 못한다. 자유 의지와 마찬가지로 자아도 두뇌의 물질적 활동에 의해 발생된 것으로, 어떤 책임적인 주체가 존재한다는 인상을 주는 착각에 지나지 않을 수도 있다. 데닛은 가령 동일하고 단조로운 신경회로의 전기 자극이 어떻게 장미의 냄새, 바흐의 푸가와 같이 전혀 질적으로 다른 경험을 발생시킬 수 있는지에 대해 세부적인 내용이 밝혀지지 않았다고 인정하지만, 조만간에 과학의 지속적인 발전을 통해서 이것을 저것으로 바꾸는 암호를 해독함으로써 분명하게 설명하게 될 것이라고 본다.

철학자 존 설은 데닛의 정신에 대한 이해는 인간의 경험을 없애버린다고 주장한다. 그리고 그렇게 할 필요가 없다고 주장한다. 존 설은 두뇌와 정신의 특성은 정신을 '두뇌의 새로운 특성'으로 생각함으로써 쉽게 조화시킬 수 있다고 주장한다. 액체, 얼음, 시냇물과 같은 다양한 형태의 물의 존재 방식이 수소와 산소 원자로 된 물 분자 배열이 가진 '새로운 특성'인 것과 같다.

존 설은 이렇게 썼다. "격자 구조에 들어 있는 얼음의 단단함이 더 높고 새로운 물 분자의 특성이 되는 것과 마찬가지로 정신도 더 높은 수준 또는 새로 등장한 두뇌의 특성이다. 그리고 이와 비슷하게, 유동성은 동일한 물 분자가 서로 모여서 흐를 때 생기는 더 수준 높고 새로운 특성이다."

존 설의 비유는 아주 분명하고 설득력 있기 때문에 혹자는 왜 이 논리가 두뇌와 정신의 수수께끼를 단번에 해결하지 못하는지 궁금할지도 모른다. 그러나 그의 해석은 그 자체에 문제점을 갖고 있다. 얼음, 물, 시냇물 같은 다양한 물의 형태의 모든 질적 차이에도 불구하고, 물의 구성요소인 수소와 산소 원자는 여전히 객관적으로 측정 가능한 존재이다. 이와 달리, 두뇌와 정신은 본질적으로 다르다. 두뇌는 물질적인 '사물'이고, 정신과 사고는 그렇지 않다. 게다가 '정신이 새로 나타난 두뇌의 특성'이라는 존 설의 해석은 '두뇌의 시대'에 이루어진 발견들이 제기하는 수많은 난제들과 충돌한다. 예를 들어, 신경회로의 단조로운 전기자극이 어떻게 외부 세계에 대한 풍요롭고 주관적인 경험으로 바뀌는지 또는 '새로 등장한' 비물질적 사고가 어떻게 내 손을 움직여서 특정한 단어를 쓰게 하는지를 설명하지 못한다.

두뇌-정신의 수수께끼를 풀려는 이러한 모든 시도에서 유일하게 확실한 것은 '우리는 알지 못한다'는 사실뿐이다. 아니면 철학자 콜린 맥긴이 표현했듯이, '정신과 두뇌 사이의 결합은 궁극적인 신비이며, 인간의 정신은 결코 풀 수 없는 신비이다.' 실망스럽게도, 이것이 지난 100년간 두뇌 작용의 관점에서 만족할 만한 과학적 설명을 제공하려고 시도한 신경과학의 수많은 노력에 대한, 아직 결론을 맺지 못한(비록 불가피하지만) 대단원이다. 그러나 콜린 맥긴의 '궁극적인 신비'라는 불가항력적인 장벽만이 우리에게 남은 것이라고 말하는 것은 잘못이다. 한걸음 뒤로 물러서면, 우리는 두뇌의 시대의 (예상치 못한) 유산을 통해 정신의 다섯 가지 중요한 신비를 바라볼 수 있다. 이 중요한 신비는 서로 결합되어 우리 자신에 대한 이해에 가장 심오한 통찰을 제공한다. 레이첼 카슨이 폭풍 치는 밤에 해변에 갔던 일을 생각해 보면 이를 더욱 명확하게 이해할 수 있다.

주관적 의식의 신비

첫 번째 신비는 근본적으로 비슷한 레이첼 카슨의 신경회로가 그녀의 감각에 부딪히는 무색의 무수한 광자와 소리 없는 압력파로부터 어떻게 '거친 밤'이라는 생생할 정도로 독특하고 통일된 감정을 만들어냈을까 하는 점이다. 파도가 자갈 해변에 부딪힐 때 들리는 파도 소리, 물보라 냄새, 그녀의 얼굴에 부딪히는 차가운 바람과 비의 느낌을 어떻게 만들어냈을까 하는 것이다.

자유 의지의 신비

두 번째 신비는 레이첼 카슨의 무형의 비물질적 사고가 어떻게 어린 조카에게 바다의 경이를 보여주고픈 욕구로 가득 차게 했는가 하는 점이다. 그녀의 욕구는 그녀의 운동 대뇌 피질의 시냅스를 활성화하고, 논리적, 조절적인 방식으로 전기자극을 하게 하여 먼저 조카를 담요로 싸서 '비가 오는 어두운' 해변으로 데리고 갔다.

기억의 풍부함과 이용 가능성의 신비

세 번째 신비는 그녀의 두뇌가 어떻게 그날 밤의 황홀한 경험을 포착하고 영구적인 스냅 사진처럼 상세한 내용을 끊임없이 변하면서 전기자극을 일으키는 그녀의 신경회로에 저장했다가 수십 년 후 자신의 의지로 다시 불러올 수 있는가 하는 점이다. 이는 그날 밤의 기억만 아니라 그녀의 파란만장한 일생의 모든 기억을 불러올 수 있다.

신경 생물학자 로버트 도티Robert Doty는 이렇게 썼다. "무한하고 영구적인 것처럼 보이는 기억의 능력은 그 자체가 깊은 신비이다. 일생의 수많은 사건을 아주 민첩하게 분류하여 선택하고, 100만 분의 1초 안에 모호하고 반쯤 망각된 일화와 연관된 수많은 내용을 추적하는 능력에 대해서 어떤 사람도 신뢰할 만한 설명을 하지 못한다."

인간 이성과 상상력의 신비

네 번째 신비는 레이첼 카슨의 '더 높은' 정신 기능인 이성과 상상력이다. 그녀는 그 기능을 통해서 그날 저녁의 의미를 깨달았다. 그녀의 글을 통해서 자신의 회고를 그 글을 읽는 모든 사람의 정신 안에 집어넣는다. 물론 그녀는 훨씬 더 많은 것을 했다. 그녀의 책 『침묵의 봄Silent Spring』에서 그녀는 이성적이고 강한 도덕적 사고를 통해 화학 살충제의 위험성을 제기함으로써 환경운동을 만들어냈고, 그 결과 20세기에 가장 영향력 있는 사람의 반열에 올랐다.

자아의 신비

다섯 번째 신비는 레이첼 카슨의 자아 의식이다. 자아는 흔히 두 눈 사이의 위쪽에 있다고 알려진 비물질적 존재이며, 외부 세계를 보며 아울러 주관적 인상의 내적 삶과 행동을 주관한다. 독특하고 열정적이지만 굳건한 인격을 가진 자아는 나이가 들어가면서 변하고 성숙하지만 동일성을 유지한다. 자아는 일생의 과업을 완수하기 위해 항상 '주의를 기울인다.'

이것들은 과학에게는 '신비'일지 모르지만 우리 자신에게는 분명히 아니다. 사실, 우리의 자아 의식과 주변 세계에 대한 일상적인 인식, 사고, 기억의 실재만큼 더 확실한 것은 존재하지 않는다. 두뇌의 시대의 역설적인 유산은 인간 정신이 이중 나선구조 유전자처럼 과학적 이해 가능성이라는 시험을 한 번이 아니라 두 번이나 실패했다는 것을 보여준다. 첫째, 과학은 그것이 두뇌의 '외부' 작용에 대해 보여준 모든 것에도 불구하고 비물질적인 정신의 '내부'에 대해서는 조금도 말해주지 않는다. 또한 과학이 어떻게 우리가 알고 있는 인식, 사고, 기억과 과학이 이런 것들을 설명하는 논리, 즉 두뇌 신경회로의 전기자극 사이의 간격을 이음으로써 '체계적인 이해'를 부여하는지에 대해 전혀 말해주지 않는다.

다음으로, 신경과학이 보여준 다섯 가지 중요한 신비들은 플라톤이 처음 설명하고, 초기 기독교 신학자들이 정교하게 발전시키고, 르네 데카르트가 다듬은 인간 영혼의 다섯 가지 독특한 통합적 특성과 일치한다. 영혼에 대한 신학적 함의에서 자유로워진 영혼은 단순히 인간이 상상으로 만든 것이 아니라 시간에 따라 변하는 탄력적인 존재이며, 동일성을 유지하고 세계 존재에 대한 단일하고 일관성 있고 끝없는 인간의 경험적 의식을 자신 안으로 통합한다.

또한 영혼이 그러하다는 것을 알아야 하는 이유를 제대로 평가해야 한다. 과학의 명성은 신뢰할 만한 연구 방법을 통해 우리가 감각의 영역 너머로 인간 지식의 범위를 확장하여 우주의 광대함과 세포의 난해하고 미시적인 복잡성을 이해할 수 있다는 데 있다. 그러나 그러한 과학의 성취는 인간 정신의 지적 능력과 비교할 때 그다지 중요한 것은 아니다. 인간의 정신은 망막에 부딪히는 무색의 광자가 만들어내는 희미한 단서와 고막을 두드리는 소리 없는 압력파로부터 '외부' 세계에 대한 가장 신뢰할 만한 지식을 명료하고 세세하게 전달한다. 우리는 인식, 기억, 자유 의지에 대한 최근의 과학 연구에서 비물질적 정신의 실재를 추론할 충분한 근거를 갖고 있으며, 그 추론은 우리가 영적인 내적 자아에 대해 갖는 직접적인 지식과 비교할 때 단순한 각주에 지나지 않는다. 내가 가장 확실히 아는 것은 나의 비물질적인 자아는 유일무이하고 독특하며 체계적이고 영적인 존재이며 스스로도 그렇게 확신하고 있다는 사실이다. 내가 자신에 대해 '선택할 자유'를 가진 자율적인 존재라는 인상을 갖고 있는 이상, 비물질적이고 자유롭게 선택할 수 있으며 내 행동에 영향을 주는 나의 사고 능력은 과학 법칙의 설명과 모순되는지에 상관없이 실재한다.

신경과학이 '영혼'의 실재를 무심코 확인했다는 사실이 갖는 의미는 이전에 사라진 모든 것들의 빛 속에서 더욱 명료해진다. 먼저 게놈 프로젝트 연구 결과와의 놀라운 유사점을 살펴보자. 이중 나선구조 유전자의 화학적 유전자가 경이로울 정도로 다양한 생명에게 질서정연한 '형태'를 부여하는 데서 추론한 '형성적 영향력'과 영혼은 아주 비슷하다. 우리는 재발견된 영혼과 형성적 영향력(생명력), 뉴턴의 중력 법칙을 물질적 우주와 그 안의 만물에 질서를 부여하는 세 가지 힘으로 같이 연결한다. 우리는 이 힘들의 속성을 확실히 알 수 없으며, 그 힘들이 어떻게 뉴런, 유전자, 물질 세계에 직접적으로 영향을 미치는지 모르지만, 이 세 가지 힘이 작용하는 방식에 대해 토론하려면 그 힘들의 결과에 대한 과학적 지식의 전체 구조(뉴턴이 떨어지는 사과에 대한 의미를 인식한 것에서부터 시작하여)를 해체할 수밖에 없다. 이것은 19세기 중반의 중요한 순간으로 우리를 이끈다. 19세기 중반의 과학은 실재의 이중성, 즉 물질 영역과 비물질적 영역을 부정하고 우리가 알고 있는 대로 철학적 세계관보다 유물론적 세계관의 우위성을 주장함으로써 서구 사회의 방향을 바꾸었다. 그러나 그것은 사실이 아니다. 왜냐하면 신유전학과 두뇌의 시대의 놀라운 유산은 유물론적 세계관을 떠받치는 네 개의 주춧돌(즉, 다윈의 진화론은 생명체의 경이로운 다양성과 우리 자신을 모두 설명할 수 있으며, 생명의 '비밀'은 물질적인 유전자에 들어 있고, 정신의 비밀은 물질적인 두뇌 작용의 결과이다)을 파괴하기 때문이다.

이것이 사실인가? 미래의 과학 연구를 통해 다윈의 자연선택 메커니즘이 자연세계의 무한한 아름다움과 다양성을 설명해 준다는 것을 입증할 수 있을 것인가? 언젠가 생물학자들이 불가해한 이중 나선구조를 뚫고 들어가 아네모네의 유전자가 튤립이나 다른 생명체의 그것과 쉽게 구별할 수 있도록 어떻게 자신의 미묘한 형태와 색깔을 결정하는지 보여줄 수 있을 것인가? 그리고 인간과 다른 영장류를 구분시키는 2퍼센트의 유전체 속에서 인간의 직립 보행과 엄청나게 확장된 두뇌를 발생시킨 우연한 유전적 돌연변이를 찾아낼 수 있을 것인가? 신경과학자들은 두뇌 신경회로의 전기자극이 어떻게 비물질적인 정신을 만드는지 발견하여, 정신이 우리 자신을 자유롭고 자율적인 존재로 인식하게 만든 '단순한 착각'임을 확인할 것인가? 이 모든 질문에 대한 대답은 분명히 '아니다'이다. 인간은 우리 자신에게 하나의 신비일 뿐만 아니라 우주의 장관을 홀로 바라보는 우주의 핵심적인 신비이다. 이 연구의 마지막 작업으로, 과학이 비물질적 영역의 엄청난 힘을 우리의 시야에서 제거하고 우리가 실제로 알고 또 알 수 있는 것보다 훨씬 더 많이 알고 있다고 설득함으로써 사실이 아닌 내용을 주장하는 데 어떻게 성공하게 되었는가를 살펴볼 것이다.

많은 세부내용이 앞으로 더 밝혀져야 하겠지만 생명의 역사에 관한 모든 객관적인 현상은 순수하게 물질주의적 요인으로만 설명할 수 있다는 것은 명백하다… 인간은 아무런 목적도 없고, 인간을 고려하지도 않는 자연적인 과정의 결과이다.

― 조지 게일로드 심슨George Gaylord Simpson,
『진화의 의미The Meaning of Evolution』(1949)

세계와 그에 대한 우리의 지식은 다행스럽게도 놀라움으로 가득 차 있다. 그러나 20세기의 과학적인 발견만큼 놀라운 것은 별로 없을 것이다. 어느 누가 세포가 인간의 제조활동만큼이나 다양하고 독특한 활동을 수행할 수 있는 '자동화된 공장'이라는 사실을 예상이나 할 수 있었겠는가? 이중 나선구조 유전자가 두 가닥의 화학적인 유전자 안에 생물체의 헤아릴 수 없는 복잡성을 응축하기 위해서는 단순해야 할 필요성이 있다는 심오한 의미를 어느 누가 생각할 수 있었겠는가? 파리와 인간 사이의 형태와 특성의 놀라운 차이를 결정하는 유전자 정보가 동일한 '조절 유전자master genes'에서 만들어졌다고 어느 누가 예측할 수 있었겠는가? 그 가운데 가장 놀랍게도,

신유전학과 두뇌의 시대의 수많은 과학 연구가 제시한 가장 의미 있는 통찰이 물질세계와 헤아릴 수 없이 강력하고 심오한 비물질적 생명력과 인간 영혼을 포괄하는 '실재reality의 이중성'에 대한 재발견일 것이라고 어느 누가 한순간이라도 상상할 수 있었겠는가? 그 어느 것도 '평범한' 발견들이 아니다. 그것들은 사물의 존재방식에 대한 일반적인 이해에 새로운 차원을 제공하여, 나의 생각과 직관이 내가 앉아 있는 의자처럼 '실제적인' 것으로 취급되어야 한다는 사실을 알려준다(아니, 그 이상이다. 왜냐하면 나는 내 감각을 통해 의자가 존재한다는 것을 알기 때문에 의자는 대부분 내 정신의 산물이다). 하지만 혹자가 이러한 발견에서 이해하기 어렵다거나 극적인 것이 전혀 없다고 생각한다 해도 비난받을 일은 없을 것이다. 사람들은 게놈 프로젝트의 연구 결과가 오늘날의 유전형질 이론에 대한 중요한 연구를 다시 촉발시킬 것이라고 기대했다. 그러나 실상은 전혀 그렇지 않다. 〈사이언스〉지는 2006년 11월호에서 최근 완성된 성게의 유전체에 대해 논평하면서, 이 생물(부주의한 물놀이객들에게 아픔을 유발하는 것 이외에는 그저 평범한 생물)이 사실상 우리와 동일한 수의 유전자를 가지고 있다는 놀라운 발견에 주목하지 않았다.

이에 과학자들이 인간 정신에 대한 그들의 유물론적인 설명을 수정할 것이라고 충분히 예상할 수 있다. 그러나 영국의 가장 저명한 신경과학자인 콜린 블레이크모어 교수는 다음과 같이 주장한다.

인간의 두뇌는 인간의 모든 행동, 대부분의 사고, 신념을 설명할 수 있는 유일한 기계이다. 인간의 두뇌는… 자아 의식을 만들어낸다. 인간의 두뇌는 정신을 만든다… 우리가 자신의 행동을 통제한다고 느끼게 하지만 그 느낌은 두뇌의 산물이며, 이 두뇌는 자연선택에 의해 설계된 기계이다.

두뇌가 '자연선택에 의해 설계되었다'는 블레이크모어 교수의 말은 아주 밀접한 관계가 있는, 더 놀라운 20세기의 발견에 주의를 기울이게 한다. 즉, 생물학의 근본적인 토대를 이루는 진화론이 한 종의 핀치새와 다른 종의 핀치새를 구별하는 사소한 차이 이외에 다른 것을 설명하기에는 턱없이 불충분하다는 사실 말이다. 알다시피, 진화론은 단순히 결점이 있거나 불완전한 이론이 아니다. 생물의 다양성의 '원인'으로서의 자연선택 메커니즘은 과학의 경험적 증거와 모든 면에서 상충된다. 또한 그러한 경험적 증거가 다윈이 제안한 진화 메커니즘에 도전을 제기할 것이라는 어떤 암시도 전혀 존재하지 않는다. 사실, '지구가 태양 주위 궤도를 도는 것만큼이나 확실하게 의심스럽다'고 소리 높여 주장된 적이 결코 없었다. 생물학자 테오도시우스 도브잔스키Theodosius Dobzhansky는 1973년에 이렇게 말했다. "진화론이 없다면 생물학은 전혀 이해할 수 없다." 이 해석에 도전할 만한 일은 전혀 일어날 것 같아 보이지 않는다.

> 학술 잡지 〈사이언티픽 어메리칸Scientific American〉 2000년 7월호에서 저명한 진화 생물학자인 에른스트 마이어Ernst Mayr가 이렇게 말했다. "다윈 이론(공통 혈통, 점진적인 진화, 자연선택 이론)은 충분히 확인되었다. 교육받은 사람들은 더 이상 진화론의 타당성에 대해 의문을 제기하지 않는다. 우리는 이제 진화론이 명백한 사실이라는 것을 안다."

때때로 침묵이 말보다 더 많은 것을 전달할 수 있다. 과학자들은 자신의 가정이 잘못되었다는 것을 다른 사람들과 마찬가지로 양보하려 하지 않는다. 특히, 여기에서 보다시피 과학적인 모험을 통해 그들의 편협한 물질주의적 설명에 대한 엄청난 도전이 제기되었을 때 더욱 그렇다. 이것은 20세기 과학적 발견의 의미를 일반 대중의 시야에서 은폐하려는 어떤 의도적인 공모일지도 모른다. 그러나 과학자들이 단순히 더 폭넓은 의미를 '보지 않는다'고 말하는 것이 더 정확할 것이다. 왜 그럴까?

인간 지식에 대한 과학의 독보적인 공헌은 광대한 우주에서 미세한 세포에 이르기까지 물질세계의 대상과 물리적 힘을 측정하고 계량하고 분석하는 능력이다. 하버드 대학의 생물학자 리처드 레원틴이 지적하듯이, 물질주의에 대한 과학의 열정은 '절대적이다.'

> 인간이 과학의 방법과 제도 때문에 세계에 대한 물질주의적 설명을 수용한 것이 아니다. 그와 반대로, 우리는 물질주의적 원인에 집착함으로써 과학 연구의 도구와 장치를 만들고, 그에 따라 물질주의적 설명을 만들어낼 수밖에 없었다.

물질주의에 대한 과학의 절대적인 열정은 엄청난 성공을 거두었고, 첫 장에서 설명했듯이 결국 우주 역사를 하나의 통일된 이야기로 엮어내는 탁월한 지적 성취를 이루어냈다. 그러나 그러는 동안, 그런 성공 때문에 불가피하게 과학자들 사이에서 사물의 존재방식에 대한 진리를 알 수 있는, 신뢰할 만한 유일한 길이 존재한다는 신념이 자라났다.

세상에는 많은 다양한 형태의 지식이 존재한다. 상식, 역사적인 지식, 음악과 예술에 관한 지식, 숙련된 장인의 무형의 지식, 의사들의 의학적인 판단, 그 외 많은 지식들이 있다. 그러나 과학자들은 '실재의 이중성', 즉 물질적 영역과 비물질적인 영역이 존재할 가능성을 인정하지 못한다. 왜냐하면 그렇게 되면 세계가 '작동' 하는 방식에 그들의 배타적인 주장이 파괴되기 때문이다. 따라서 그들은 침묵한다. 과학자들은 20세기의 과학적 발견이 가진 의미를 '볼' 수 없다. 그들은 자신들의 물질주의적 관점을 떠나서 그들이 지금까지 훈련받아 온 것과 다른 형태의 지식을 생각할 수 없기 때문이다.

과학은 물질주의에 대한 자신의 절대적인 충성을 통해 (최근까지) 아주 잘 지내왔을지도 모르지만, 그에 대응하는 비물질적인 영역에서 사는 유일한 존재인 인간에 관해서는 그렇게 말할 수 없다. 우리는 우리와 같은 비물질적인 정신과 대화를 통해 비물질적인 사고와 아이디어를 서로 교환하면서 살아가고, 관계를 맺고, 우리의 경험에서 선과 악의 비물질적인 가치를 찾고, 아름다움과 추함 같은 비물질적인 개념을 만들어낸다. 이런 것들은 과학의 언어 속에 존재하지 않는다. 우리는 이런 것들을 우리가 항상 해오던 대로 수행하지만 이러한 것들의 중요성에 대한 우리의 이해는 급격하게 줄어들었다. 크로마뇽인 이래로 실재의 이중성은 인류의 상식이었다. 그러나 이제는 더 이상 그렇지 않다. 요즘에는 아이들이 과학이 밝혀준 물질주의적 세계의 지루하고 세부적인 사실, 예를 들어 포화지방의 화학적 구성과 같은 것을 배우지만, 그들은 인간 정신의 놀라운 특성을 들여다볼 수 있는 최소한의 암시도 얻지 못한다. 그들은 배아 발달의 초기 단계에 관한 전문적인 용어를 기계적으로 암기하지만 배아의 발달 과정을 이끄는 심오한 힘에 대해서는 전혀 알지 못한다. 간단히 말해서, 실재의 이중성은 검열당해 삭제되었고, 단지 역사적인 관심거리나 머나먼 과거의 미신적인 사고방식이 만든 유물로 간주되었다.

비물질적 영역의 소멸은 불가피하게, 이와 아주 밀접한 연관성이 있었던 종교적 신념과의 관계를 파괴했다. 종교적 신념에서는 자연세계의 경이로움과 인간 정신의 독특한 영적 특성이 탁월한 지성의 가장 강력한 증거로 인식되었다. 과학적인 교훈을 종교적인 신념과 분리하는 것은 잘된 일인 것처럼 보인다. 왜냐하면 이 양자의 혼합은 해악을 낳을 수 있기 때문이다. 작가이자 생물학자인 스티븐 제이 굴드가 주장하듯이, 이 양자는 '서로 겹치지 않는 영역'을 차지하는 것이 더 좋다. '과학은 종교가 지구의 나이에 대한 교리를 발표할 수 없는 것처럼 인간이 어떻게 살아야만 하는가에 대한 질문에 대답할 수 없다.'

얼핏 보기에, 이보다 더 타당한 것은 없는 것 같다. 물론, 그것이 사실이 아니라는 점을 제외한다면 말이다. 과학은 자신의 관심 영역을 '지구의 나이'와 같은 질문을 훨씬 초월하여 모든 실재에 대한 배타적인 물질주의적 해석을 주장해 왔다. 굴드의 합리적인 시각은 다음과 같이 잘 요약할 수 있다. "우리 과학자들은 아주 개방적인 사람들이다. 다양한 종교적 신념에서 존재의 의미나 목적을 발견하는 사람들을 반대하지 않는다. 그것은 좋은 일이다. 단, 과학이 객관적이고 합리적인 지식(여기에는 인간과 다른 모든 만물이 이미 밝혀진 물질주의적 과정의 결과라는 사실이 과학적으로 확실히 입증되었다는 것을 포함한다)의 수호자라는 것을 인정한다면 말이다." 또한 진화 생물학자 조지 게일로드 심슨은 이렇게 표현했다.

세부적인 많은 내용이 앞으로 밝혀져야 하겠지만, 생명 역사의 모든 객관적인 현상을 순수하게 물질주의적 요인으로만 설명할 수 있다는 것은 명백하다… 인간은 인간을 염두에 두지 않은, 아무런 목적도 없고 자연적인 과정의 결과이다.

과학과 종교가 겹치지 않는 두 영역을 각각 차지해야 한다는 굴드의 주장은 당연히 과학의 '절대적인' 물질주의에 대한 집착을 은폐하는 기만적인 술책으로 해석할 수 있다. 이 문제의 핵심은 과학이 '사실'을 다루고 종교가 '가치'를 다룬다는 것이 아니라, 정확히 말해서 그 반대라는 것이다. 과학의 물질주의적 가치가 지난 150년간 서구 사상에 미친 심대한 영향은 비물질적인 영역의 실재를 보여주는 모든 '사실'을 제거하는 (또는 인정하지 않는) 토대를 제공했다.

이러한 물질주의적 가치가 서구 사회에 너무나 널리 퍼져서 사람들의 경험 속에서 그것들이 편협하고 불완전하다는 것을 인식하기 힘들다. 간단히 말하면, 물질주의적 가치들은 세계가 '물질주의적 원리에 따라 엄밀하게' 조직되었다는 것을 과학이 입증했다는 가정을 토대로 한다. 따라서 인간 영혼의 실재라는 가정은 환상이며 인간의 행위를 안내할 어떤 도덕법도 존재하지 않으며 자유 의지의 개념도 착각일 뿐, 우리가 자신을 위해 창조한 것 외에 '더 높은' 삶의 의미는 없다. 철학자 버트런드 러셀Bertrand Russell이 말했듯이, "바깥에는 어둠이 있고, 내가 죽으면 안에도 어둠이 있을 것이다. 어디에도 빛과 광대함은 없으며, 단지 미미한 것이 찰나에 존재하다가 그 후에는 무만 존재한다."

이러한 물질주의적 '가치'가 왜 그리고 어떻게 그렇게 오랫동안 그와 반대되는 '철학적' 관점을 능가할 수 있었는지를 간단히 생각해 볼 필요가 있을 것 같다. 이것은 만만찮은 일처럼 보이지만 단 하나의 개념으로 요약할 수 있다. 그것은 현대 세계를 형성하는 가장 중요한 '진보'라는 개념이다. 진보의 의미는 앞 장에서 다루었다시피, 엄청난 영향력을 발휘한 계몽주의 사상을 약간 다른 관점에서 다시 살펴보면 가장 잘 파악할 수 있다.

우리는 진보의 개념(기술 진보, 산업 진보, 의학 진보, 사회 진보)에 아주 익숙하고 대단히 많이 사용하기 때문에 인간 존재의 의미와 목적, 더 나은 세계에 대한 약속(모든 사람들이 번영의 과실을 즐기고 물질적 고통과 불의의 짐에서 해방된다)을 제공하는 데 있어 이보다 더 높고, 더 '형이상학적'인 의미를 주는 것을 찾아보기는 어렵다. 진보는 객관적이며 측정 가능하고 모든 새로운 과학기술혁신을 통해 분명하게 나타나며, 진보의 편익은 교육률의 상승과 유아 사망률의 저하라는 사회적 진보의 통계로 설명할 수 있다.

또한 진보는 사실상 과학적인 모험과 같은 말이다. 인간의 무대에 등장한 대표적인 과학적 모험은 갈릴레오와 뉴턴의 과학 혁명이며, 이는 인간의 이성이 '지식 문제에서는 최고의 권위'라는 생각을 불러일으켜 미래 세대에게 인간이 알고 싶은 것은 무엇이든지 알 수 있다는 전망을 갖게 했다. 편견이 없고 객관적이며 공정한 과학적 이성과, 과학과 대립하는 교회 권위의 토대인 성서적 계시의 신앙을 나란히 놓는 것은 다른 무엇보다도 미래 서구 사상의 방향을 규정할 것이다.

> 캘리포니아 연구소의 리처드 타나스Richard Tarnas 교수는 말한다. "과학은 갑자기 인류의 해방자로 등장하여 모든 사람이 직접 만지고 무게를 잴 수 있는 구체적인 실재를 경험과 이성을 사용하여 탐구할 것을 주장했다. 서로 대등한 사람들이 실험하고 토론하여 입증한 사실과 이론이 제도적 교회가 위에서 부과한 교리적 계시를 대신하게 되었다."

과학 혁명의 발견은 거꾸로 계몽주의에 힘을 불어넣었다. 계몽주의의 가장 유명한 아들이며 확고한 지도자인 프랑스 철학자 볼테르는 '불의를 짓밟

으라'(타락한 가톨릭 교회와 가톨릭 국가 군주의 불의한 절대 권력)는 구호 아래 인간의 자유를 위한 투쟁을 강력하게 역설했다. 1726년 강제로 영국으로 추방된 볼테르는 그 당시 노쇠한 아이작 뉴턴 경이 주도하는 과학 혁명의 사고에 흠뻑 빠졌고, 우주를 지배하는 중력과 운동에 관한 뉴턴의 '자연 법칙' 속에서 인간 사회의 모델을 보았다. 그 사회는 안정적이고 조화로우며, 시민들은 '자연권', 즉 공정한 재판을 받을 권리, 표현의 자유, 변덕스러운 정부의 폭정으로부터 자신을 보호할 자유를 갖고 있다. 뉴턴의 '자연 법칙'은 또한 새로운 형태의 종교적 신념을 보여주는 모형을 제공했다. 즉 '자연 종교'는 기적과 '마귀가 쫓겨났다는 이야기' 등이 포함된 기독교 신앙의 교리가 아니라 이성에 기초했다. 제도 교회에 대한 자신의 반감에도 불구하고, 볼테르는 인간 경험의 두 부분인 물질적 부분과 비물질적인 부분만큼 자명한 것이 없다고 주장했다. 그는 오직 비물질적인 부분으로부터 '영원하고 최고인' 신의 존재의 필요성을 추론할 수 있다고 보았다. 신성한 손을 입증하는 가장 강력한 증거는 첫째, 가장 작은 곤충… 파리 날개의 배치 또는 달팽이의 촉수와 같은 자연세계의 경이이며, 둘째는 이성적인 인간의 정신이다.

> 우리는 지적인 존재이다. 지적인 존재는 원시적이고 눈멀고 무감각한 존재에 의해 만들어질 수 없다. 뉴턴의 사상과 노새의 배설물 사이에는 분명한 차이점이 존재한다. 따라서 뉴턴의 지성은 다른 지성에서 온 것이다.

볼테르가 아주 강력하게 주장했던 계몽주의의 가치는 신생 독립 국가였던 미국 헌법에 포함되었고, 19세기 민주주의와 참정권을 위한 투쟁을 확산시켰다. 그러나 이성에 기초한 볼테르의 '자연 종교'는 거침없이 전진하는 과학의 행진과 두 가지 과학기술혁신에 직면하여 좌절했다. 과학기술혁신은 특히 비물질적인 영역, 즉 자신을 갱신하는 생명의 불가사의한 신비와 자연세계의 경이롭고 무한한 다양성의 요새로 깊숙이 뚫고 들어가는 길을 열었다. 첫 번째 과학기술혁신은 현미경이었다. 그것은 지금까지 드러나지 않았지만 더 근본적인 생명 유기체의 '조직'을 보여주었다. 두 번째는 화학이었다. 화학의 분석 방법은 생명의 화학적 기초를 보여주었다. 늦은 감이 없지 않지만, 우리는 그것들을 차례로 간단히 살펴볼 필요가 있다. 왜냐하면 두 가지 기술혁신의 놀라운 성공은 그 이후 150년간 생물학의 방향을 결정했기 때문이다. 이것들이 그 과정에서 비물질적 영역의 실재를 무너뜨렸다.

* * *

현미경의 기원은 17세기 초반으로 거슬러 올라간다. 네덜란드 안경 제작자 한스 리페르세이Hans Lippershey가 양손에 각각 안경 렌즈를 쥐고, 그것을 근처 교회 뾰족탑 방향으로 나란히 정렬했더니 놀랍게도 지상에서 아주 높이 설치되어 있던 풍향계가 아주 가깝고 또렷하게 보였다. 그는 두 렌즈 사이의 상대적 거리를 유지할 수 있도록 렌즈를 튜브 안에 적절하게 장착하여 최초의 망원경을 만들었다. 그러나 플로렌스 출신의 천재 과학자 갈릴레오가 리페르세이의 발명 소식을 듣고, 그것이 그 당시 천문학적 논쟁을 해결할 잠재력이 있다는 것을 깨닫지 못했다면 그것은 단순한 호기심에 머물렀을 것이다. 갈릴레오는 직접 망원경을 제작하여 은하수를 만드는 수백만 개의 별과 토성의 고리, 목성의 달, 그 외 많은 별들을 관찰했다.

인간의 눈이 멀리 떨어진 별을 볼 수 있게 해주는 확대의 원리는 매우 작은 사물을 확대하는 데 동일하게 적용할 수 있다. 몇 가지 기술적인 개조를 거쳐 갈릴레오의 망원경은 현미경이 되었다. 하지만 이것은 상당한 기술적 개조를 거친 19세기 초반이 되어서야 생물학자들이 모든 조직과 기관(심장, 폐, 신장, 피부, 간)의 미시적인 해부 구조를 연구하는 데 체계적으로 사용하기 시작했다. 결국 앞 장에서 언급했듯이, 카밀로 골지가 전기자극을 일으키는 복잡한 두뇌 신경망을 발견하게 된다. 이전에 숨겨졌던 이 세계(복잡한 조직은 저마다의 목적을 수행하기 위해 정교하게 '설계되었다')는 이 분야의 선구자인 잔 푸르키녜Jan Purkinje가 언급하듯이, '결코 마르지 않는 새로운 가능성'을 제공했으며, '거의 매일 새로운 발견이 이루어졌다.'

그러는 동안, 1839년 베를린 대학의 테오도르 슈반Theodore Schwann이 생물학을 '하나로 묶어주는' 위대한 사상이 된 내용을 발표했다. 그것은 모든 생물은 동일한 기본 단위(세포)로 구성된다는 것이었다. 다양한 세포 형태는 그 이후 '마술 벽돌'에 비유되었다.

어떤 것은 뼈처럼 딱딱하고, 어떤 것은 물처럼 유동적이고, 어떤 것은 유리처럼 맑고, 어떤 것은 돌처럼 불투명하고, 어떤 것은 끓고 있는 화학 공장 같고, 어떤 것은 죽은 것처럼 가만히 있고, 어떤 것은 기계적 견인력을 가진 엔진 같고, 어떤 것은 꼼짝하지 않는 지지대 같다… 헤아릴 수 없이 많은 세포들은 마치 각 세포가 자기만의 힘을 알고 있는 것처럼 정교하게 분화되어 전체에 무언가 도움을 주는 역할을 수행한다.

열정적인 현미경 관찰자들은 가장 위대하고, 가장 심오한 신비(모든 생명체들

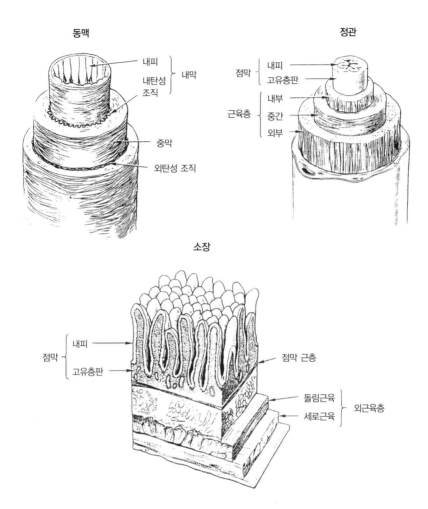

그림 9-1 결코 마르지 않는 새로운 가능성. 19세기 현미경 관찰자들의 조직 구조 연구는 수많은 중요한 통찰을 제공했다. 창자, 기도, 요관, 혈관의 다양한 관상 조직 형태는 몇 가지 구성요소로 이루어져 있으며 동일한 기본 형태를 띤다. 그러나 각각은 자신의 목적에 적합하게 독특한 형태로 이루어져 있다. 근육 섬유의 두 가지 층, '돌림근육'과 '세로근육'의 결합은 동맥을 통해 혈액을, 정관을 통해 정자를, 소장을 통해 창자의 내용물을 내보낸다. 그러나 이들의 전문적인 기능은 독특한 내피층의 형태를 보면 알 수 있다. 동맥의 매끈한 벽은 혈액을 빠르게 이동시키기에 이상적이고, 반면 소장의 해초잎 같은 모양은 영양분을 흡수하는 표면적을 엄청나게 확장시켜 준다.

이 자신의 종을 재생산하려는 놀랍고 끈질긴 욕구)에 관심을 기울였다. 그들은 정자와 난자가 융합하고, 배아가 발달하여 완전한 형태의 유기체로 변화는 과정을 관찰했다. 과학사가 윌리엄 콜맨William Coleman은 말한다. "관찰자의 눈앞에서 자신의 모습을 만들면서 빠르게 발달하는 배아의 아름다운 모습을 관찰하는 것은 그 무엇과도 비교할 수 없다."

이렇게 생명의 숨은 구조를 거침없이 밝혀나가는 작업과 아울러 독일 화학자 유스투스 폰 리비히Justus von Liebig는 살아 있는 유기체가 무생물인 영양소를 자신의 생체 조직과 혈관으로 전달하는 방법(그리하여 에너지와 열이 유기체의 생명활동을 유지한다)에 대한 의문을 해명했다. 이것은 18세기 후반, 프랑스의 천재 과학자 앙투안 라부아지에가 시작한 화학의 비약적인 발전에서 비롯되었다. 라부아지에는 그보다 앞선 뉴턴처럼 사물의 겉모습을 뚫고 더 깊이 아래로 파고들어가 도저히 해명할 수 없을 것 같은 문제를 통합적으로 설명해 냈다. 볼테르는 1738년에 이렇게 질문했다. "난로 속의 나무가 어떻게 열을 내는 불로 바뀌는지를 어느 누가 설명할 수 있는가? 우리는 별에서 지구의 중심에 이르기까지, 외부 세계와 우리 자신의 내부에 있는 모든 물질에 대해 아는 것이 없다." 그러나 이제는 더 이상 그렇지 않다. 라부아지에는 일련의 기발한 실험을 통해 물질의 근본적인 요소라고 가정된 것들(공기, 불, 땅, 물)이 동일한 화학요소의 상호작용으로 이루어져 있다는 것을 증명했다. 공기는 탄소, 산소, 질소 분자로, 불과 열은 산소와 탄소의 상호작용으로, 물은 수소와 산소 분자의 상호작용으로 각각 이루어진다.

라부아지에는 위대한 일을 성취했지만 밝혀야 할 문제와 해결되어야 할 수수께끼가 너무나 방대하여 도저히 한 개인이 감당할 수 없었다. 이를 위해서 새로운 형태의 과학 연구 조직인 연구소가 18세기 말엽에 독일 대학

그림 9-2 유스투스 폰 리비히가 기센 시에 최초로 세운 화학 연구소를 묘사한 판화에는 분주하게 연구하는 모습이 잘 나타나 있다. 학생들이 높은 모자를 쓴 이유는 화학 실험에 필요한 목탄 불에서 날아온 불티로부터 머리카락을 보호하기 위한 것이다.

에 최초로 설립되었다. 여기서 화학의 엄청난 잠재력이 조직적이고 체계적인 방식으로 해명되었다. 젊은 독일인 유스투스 폰 리비히는 최초이자, 이후의 모든 연구소의 원형이 된 연구소를 만들었다. 1824년 그는 21세의 나이로 독일 기센 시의 화학 교수로 임명되었다. 그는 '놀라운 과학의 시대에 등장한 굉장한 인물'이었다.

 화학의 매력은 전혀 다른 것으로 보이는 현상을 서로 연결해 주는 공통된 인과적 설명을 발견하는 능력에서 나온다. 두 가지 종류의 '유기체 왕국', 즉 식물과 동물보다 더 확실히 다른 것이 있을까? 그러나 이 두 가지는 모두 '생명체'로서, 사과와 호랑이, 또는 장미와 코끼리 사이에는 많은 공통점이 있다. 리비히와 그의 동료 화학자들은 두 '왕국'의 조직을 분석한 결과, 놀랍게도 그것들이 정확히 동일한 '재료stuff', 즉 화학적으로 아주 유사한 세 가지 화합물(탄수화물, 지방, 단백질)의 변형체로 이루어졌다는 것을 발견했다. 각 화합물은 탄소 원자를 중앙 뼈대로 하고, 수소와 산소 원자가 옆에 달라붙어 있는 형태이기 때문에 하나에서 다른 것으로 쉽게 변형될

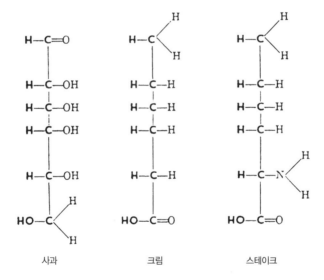

사과   크림   스테이크

그림 9-3 탄수화물(사과), 지방(크림), 단백질(스테이크)의 맛과 구조는 서로 아주 다르다. 그러나 그것들의 화학 구조는 놀랍게도 탄소 원자가 중심 뼈대를 이루는 유사한 모습을 보인다. 따라서 이것은 엄청나게 다양한 음식이 어떻게 소장을 통해 흡수되고 간에서 변형되어 세포 조직과 기관을 만들기 위해 다시 구성될 수 있는지를 설명해 준다.

수 있다.

음식의 영양소들이 유기체의 살과 피로 전환되는 깊은 신비가 갑작스럽고도 극적으로 풀렸다. "이 발견은 영양 대사 과정을 얼마나 아름답고, 감탄스러울 만큼 단순하게 보여주는가"라고 리비히는 그의 대표작 『동물 화학Animal Chemistry』(1842)에서 외쳤다. 그러나 식물과 동물의 세포 조직에 본질적으로 화학적인 유사성이 있다는 것을 보여주는 것과, 식물과 동물이 어떻게 처음에 창자에서 기본적인 분자로 분해되어 다시 조합을 거친 후 인간 신체의 세포 조직과 기관으로 흡수되는지를 설명하는 것은 전혀 다른 문제이다. 1833년, 두 명의 프랑스 화학자가 찬물에 발아된 보리를 으깨고 알코올을 첨가한 후, 아주 깜짝 놀랄 만한 효능이 있는 하얀 침전 물질을 추출했다. 이 물질은 자기보다 2,000배나 더 많은 무게의 녹말 성분 탄수화물을 단 몇 분 만에 단순한 당류인 덱스트린과 글루코스로 분해했다. 그들은 엄청나게 복잡한 수천 개의 단백질 중 하나인 효소를 최초로 발견했다. 각 효소는 약간 다른 형태를 띠었고, 화합물에 달라붙어서 그것의 결속을 풀어 더 단순한 구성성분으로 만들거나 그 반대로 단순한 구성성분을 연결하여 새로운 화합물을 만듦으로써 인체 내에서 여러 가지 화학반응이 쉽게 일어나도록 도와주는 역할을 한다. 그 후 100년 동안, '생명의 화학작용'의 모든 단계를 도와주면서 동시에 생명체를 유지하는 무한한 에너지의 근원을 생성하는 최초의 효소는 수천 개로 늘어났다.

이와 같은 아주 짧은 이야기는 현미경과 화학 분석 방법이 합동으로 생명의 성채를 공격, 비물질적 '생명력'을 분해하여 과학적으로 이해할 수 있는 수많은 세부요소를 만들 때 느낀 흥분을 암시해 줄 뿐이다. 19세기 독일 생리학자이자 두뇌의 전기자극 관찰자인 에밀 뒤부아 레몽Émil du Bois-

Reymond은 '생명력은 존재하지 않는다. 물질과는 별개로 존재를 유지하는 실체가 있다고 생각하는 것은 타당하지 않다' 라고 주장했다.

생명의 더 근본적인 요소라는 측면에서 생명을 연구하는 생물학의 지속적인 행진이 적어도 부분적으로는 기만적이라고 지적하는 반대의 목소리도 있다. 그것은 '자연의 신비' 를 설명하기보다는 생명의 신비를 한 단계 아래의 것으로 대치하는 것이다.

독일의 시인이자 과학 분야에 두루 밝은 요한 괴테는 말했다. "유기체를 그것의 구성요소로 분해하려는 시도는 많은 부작용을 낳는다. 분명, 생명체를 그것의 구성요소로 나누는 것은 가능할 것이다. 그러나 그 구성요소로부터 다시 생명을 복원하는 것은 불가능할 것이다. 각 생명체는 하나의 위대하고 조화로운 전체를 각각 모방한 것이다."

'전체' 가 부분의 합보다 훨씬 더 크다는 말이 너무나 진부한 진리처럼 들릴지 모르지만 그것은 보이지 않는 추진력인 '생명력' 의 핵심이다. 세포 내에서 일어나는 수천 개의 화학반응을 자세하게 분석하는 프로젝트는 생물과 무생물을 명확하게 구분하는 이러한 놀라운 특성을 설명하지 못한다. 게다가 엄청난 지식 추구자인 현미경 관찰자들과 화학자들이 더욱더 진보할수록, 살아 있는 유기체는 더욱더 기본적인 구성요소로 쪼개어질 것이며 전체 속에 들어 있는 '생명력' 의 실재를 인정할 가능성은 더 멀어지게 될 것이다.

우리는 실재의 이중성을 모호하게 만드는 과학적 진보의 역할을 다시 살펴보고자 한다. 19세기 중반, 현미경 관찰자와 화학자들이 '생명력은 존재

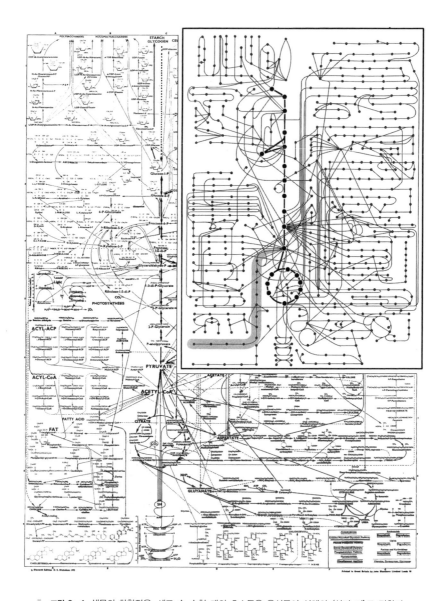

그림 9-4 생물의 화학작용. 세포 속 수천 개의 효소들은 음식물이 신체의 '살과 피'로 전환되는 것을 도와준다. 이 놀라운 화학반응의 중심에 (단순한 곤충의 경우) 글루코스라는 연료를 태우고 순환하는 연소작용, 즉 에너지 불꽃을 발생시켜 신체를 움직이는 영구적인 회전 불꽃이 있다는 것을 주목하기 바란다.

하지 않는다'는 주장을 입증했다는 인식은 다윈이 인간을 진화론적 틀 안으로 통합한 것과 연결되었다. 이를 통해 인간 정신의 중요하고 특별한 특성인 비물질적 영역이 허물어졌다.

이 양자는 서로에게 유리한 방향으로 상대방을 강화시켰다. 연구소를 중심으로 수행되는 과학 연구가 만들어내는 끝없는 새로운 발견들이 서로 연합하여 다윈의 진화론을 강화시켰다. 한편, 상호성의 방식으로 다윈의 '모든 것을 설명하는 진화론적 논리'는 과학자들이 지식에 대한 배타적인 권리를 주장할 수 있는 지적인 틀을 제공했다. 어떠한 타협도 불가능했다. 물질주의적 설명방식에 대한 '절대적인' 지지는 당연히 비물질적인 영역의 존재 가능성을 배제하게 만들었다.

그 결과는 거의 의심의 여지가 없다. 물질주의적 과학은 계몽주의의 가치와 밀접하게 연결되어 진보의 주요한 주체가 되었고, 결핍과 무지의 어두운 과거에서 인간을 구출하여 멋진 신세계로 인도했다. 이와 반대로, '미신적인' 종교적 신념과 밀접하게 연결되는 바람에 그 가치가 손상된 비물질적인 영역은 현실적인 유익을 제공하지 못했다.

철학자 그레이엄 던스턴 마틴Graham Dunstan Martin은 이렇게 쓴다. "영적인 것은 수천 년 동안 인류를 어둠 속에 빠뜨렸다. 영적인 것은 잘못된 지식과, 영혼, 천사, 악마, 귀신, 신, 하느님과 같은 허황된 것에 대한 미신을 제공했다. 그것은 정체, 고정, 맹목적인 신뢰를 만들어냈으며, 복종과 무관심을 주장했다. 그것은 박해, 고문, 화형을 통하여 새로운 의문과 새로운 지식을 억압했다. 영적인 것은 가난한 자와 대적하고 부자의 편에 섰으며, 생기 넘치고 호기심 있는 사람과 대적하고 무지하고 온순한 사람들 편에 섰다. 이 사실이 가르쳐주는 교훈은 명확하다. 영적인 것을 거부하라. 물질이 전부다.

이와 아울러, 다윈의 진화론과 생물학자들의 환원주의적 주장은 '생명 현상'을 설명한다는 과학의 타당한 관심 영역을 훨씬 뛰어넘어 그 영향력을 확대하여 서구 사회의 진보적 세속주의를 밀고 나갔다. 자유롭게 사고하는 19세기 독일 의사 루트비히 뷔히너Ludwig Büchner의 말을 빌리면, '더 나은 미래, 즉 인간이 더 이상 초자연적인 주인에게 복종하는 비천한 노예도 아니고, 하늘의 힘센 손에 놀아나는 무력한 장난감도 아닌(그 대신 자부심 넘치고 자유로운 자연의 아들로서 자연 법칙을 이해하고 자신의 쓸모에 맞게 그것을 다루는 법을 안다) 미래'를 열망하는 모든 이들에게 다윈 이론의 진실성은 그 자체가 하나의 신앙이 되었다.

적어도 처음에는 일부 과학자들이 이런 주장에 저항했다. 그러나 생물체에 대한 다윈의 물질주의적 설명에 대한 열정은 시간이 지나면서 생물학을 직업으로 갖기를 바라는 모든 사람들에게 필수적인 자격 요건이 되었다. 적어도 공개적으로 의심을 표명하는 것은 제정신이 아닌(또는 적어도 비과학적인 정신을 가진) 사람처럼 취급받았다.

19세기 내내, 그리고 20세기 초반, '전체'를 구성요소로 분해하는 '환원주의적' 입장이 생물학을 점점 더 거세게 몰고 갔다. 그 결과, 자율신경계와 수십 종의 호르몬, 수많은 비타민, 미세 영양소, 음식물의 소화와 흡수에 관여하는 창자 내 효소, 신장이 혈액을 걸러서 노폐물을 제거하는 다양한 방식, 열기와 냉기에 적응하는 메커니즘, 듣고, 보고, 말하고, 운동을 전담하는 두뇌 영역을 발견했다. 이에 1930년 후반에는 인간 생리학의 연구 분야가 거의 소진되어 더 이상 탐구할 것이 없게 된 것처럼 보였다. 그러나 그 당시 막 개발된, 엄청나게 배율이 증가된 전자 현미경 덕분에 생물학자들은 유전형질, 단백질 합성, 그리고 이후 60년 동안 그들을 붙들어 둔 다른 많은 영역들의 신비를 벗기기 위해 마지막 전선을 넘어서 세포 속으로 더 깊이 들어갈 수 있었다. 그 이후, 마지막 목적지, 즉 이중 나선구조 유전자에 길게 늘어선 생명의 비밀을 담은 '정보'에 도달했다.

과학 역사상 이처럼 오래 지속된 프로젝트는 결코 없었다. '매일 새로운 발견이 계속되고' 질서정연한 이중 나선구조 유전자 속에서 생명의 비밀을 열 성배를 발견하리라는 비전으로 고무되어 있었기 때문에, 생명 현상에 대한 더 심오한 질문은 쉽게 간과되었다. 특히, 생명의 특성이 인간이 만든 가장 정교한 기계의 특성보다 얼마나 탁월한지 질문하지 않았다. 기계는 수정된 난자에서 성장하지도 않고 자신의 종을 재생산하지도 못하며, 일부분이 파괴되었을 때 재생하지도 못하고 자신의 형태와 구조를 변함없이 보존하면서 동시에 물질적인 구성을 일정한 유동 상태로 유지하는 능력이 없다.

생물학자 윌리엄 벡William Beck은 매우 의미심장한 일화를 회상한다. "나는 생화학 분야에서 가장 저명한 학자가 참여하는 모임에 참석했다. 현지의 철학 학회가 생화학 분야에서 곧 개최될 생명의 속성에 관한 심포지엄에 참석할 연사를 보내줄 수 있는지를 묻는 바람에 회의가 잠시 중단되었다. 그곳에 모인 모든 사람들은 생화학, 유전, 유전자, 효소에 대해서는 알고 있었지만 생명에 관해서는 아무것도 말할 것이 없다고 느꼈다. 그 요청은 정중하게 거절되었다."

역시 마찬가지로, 인간 정신과 그것의 특성도 신경과학자들의 강연에서는 확실히 제외된다. 인지과학자 제리 포더Jerry Fodor는 말한다. "우리는 어떻게 물질적인 것(예를 들어, 두뇌)이 의식을 갖게 되는지 전혀 모른다. 심지어 물질적인 것이 의식을 갖는 것에 대해 최소한의 지식을 갖는다는 것이 어떤 의미인지도 모른다."

간단하게 말하면, 점진적인 진화론과 서서히 밝혀지고 있는 생물의 복잡성이 서로 결합하여 어떻게 비물질적인 두 가지 기둥, 즉 생물의 생명 형성력과 인간의 영혼을 허무는지를 알지 못한다는 말이다. 그들은 먼저 과거에 뿌리박은 종교적 신념을 비물질적인 영역과 결합하고, 아울러 자신들의 배타적인 물질주의적 설명을 더 나은 세계에 대한 계몽주의적 비전과 결합함으로써 지식에 대한 그들의 배타적인 권리에 대한 도전을 성공적으로 말살했다. 실재의 이중성, 즉 물질성과 비물질성은 과학이 더 나은 미래로 계속 전진하는 한 여전히 땅속에 묻혀 있을 것이다. 그러나 과학의 거침없는 진보가 마지막 목적지에 도달할 때, 인간과 파리의 유전체가 세세하게 밝혀지고, 장미 냄새를 맡고 한 문장을 만드는 '활동하는' 두뇌를 관찰할 때, 비물질적인 영역의 실재가 불가피하게 어두운 그림자 속에서 다시 등장할 것이다.

생물학, 그리고 전체 과학에게 있어 지금은 '최고의 시대' 이면서도 동시에 '최악의 시대' 이기도 하다. 최고의 시대인 이유는 과학의 명예가 이보다 더 위대한 적이 없었고, 과학 연구 조직의 규모는 더할 수 없이 방대하며 과학에 대한 재정 지원은 더없이 풍족하기 때문이다. 하지만 또한 최악의 시대인 이유는 현대 과학이 '그것은 이렇게 생겨났다' (우주와 우리의 태양계는 이렇게 생겨났다. 지구의 지형이 이렇게 형성되었다. 이것이 생명의 보편적인 암호이다, 등등)라고 말하는데, 그렇다면 그 이후에 다가올 '미래'는 절정 뒤에 오는 추락이 될 것이기 때문이다.

과학의 영광스러운 시대가 마지막을 향해 다가가고 있다는 인식은 인간 진보의 중요한 주역이라는 평판을 받고 있는 응용 과학기술과 의학에도 그대로 적용된다. 모험적인 과학 정신의 전형인 우주 개발프로그램의 미래 전망은 우리 자신과 비슷한 다른 태양계를 발견하기 위해 우리 태양계 밖으로 결코 나갈 수 없다는 인식으로 인해 제한적이다. 전자공학 혁명도 역시 마찬가지이다. 가령, 인터넷과 위성 텔레비전이 정보와 오락물을 소통시키는 능력은 인간 정신이 흡수할 수 있는 양을 훨씬 초과했다. 안락한 거실 소파에 앉아서 70개의 채널을 이리저리 선택하는 것이 가능한 상황에서 더 많은 채널을 이용할 수 있는 기술 발전은 거의 불필요해 보인다. 분명, 이 매체들의 내용과 질을 개선할 여지가 상당 부분 있겠지만 그것은 전자공학과 다른 비과학적인 영역이다.

의학 분야도 역시 마찬가지이다. 예를 들어, 제2차 세계대전 후 심장 이식에서 시험관 아기에 이르는 의학 혁신의 거대한 흐름은 사람들을 질병의 고통과 때이른 죽음에서 해방시킴으로써 위대한 과학의 힘을 가장 극명하게 보여주었다. 그러나 대부분의 서구 사람들은 자연적 수명보다 더 오래 살기 때문에 노화에 의해 주로 발생하는 질병으로 고통당하고 있으며, 실제로 더 이상 할 수 있는 것은 거의 없는 상태이다.

다음은 토머스 만Thomas Mann의 위대한 소설 『부덴브로크 가의 사람들 Buddenbrooks』(1901)에 나오는 주인공의 관찰 내용이다.

나는 내 인생과 역사를 통해 당신이 결코 생각해 보지 못한 것을 알고 있다. 종종 행복과 성공을 나타내는 외적이고 가시적인 물질적 표시나 상징은 쇠퇴 과정이 이미 시작되었을 때 나타난다. 외적으로 드러나는 데는 시간이 걸린다. 다시 말해, 저 하늘의 별빛이 우리 눈에 최고로 빛나 보일 때, 그 별빛은 이미 소멸된 것과 같다는 것이다.

지금 우리가 보는 (또는 허블 망원경을 통해 보는) 하늘의 찬란한 별빛은 우리에게 도달하는 데 수백만 년이 걸린다. 그 시간이면 별이 방출하는 에너지는 진작에 소멸되고 만다. 이와 마찬가지로, 지금 아주 밝게 빛나는 과학적 성공의 빛은 지난 400년 동안의 수많은 사람들의 노력에 의해 발생된 것이다. 이러한 힘을 유지할 만한 새로운 아이디어, 연구와 혁신의 새로운 열매는 지금 어디에 있는가?

지난 20년 동안 과학의 진보 가능성은 신유전학과 신경과학의 두 어깨에만 오로지 의존해 왔다. 이제 일반적인 기술이 되었지만, 새로운 지식을 창출하는 이 분야의 강력한 방법론은 모든 다른 형태의 연구를 휩쓸어서 사실상 과학적 모험과 동의어가 되었다. 무비판적인 사람의 눈에는 풍부한 자금을 지원받으며 견고한 핵심 과학이 된 이 분야들이 최대의 생산성을 보이며 역사상 유례없는 규모의 새로운 발견으로 학술지를 가득 채우는 것처럼 보일 수 있다. 예를 들어, 「생화학 저널Journal of Biological Chemistry」이 모든 도서관의 서가를 채우는 것처럼 말이다.

그러나 신유전학과 신경과학이 현재 모호한 상태로 있는 것을 모두 명확하게 밝혀줄 것이라는 근본적인 전제는 더 이상 유효하지 않다. 우리가 지금까지 보았듯이, 그것들은 유전형질과 두뇌 작용에 대한 지식을 혁명적으로 새롭게 했다. 그러나 그것은 두 분야가 본래 의도한 것은 전혀 아니었다. 신유전학과 신경과학은 또한 특정한 질병과 관련된 유전자를 발견하고, 유전공학적으로 처리한 인간의 인슐린을 만드는 등 의료와 농업 분야의 응용에 많은 관심을 나타냈다. 그러나 그런 발견을 상업적으로 이용하는 생명공학 산업의 운명은 재난을 맞았다. 제네테크 사의 최고경영자는 2006년 금융 분석가들에게 이런 말을 했다. "생명공학 산업은 인류 역사상 가장 많은 손실을 본 산업이다. 나는 20년 동안 거금 천억 달러를 잃었다." 또한 눈길을 끄는 것은 복제, 인간 배아 실험, 그리고 논란중인 이와 유사한 첨단 연구 분야에 관한 지나친 주장에 들어 있는 선정적인 내용이다. 이런 분야들이 대중의 관심에 비해 실제 이익을 내는 사례는 훨씬 적다.

신유전학과 신경과학은, 말하자면 생물학의 '환원주의' 강령에서 한걸음 더 멀리 나아간 것이다. 생물학자들은 '어느 유전자가 무슨 일을 하는가'에 대해 더 많은 사실을 완전하게 축적하는 것이 마치 불도저처럼, 가령 '조절 유전자'가 제기하는 혼란을 극복하는 길을 만들어줄 것이라고 가정해야만 하는 불쾌한 상황에 처해 있다. 그들이 축적한 사실을 모두 합치면 무엇이 될 것인가에 대한 일말의 이론적 암시도 없다. 신경과학자들과 인간 정신의 핵심적인 신비의 경우도 역시 마찬가지이다. 그들에게서 받는 압도적인 인상은 거대한 구멍을 파는 노동자의 모습이다. 그들이 더 열정적으로 구멍을 팔수록 구멍은 더 깊어진다. 바꿔 말하면, '유퍼스 나무(무화과나무과에 속하고, 자바 섬에서 자라며 독성이 있다_옮긴이) 아래에서는 아무것도 자라지 않는다'는 것이다. 사실을 더 많이 축적하는 능력을 갖춘 신유전학과 신경과학이라는 핵심 과학의 지속적인 지배, 추가적인 게놈 프로젝트, 두뇌 영상 연구는 '과학의 정신'을 질식시키고, 그와 더불어 기존의 설명방식에 맞지 않는 이례적인 현상에 대한 연구를 막았다. 앞으로 진정한 과학적 진보는 그러한 이례적 현상에 대한 연구에 달려 있다. 신유전학과 신경과학은 '연구 프로그램을 퇴보시키고 있다'고 캘리포니아 대학의 허버트 드레

퓌스Herbert Dreyfus는 말한다.

> 그러한 연구 프로그램은 엄청난 기대 속에서 시작되고, 그들의 접근방식은 제한된 영역에서 훌륭한 결과를 보인다. 연구자들은 거의 십중팔구 그 접근 방법을 더 폭넓게 적용해 보기를 원한다… 그것이 연구 프로그램을 성공시키는 한 계속 확대되면서 추종자를 끌어 모은다. 그러나 만약 연구자들이 전혀 예상치 못한 중요한 현상을 만났는데, 그것이 기존 접근 방법과 지속적으로 충돌을 일으킨다면, 그 연구 프로그램은 활기를 잃게 되고, 연구자들은 다른 대안적 접근 방법을 이용할 수 있을 때 그것을 포기할 것이다.

이 '대안적 접근 방법'의 가능성, 그리고 그것에 따른 유용한 성과는 아마도 생각보다 더욱더 가까운 시일 내에 도래할 것이다. 당분간 인생의 회전목마는 계속 돌 것이고, 이중 나선구조 유전자 속에서 생명의 비밀을 밝히는 데 실패하고 또 두뇌의 신비를 푸는 데 실패한다고 해서 사람들의 삶에는 거의 아무런 변화도 없다. 마찬가지로, 다윈의 진화론이 혼란스럽다고 해서 실제적인 삶에 중요한 의미를 갖는 것은 아니다. 서구 사회에서 널리 퍼져 있는 거의 보편적인 신념은 다윈이 인간 기원의 문제를 풀었고, 사실상 그의 진화론은 마치 「창세기」의 우주 창조 신화가 과거에 그랬던 것처럼 20세기의 위대한 우주적 신화로서 잘 작동하고 있다는 것이다. 인간의 기원을 묻는 것은 우리 인간의 천성이며, 그와 마찬가지로 그에 대해 어떤 대답이 없을 경우 자신의 신화를 만드는 것은 당연하다.

옥스퍼드 대학 역사가 존 듀란트John Durant가 1980년대 초 영국 과학발전협회의 회의석상에서 말했다. "진화 이론들은 진화론 주장자들이 갖는 자신에 대한 이미지와 그들이 사는 사회에 대한 이미지를 반영함으로써 그들의 가치 체계를 강화한다. 인간의 기원에 대한 사상을 면밀히 살펴보면, 그것은 과거보다는 현재에 대해 더 많이 말해주고, 또한 우리의 먼 조상에 대한 것보다는 우리 자신의 경험에 대해 더 많이 말해준다."

많은 이들은 확실히 인류의 기원에 대한 '과학적인 설명'을 더 옹호하고 싶어 하며, 사실상 서구 사회의 진보적 세속주의에 대한 과학의 상당한 기여를 좋게 평가한다. 그러나 현대 정신을 형성하는 데 아주 강력한 역할을 해온 과학의 현재 상태에 무관심할 수는 없다. 잘못된 설명을 무비판적으로 인정할 경우, 고통스러운 결과가 초래된다는 것은 보편적인 법칙이다. 우리는 앞 장에서 우생학적 정책의 확산과 사회 생물학의 어리석음을 통해 그러한 일면을 잠시 살펴보았다. 그러나 역설적으로, 지난 150년 동안 거침없는 과학 발전에도 불구하고 우리는 끔찍할 정도로 파괴적인 전쟁을 자행하고, 우리를 지탱시키는 지구를 파괴하는 우리 인간에 대하여 매우 비관적으로 보게 되었다. 문화 역사가 마이클 이그내티에프Michael Ignatieff는 말한다. "우리는 잘 먹고, 잘 마시고, 잘 산다. 하지만 우리는 더 이상 좋은 꿈을 꾸지 않는다."

이런 비관주의가 나타나게 된 많은 이유는 가장 활기차고 낙관적이었던 시대, 즉 18세기 계몽주의(이탈리아어로는 일루미나치오네illuminazione, 프랑스어로는 뤼미에르lumière, 독일어로는 아우프클레룽Aufklärung)의 가치관이 서구 유럽에 널리 퍼졌던 시대와 현대를 비교해 볼 때 더 분명하게 드러난다. 독일 철학자 임마누엘 칸트가 1784년 에세이에서 언급하였듯이, 계몽주의의 캐치프레이즈는 '과감하게 생각하라sapere aude'였다. 과학적 지식뿐만 아니라 자아에 대한 지식, 관용과 자유에 기초한 사회를 만들기 위해 인간을 자유롭게 하는 지식을 용감하게 사고하는 것이었다. 18세기 유럽의 시민들은 현대 과학의 혜택을 전혀 누리지 못했고 현대인의 삶과 비교할 때 그들의 삶은 육체적인 고통에 시달렸지만, 우리와 달리 그들은 더 나은 세계에 대한 비전을 갖고 있었고 그것은 바흐, 헨델, 모차르트, 하이든, 베토벤의 음악으로 표현되었다. 그러한 낙관주의의 토대는 인간의 탁월성, 즉 작가 케난 말리크Kenan Malik가 표현했듯이 '인간을 철학적인 토론의 중심에 두고, 인간의 능력을 빛내고, 인간의 이성을 자연과 자기 자신을 이해하는 도구로 보려는' 바람이었다.

이제 사람들은 목적의식적, 성취지향적인 삶을 살아간다. 혹자는 경이적인 현대 과학기술의 수혜자가 되었기 때문에 그 이상의 삶을 살고 있다고 생각할 것이다. 그러나 활기 넘치는 낙관주의로 가득 찼던 계몽주의적 인간관은 사라져버렸다. 사실상, 우리는 거의 '반anti' 계몽주의 시대에 산다고 말할 수 있을 것이다. 이 시대의 일반적인 과학적 관점에서 볼 때, 인간이 자율적이고 독립적인 존재라는 자기 의식은 두뇌가 만들어낸 착각에 지나지 않는다. 인간이 사랑에서 느끼는 기쁨과 고통은 유전자의 확산을 위한 도구에 불과하다.

많은 요인들이 그러한 문화적 비관주의에 영향을 미쳤지만, 볼테르와 그의 동시대인으로부터 현대인을 구별하는 가장 명확한 특징은 과학적 물질주의의 발흥과 우리의 일상적인 관심사를 초월하는 비물질적인 실재에 대한 정당한 인식을 상실한 것이다. 우리는 마법에 홀린 세계에서 삶에 대한 감각을 상실했다. 과학 덕분에 우리가 속한 우주를 이해하게 되었지만, 진화 생물학자 리처드 도킨스가 표현했듯이, '정확히 말해 그 우주에는 사실상 의도도, 목적도, 악도, 선도 존재하지 않는다. 오로지 무감각하고 냉혹한 무관심만 있다.' 또한 우리는 무엇보다 가장 중요한 요소인 인간 정신의 탁월성을 보는 시각을 잃었다. 우리는 한때 자명했던 것을 더 이상 제대로 인정하지 않는다. 즉, 인간이 비범한 정신을 소유하며 이를 통해 진리와 거짓을 구별할 수 있는 이성의 힘을 가졌다는 것을 제대로 인정하지 않는다. 우리가 가장 확실하게 아는 것, 즉 우리의 자아 의식을 부정할 만한 과학적인 근거는 거의 없지만, 브라이언 애플야드Bryan Appleyard가 썼듯이 '현대 과학이 제공한 지도에 따르면, 우리는 우리 자신을 제외한 그 밖의 모든 것을 찾는다.'

요약하면, 우리는 인간의 지평과 가능성에 대한 스스로의 평가를 지독할 정도로 좁히고 있다는 것이다. 철학자 아이제이아 벌린Isaiah Berlin은 말했다. "인생의 의미에 관해 말하자면, 나는 인생에 어떤 의미가 있다고 믿지 않는다. 인생은 큰 위안을 주는 근거이다. 우리는 인생을 통해 우리가 할 수 있는 것을 만든다. 그것이 전부다. 어떤 우주적인, 모든 것을 포괄하는 설명을 추구하는 사람들은 깊은 오류에 빠져 있다."

이러한 인간관에는 냉혹한 영웅주의가 들어 있다. 과거에 자신의 삶을 풍요롭게 했던 모든 착각을 떨쳐버리고, 이제 자신이 냉혹한 자연 법칙의 우연한 결과에 지나지 않으며 우주의 머나먼 구석 작은 행성에 사는 특이한 생명체에 불과하다고 여긴다. 그러나 20세기의 과학적 발견은 이 모든 것을 바꾸었다. 우리는 최근까지 그래왔던 것처럼, 철학자 벌린이 '그것이 전부다'라고 한 가정이 옳다고 더 이상 확신할 수 없다. 왜냐하면 우리는 앙상한 뼈와 같은 과학적 지식에서 생명의 경이로움을 유추할 수 있는 강력한 능력을 가진 비물질적 영역의 특성을 이해할 수 없기 때문이다.

철학자 로저 스크루턴Roger Scruton은 말한다. 물질주의적 시각의 편협한 한계를 인정할 때에만 '우리가 단지 동물에 불과하다는 빈정거림을 우리가 동물이 아니라는 역설로 대체할 수 있다.' 생물학의 토대인 진화론을 버리고 실재의 이중성을 받아들임으로써 침묵을 깨고 우리 자신에 대한 통일적이고 균형 잡힌 관점을 회복할 시대가 올 것이다. 아마도 이것은 가능성이 매우 희박한 것처럼 보일지 모르지만, 탐구적인 정신을 가진 사람들이 머지않아 20세기의 과학적 발견의 진정한 의미를 제대로 평가하게 되면 진화론을 의심하기 시작할 것이다.

제10장

인간을 다시 좌대에 올려놓다

과감하게 생각하라!

– 임마누엘 칸트

이제 우리는 약 10년 후의 미래로 관심을 돌려 20세기의 놀라운 발견이 일반 상식이 될 경우, 우리의 세계가 어떻게 달라질지를 상상해 보기로 하자. 다윈의 단순하고 포괄적인 진화론의 가장 큰 결점은 생물계에서 알 수 없는 심오한 부분을 제거해 버리는 것이었다. 진화론은 너무나도 놀랍고 경외감을 불러일으키거나 기이한 것조차도 수백만 년 동안의 진화라는 이름으로 모두 설명해 버린다. 동일한 설명이 생물학의 각 분야와 모든 사실에 적용될 때(그것이 얼마나 특이한 것이든 상관없이) 생명 현상은 그저 평범한 것으로 떨어지고 만다.

모든 것을 설명하는 다윈의 논리라는 편안한 담요를 벗겨버리면, '사실'

이 있는 그대로 드러나면서 놀랍고, 마술적이고, 신비한 총천연색으로 새롭게 보일 것이다. 세포의 자동화 공장, 북극 제비갈매기의 2만 5,000마일의 이동, 기하학적 모양의 박쥐 얼굴, 거대한 나무늘보의 놀랍게도 부지런한 배변 습관 등 헤아릴 수 없이 복잡한 생명 유기체의 모든 세세한 것이 새롭게 보일 것이다. 가장 명확했던 사실들이 유독 명확하지 않게 보인다. 엄청나게 진기한 생명의 다양성을 어떻게 설명할 것인가? 신기한 생물 형태는 상상할 수 없을 정도로 무한하다. 가령, 코끼리 코와 기린의 목에서부터 '코가 긴 벌레, 반짝거리는 무당벌레, 장수말벌로 위장한 무해한 나비, 개미같이 생긴 장수말벌, 걸어 다니는 대벌레, 날개를 펴서 날아가는 아마존 밀림의 나뭇잎 등 끝이 없다. 이런 생물의 진기함을 열거하자면 결국 지구상 거의 모든 중요한 생물의 특징을 나열해야 할 것이다.

우리가 생명 역사의 단계를 특징짓는 결정적인 진보에 대해 그것이 어떻게 일어났는지 전혀 모른다는 것을 진실로 인정할 때, 앞의 경우와 똑같은 경이로움을 느끼게 될 것이다. 최초의 단세포 유기체, 유전자 암호, 식물이 태양 에너지를 받아들여 위대한 생명 순환을 일으키는 광합성 작용, 캄브리아기에 최초로 다세포 생명체가 폭발적으로 성장하여 시각과 촉각을 통해 주변 세계를 인식한 것, 어류에서 파충류로, 다시 조류, 포유류로 발달한 메커니즘, 각 단계가 시작되면서 수백만 종의 새롭고 독특한 종들이 추가로 '급격히' 출현한 것에 대해서 우리는 사실상 전혀 알지 못한다.

또한 진화론 교리를 버리면 진화론의 진실성에 의문을 제기하지 못하도록 종래의 이야기에서 삭제하거나 간과해 버렸던 아주 중요한 사실들이 어둠 속에서 다시 등장할 것이다. 직립 보행과 '언어 습득 장치'를 완벽하게 구비한 엄청나게 확장된 두뇌가 인간에게 위험을 초래했다는 예가 잘 보여주듯이 인류 기원의 수수께끼가 다시 주목받게 될 것이다. 진화론의 중요한 삭제 대상에는 인간 정신도 포함된다. 지적인 측면에서 우리가 다른 영장류와 많은 공통점을 공유한다(공유해야만 한다)는 진부한 주장은, 그 동안 간과되었던 수많은 인간과 영장류 간의 차이점과 비교해 보면 매우 사소한 것이다. 다시 한 번, 인간을 다른 동물과 확실하게 구분해 주는 독특한 특성을 식별해 보자. 우리는 언어 능력을 통해 우리 자신과 다른 사람의 사고 또는 아이디어를 이용한다. 우리의 사촌인 영장류들은 그렇게 하지 못한다. 우리는 이성의 힘을 통해 원인과 결과를 이해하고, 주변 세계를 파악할 수 있다. 다른 영장류들은 그렇게 하지 못한다. 우리는 현재 사물과 다른 어떤 것을 상상할 수 있고, 미래의 계획을 세울 수 있다. 다른 영장류들은 그렇게 하지 못한다. 우리는 우리의 시작과 끝을 알고, 자신이 죽을 수밖에 없는 존재임을 인식할 수 있으며 이 땅에서의 짧은 삶을 설명하려고 노력한다. 다른 영장류들은 그렇게 하지 못한다. 우리는 독특하게 상호 연결된 부분을 가진 자아, 영혼, '나'를 중심으로 한 영적인 삶을 산다. 그것들은 비물질적이며, 두뇌 작용을 지배하는 물질 법칙에 의해 제한당하지 않고, 자유롭게 특정한 생각과 행동을 선택한다. 비물질적 자아와 자유 사이의 풀 수 없는 연결은 인간의 탁월성을 보여주는 명확한 특징이다. 다른 영장류들과 달리, 우리는 자유롭게 자신의 운명을 개척하여 자신의 행동에 책임을 지는 독특하고 유일한 존재가 되며, 이런 행동을 통해 모든 인간 사회가 형성되고, 또한 우리가 소중하게 여기는 거의 모든 것이 만들어지기 때문이다.

과학은 이것을 전혀 알 수 없기 때문에 어쩔 수 없이 인간의 자유와 인간 영혼의 실재성을 거부하고 그에 따라 앞서 언급한 모든 고통스러운 결과를 초래한다. 철학적인 관점만이 실재의 이중성을 인정한다. 이것이 보다 더 중요하다는 것을 다시 확신할 때, 인간 지식의 급격한 변동, 즉 역사가 토머스 쿤Thomas Kuhn이 말한 바와 같이 '지식'이 새로운 방식으로 전환하는 '패러다임 변화paradigm shift'가 촉발될 것이다. 우리가 100년 전보다 자연 세계에 대해 더 많이 알고 있고, 또 200년 전보다 훨씬 더 많이 알고 있기 때문에 우리의 지식이 끝없이 발전할 것이라고 쉽게 가정할 수 있다. 그러나 토머스 쿤이 지적했듯이, 그것은 사실이 아니다. 과학은 대부분 평범한 문제를 해결하며 이미 알려진 큰 그림에 세부내용을 채우고 일반적인 이론에 맞지 않는 특이점이나 불일치점을 쉽게 간과한다. 그러나 이러한 특이점을 더 이상 무시할 수 없는 때가 오면 과학은 '위기 상태'에 빠져들게 되고, 이 위기는 '사물의 존재방식'에 대한 근본적인 이론과 인식에서의 근본적인 변화를 통해서만 해소된다. 이러한 패러다임 변화의 가장 분명한 예는 17세기 갈릴레오가 지구 중심 우주관에서 천문학을 해방시켜 지구를 태양계 행성 중의 하나로 다시 자리매김한 것이다. 그 이후 일어난 엄청난 지식의 확장은 일반적인 이론들이 거의 설명하지 못한다는 것을 입증하고 동시에 기존의 사고보다 훨씬 더 광대한 지식으로 가는 문을 열어주는 '패러다임 변화'의 명확한 특징을 보여준다.

이제, 자연세계와 우리 자신에 대한 지식에서 그와 비슷한 패러다임의 변화가(한 번이 아니라 두 번) 임박한 것처럼 보인다. 우리는 신유전학을 통해 다윈의 진화론을 버려야 할 이유를 깨닫게 되었다. 진화론은 '모든 것을 설명하는 명쾌하고 포괄적인 논리'라는 자신의 역할을 충분히 수행했다. 진화론은 생물학자들에게 폭넓은 배경을 제공함으로써 두려움 없이 연구를 수행하고 단순한 물질주의적 설명을 당당하게 주장할 수 있게 했다. 그러나 시간이 지나면서 진화론이 설명하지 못하는 특이점과 불일치점이 점점 더 많아지고, 게놈 프로젝트의 결정적인 판결이 제시되면서 생명체의 복잡성과 진화의 역사에 대해 거의 모든 측면에서 우리가 얼마나 무지한지를 알게 되었다. 반면, 자연세계에 대한 우리의 지식이 상상한 것보다 엄청나게 증가했다. 이제 자연이 실제보다 훨씬 더 단순할 것이라고 가정하는 왜곡된 프리즘을 통해 보기보다는 자연의 실재의 심오한 깊이를 인식할 수 있게 되었기 때문이다.

우리는 두뇌의 시대의 연구 결과를 통하여 두뇌의 신경회로 작용과, 두뇌와 인간 정신의 관계에 관한 헤아릴 수 없는 깊이를 인식하게 되었다. 그리고 우리의 탁월한 정신이 비물질적 영역의 실재를 직관하는 자신감을 회복함으로써 상상할 수 있는 것보다 엄청나게 더 많은 지식을 얻을 수 있는 문을 열었다. 우리는 우리가 얼마나 아는 것이 적은지를 인정하고, 이 책에서 다룬 여러 가지 심오함(태초의 가장 단순한 요소에서 점점 더 복잡한 유기체로 발전한 신비롭고 창조적인 진화의 힘, 지금까지 존재했던 모든 생명체를 만드는 능력을 가진 세포의 불가사의한 기원, 캄브리아기의 폭발적인 생명체의 확장에서부터 시작하여 새로운 생명체들의 갑작스럽고 극적인 출현, 보고 말하고 성장하고 자녀를 낳는 것과 같은 우리의 일상적인 삶, 인간 두뇌의 놀라운 정보 처리 능력, 비물질적 영역의 탁월한 힘 그리고 다시 발견된 인간의 영혼)에 대해 숙고함으로써 더 깊은 지식을 얻게 될 것이다.

이러한 새로운 지식의 가장 큰 수혜자는 과학 그 자신일 것이다. 과학은 진화론적 확실성이라는 죽은 손과 연구 프로그램을 퇴보시키는 핵심 과학의 깊은 구멍에서 해방되어 지금까지 연구 대상이 되지 못했던 아주 중요한 질문들을 주목하게 될 것이다. 새들은 어떻게 아무런 표지도 없는 망망대해를 수천 마일 날아가는가? 고래의 번식 장소는 정확히 어디인가? 우리가 잠을 자거나 꿈을 꿀 때, 두뇌에서는 어떤 화학작용이 일어나는가? 잠은 어떻게 우리 몸을 재충전할까? 땅속 깊은 곳에서 어떤 일이 벌어지기에 땅이 흔들리고 화산이 분출하는가?

진화론에 복종해야 할 의무에서 해방된 생물학자들은 기존의 익숙한 설명방식과 상충되는 특이점과 많은 관찰 대상에게 주의를 기울일 수 있다. 다윈은 '모든 자연은 전쟁 중이며, 각 개체는 서로 싸운다'고 주장했다. 그러나 이는 사실이 아니다. 자연세계의 가장 두드러진 특징은 생존을 위한 경쟁적인 투쟁이 아니라 그 반대인 협력이다. 과거 생물학자들은 생물계의 겉으로 보이는 잔인함과 파괴적인 모습을 우연적이고 무목적적인 진화 과정의 증거로 많이 해석했지만, 더 많은 증거들이 생물계에는 조화와 목적이 있음을 보여준다.

모든 생물 종들은 서로 도움을 주는 관계를 맺고 있다. 이러한 협력은 여러 가지 형태로 나타나며, 가장 분명한 예는 성게의 직장 안에 사는 게나 굴 껍질 속에 사는 생물같이 안전한 피난처를 제공받는 것이다. 바다 벌레인 우레키스 카우포는 캘리포니아 개펄에 U자 모양의 굴을 만들어 13종의 어류, 절지동물, 연체동물에게 은신처를 제공하기 때문에 '여관 주인'이라는 별명을 갖고 있다. 상호 협력은 움직이는 생물이 움직이지 못하는 생물에게 이동 수단이 되어주는 것에서도 볼 수 있다. 이런 협력을 통해 벌과 벌새, 박쥐는 식물들의 이종 교배를 도와준 대가로 영양이 듬뿍 든 꿀을 얻는다. 생물들이 서로 보호하는 사례도 많이 있다. 예를 들어, 아프리카의 평원에서 비비원숭이는 가젤과 서로 협력한다. 비비원숭이는 가젤의 예민한 후각을 통해 도움을 얻고 가젤은 비비원숭이의 포식자를 식별하는 뛰어난 시각 능력을 통해 혜택을 얻는다. 금파리가 동물들의 곪은 상처 부위에 알을 잘 낳는 것처럼, 많은 생물들은 다른 생물을 깨끗하게 해줌으로써 다른 생물들이 건강하도록 도와준다. 미시간 대학의 조지 스텐시우George Stanciu는 말한다. "이것이 자연의 엄청난 잔인성의 한 예인 것처럼 보이지만 사실은 부화한 금파리 유충은 고름을 먹고, 죽은 세포 조직을 제거할 뿐만 아니라 상처를 소독해 준다! 금파리 유충은 잔인한 것이 아니라 치명적인 감염으로부터 동물들이 회복될 수 있는 유일한 기회일 수 있다."

지난 100년간 무시되었던 수많은 관찰과 실험을 수행하는 것은 더 위대한 도전일 것이다. 여기에는 살아 있는 유기체가 자신의 일부를 재생하는 놀라운 능력과 같이 생물학이 아직 알지 못하는 힘들의 존재를 암시해 주는 것들이 포함된다. 생물학자 루퍼트 쉘드레이크Rupert Sheldrake가 지적하듯이, 이것은 유기체가 전체로서의 자신과 그 일부분을 아는 어떤 '영역'이 있음을 전제한다. 부러진 사지가 전과 같이 나아서 다시 원상회복되거나 두뇌가 시각 상실을 보완하기 위해 다른 감각기관, 예를 들어 촉각과 청각 기관을 엄청나게 예민하게 하는 능력을 어떻게 달리 설명할 수 있는가? 또한 단순한 편형동물인 와충의 몸이 두 개로 잘렸을 때, 머리는 꼬리를 새로 만들고 꼬리는 머리를 만들어서 두 개의 독자적인 개체로 다시 회복하는 것을 어떻게 설명할 수 있는가? 그 외에도 인간 신체에 나타나는 기하학적 법칙의 아름다움과 조화에는 생물학적인 힘에 대한 암시가 많다. 신체의 각 부분(머리, 사지, 흉부)은 서로 동시에 성장하여 전체를 이룬다. 생물학자 다시 웬트워스 톰슨이 지적하듯이, 태아에서 성인에 이르는 이러한 동시적 성장을 통해 '각 부분의 모든 조직은 서로 연관되어 있으며 서로에게 꼭 맞게' 된다.

과학이 새로운 (또는 재발견된) 아이디어와 더 나은 이론으로 다시 활기를 되찾으면, 오늘날 생물학이 지루한 사실들의 동떨어진 (그리고 종종 배울 것이 거의 없는) 집합일 뿐 그것들을 결합하여 전체적인 시각을 제시하지 못한다며 불평하는 많은 사람들의 환멸을 되돌릴 수 있을지도 모른다. 자연세계에 대한 헤아릴 수 없는 심오함에 대한 인식을 생물학에 다시 불어넣을 수 있다면 최근 생물학 전공 대학원 졸업생의 급격한 감소 추세가 다시 역전될 수 있을 것이다. 왜냐하면 자연의 심오함은 자신을 '해변에서 노니는 소년'에 비유했던 아이작 뉴턴이 '왜라고 질문' 하게 만드는 매우 강력한 자극제였기 때문이다.

새로운 패러다임은 또한 자연계의 '전율할 정도로 놀라운 신비' 에 경이감을 표현하는 수단으로서 가장 폭넓은 의미의 종교에 대해 새롭게 관심을 갖고 공감할 수 있는 길을 확실하게 열어준다. 신유전학과 두뇌의 시대가 종교적 신념에 대한 두 가지 중요한 힘(비물질적 실재인 인간 영혼과 생물계의 아름다움과 다양성)을 입증하고, 반면에 물질주의적 설명방식(다윈의 '모든 것을 설명하는 논리' 는 자연계와 인간의 기원을 설명하고 생명은 화학적인 유전자로, 정신은 물질적인 두뇌로 환원될 수 있다고 설명한다)을 흔들어놓은 것은 결코 우연한 결과가 아니다.

물론, 새로운 패러다임은 생물학적인 발견을 창조자의 존재를 직접적으로 증명하는 것으로, 또는 그의 존재나 목적에 관한 도저히 극복할 수 없는 난제를 해결하는 것으로도 해석하지 않는다. 이제 창조자를 수천 종의 딱정벌레를 열심히 설계하는 모습으로 상상하는 것이 더욱 어렵게 되었다. 그러나 광대한 자연의 장관이 게놈 프로젝트가 찾아내는 데 실패한 수많은 유전적 돌연변이의 우연한 결과라고 가정하기보다는 지적 설계를 증명하는 것이라고 가정하고 싶은 경우 그에 대한 훌륭한 증거가 있다. 두 가지의 결정적으로 새로운 사실인 유전 암호와 언어의 경우, 암호를 고안하고 어문 규칙을 만들기 위해서는 더 높은 차원의 지성이 반드시 필요할 것으로 보인다. 특히, 이중 나선구조 유전자에 길게 매달려 있는 화학 분자 안에는 왜 그것들이 구체적인 유전 정보를 전달하는지 설명해 주는 어떤 요소도 들어 있지 않다. 달리 표현하자면, 유전 정보는 화학 분자 자체의 화학적, 물질적 특성과 '아무런 관계가 없다.' 따라서 고도의 정보를 가진 어떤 것, 예를 들어 책이나 사전, 악보, 콤팩트디스크를 만들려면 인간의 지성이 필요한 것처럼 유전 암호를 만드는 데는 '더 높은 지성'이 필요할 것이라고 추론하는 것이 타당할 것이다.

이것은 거의 보편적인 종교적 신념을 우리 인생의 변덕을 더 좋게 느끼게 만드는 자기 만족적 망상으로 치부해 버리려는 진화론의 중요한 주창자인 대니얼 데닛과 에드워드 윌슨, 리처드 도킨스의 영향력 있는 주장을 다르게 해석하게 한다. 다시 말하자면, 종교(위험한 집단 망상)에 대한 그들의 극단적인 적대의식은 수사적인 장치, 즉 과학적 물질주의의 지적 약점을 오도하기 위한 교묘한 술책이라고 해석할 수 있다. 도킨스는 잘 알려진 구절에서 합리적인 과학과 비합리적인 종교의 일반적인 비교를 통해 신앙은 '세계의 엄청난 악의 하나'라는 자신의 주장을 합리화한다.

그는 이렇게 쓴다. "인류에게 위협적인 종말론적 예언이 유행하고 있다. 나는 그러한 신앙은 모든 종교가 가진 기본적인 악으로서, 천연두 바이러스와 비슷하지만 더 박멸하기 힘든, 세계의 가장 큰 악들 중 하나라고 본다. 신앙은 증거를 생각하고 평가하는 것을 회피하기 위한 훌륭한 구실이고 변명이다."

분명, 도킨스 교수의 영향력 있는 주장을 뒷받침하는 그런 약점이 종교의 이름으로 자행된 증거는 충분히 존재한다. 그러나 20세기의 연구 결과에 비추어 볼 때, 그의 대조를 합리적인 신앙과 비합리적인 과학으로 바꾸어 볼 수도 있다. 볼테르와 마찬가지로 자연계의 경이와 인간 정신의 탁월함에서 신성한 존재를 추론하는 것이 지성적으로나 직관적인 면에서 많은 사람들에게 타당한 것처럼 보인다. 이러한 관점에서 신앙은 도킨스가 주장하듯이, '증거를 생각하고 평가하는 것을 회피하기 위한 훌륭한 구실이고 변명'이 아니다. 그와 반대로, 작가 C. S 루이스Lewis가 말한 바와 같이, 신앙은 '인간의 이성이 일단 받아들인 것을 지키는 방식이다.'

이제 물질주의적 과학이 인간 정신의 탁월성을 부인하고 자아 의식과 자유 의지가 두뇌활동이 만들어낸 단순한 착각에 불과하다고 주장하는 것은 아주 비합리적인 것처럼 보인다. 진화론(인간 존재의 신비는 다윈이 그것을 해명했기 때문에 더 이상 신비가 아니다)이 그것과 모순되는 모든 과학적인 증거 앞에서 자신을 진리라고 주장하는 것은 분명 비합리적이다.

종교와의 새로운 공감은 세속주의의 부흥과 맞서는 '합리적인 신앙'의 불을 계속 타게 하고, 또한 현재의 서구 문화와 기독교가 압도적으로 지배한 과거의 서구 문화(과거의 서구 신앙과 전통은 모든 주요 종교에서 공통적으로 나타나는 가정, 즉 '알 수 있는 것보다 더 많은 것이 존재한다'는 가정을 보여준다) 사이의 불화를 치유할 것이다. 엄청나게 풍성한 서구 문화를 제대로 평가하려면 바흐, 헨델과 같은 18세기 작곡가나 라파엘로, 미켈란젤로와 같은 화가, 기독교 국가의 훌륭한 대성당을 세운 익명의 건축가들에게 영감을 불어넣어 준 심오한 종교적 신념을 인식해야만 한다. 또한 미래 세대가 플라톤에 이르는 과거의 철학자와 사상가(그들은 인간 존재의 의미와 목적을 숙고하고, 우리가 뒤늦게 재발견한 인간 영혼의 실재를 깊이 통찰했다)들을 더 잘 이해한다면 유익할 것이다. 또한 미래의 학교 교과과정이 최초의 문명을 이룬(스스로 모든 것을 만들었던) 크로마뇽인들의 빛나는 성취와 수수께끼 같은 그들의 진화적 기원에 대한 정당한 평가를 새로운 세대들에게 제시한다면 좋을 것이다.

인간의 탁월성에 대한 정당한 평가를 통해 주변 자연세계의 '기적', 즉 해명할 수 없을 정도로 다양하고 많은 바다의 물고기, 하늘의 새, 무한할 정도로 다양한 과일 열매에 감사한 마음을 갖게 되기 바란다. 또한 우리를 지탱시키고, 미래의 어려운 시대에 우리 자신뿐만 아니라 자기 자신을 감당할 지구를 더 깊이 존중하기 바란다.

그렇다면 지난 150년간 너무나 긴 그림자를 드리웠던 찰스 다윈은 어떻게 할 것인가? 자연사의 황금시대를 살았던 그의 동시대인들과 마찬가지로, 다윈은 특별한 시대의 뛰어난 박물학자였다. 그는 자신과 같은 나라 출신인 아이작 뉴턴의 전통을 따라 대담하게 생명의 발달 과정과 역사에 관한 모든 것을 설명하는 대통일 이론grand unifying theory을 추구했다. 그러나 생명의 과정은 중력 법칙보다 수십억 배나 더 복잡했고 다윈의 단순한 설명을 거부했다. 다윈이 우리에게 물려준 유산은 일반적인 인식과는 상당히 다르다. 마르크스, 프로이트와 함께 그는 19세기와 20세기 초반의 상상력 넘치는 사상가 3인(과학적 관점의 우위성에 대한 그들의 주장은 아주 오랫동안 서구 사상의 핵심을 차지했다) 중 한 명이었다.

뉴욕 주립대 더글러스 푸투이마Douglas Futuyma 교수는 말한다. "다윈은 생명에 관한 신학적, 영적 설명을 불필요한 것으로 만들었다. 마르크스의 역사

이론, 인간 행동 특성을 우리가 거의 통제하지 못하는 영향력에서 찾은 프로이트 심리학과 함께, 진화론은 물질주의적 과학의 핵심적인 발판이다."

이 세 가지는 저마다 각각 중요한 통찰에 바탕을 두고 있다. 마르크스는 산업 노동자 계급의 곤경에 대한 관심을 통해 자본주의 사회를 철저하게 분석했다. 프로이트는 아동의 본능적인 욕구에 대한 형성적인 힘을 인식했다. 다윈은 매우 밀접하게 관련된 종들 사이의 차이를 인식하고, 그들이 고정된 것이 아니라 '다른 종으로 진화할 수 있다'고 제안했다.

그 후, 세 사람은 자신의 통찰을 보편적인 이론으로 발전시켰다. 사회의 특징, 사회 법칙, 제도, 문화 등 마르크스주의자가 '자본주의적 착취'라는 메커니즘으로 설명할 수 없는 것은 없다. 프로이트의 유명한 포괄적인 설명은 프로이트 심리 분석가를 찾은 한 남자의 이야기에서 잘 드러난다. 만약 그가 일찍 갔을 경우 심리 분석가는 그가 불안하다고 추론하고, 제시간에 갔을 경우 그가 강박적이라고 판단하고, 늦은 경우에는 그가 화가 났다고 추론한다. 다윈의 '모든 것을 설명하는 논리'에 대한 내용은 이미 앞서 충분히 다루었다.

이 세 사람은 '자유롭게 선택하는' 자율적인 존재로서의 자아의 실재를 부정하면서 인간 행동은 숨겨진 강력한 힘, 예를 들어 개인이 통제할 수 없는 경제, 심리 또는 유전자에 의해 결정된다고 주장했다. 세 사람은 자신을 유물론자로 이해했고 종교에 적대적이었다. 마르크스는 종교를 '인민의 아편'이라는 유명한 말로 설명했고, 프로이트는 종교를 '자신을 보호해 주는 힘 있는 아버지에 대한 유아기적 열망'이라고 했으며, 다윈은 그의 사촌 프랜시스 갈톤에게 이렇게 털어놓았다. "나는 나 자신의 생각과 거의 다른 종교적 신념을 포기했다."

　물질주의적 과학의 발판에 대한 다윈의 기여만은 아직도 지속되고 있다. 그러나 얼마나 더 지속될 것인가? 과거를 회고해 볼 때, 명백한 오류를 내포한 마르크스와 프로이트의 이론이 수많은 사람들에게 오랫동안 설득력이 있었던 것은 확실히 놀라운 것이었다. 이제는 다윈의 차례이다. 다윈의 평판은 아마도 20세기의 연구 결과가 보여준 결정적인 증거를 극복하지 못하고 쇠퇴할 것이다. 조만간 그가 마르크스, 프로이트와 나란히 하늘의 빈 의자를 채우게 되면 마침내 3인방은 완전히 종말을 맞을 것이다. 18세기 시인 알렉산더 포프가 인간인 우리 자신에 대해 더없이 간결하게 표현했는데, 지금에야 그렇게 보인다.

　　진리의 유일한 심판관이 끝없는 오류 속에서 내달린다.
　　그는 이 세계의 영광이요, 조롱거리요, 수수께끼로다!

참고문헌

| 제1장 | 과학, 승리의 문턱에 서다

Page 11 – 우리는 과학의 시대에 살고 있다. 수많은 발견과 기술혁신이 우리의 삶을…
과거 60년 동안 이루어진 과학적 성과를 가장 포괄적이고 이해하기 쉽게 다룬 문헌에는 다음
과 같은 것들이 있다. Neil Schlager (ed), *Science and its Times: Understanding the
Social Significance of Scientific Discovery,* vol 7 (Gale Group, 2000). See also Bryan
Bunch and Alexander Hellemans, *The History of Science and Technology* (Houghton
Mifflin, 2004); John Gribbin, *Science: A History, 1543-2001* (Allen Lane, 2002); Ivan
Amato (ed), *Science Pathways of Discovery* (John Wiley, 2002)

Page 12 – "이 대폭발을 통해 상상하기 어려울 정도로 빠른, 1조 분의 1초의 속도로…
Bill Bryson, *A Short History of Nearly Everything* (Black Swan, 2004)

Page 13 – 톰(그레이)Tom Gray과 나는 두 시간 동안 조사했다.
Donald C Johanson and Maitland A Edy, *Lucy: The Beginnings of Humankind*
(Penguin, 1990)

Page 18 – 1953년 제임스 왓슨James Watson과 프랜시스 크릭Francis Crick이 발견한…
이중 나선구조의 발견에 이르기까지의 여러 사건들을 다룬 대표적인 자료는 다음과 같다.
Horace Freeland Judson, *The Eighth Day of Creation: Makers of the Revolution in
Biology* (Penguin, 1979). See also Robert Dolby, *The Path to the Double Helix: The*

Discovery of DNA (Dover Publications, 1974); Michael Morange, *A History of Molecular Biology* (Harvard University Press, 1998); Lily E Kay, *Who Wrote the Book of Life?: A History of the Genetic Code* (Stanford University Press, 2000); James Watson, *The Double Helix* (Weidenfeld & Nicolson, 1968)

Page 18 – 이런 상황은 1970년대에 극적으로 바뀌었다.

세 가지 기술혁신 이후의 과학에 대해서는 다음 자료를 참고하기 바란다. James Le Fanu, *The Rise and Fall of Modern Medicine* (Little, Brown, 1999)

Page 19 – 어떤 과장된 말로도 이러한 세 가지 기술혁신을 통해 이룩한 흥분과 기쁨…

David E Comings, Prenatal Diagnosis and the "The New Genetics" *American Journal of Human Genetics,* 1980, vol 32, p 453

Page 20 – 그리하여 '인간 유전체 프로젝트Human Genetic Project' 가 탄생했고, 유전자…

Victor McKusick, 'Mapping and Sequencing the Human Genome', *New England Journal of Medicine,* 1989, vol 320, pp 910-16; see also Christopher Wills, *Exons, Introns and Talking Genes: The Science Behind the Human Genome Project* (Basic Books, 1991); Richard Lewontin, 'The Dream of the Human Genome; *New York Review of Books,* 28 May 1992

Page 21 – 인간 유전체 프로젝트가 마치 기계 군단처럼 무지를 체계적으로 파괴…

John Savile, 'Prospecting for Gold in the Human Genom', *BMJ,* 1997, vol 314, pp 43-9

Page 22 – 한편, 인간 두뇌의 비밀도 점차 드러나고 있었다.

현대 신경과학에 관하여 가장 훌륭하고 폭넓게 인용되는 자료는 다음과 같다. John McCrone, *Going Inside: A Tour Around a Single Moment of Consciousness* (Faber & Faber, 1999)

Page 22 – 그에 필적하는 일련의 기술혁신 덕분에 과학자들은 처음으로 살아 있는…

Marcus E Raichle, 'Behind the Scenes of Functional Brain Imaging: A Historical and Physiological Perspective', *Proc Nat Acad Sci,* 1998, vol 95, pp 765-72; Marcus E Raichle, 'Visualising the Mind, *Scientific American,* April 1994, pp 36-42

Page 24 – 2000년 6월에 완료된 인간 유전체 프로젝트의 1차 연구 결과는 미국…

Kevin Davies, *Cracking the Genome: Inside the Race to Unlock Human DNA* (Johns Hopkins University Press, 2001); see also John Sulston and Georgina Ferry; *The Common Thread: A History of Science, Politics, Ethics and the Human Genome* (Bantam Press, 2002); Nicholas Wade, *Life Script* (Simon & Schuster, 2001)

Page 25 – 그 다음 해인 2001년 2월, 두 개의 가장 권위 있는 과학 저널인…

인간 게놈 프로젝트의 연구 결과를 다룬 두 개의 논문은 다음과 같다. 'International Human Genome Sequencing Consortium', *Nature,* 2001, vol 409, pp 860-921 and J Craig

Venter, 'The Sequence of the Human Genome', *Science,* 2001, vol 291, pp 1304~49. See also G Subramanian et al., 'Implications of the Human Genome for Understanding Human Biology and Medicine', *JAMA,* 2001, vol 286, pp 2296-307; Carina Dennis and Richard Gallagher, *The Human Genome* (Palgrave, 2001)

Page 27 – '두뇌의 시대' 의 목표가 물론 명확하게 정해진 것은 아니지만 PET 장비…

'두뇌의 시대' 동안 선구적인 다수의 연구자들이 신경과학 전반에 대해 연구하여 발표한 11편의 논문은 〈Scientific American〉 1992년 9월호에 실려 있다. See also Rita Carter, *Mapping the Mind* (Weidenfeld & Nicolson, 1998); Michael I Posner and Marcus Raickle, *Images of the Mind* (Scientific American Library, 1994)

Page 27 – "과거에는 대뇌 피질이 시각 이미지를 받아들여 분석한다고 설명…

Semir Zeki, *A Vision of the Brain* (Blackwell Scientific, 1993)

Page 28 – '정신적인 이미지에서 도덕적 의식에 이르기까지, 또 일반적인 기억에서…

Steven Pinker, 'Will the Mind Figure out how the Brain Works?', *Time,* 10 April 2000, p 90

Page 28 – '수의 문제' 가 있다.…

James Randerson, 'Fewer Genes, Better Health; *New Scientist,* 13 July 2002, p 19

Page 29 – 단지 인간 유전자가 사실상 쥐와 침팬지 같은 척추동물의 유전자와 상호…

'The Chimpanzee Sequencing and Analysis Consortium', *Nature,* 2005, vol 437, pp 69-87

Page 30 – 몇 가지 유전적인 우발사건 때문에 인간 역사가 가능하게 되었다는 자각…

Svante Paabo, 'The Human Genome and Our View of Ourselves', *Science,* 2001, vol 291, p 1219

Page 30 – "우리는 이 연구에서 왜 인간이 침팬지와 다른지를 이해할 수 없다. 비밀…

Elizabeth Culotta, 'Chimp Genome Catalogues Differences with Humans', *Science,* 2005, vol 309, pp 1468-9

Page 31 – 성공이 우리에게 겸손을 가르쳐주는 것은 아주 드물고 멋진 순간이다…

Evelyn Fox Keller, *Making Sense of Life* (Harvard University Press, 2002)

Page 32 – 두뇌의 시대 또한 마찬가지다.…

'두뇌의 시대' 의 연구 결과가 제공한 당혹스러운 난제들을 살펴보려면 다음 자료를 참조하기 바란다. John Horgan, *The Undiscovered Mind: How the Brain Defies Explanation* (Weidenfeld & Nicolson, 1999); see also William Uttal, *The New Phrenology: The Limits of Localising Cognitive Processes in the Brain* (MIT Press, 2001); David J Chalmers, 'The Puzzle of Conscious Experience', *Scientific American,* December 1995, pp 62-5

Page 33 – 형태, 색깔, 운동과 같은 특징들이 두뇌의 특정 조직에서 처리된다는…

David Hubel, *Eye, Brain and Vision* (Scientific American Library, 1988)

Page 34 – 내가 당신의 두뇌에 대해 모든 것을 안다고 가정해 보자. 나는 당신 두뇌…
Colin McGinn, *The Mysterious Flame* (Basic Books, 1999)

Page 35 – "우리는 100년 전만큼이나 '두뇌'에 대해 이해하지 못하는 것 같다. 우리…
John Maddox, 'The Unexplained Science to Come', *Scientific American,* December 1999

| 제2장 | 인간의 발달: 두 개의 수수께끼

Page 43 – 아무도 없는 아주 넓은 곳에서 작은 램프 불빛을 밝혔을 때, 우리는 이상…
Jean-Marie Chauvet, *Chauvet Cave* (Thames & Hudson, 1996)

Page 45 – 소녀는 '브라상푸이의 여인La Dame de Brassempouy'으로 불리는 인류 최초…
Édouard Piette, *L'Artpendant l'Âge du Renne* (Masson, 1907); see also Henri Delporte (ed), 'La Dame de Brassempouy', *Études et Récherches Archéologiques de l'Université de Liège* (Liegè, 1995)

Page 46 – 크로마뇽인들은 아직 그 이유를 알 수 없는 이주diaspora를 통해 유럽…
크로마뇽인의 성취에 대해서는 다음 자료를 참조하기 바란다. Ian Tattersall, *Becoming Human* (Oxford University Press, 1998); see also Steven Mithen, *The Prehistory of the Mind* (Phoenix, 1998); Paul Mellars, 'Major Issues in the Emergence of Modern Humans', *Current Anthropology,* 1989, vol 30, pp 349-89; John Wymer, *The Palaeolithic Age* (Croom Helm, 1984)

Page 47 – 그들은 예술에 대한 열정이 있었다.…
Paul G Bahn, *The Cambridge Illustrated History of Prehistoric Art* (Cambridge University Press, 1998); see also Evan Hadingham, *Secrets of the Ice Age: The World of the Cave Artists* (Heinemann, 1980); Paolo Graziosi, *Palaeolithic Art* (Faber & Faber, 1960); Paul G Bahn and Jean Vertut, *Journey Through the Ice Age* (Seven Dials, 1997); Anna Sieveking, *The Cave Artists* (Thames & Hudson, 1979); David Lewis-Williams, *The Mind in the Cave* (Thames & Hudson, 2002); John Halverson, Art for Art's Sake in the Palaeolithic; *Current Anthropology,* 1987, vol 28, pp 63-89; André Leroi-Gourhan, *The Art of Prehistoric Man in Western Europe* (Thames & Hudson, 1968); Randall White, 'Visual Thinking in the Ice Age', *Scientific American,* July 1989, pp 74-81

Page 52 – 인류 진화의 유산에 대한 일반적인 이해는 찰스 다윈Charles Darwin이…
Charles Darwin, *On the Origin of Species* (John Murray, 1859) and *The Descent of Man* (John Murray, 1871)

Page 54 – 일단 세부적인 내용은 차치하고, 하나의 강력한 이미지가 인류의 기원에…

Thomas Huxley, *Evidence as to Man's Place in Nature* (Williams & Norgate, 1863)

Page 54 – 지난 50년 동안의 중요한 고고학적 발견은 그것이 사실임을 보여주었다.…
인간의 진화에 관한 표준적인 교과서로는 다음과 같은 책들이 있다. Robert Boyd and Joan Silk, *How Humans Evolved* (Norton, 2006); Chris Stringer and Peter Andrews, *The Complete World of Human Evolution* (Thames & Hudson, 2005); Roger Lewin and Robert Foley, *Principles of Human Evolution* (Blackwell, 2004); Steve Jones (ed), *The Cambridge Encyclopaedia of Human Evolution* (Cambridge University Press, 1992); Eric Delson et al. (eds), *Encyclopaedia of Human Evolution and Prehistory* (Garland Publishing Inc, 2000); see also Bernard G Campbell, *Human Evolution: An Introduction to Man's Adaptations* (Aldine Publishing Company, Chicago, 1966); Tim Crow (ed), *The Speciation of Modern Homo Sapiens* (Oxford University Press, 2002). 보다 더 대중적인 자료는 다음과 같다. Ian Tattersall, *Becoming Human* (Oxford University Press, 1998); Chris Stringer and Robin McKie, *African Exodus: The Origins of Modern Humanity* (Pimlico, 1996); Desmond Morris, *The Naked Ape: A Zoologist's Study of the Human Animal* (Vintage, 1994); Richard Leakey and Roger Lewin, *Origins Reconsidered: In Search of What Makes us Human* (Little, Brown, 1992)

Page 56 – 거의 완벽하게 보존된 두 개의 골격 중 첫 번째는 350만 년 전의 '루시'…
Donald Johanson and Maitland Edey (Penguin, 1981), op. cit.

Page 56 – 루시가 새로운 이동 방법을 사용했다는 사실은 350만 년 전 탄자니아…
Richard L Hay and Mary D Leakey, 'The Fossil Footprints of Laetoli', *Scientific American,* February 1982, pp 38-45; Tim White and Gen Suwa, 'Hominid Footprints at Laetoli: Facts and interpretations', *American Journal of Physical Anthropology,* 1987, vol 72, pp 485-514

Page 57 – "발자국은 인간과 같이 큰 발가락이 있는 왼발과 오른발이 정상적인…
John Eccles, *Evolution of the Brain* (Routledge, 1989)

Page 58 – 10년 후인 1984년, 케냐의 오래된 투르카나 호수 근처에서 유명한…
Richard Leakey, *The Origin of Humankind* (Phoenix, 1994)

Page 59 – "인간이 손으로 할 수 있는 가장 정확한 동작은 엄지손가락의 끝을…
John Napier, *The Roots of Mankind* (Allen & Unwin, 1971)

Page 59 – 인간의 엄지손가락이 2.5센티미터 더 길어짐에 따라 영장류가 손으로…
인간의 손이 갖는 문화적 의미를 다룬 탁월한 자료는 다음과 같다.
Raymond Tallis, *The Hand: A Philosophical Inquiry into Human Being* (Edinburgh University Press, 2003); see also Eric Trinkaus, 'Evolution of Human Manipulation', in Steve Jones (ed), 1992, op. cit.; Sherwood Washburn, 'Tools in Human Evolution', *Scientific American,* 1960, vol 203, no 3, pp 63-75; 0 J Lewis, 'Joint Remodelling

in the Evolution of the Human Hand', *Journal of Anatomy*, 1977, vol 123, pp 157-201; J R Napier, 'The Prehensile Movements of the Human Hand', *Journal of Bone and Joint Surgery*, 1956, vol 38, pp 902-13; Frederick K Wood Jones, *Principles of Anatomy as seen in the Hand* (Bailliere, Tindall & Cox, 1941); Mary Marze, 'Precision Grips, Hand Morphology and Tools', *American Journal of Physical Anthropology*, 1997, vol 102, pp 91-110

Page 61 – "한때 가장 위대한 신비였던 인간 존재는 더 이상 미스터리가 아니다.…"
Richard Dawkins, *The Blind Watchmaker* (Penguin, 1988)

Page 62 – 그러나 가장 간단한 해부학적 그림으로 인간과 영장류를 비교해 보면…
인간 진화 해부학에 관해 핵심적인 자료는 다음과 같다. Lesley Aiello and Christopher Dean, *An Introduction to Human Evolutionary Anatomy* (Academic Press, 1990); see also Marcelline Boule and Henri Vallois, *Fossil Men: A Textbook of Human Palaeontology* (Thames & Hudson, 1957); C Owen Lovejoy, 'Evolution of Human Walking', *Scientific American,* November 1988, pp 82-9; Frederick Wood Jones, *Hallmarks of Mankind* (Bailliere, Tindall & Cox, 1948); Bruce Schechter, 'Still Standing', *New Scientist,* 14 April 2001, pp 39-42; Denis M Bramble and Daniel Lieberman, 'Endurance Running and the Evolution of Homo', *Nature,* 2004, vol 432, pp 345-51

Page 63 – 그렇다면 루시는 어떻게 직립하게 되었을까?…
William Jungers, 'Lucy's Limbs: Skeletal Allometry and Locomotion in *Australopithecus afarensis',* *Nature,* 1982, vol 297, pp 676-8; Milford Wolpoff, 'Lucy's Lower Limbs: Long Enough for Lucy to be Fully Bipedal', *Nature,* 1983, vol 304, pp 59-60

Page 64 – 특히 엄지발가락이 견고한 받침대 역할을 하려면 10여 차례의 해부학적…
W J Wang, R H Crompton, 'Analysis of the Human and Ape Foot During Bipedal Standing with Implications for the Evolution of the Foot', *Journal of Biomechanics,* 2004, vol 37, pp 1831-6; Frederick Wood Jones, *Structure and Function as Seen in the Foot* (Bailliere, Tindall & Cox, 1944)

Page 64 – 마치 시계추처럼 운동하는 다리의 움직임을 만들어내기 위한 '이상적인' …
Tad McGeer, 'Dynamics and Control of Bipedal Locomotion', *Journal of Theoretical Biology,* 1993, vol 163, pp 277-314; W E H Harcourt-Smith and L C Aiello, 'Fossils, Feet and the Evolution of Human Bidepal Locomotion', *Journal of Anatomy,* 2004, vol 204, pp 403-16

Page 65 – 보행을 위해 만들어진 짧은 팔과 긴 다리는 대칭과 조화를 보여준다.…
Martin Kemp, *Leonardo da Vinci: The Marvellous Works of Nature and Man* (J M Dent & Sons, 2004)

Page 67 – 수백 개의 다른 뼈와 근육과 관절은 "서로 뗄 수 없을 정도로 긴밀하게…
D'Arcy Wentworth Thompson, *On Growth and Form* (Cambridge University Press, 1961)
Page 68 – 곰곰이 생각해 보면, 인간이 똑바로 선 것은 상당히 이상한 사건이다.…
R H Crompton, Y Li, W Wang. 'The Mechanical Effectiveness of Erect and "Bent-hip, Bent-knee" Bipedal Walking in *Australopithacus afarensis', Journal of Human Evolution,* 1998, vol 35, pp 55-74; J B Saunders and Werne Inman, 'The Major Determinants in Normal and Pathological Gait', *Journal of Bone and Joint Surgery,* 1953, vol 3, pp 543-59; Neil Alexander, 'Postural Control in Older Adults', *Journal of the American Geriatric Society,* 1994, vol 42, pp 93-108; Fred Spoor and Bernard Wood, 'Implications of Early Hominid Labyrinthine Morphology for Evolution of Human Bipedal Locomotion,' *Nature,* 1994, vol 369, pp 645-7
Page 68 – 이러한 문제점들은 우리가 살펴볼 두 번째 진화적 발달에 비하면 그렇게…
위 인용문은 주로 다음과 같은 자료를 참조하였다. John Eccles, *Evolution of the Brain* (Routledge, 1989); see also Merlin Donald, *A Mind so Rare: The Evolution of Human Consciousness* (Norton, 2001); Todd M Preuss, 'What's Human About the Human Brain?', pp 1219-34, in Michael Gazzaniga (ed), *The New Cognitive Neurosciences* (MIT Press, 2000); John Kaas, 'From Mouse to Men: The Evolution of the Large Complex Human Brain', *Journal of Biosciences,* 2005, vol 30, pp 155-65; P V Tobias, 'The Emergence of Man in Africa and Beyond', *Phil Trans R Soc Lond B,* 1981, vol 292, pp 43-56; R A Foley and P C Lee, 'Ecology and Energetics of Encephalisation in Hominid Evolution', *Phil Trans R Soc Lond B,* 1991, pp 223-32
Page 69 – 직립하기 위해 루시의 골반이 재조정됨으로써 일어난 주요한 결과는…
D B Stewart, 'The Pelvis as a Passageway', *British Journal of Obstetrics and Gynaecology,* 1984, vol 91, pp 618-23; K Rosenberg and W Trevathan, 'Birth, Obstetrics and Human Evolution', *BJOG,* 2002, vol 109, pp 1199-2006; Robert Tague and C Owen Lovejoy, 'The Obstetric Pelvis of AL288-1 (Lucy)', *Journal of Human Evolution,* 1986, vol 15, pp 237-55; Harol V Jordaan, 'Newborn: Adult Brain Ratios in Hominid Evolution', *Am J Phys Anthrop,* 1976, vol 44, pp 271-8; Christopher Ruff, 'Biomechanics of the Hip and Birth in Early Homo', *Am J Phys Anthrop,* 1995, vol 98, pp 527-40
Page 72 – 터키 북부의 한 가족이 이상한 유전적인 결함 때문에 네 발로 걷는다는…
Uner Tan, 'A New Syndrome with Quadrupedal Gait, Primitive Speech and Severe Mental Retardation as a Live Model for Human Evolution', *International Journal of Neuroscience,* 2006, vol 116, pp 361-9
Page 72 – 인간과 침팬지의 유전자가 유사하다는 사실은 인간과 침팬지의 밀접한…

Steve Dorus et al., 'Accelerated Evolution of Nervous System Genes in the Origin of *Homo sapiens'*, *Cell,* 2004, vol 119, pp 1027-40; Mario Caceres et al., 'Elevated Gene Expression Levels Distinguish Human from Non Human Primate Brains', *PNAS,* 2003, vol 100, pp 13030-5; Todd M Preuss et al., 'Human Brain Evolution: Insights from Microarrays', *Nature Reviews: Genetics,* 2004, vol 5, pp 850-60

Page 73 – 고생물학자인 이언 태터설은 이렇게 썼다. "지난 500만 년 동안 새로운…

Ian Tattersall (Oxford University Press, 1998), op. cit

Page 73 – 신유전학의 방법들은 모든 인종(흑인, 코카서스인, 아시아인 등)이 유전적으로…

현생 인류인 호모사피엔스의 유전적 기원에 대한 오랜 토론 내용은 〈Scientific American〉에 실린 다음 두 편의 논문에 잘 소개되어 있다. Alan G Thorne and Milford Wolpoff, 'The Multi Regional Evolution of Humans', *Scientific American,* April 1992, pp 28-33; and Alan Wilson and Rebecca Cann, 'The Recent African Genesis of Humans', *Scientijflc American,* April 1992, pp 22-7; see also G A Clark, 'Continuity or Replacement? Putting Modern Human Origins in an Evolutionary Context', in Harold Dibble and Paul Mellars (eds), *The Middle Palaeolithic: Adaptation, Behaviour and Variability* (University of Pennsylvania, 1992). 놀라운 과학기술을 이용하여 네안데르탈인 화석 유골에서 DNA를 추출하여 조사한 결과, 이 오랜 논쟁은 인류의 아프리카 기원설을 지지하는 쪽으로 결론이 났다. Patricia Kahn, 'DNA from an Extinct Human', *Science,* 1997, vol 277, pp 176-8; I V Ovchinnikov et al., 'Molecular Analysis of Neanderthal DNA from the Northern Caucasus', *Nature,* 2000, vol 404, pp 490-3; David Caramelli et al., 'Evidence for a Genetic Discontinuity Between Neanderthals and 24,000-Year-Old Anatomically Modern Europeans', *PNAS,* 2003, vol 100, pp 6593-7. These issues are well covered in Chris Stringer and Robin McKie (Pimlico, 1996), op. cit.; Bryan Sykes, *Seven Daughters of Eve* (Bantam Press, 2001); Martin Jones, *The Molecule Hunt: Archaeology and the Search for Ancient DNA* (Penguin, 2001)

Page 75 – "호모 사피엔스는 자신의 조상보다 좀 더 발전한 것이 아니라 그들과는…

Ian Tattersall (Oxford University Press, 1998), op. cit.

Page 75 – 이러한 문화의 폭발적인 발달을 촉진했던 요인이 어떤 식으로든 언어와…

언어가 인간 문화의 출현에 대해 갖는 의미는 다음 책에 잘 소개되어 있다. Philip Lieberman, *Uniquely Human: The Evolution of Speech, Thought and Selfless Behaviour* (Harvard University Press, 1991); see also Iain Davidson and William Noble, 'The Archaeology of Perception: Traces of Depiction and Language', *Current Anthropology,* 1989, vol 30, pp 125-55; Colin Renfrew and Ezra Zurbow (eds), *The Ancient Mind: Elements of Cognitive Archaeology* (Cambridge University Press, 1994);

David Povinelli and Todd Preuss, 'Theory of Mind: Evolutionary History of a Cognitive Specialisation', *Trends in Neuroscience,* 1995, vol 18, pp 418-24

Page 76 – 언어는 진리, 곧 실재에 대한 충실한 사고와 거짓을 구별할 수 있게…
Richard Swinburne, *The Evolution of the Soul* (Oxford University Press, 1986)

Page 77 – "언어는 인간이 정보를 교환할 수 있도록 진화했다."…
Robin Dunbar, *The Human Story* (Faber & Faber, 2004)

Page 77 – 1950년대 유명한 언어학자 노암 촘스키 Noam Chomsky는 언어가 원시적인…
Noam Chomsky, 'A Review of B F Skinner's Verbal Behaviour', *Language,* 1959, vol 35, pp 226-58; N Chomsky, *Language and the Problems of Knowledge* (MIT Press, 1988)

Page 78 – 언어학자 브레이니 모스코비츠 Breyne Moskowitz는 말한다. "짧은 기간 내에…
Breyne Moskowitz, 'The Acquisition of Language', *Scientific American,* November 1978, pp 82-96

Page 79 – 영장류는 이 '장치'를 갖고 있지 않다. 이것이 영장류들이 영리함에도…
Jane Goodall, *Through a Window* (Penguin, 1990)

Page 79 – 그렇다면 어떻게 언어 능력이 인간의 두뇌에 생겨나게 되었을까?…
언어의 기원에 대한 주요 논쟁자들의 주장은 다음 책을 참고하기 바란다. Steven Pinker, *The Language Instinct: The New Science of Language and Mind* (Penguin, 1994), and Mark D Hauser and Noam Chomsky, 'The Faculty of Language: What is it, Who has it and How did it Evolve?', *Science,* 2002, vol 298, pp 1569-79; see also Antonio Damasio and Hanna Damasio, 'Brain and Language', *Scientific American,* September 1992, pp 63-7; Simon Fisher and Gary Marcus, 'The Eloquent Ape: Genes, Brains and Evolution of Language', *Nature Reviews: Genetics,* 2006, vol 7, pp 9-18; David Cooper, 'Broca's Arrow: Evolution Prediction, Language and the Brain', *Anatomical Record,* 2006, vol 298b, pp 9-24; Constance Holden, 'The Origin of Speech', *Science,* 2004, vol 303, pp 131-18

Page 80 – 언어의 진화론적 기원에 대한(또는 그 밖의 다른) 논쟁은 1980년대 후반까지…
S E Petersen, P T Fox et al., 'Positron Emission Tomography Studies of the Cortical Anatomy of Single-Word Processing', *Nature,* 1988, vol 331, pp 585-9; Michael Posner and Antonella Pavese, 'Anatomy of Word and Sentence Meaning', *Proc Nat Ac Sci,* 1998, vol 95, pp 899-905

Page 83 – 두 가지 진화론적 가설 중(언어가 '초기' 또는 '후기'에 발전했다) 어느…
R White, 'Rethinking the Middle/Upper Palaeolithic Transition', *Current Anthropology,* 1982, vol 23, pp 169-92; P Mellars, 'Cognitive Changes and the Emergence of Modern Humans', *Cambridge Archaeological Journal,* 1991, vol 1,

pp 63-76; R A Foley, 'Language Origins: The Silence of the Past', *Nature,* 1991, vol 353, pp 114-15

Page 84 – 생물학자 로버트 웨슨_{Robert Wesson}은 왜 인간의 두뇌가 심포니를 작곡…

Robert Wesson, *Beyond Natural Selection* (MIT Press, 1993)

Page 84 – 이와 관련된 또 한 가지 수수께끼는 황금기였던 지난 150년 동안 왜…

인간의 몇 가지 독특한 특징, 특히 직립 보행의 이유를 '인간의 수중생활 단계'에서 찾는, 가장 대중적인 '반대' 이론에 대해서는 다음 책을 참고하기 바란다. Elaine Morgan, *The Scars of Evolution* (Penguin, 1990). 중요한 추가 자료는 다음과 같다. Earnest Hooton, 'Doubts and Suspicions Concerning Certain Functional Theories of Primate Evolution', *Human Biology,* 1930, vol 11, pp 223-49; John Lewis and Bernard Towers, *Naked Ape or Homo Sapiens* (Garner Press, 1969)

| 제3장 | 과학의 한계 1: 비실재적인 우주

Page 87 – 세계는 경이로 가득하지만 정작 우리는 점차 그것을 보지 못한다.…

Michael Mayne, *This Sunrise of Wonder* (Fount, 1995); Alastair McGrath, *The Re-enchantment of Nature* (Hodder & Stoughton, 2002); Malcolm Budd, *The Aesthetic Appreciation of Nature* (Clarendon Press, 2002); E L Grant Watson, *Profitable Wonders* (Country Life Ltd, 1949)

Page 88 – "얼마나 많은 종들이 이 축축한 온실 같은 정글에 살고 있는지 아무도…

David Attenborough, *Life on Earth: A Natural History* (Collins, 1979)

Page 90 – "생명체가 가진 정말 경탄할 만하고, 이해할 수 없는 특성들의 수는…

Robert Wesson (MIT Press, 1993), op. cit.

Page 91 – 잠시 멈춰 서서 지구의 역사에서 지렁이가 해온 역할에 대해 생각해 보면…

J Arthur Thomson, *The Wonder of Life* (Andrew Meirose Ltd, 1914)

Page 92 – 그는 이렇게 썼다. "단순한 지성은 놔두고, 우리가 세계라고 부르는…

Walt Whitman, *Specimen Days and Collected Prose* (Philadelphia, 1882)

Page 93 – 19세기 프랑스 수학자 앙리 푸엥카레_{Henri Poincaré} 이렇게 썼다. "과학자는…

Cited in S Chandrasekhar, *Truth and Beauty: Aesthetics and Motivation in Science* (University of Chicago Press, 1990)

Page 93 – 가장 위대한 과학자인 아이작 뉴턴_{Issac Newton}은 '각 부분의 조화로운…

Paul Davies, *The Mind of God: Science and the Search for Ultimate Meaning* (Penguin, 1992)

Page 98 – 아이작 뉴턴은 1642년에 시골 지역인 링컨셔에서 양을 기르는 반¥문맹…

James Gleick, *Isaac Newton* (Harper Perennial, 2004)

Page 98 – 저녁식사 후, 날씨가 따뜻하여 그와 나 단둘이 정원으로 나가 사과나무…
William Stukeley, *Memoirs of Sir Isaac Newton's Life* (1752), quoted in John Carey (ed), *The Faber Book of Science* (Faber & Faber, 1995)

Page 100 – 뉴턴의 법칙은 과학의 설명력을 매우 압축적으로 보여준다. 이 법칙을…
Brian Greene, *The Elegant Universe* (Norton, 1999)

Page 102 – 20세기 들어, 이러한 중력의 비물질성의 수수께끼는 이 힘들이 생명과…
John D Barrow and Frank J Tipler, *The Anthropic Cosmological Principle* (Oxford University Press, 1986); John Gribbin and Martin Rees, *Cosmic Coincidences, Dark Matter: Mankind and Anthropic Cosmology* (Black Swan, 1990); Paul Davies, *God and the New Physics* (Penguin, 1983); John Polkinghorne, *Beyond Science: The Wider Human Context* (Cambridge University Press, 1995)

| 제4장 | 모든 것을 설명하는 (진화론적) 논리: 확실성

Page 105 – "어떤 것도 나에게 그렇게 큰 기쁨을 주지 못했다."…
Frances Darwin, *Autobiography of Charles Darwin* (Watts & Co, 1929)

Page 106 – "박물학자는… 살아 있는 자연의 전체 구조를 관통하는 아름다운 관계…
Editorial, *Zoological Journal*, 1824, vol 1, p 7

Page 106 – 쿡의 친구인 해부학자 존 헌터John Hunter는 쿡의 배가 딜 항구에 도착…
Wendy Moore, *The Knifeman* (Phantom Press, 2005)

Page 107 – 자연사가 중 대표적인 천재이며 파리 자연사 박물관의 관장이었던…
G Cuvier, *Revolutions of the Surface of the Globe* (English Edition, Whittaker, Treacher & Arnot, 1829); see also William Coleman, *George Cuvier: Zoologist* (Harvard University Press, 1988)

Page 107 – 신학자 윌리엄 페일리William Paley는 그의 유명한 저서 『자연 신학』…
William Paley, *Natural Theology* (J Faulder, 1802); Peter J Bowler, 'Darwinism and the Argument from Design: Suggestions for a Re-evaluation', *Journal of the History of Biology*, 1977, vol 10, pp 29-45

Page 112 – 미국 신학자 조나단 에드워즈Jonathan Edwards는 이렇게 썼다. "하느님의…
Quoted in Alastair McGrath (Hodder & Stoughton, 2002), op. cit.

Page 113 – 프랑스 박물학자 장 바티스트 라마르크Jean-Baptiste Lamarck는 생물은…
J-B Lamarck, *Zoological Philosophy: An Exposition with Regard to the Natural History of Animals* (1809. Translated by Hugh Elliot, University of Chicago Press, 1984)

Page 113 – 한편, 자연의 역사에 대한 찰스 다윈의 열정은 그가 되고자 했던 성직자…
Charles Darwin, *The Voyage of the Beagle* (Everyman Library, 1959); see also Alan Moorehead, *Darwin and the Beagle* (Penguin, 1971)

Page 115 – 그를 유명하게 만든 진화론은 자연의 두 가지 다른 패턴을 종합한 결과…
다윈의 생애와 사상을 다룬 가장 포괄적인 전기는 다음과 같다. Adrian Desmond and James Moore, *Darwin* (Penguin, 1992); see also Janet Browne, *Charles Darwin: The Power of Place* (Jonathan Cape, 2006); William Coleman, *Biology in the Nineteenth Century: Problems of Form, Function and Transformation* (Cambridge University Press, 1971)

Page 116 – 정말 놀랍게도, 여러 종의 핀치새가 먹이를 찾는 독특한 방법에 적응…
Jonathan Weiner, *The Beak of the Finch* (Jonathan Cape, 1994)

Page 117 – 다윈이 돌아온 지 15개월 후, 그는 경제학자 토머스 맬서스Thomas Malthus…
Thomas Malthus, *An Essay on the Principle of Population* (1798, reprinted Augustus Kelley Publishers, 1986)

Page 119 – 그는 결국 1858년에 어쩔 수 없이 행동에 옮겼다. 그 당시, 말레이시아…
Peter Raby, *Alfred Russell Wallace: A Life* (Chatto & Windus, 2001)

Page 120 – 다윈과 뉴턴의 비교
여기에 소개한 다윈의 진화론에 관한 내용은 주로 다음 문헌을 참고하였다. Mark Ridley, *Evolution* (Blackwell Scientific, 1993); Ernst Mayr, *One Long Argument* (Penguin Press, 1991); John Maynard Smith, *The Theory of Evolution* (Cambridge University Press, 1993); Michael Ruse, *The Darwin Revolution* (University of Chicago Press, 1979); Peter Bowler, *Evolution: The History of an Idea* (University of California Press, 1983); Steve Jones, *Almost Like a Whale: The Origin of the Species Updated* (Doubleday, 1999); Richard Dawkins (Penguin, 1986), op. cit.; Carl Zimmer, *Evolution* (Arrow, 2003). The most searching critique of Darwin's evolutionary theory is Michael Denton, *Evolution: A Theory in Crisis* (Adler & Adler, 1988); see also Gertrude Himmelfarb, *Darwin and the Darwinian Revolution* (Chatto & Windus, 1959); Robert Wesson (MIT Press, 1993), op. cit.; Phillip E Johnson, *Darwin on Trial* (Monarch, 1991); Brian Leith, *The Descent of Darwin* (Collins, 1982); Jonathan Wells, *Icons of Evolution* (Regnery Publishing, 2000); Francis Hitching, *The Neck of the Giraffe, or Where Darwin Went Wrong* (Pan Books, 1982); Hugh Montefiore, *The Probability of God* (SCM Press, 1985); Simon Conway Morris, *Life's Solution* (Cambridge University Press, 2003)

Page 125 – 회의적인 시각
Richard Owen, *Quarterly Review*, 1860, vol 108, pp 225-64 (Yale University Press, 1994); see also Nicholas Rupke and Richard Owen, *Victorian Naturalist* (Yale University Press,

1994); Peter Vorzimmer, *Charles Darwin, The Years of Controversy: The Origin of Species and its Critics, 1859-1882* (University of London Press, 1972)

Page 132 – 단세포 동물들(그리고 꽃양산조개)은 빛에 민감한 부위가 있는데 그 부위···
Richard Dawkins (Penguin, 1986), op. cit.

Page 135 – 오늘날에는 화석에 대한 실제 자료가 풍부하기 때문에 그 이론의···
Rhona M Black, *The Elements of Palaeontology* (Cambridge University Press, 1989); Michael Denton (Adler & Adler, 1986), op. cit., chapter 8

Page 138 – 1859년의 화석 자료는 아주 불완전했지만 영국의 저명한 고생물학자인···
Martin Rudwick, *The Meaning of Fossils* (University of Chicago Press, 1972)

Page 139 – 아울러, 첫 번째 '생물이 폭발적으로 번성한 캄브리아기' 의 화석에는···
Simon Conway Morris and H P Whittington, 'The Animals of the Burgess Shale' *Scientific American,* 1979, vol 24 (1), pp 101-20; Stephen J Gould, *Wonderful Life: The Burgess Shale and the Nature of History* (Hutchinson Radius, 1990)

Page 141 – 시카고 자연사 박물관의 데이비드 라우프David Raup는 이렇게 말한다.···
David Raup, 'Conflicts Between Darwin and Palaeontology', *Field Museum of Natural History Bulletin,* 1979, vol 50 (1), pp 22-9

Page 146 – 세계가 진화론을 받아들일 준비를 하다
Gertrude Himmelfarb (Chatto & Windus, 1959), op. cit.

Page 147 – 1860년, 프랑스 고생물학자 프랑수아 쥘 픽테François Jules Picte는 말했다.···
J F Pictet, *Archives des Sciences de la Bibliothèque Universelle,* 1860, vol 3, pp 231-55, translated in D L Hull, *Darwin and his Critics* (Harvard University Press, 1973)

Page 147 – 10년 이내에 대다수의 생물학자들은 다윈주의에 따르는 유물론적 진화···
David Hull et al., 'Plank's Principle', *Science,* 1978, vol 2, pp 717-23

Page 148 – 사실, 진화론은 신앙에 대한 큰 장애물(어떻게 전능한 그리고 사랑이 충만한···
Cornelius Hunter, *Darwin's God: Evolution and the Problem of Evil* (Brazos Press, 2001)

Page 148 – "다윈은 적의 복장을 하고 나타났지만 친구로서 일했다. 그는 철학과···
Aubrey Moore, 'The Christian Doctrine of God', in C G Gore (ed), *Lux Mondi* (The US Book Company, 1890)

Page 149 – 계몽운동은 17세기에 뿌리를 두고 있다. 이 시기는 종교에게 불명예를···
계몽주의 사상에 관한 수많은 해설서로는 다음과 같은 책들이 있다. Norman Hampson, *The Enlightenment* (Penguin, 1968); T Z Lavine, *From Socrates to Sartre: The Philosophic Quest* (Bantam Books, 1984); Richard Tarnas, *The Passion of the Western Mind: Understanding the Ideas that have Shaped our World* (Pimlico, 1991); Gertrude Himmelfarb, *The Roads to Modernity* (Vintage, 2004)

Page 150 – 세계는 기계적인 원리에 따라 엄격하게 조직되었으며… 자연에는 합목…
William Provine, 'Evolution and the Foundation of Ethics' *MBL Science,* 1988, vol 3, pp 25-9

Page 151 – "'인간이란 무엇인가?' 라는 질문에 대한 1859년 이전의 모든 시도는…
G C Simpson, 'The Biological Nature of Man', *Science,* 1966, vol 152, pp 472-8

Page 152 – 나무늘보는 나무 위에 사는 다른 동물들처럼 배변 욕구에 따라 배설…
Robert Wesson (MIT Press, 1993), op. cit.

Page 153 – 자연선택이라는 급진주의는 서구 사상의 가장 깊고 가장 전통적인…
Stephen J Gould, 'More Things in Heaven and Earth', in Hilary Rose and Steven Rose (eds), *Alas Poor Darwin: Arguments Against Evolutionary Psychology* (Jonathan Cape, 2000)

| 제5장 | 모든 것을 설명하는 (진화론적) 논리: 의심

Page 156 – 그레고르 멘델과 (일시적인) 영광의 상실
John Gribbin (Allen Lane, 2002), op. cit.; Peter Bowler (University of California Press, 1983), op. cit.; Robin Marantz Henig, *A Monk and Two Peas: The Story of Gregor Mendel and the Discovery of Genetics* (Phoenix, 2000)

Page 159 – 런던 대학(후에는 케임브리지 대학)의 유전학 교수인 로널드 피셔…
R A Fisher, *The Genetical Theory of Natural Selection* (Clarendon Press, 1930); see also Marek Kohn, *A Reason for Everything: Natural Selection and the English Imagination* (Faber & Faber, 2004)

Page 162 – "생각이 깊은 학생은 우연한 돌연변이가 더 고등한 식물이나 동물과…
James Mavor, *General Biology* (Macmillan, 1952)

Page 162 – 수학적 방법을 똑같이 사용했지만 (자연)선택이 작용하는 방식을 해석…
Margaret Morrison, *Unifying Scientific Theories* (Cambridge University Press, 2000); Anya Plutynski, 'Explanatory Unification and the Early Synthesis', *British Journal of the Philosophy of Science,* 2005, vol 56 (3), pp 595-609

Page 163 – 일반적으로 생물학자는 고등 수학을 이해하지 못하지만 이 '증명들' 은…
현대판 다윈 이론의 주요 논쟁자들로는 다음과 같은 인물들이 있다. Julian Huxley, *volution the Modern Synthesis* (George Allen & Unwin, 1942); George Gaylord Simpson, *The Meaning of Evolution: A Study of the History of Life and its Significance for Man* (Yale University Press, 1949); Theodosius Dobzhansky; *Genetics and the Origin of Species* (Columbia University Press, 1937); Ernst Mayr, *Population, Species and Evolution*

(Harvard University Press, 1970)

Page 163 – 우리는 이 책을 통해 다가올 시대의 요구에 부합할 새로운 종교의 윤곽…
Julian Huxley in Sol Tax (ed), *Evolution after Darwin,* vol 3 (University of Chicago Press, 1960)

Page 163 – "아마도 유전자가 불확실한 이유 때문에 때때로 임의적으로 변하는…
C H Waddington, 'Theories of Evolution', in S A Barnett (ed), *A Century of Darwin* (Heinemann, 1958)

Page 164 – 1980년, 다윈의 진화론에서 두 개의 가장 성가신 난제가 이전보다 더…
David Collingridge and Mark Earthy, 'Science Under Stress-Crisis in Neo-Darwinism', *Hist Phil Life Sci,* 1990, vol 12, pp 3-26; see also John Endler and Tracey McLellan, 'The Process of Evolution - Towards a Newer Synthesis', *Ann Rev Ecol Syst,* 1988, vol 19, pp 395-421; M W Ho and P T Saunders, *Beyond Neo-Darwinism: An Introduction to the New Evolutionary Paradigm* (London Academic, 1985); Robert Wesson (MIT Press, 1993), op. cit.

Page 165 – 존스 홉킨스 대학 스티븐 스탠리Steven Stanley는 말한다. "1세기 이상,…
Steven Stanley, 'Darwin Done Over', *The Sciences,* October 1981, pp 18-23

Page 166 – 고생물학자들이 정통 진화 이론을 신뢰할 수 없게 된 중요한 이유는…
화석 자료를 다윈의 진화론에 부합하도록 해석하는 전통에 대해 중대한 도전을 제기한 내용은 다음 책을 참고하기 바란다. Niles Eldredge, *Reinventing Darwin: The Great Evolutionary Debate* (Weidenfeld & Nicolson, 1995); see also Stephen Donovan and Christopher Paul, *The Adequacy of the Fossil Record* (John Wiley, 1998); Stephen Stanley, *Evolution: Pattern and Progress* (Johns Hopkins University Press, 1998); Stephen J Gould, 'Is a New and General Theory of Evolution Emerging?', *Palaeobiology,* 1980, vol 6, pp 119-30; Stephen J Gould, 'Darwinism and the Expansion of Evolutionary Theory', *Science,* 1982, vol 216, pp 380-7. 굴드와 엘드리지가 처음 제기한 논쟁은 존 메이너드 스미스로 이어졌다. 'Palaeontology at the High Table', *Nature,* 1984, vol 309, pp 401-2; John Maynard Smith, 'Darwinism Stays Unpunctured', *Nature,* 1987, vol 330, p 516; S J Gould and N Eldredge, 'Punctuated Equilibria: The Tempo and Mode of Evolution Reconsidered', *Palaeobiology,* 1977, vol 3, pp 115-51; Stephen J Gould and Niles Eldredge, 'Punctuated Equilibrium Comes of Age', *Nature,* 1993, vol 366, pp 223-7

Page 168 – 종래의 진화론적인 시나리오라면 이 기간 동안 '통틀어' 열다섯 개의…
P D Gingerich et al., 'Origin of Whales in Epicontinental Remnant Seas', *Science,* 1983, vol 220, pp 403-6; Christian de Muizon, 'Walking with Whales', *Nature,* 2001, vol 413, pp 259-60

Page 169 – '핵심 질문은 미시적 진화(핀치새의 부리와 같이)의 배후에 깔린 메커니즘을⋯
Roger Lewin, 'Evolutionary Theory under Fire', *Science*, 1980, vol 210, pp 863-6
Page 172 – 그러나 주요한 척추동물들, 즉 양서류(개구리), 파충류(도마뱀), 포유류⋯
Adam Sedgwick, 'On the Law of Development Commonly Known as von Baer's Law', *Quarterly Journal of Microscopical Science*, 1894, vol 36, pp 35-52
Page 172 – 디비어 경은 자신의 전공 논문 「동형론: 밝혀지지 않은 문제」에서 다음⋯
Gavin de Beer, *Homology: An Unresolved Problem* (Oxford University Press, 1971)
Page 173 – 만약 '그것이 중요하지 않다면', 오랫동안 다윈 이론의 강력한 증거⋯
유형론의 의미에 대한 다윈의 해석에 대해 가장 포괄적으로 도전을 제기한 사람은 다음과 같다. Jonathan Wells, *Icons of Evolution: Science or Myth?* (Regnery Publishing, 2000); Michael K Richardson, 'There is no Highly Conserved Embryonic Stage in Invertebrates', *Anatomy and Embryology*, 1997, vol 196, pp 91-106; Gregory Wray and Ehab Abouheif, 'When is Homology not Homology?', *Current Opinion in Genetics and Development*, 1998, vol 8, pp 675-80
Page 175 – 하지만 과학적인 만장일치의 지지를 받아온 견고하고 전통적인 의견이⋯
G Ledyard Stebbins and Francisco Ayala, 'Is a New Evolutionary Synthesis Necessary?', *Science*, 1981, vol 213, pp 967-72; Stephen J Gould, 'Is a New and General Theory of Evolution Emerging?', *Palaeobiology*, 1980, vol 6, pp 119-30. 이러한 긴 논쟁에 대해서는 다음 책에 잘 소개되어 있다. Andrew Brown, *The Darwin Wars* (Simon & Schuster, 1999); Kim Sterelny, *Dawkins versus Gould: Survival of the Fittest* (Icon, 2001)

| 제6장 | 과학의 한계 2: 파헤칠 수 없는 인간 유전자

Page 178 – 하느님이 파리를 작게 만든 것에 대한 보상으로 머리에 보석을 박아⋯
Nicolas Malebranche, *The Search after Truth* (Ohio State University Press, 1980)
Page 179 – 생물학자 마이클 덴턴Michael Denton은 이렇게 썼다. "우리는 사방으로⋯
Michael Denton (Adler & Adler, 1986), op. cit.
Page 180 – 간단히 말해서, 작은 파리는 자갈보다 비교할 수 없이 더 복잡하다.⋯
Walter M Elsasser, *Reflections on a Theory of Organisms* (Johns Hopkins University Press, 1988)
Page 181 – 두 번째는 1953년 프랜시스 크릭과 제임스 왓슨이 이러한 유전자가⋯
이중 나선구조의 발견과 그것의 영향에 대한 역사를 다룬 저작들은 다음과 같다. Walter Bodmer and Robin McKie, *The Book of Man* (Little, Brown, 1994); Michael Morange, *A*

History of Molecular Biology (Harvard University Press, 1998); Enrico Coen, *The Art of Genes* (Oxford University Press, 1999); Lily E Kay (Stanford University Press, 2000), op. cit.; Henry Gee, *Jacob's Ladder: The History of the Human Genome* (Fourth Estate, 2004)

Page 181 – 나는 『웹스터의 새 국제사전(3판)』을 무릎에 들어 올리지 못한다.…
Christopher Wills, *Exons, Introns and Talking Genes: The Science Behind the Human Genome Project* (Oxford University Press, 1992)

Page 183 – 복제하기 전에 차례대로 먼저 (두 개의 반쪽 계단을 연결하는) 결속 장치가…
J D Watson and F C Crick, 'Molecular Structure of Nucleic Acids: A Structure for Deoxyribose Nucleic Acid', *Nature,* 1953, vol 171, p 737

Page 183 – 우리는 이제 결정적인 질문, 즉 어떻게 이중 나선구조 유전자가 '정보'…
신유전학 이후의 과학에 대해 이해하기 쉽게 잘 설명한 책은 다음과 같다. James D Watson, *DNA: The Secret of Life* (William Heinemann, 2003)

Page 184 – 우리는 '생산물질' 들 중 한 가지 생산물에만 초점을 맞출 것이다.…
여러 가지 단백질과 그것의 복잡한 구조는 다음 책에 자세히 소개되어 있다. Charles Tanford and Jacqueline Reynolds, *Nature's Robots: A History of Proteins* (Oxford University Press, 2001); David Goodsell, *Our Molecular Nature: The Body's Motors, Machines and Messages* (Copernicus, 1996)

Page 188 – 이러한 두 가지 능력은 이중 나선구조 유전자에 대해 거의 영적인 차원…
Evelyn Fox Keller, *The Century of the Gene* (Harvard University Press, 2000); Dorothy Nelkin and M Susan Lindee, *The DNA Mystique: The Gene as a Cultural Icon* (W H Freeman & Co, 1995)

Page 189 – 생물학자 메이틀랜드 에디Maitland Edey는 이렇게 썼다. "한편으로는 원리…
M A Edey and D C Johanson, *Blueprints: Solving the Mystery of Evolution* (Oxford University Press, 1990)

Page 189 – 첫 번째 기술혁신을 통해서 연구자들은 이중 나선구조 유전자를 구성…
James Le Fanu (Little, Brown, 1999), op. cit.

Page 191 – 적혈구성 빈혈을 앓고 있는 사람들의 적혈구 세포는 병명이 암시하듯이…
R M Hardisty and D J Wetherall (eds), *Blood and its Disorders* (Blackwell Scientific, 1982); D J Wetherall, *The New Genetics in Clinical Practice* (Nuffield Provincial Hospitals Trust, 1982)

Page 193 – 많은 유전적 질병은 한 유전자가 아니라 수십 개의 잠재적 '돌연변이'를…
L C Tsiu, 'The Spectrum of Cystic Fibrosis Mutations', *Trends in Genetics,* 1992, vol 8, pp 392-8

Page 193 – 파괴적인 유전적 돌연변이가 어떠한 질환도 초래하지 않을 수 있다는…
David Papermaster, 'Necessary but Insufficient', *Nature Medicine,* 1995, vol 1, pp

874-5

Page 194 – 이러한 복잡성은 유전자가 어떻게 움직이는가에 대한 종래의 지식⋯
Ulrich Wolf, 'Identical Mutations and Phenotypic variation', *Human Genetics,*
1997, vol 100, pp 305-21

Page 194 – 이러한 복잡한 수수께끼는 새로 발견된 유전자의 기능을 더 정확히⋯
Jan A Witkowskie, 'Manipulating DNA: From Cloning to Knockouts', in Margery
Ord and Lloyd Stocken (eds), *Quantum Leaps in Biochemistry* (Jai Press Inc, 1996)

Page 194 – 파리의 에콜 노르말 쉬페리외르의 생물학 교수 미셸 모랑주⋯
Michel Morange, *The Misunderstood Gene* (Harvard University Press, 2001)

Page 195 – 버밍엄 대학 유전학 교수 필립 겔Philip Gell은 이렇게 말했다. "문제의⋯
P G H Gell, 'Destiny of the Genes', in R Duncan and M Weston-Smith (eds), *The
Encyclopedia of Medical Ignorance* (Pergamon, 1984)

Page 196 – 1980년대 후반 필립 겔의 거미집줄 비유 이후, 스위스 생물학자 월터⋯
Walter Gehring, *Master Control Genes in the Development of Evolution: The
Homeobox Story* (Yale University Press, 1999)

Page 196 – 그러나 게링과 그의 동료들이 아주 중요한 연구를 추가로 수행하면서,⋯
혹스 유전자의 의미에 대한 탁월한 논의는 다음에 실려 있다. Henry Gee (Fourth Estate, 2004),
op. cit., 혹스 유전자의 종간 상호교환 가능성에 대해 보고하는 최초의 논문들로는 다음과 같
은 것들이 있다. Alexander Awgulewitsch and Donna Jacobs, 'Deformed
Autoregulatory Elements from Drosophila Functions in a Conserved Manner in
Transgenic Mice', *Nature,* 1992, vol 358, pp 341-5; Jarema Malicki, 'A Human
HOX 4B Regulatory Element Provides Head-Specific Expression in Drosophila
Embryos', *Nature,* 1992, vol 358, pp 345-7

Page 197 – 유전자 전체의 크기와 복잡성이 시간이 흐르면서 점진적으로 증가하는⋯
Sean B Carroll, *The Making of the Fittest* (Norton, 2006)

Page 200 – 이 수수께끼의 의미는 파리와 쥐의 눈을 보면 잘 이해할 수 있다. 이들⋯
Sean B Carroll, *Endless Forms Most Beautiful* (Weidenfeld & Nicolson, 2005). 여기에 언급
된 실험에 대한 구체적인 내용은 다음 자료를 참고하기 바란다. R D Fernald, 'Evolution of
Eyes', *Current Opinion,* in *Neurobiology,* 2000, vol 10, pp 444-50; R Quiring et al.,
'Homology of the Eyeless Gene of Drosophila to the Small Eye Gene in Mice and
Aniridia in Humans', *Science,* 1994, vol 265, pp 785-9; G Halder, 'Induction of
Ectopic Eyes by Targeted Expression of the Eyeless Gene in Drosophila', *Science,*
1995, vol 267, pp 178-92; R L Chow et al., 'Pax 6 Induces Ectopic Eyes',
Invertebrate Development, 1999, vol 126, pp 4213-22; G Panganiban et al., 'The
Origins and Evolution of Animal Appendages', *Proceedings of the National*

Academy of Science, 1997, vol 94, pp 5162-6; R Bodmer and T V Venkatesh, 'Heart Development in Drosophila and Vertebrates: Conservation of Molecular Mechanisms', *Developmental Genetics,* 1998, vol 22, pp 181-6

Page 204 – 생명체를 만드는 '생명력'의 근본적인 의미에 대해서는 이후에 다시…
질서정연한 형태를 부여하는 숨겨진 생물학적 힘에 대한 유전적 설명과 추론의 한계에 대해서는 다음 자료를 참고하기 바란다. E S Russell, *Form and Function: A Contribution to the History of Animal Morphology* (John Murray, 1916); Rupert Sheldrake, *The Presence of the Past* (Park Street Press, 1988); Gerry Webster and Brian Goodwin, *Form and Transformation: Generative and Relational Principles in Biology* (Cambridge University Press, 1996); Stanley Shostack, *The Legacy of Molecular Biology* (Macmillan, 1998); Lenny Moss, *what Genes Can't Do* (MIT Press, 2003); Susan Oyama, *Evolution's Eye: A Systems View of the Biology-Culture Divide* (Duke University Press, 2000)

| 제7장 | 인간의 몰락: 2막으로 된 비극

Page 207 – "인간 존재가 없다면, 감동적이고 장대한 장관인 자연은 슬픈 벙어리일…
Denis Diderot, *Encyclopédie ou Dictionnaire Raisonné des Sciences, des Arts, des Metiers* (1752-65)

Page 209 – 내가 나 자신의 행위를 연구하려고 할 때… 나 자신을 마치 두 사람인…
Adam Smith, *The Theory of Modern Sentiments,* ed D D Raphael and A I Macfie (Oxford University Press, 1976; reprint of sixth edition, 1790)

Page 209 – 케임브리지 퀸 대학의 물리학자이며 학장인 존 폴킹혼은 이렇게 쓴다.…
John Polkinghorne, *Beyond Science: The Wider Human Context* (Cambridge University Press, 1995)

Page 210 – 자아, 즉 '내적 인간'은 외부 세계를 바라보는 두 눈 위쪽에 존재하며,…
Richard Swinburne, *The Evolution of the Soul* (Clarendon Press, 1986)

Page 210 – 영적인 인간 정신의 이중적인 특성(겉으로 보기에는 물리적 두뇌에서…
Kenan Malik, *Man, Beast and Zombie: what Science Can and Cannot Tell us About Human Nature* (Weidenfeld & Nicolson, 2000)

Page 212 – 인간의 진화론적 기원에 관한 가장 설득력 있는 주장은 항상 인간과…
Charles Darwin, *The Descent of Man* (John Murray, 1871)

Page 217 – 내가 거칠고 울퉁불퉁한 해안에서 푸에고 사람들(남미 대륙 끝자락의 티에라…
Charles Darwin, *The Voyage of the Beagle* (Everyman Library, J M Dent & Sons, 1959)

Page 217 – "인간 두뇌의 크기와 지적 능력의 발달 사이에 밀접한 관계가 존재한다.…

J Barnard Davis, 'Contributions Towards Determining the Weight of the Brain in the Different Races of Man', *Royal Society of London Proceedings,* 16 (1867~68), pp 236-41

Page 218 – '다윈은 인간에 대한 적절한 개념을 갖고 있지 않았을 뿐만 아니라' ⋯
John Greene, *Debating Darwin* (Regina Books, 1999); Gertrude Himmelfarb (Chatto & Windus, 1959), op. cit.; Howard Gruber, *Darwin on Man* (Wildwood House, 1974); Tim Lewens, *Darwin* (Routledge, 2007)

Page 218 – 에스키모인들과 오랫동안 친밀한 교류를 한 후, 나는 북극 친구들과⋯
Franz Boas, *Anthropology and Modern Life* (David Publications, 1988)

Page 219 – 과학 역사가 찰스 레이븐Charles Raven은 말했다. "삶은 투쟁이었다. 모든⋯
C E Raven, *Natural Religion and Christian Theology* (Cambridge University Press, 1953)

Page 222 – 그러나 다윈의 사촌 프랜시스 갈톤Francis Galton을 비롯하여 더 완고한⋯
Richard Weikart, *From Darwin to Hitler: Evolutionary Ethics, Eugenics and Racism in Germany* (Palgrave Macmillan, 2004); Elof Axel Carison, *The Unfit: The History of a Bad Idea* (Cold Spring Harbor Laboratory Press, 2001); Richard Lynn, *Eugenics: A Reassessment* (Praeger, 2001); Daniel Jo Kevles, *In the Name of Eugenics* (Penguin, 1985)

Page 223 – 말과 소의 품종 개량에 투자하는 비용과 수고의 20분의 1을 인류의⋯
Francis Galton, 'Hereditary Character and Talent', *MacMillan's Magazine,* 1864, vol 11, pp 157-66

Page 223 – 미국 버지니아 주의 불임시술 기관들이 '부적합한' 산골 가족들을 급습⋯
Cited in Daniel Kevles (Penguin, 1985), op. cit.

Page 224 – 헤켈은 웅변적으로 질문했다. "인간은 매년 태어나는 수천 명의 신체⋯
Ernst Haeckel, *Die Lebenswunder* [The Wonders of Life] (Alfred Kroner, 1904)

Page 224 – 새로운 과학인 우생학과 함께 『인간의 유래』는 과학적 인종주의의⋯
John S Haller, *Outcasts from Evolution: Scientific Attitudes of Racial Inferiority 1859-1900* (Southern Illinois University Press, 1971)

Page 227 – 폭력과 경쟁적인 투쟁에 기초한 자연선택이라는 가장 강력한 신조는⋯
Vernon Kellog, *Headquarters Nights: A Record of Conversations and Experiences at the Headquarters of the German Army in France and Belgium* (Atlantic Monthly Press, 1917)

Page 228 – 유물론적, 전체주의적 사회 제도에서 인간의 삶은 사라지고, 자유와⋯
Roger Scruton, *An Intelligent Person's Guide to Philosophy* (Duckworth, 1997)

Page 228 – 왜냐하면 그의 시각은 자신의 진화론의 '영역과 결합되어 있고', ⋯
Richard Weikart (Palgrave Macmillan, 2004), op. cit.

Page 229 – 이중 나선구조 유전자의 공동 발견자인 프랜시스 크릭을 비롯하여 훨씬…
Matt Ridley, *Francis Crick* (Atlas Books, 2006)

Page 230 – 진화 생물학자 리처드 도킨스는 이렇게 주장한다. "유전자들은 외부…
Richard Dawkins, *The Selfish Gene* (Oxford University Press, 1976)

Page 231 – 인간 경험에 대한 이런 종류의 가장 이상한(그리고 도발적인) 설명은 하버드…
Edward O Wilson, *Sociobiology: The New Synthesis* (Harvard University Press, 1975); E O
Wilson, On *Human Nature* (Penguin, 1995; first published 1978)

Page 232 – 만약 다윈의 진화론이 진실이라면 이타심을 발휘하는 존재는 분명히…
David Stove, *Darwinian Fairy Tales* (Avebury, 1995)

Page 233 – 1950년대 케임브리지 대학 학부생일 때 윌리엄 '빌' 해밀턴은 로널드…
Marek Kohn (Faber & Faber, 2004), op. cit.

Page 233 – 해밀턴은 이 생각을 수학적인 형식으로 표현하는 방법을 찾았다. 그는…
W D Hamilton, 'The Genetical Evolution of Social Behaviour', *Journal of
Theoretical Biology,* 1964, vol 7, pp 1-52

Page 235 – 어떤 사람이 물에 빠진 사람을 구하기 위해 물에 뛰어들지 않을 경우,…
Robert Trivers, 'The Evolution of Reciprocal Altruism', *Quarterly Review of
Biology,* 1971, vol 46, pp 35-57

Page 237 – 진화 생물학자 마이클 기셀린Michael Ghiselin은 이렇게 말한다. "자연의…
M T Ghiselin, *The Economy of Nature and the Evolution of Sex* (University of California
Press, 1974)

Page 239 – 간단히 말해서, 에드워드 윌슨은 우리가 타인의 곤경에 진정으로 공감…
윌슨의 주장과 그 주장들이 갖는 의미에 대한 가장 설득력 있는 반박에 대해서는 다음 자료를
참고하기 바란다. Kenan Malik (Weidenfeld & Nicolson, 2000), op. cit.; see also Steven
Rose and R C Lewontin, *Not in our Genes: Biology, Ideology and Human Nature*
(Penguin, 1984); Mary Midgley, *Beast and Man: The Roots of Human Nature* (Cornell
University Press, 1978); Mikael Stenmark, *Scientism, Science, Ethics and Religion*
(Ashgate, 2001); Andrew Brown, *The Darwin Wars: How Stupid Genes Became Selfish
Gods* (Simon & Schuster, 1999)

Page 239 – 에드워드 윌슨의 사회 생물학은 심리학의 새로운 분야인 '진화 심리학' …
진화심리학에 관한 기본서로는 다음과 같은 책들이 있다. Jerome Barkow, Leda Cosmides
and John Tooby (eds), *The Adapted Mind: Evolutionary Psychology and the
Generation of Culture* (Oxford University Press, 1992); see also Alan Clamp, *Evolutionary
Psychology* (Hodder & Stoughton, 2000); Steven Pinker, *How the Mind Works* (Allen Lane,
1997); Henry Plotkin, *Evolution in Mind* (Allen Lane, 1997); Robin Dunbar, *The Human
Story: A New History of Mankind's Evolution* (Faber & Faber, 2004); David Buss, *The*

Evolution of Desire: Strategies of Human Mating (Basic Books, 1994); Robert Wright, *The Moral Animal: The New Science of Evolutionary Psychology* (Vintage, 1994); Matt Ridley, *The Origins of Virtue* (Viking, 1996); Helena Cronin, *The Ant and the Peacock* (Cambridge University Press, 1991). The several critiques of evolutionary psychology include: Susan McKinnon, *Neo-Liberal Genetics: The Myths and Moral Tales of Evolutionary Psychology* (Prickly Paradigm Press, 2005); see also Hilary Rose and Steven Rose (Jonathan Cape, 2000), op. cit.; Jerry Fodor, 'The Trouble with Psychological Darwinism', *London Review of Books,* 22 January 1998, pp 11-13

Page 240 – 한편, 여성들은 '섹스를 접대나 애교의 표시' …

John Cartwright, *Evolution and Human Behavior* (MIT Press, 2000)

Page 241 – 물론 처음부터 여건이 좋지 않고 배우자에게 제공할 필수자원이 없는…

Randy Thornhill and Craig Palmer, *The Natural History of Rape: Biological Bases of Sexual Coercion* (MIT Press, 2000)

Page 242 – '낡아빠진 유전학과 사회 관계에 대한 냉소적 해석을 조합하여 만든…

J C King, 'Sociobiology: Are Values and Ethics Determined by the Gene?', in Ashley Montagu (ed), *Sociobiology Examined* (Oxford University Press, 1980)

Page 242 – "지금까지 인간의 사회적 행동의 측면을 어느 특정 유전자나 유전자…

Richard Lewontin, 'Sociobiology: Another Biological Determinism', *International Journal of Health Services,* 1980, vol 10, p 347; see also Charles Mann, 'Behavioral Genetics in Transition', *Science,* 1994, vol 264, pp 1686-9

| 제8장 | 과학의 한계 3: 측정 불가능한 뇌

Page 249 – 인간 개성의 의미는 수많은 예를 통해 거의 끝없이 말할 수 있지만…

Gordon Allport, *Becoming: Basic Considerations for a Psychology of Personality* (Yale University Press, 1978)

Page 252 – 개인 자신, 개인의 기쁨, 슬픔, 기억, 야망, 정체 의식, 자유 의지는 실은…

Francis Crick, *The Astonishing Hypothesis: The Scientific Search for the Soul* (Simon & Schuster, 1994)

Page 252 – 두뇌 표면을 몇 가지 영역으로 나누는 두뇌 지도는 아주 잘 알려져 있기…

두뇌에 관한 가장 뛰어나고 짧은 입문서로는 다음과 같은 책들이 있다. Colin Blakemore, *Mechanics of the Mind* (Cambridge University Press, 1977), and Susan Greenfield, *The Human Brain: A Guided Tour* (Weidenfeld & Nicolson, 1997)

Page 253 – 제1차 세계대전의 참화 속에서 다친 부상자들도 '두뇌 영역 지도'를…

Mitchell Glickstein, 'The Discovery of the Visual Cortex', *Scientific American,* September 1988, pp 84-91

Page 253 – 1930년대 이래, 두뇌 영역 지도 제작자 중 가장 많은 연구 성과를 낸…
W Penfield and T Rasmussen, *The Cerebral Cortex of Man: A Clinical Study of Localisation of Function* (Macmillan, 1957)

Page 254 – 우리는 관련 기능을 담당하는 각 영역으로 두뇌를 세분화함으로써…
두뇌 기능이 두뇌의 독립된 영역으로 분산되어 있다는 사실이 갖는 의미에 대해서 알아보려면 다음 책들을 참고하기 바란다. Susan Leigh-Star, *Regions of the Mind: Brain Research and the Questfor Scientific Certainty* (Stanford University Press, 1989); see also Martha J Farah, 'Neuropsychological Inference with an Interactive Brain: A Critique of the "Locality" Assumption', *Behavioral and Brain Sciences,* 1994, vol 17, pp 43-104; Darryl Bruce, 'Fifty Years Since Lashley's *In Search of the Engram:* Refutations and Conjectures', *Journal of the History of the Neurosciences,* 2001, vol 10, pp 308-18

Page 255 – 전두엽의 이러한 통합적인 기능들은 25세의 뉴잉글랜드 출신이며…
Malcolm MacMillan, *An Odd Kind of Fame: Stories of Phineas Gage* (MIT Press, 2000)

Page 256 – 컴퓨터와 두뇌는 모두 지능이 뛰어나긴 하지만 이 둘을 나란히 비교해…
신경과학과 두뇌/컴퓨터 비유에 대한 매우 유용한 내용을 살펴보려면 다음 책을 참고하기 바란다. John McCrone (Faber & Faber, 1999), op. cit.; and see also Kenan Malik (Weidenfeld & Nicolson, 2000), op. cit.; Howard Gardner, *The Mind's New Science: A History of the Cognitive Revolution* (Basic Books, 1987); Michael Gazzaniga (ed) (MIT Press, 2001), op. cit.; Stephen M Kosslyn and Olivier Koenig, *Wet Mind: The New Cognitive Neuroscience* (The Free Press, 1992); John Horgan, *The Undiscovered Mind: How the Brain Defies Explanation* (Weidenfeld & Nicolson, 1999); Merlin Donald (Norton, 2001), op. cit.; Adam Zeman, *Consciousness: A User's Guide* (Yale University Press, 2002)

Page 260 – 컴퓨터는 아주 폭넓은 의미에서, 이른바 '정보' 라는 것을 처리하는…
Raymond Tallis, *The Explicit Animal: A Defence of Human Consciousness* (Macmillan, 1991)

Page 261 – "우리는 머릿속에 한 대의 컴퓨터 능력만을 갖고 있지 않다. 인간의…
Charles Jonscher, *Wired Life: Who are We in the Digital Age?* (Bantam, 1990)

Page 261 – 인간의 개성을 '자연' 과 '양육' 의 적절한 혼합으로 보는 개념은 19세기…
Matt Ridley, *Nature via Nurture: Genes, Experience and What Makes us Human* (Fourth Estate, 2003)

Page 262 – 그는 이렇게 썼다. "자연이 양육보다 훨씬 더 우세한 것이 틀림없다.…

Francis Galton, *Hereditary Genius: An Inquiry into its Laws and Consequences* (Macmillan, 1869)

Page 262 – 그로부터 100년이 지난 1980년대, 미국인 심리학자 토머스 부샤드…
T J Bouchard et al., 'Sources of Human Psychological Differences: The Minnesota Study of Twins Reared Apart', *Science,* 1990, vol 250, pp 223-8

Page 262 – 두 사람은 베이지 드레스와 갈색 벨벳 자켓을 입고 있었다. 그들은…
Lawrence Wright, *Twins* (Phoenix, 1998)

Page 264 – 심리학자 로렌스 허시펠드Lawrence Hirschfeld는 말한다. "아이들이…
Lawrence Hirschfeld and S A Gelman (eds), *Mapping the Mind* (Cambridge University Press, 1994)

Page 265 – '아기가 뉴욕에서 시애틀까지 기어가서, 아기가 맨해튼을 떠날 때…
Jeffrey Schwartz, *The Mind and the Brain* (Regan Books, 2002)

Page 265 – 이제 우리는 프랜시스 갈톤의 '편리한 운율'의 두 번째 요소, 즉 인간의…
두뇌의 적응성에 관한 논의는 주로 다음 책을 참고하였다. Jeffrey Schwartz (Regan Books, 2002), op. cit., and Matt Ridley (Fourth Estate, 2003), op. cit.; see also Patrick Bateson and Paul Martin, *Design for Life: How Behaviour Develops* (Jonathan Cape, 1999); Michael Rutter, *Genes and Behaviour: Nature-Nurture Interplay Explained* (Blackwell, 2006)

Page 266 – 미국 인류학자 애슐리 몬태규Ashley Montagu는 미국의 초기 정착…
Ashley Montagu, *Man in Process* (World Publishing Co, 1961)

Page 266 – 이와 마찬가지로, 전후 수년 동안 10만 명의 한국 아동들이 가장 규모가…
W J Kim, 'International Adoption: A Case Review of Korean Children', *Child Psychiatry and Human Development,* 1995, vol 25, pp 141-54

Page 266 – 우리는 새끼 고양이의 시각 능력을 대략적으로 알고 싶었다. 우리는…
David Hubel and Torsten Wiesel, *Brain and Visual Perception* (Oxford University Press, 2005)

Page 268 – 나무와 충돌한 후 혼수 상태에 빠져 병원에 입원한 55세의 튼튼하고…
Leonard Yuen, *BMJ,* 2003, vol 327, p 998

Page 270 – 철학자 레이몬드 탈리스는 이렇게 썼다. "우리는 사전 경고나 준비 없이…
Raymond Tallis (Macmillan, 1991), op. cit.

Page 271 – 시각 대뇌 피질의 전기자극이 창문을 통해 보이는 대로 나무와 새의…
John Horgan, 'Will Anyone Ever Decode the Human Brain?', *Discover,* 2004, vol 25; see also Graeme Mitchinson, 'The Enigma of the Cortical Code', *Trends in Neuroscience,* 1990, vol 13, pp 41-3; J J Eggermont, 'Is there a Neural Code?', *Neurosci Biobehav Rev,* 1998, vol 22, pp 355-700

Page 271 – 런던 동물원의 연못가에 서서 칼 프리스턴은 하버드 심리학자 스테판…
John McCrone (Faber & Faber, 1999), op. cit.

Page 272 – 그러나 1988년 2월 〈네이처〉지에 실린 논문에 발표된 '활동 중인' …
S E Petersen, P T Fox, M I Posner, M E Raichle, 'Positron Emission Tomography
Studies of the Cortical Activity of Single-Word Processing', *Nature*, 1988, vol 331,
pp 585-9

Page 273 – 과학 저술가 존 맥크론John McCrone은 말한다. "천문학자들은 우주의…
John McCrone (Faber & Faber, 1999), op. cit.

Page 276 – 10년이 흐른 후, 1998년 포스너와 라이클이 미 국립과학원의 후원을…
'Papers from a National Academy of Sciences Colloquium on Neuroimaging of
Human Brain Function', *Proc Nat Ac Sci,* 1998, vol 95, pp 763-1348

Page 276 – 세계 도처의 선구적인 연구 센터에서 쏟아지는 수많은 과학 논문을…
'두뇌의 시대' 의 연구 결과에 대한 가장 포괄적인 연구서는 다음과 같다. Robert Cabeza and
Alan Kingstone (eds), *Handbook of Functional Neuroimaging of Cognition* (MIT Press,
2001); see also Pert Rowland, *Brain Activation* (Wyley-Liss, 1993); Peter Jezzard, Paul
Matthews, Stephen Smith, *Functional MRI: An Introduction to Methods* (Oxford
University Press, 2002); William Uttal (MIT Press, 2001), op. cit.; M I Posner and M E
Raichle (Scientific American Library, 1994), op. cit.; Rita Carter, *Mapping the Mind*
(Phoenix, 1998)

Page 277 – 아울러, 나무의 녹색과 하늘의 푸른색이 마치 열린 창문처럼 우리의…
W D Wright, *The Rays are not Coloured: Essays on the Science of Vision and
Colour* (Adam Hilger, 1967); see also Rupert Sheldrake, *The Sense of Being Stared at
and Other Aspects of the Extended Mind* (Hutchinson, 2003)

Page 278 – 어느 폭풍우 치는 밤, 약 20개월 된 조카 로저를 담요에 싸서 비 내리는…
Rachel Carson, *The Sense of Wonder* (Harper & Row, 1965)

Page 279 – 런던 대학 신경 생물학 교수 세미르 제키는 이렇게 썼다. "과거의 신념…
Semir Zeki (Blackwell Scientific, 1993), op. cit.

Page 280 – 여기에서 두뇌는 '자연과 조용히 대화' 를 시작한다. 거의 측정할 수…
Melvyn Goodale, 'Perception and Action in the Human Visual System', in Michael
Gazzaniga (ed) (MIT Press, 2001), op. cit. 시각에 대한 신경과학적 내용을 대중적으로 소개한
내용을 살펴보려면 다음 책을 참고하기 바란다. Thomas B Czerner, *What Makes you
Tick: The Brain in Plain English* (John Wylie, 2001)

Page 280 – 사실은 그 반대이다. 현대 신경과학의 PET 스캐너가 보여주는 바에…
T J Fellerman and D C Van Essen, 'Distributed Hierarchical Processing in the
Primate Cerebral Cortex', *Cerebral Cortex,* 1991, vol 1, pp 1-47

Page 281 – 제키 교수는 '외부' 세계의 두 가지 다른 특징, 즉 시각에 나타나는…
Semir Zeki (Blackwell Scientific, 1993), op. cit.; see also Semir Zeki, 'The Visual Image of Mind and Brain', *Scientific American,* September 1992, pp 43-50; Semir Zeki, 'A Direct Demonstration of Functional Specialisation in Human Visual Cortex', *Journal of Neuroscience,* 1991, vol 11, pp 641-9

Page 283 – 30개의 시각 영역의 정확한 기능은 색깔이나 움직임의 경우만큼 정확…
A R McIntosh et al., 'Network Analysis of Cortical Visual Pathways Mapped with PET', *Journal of Neuroscience,1994,* vol 14, pp 655-6

Page 284 – 이 발견은 또한 이런 새로운 연구 방법이 만들어내는 긴장을 잘 보여…
Zenon Pylyshyn, 'Is Vision Continuous with Cognition? The Case for Cognitive Impenetrability of Visual Perception', *Behavioral and Brain Sciences,* 1999, vol 22, pp 341-423; see also Daniel Pollen, 'On the Neural Correlates of Visual Perception', *Cerebral Cortex,* 1999, vol 9, pp 4-19

Page 285 – 새끼 고양이의 눈꺼풀을 실로 꿰맨 최초의 실험을 한 지 거의 30년이…
David Hubel (Scientific American Library, 1988), op. cit.

Page 288 – 신경학자 콜린 블레이크모어Colin Blakemore는 이렇게 썼다. "주정부…
Colin Blakemore (Cambridge University Press, 1977), op. cit.

Page 290 – 그러나 몇 분 동안의 연습을 통해 단어 목록을 배워서 대답을 미리 알고…
Marcus Raichle et al., 'Practice Related Changes in Human Brain Function Anatomy During Non-Motor Learning', *Cerebral Cortex,* 1994, vol 4, pp 8-26

Page 290 – 그 다음에 수행된 명확한 연구 형태는 기억 자체에 관한 것이다. 어린…
Alex Martin, 'The Functional Neuroimaging of Semantic Memory'; John Gabrieli, 'Functional Imaging of Episodic Memory'; Mark D'Esposito, 'Functional Neuroimaging of Working Memory', in Robert Cabeza and Alan Kingstone (eds) (MIT Press, 2001), op. cit.

Page 291 – P 박사는 뛰어난 음악가이며, 지방 음악학교 교사로서도 유명했다.…
Oliver Sacks, *The Man Who Mistook his wife for a Hat* (Picador, 1985)

Page 291 – 이와 대조적으로, 런던 택시 운전사는 공간 지각(런던의 거리와 광장의 배치에…
Eleanor A Maguire et al., 'Recalling Routes Around London', *Journal of Neuroscience,* 1997, vol 17, pp 7103-10

Page 292 – 이러한 명시적 기억의 특별한 형태, 즉 자서전적 기억과 서술적 기억…
Eleanor A Maguire, Christopher Frith, 'Ageing Affects the Engagement of the Hippocanthus during Autobiographical Memory Retrieval', *Brain,* 2003, vol 126, pp 1511-23

Page 293 – 세인트루이스 주 워싱턴 대학 랜디 버크너Randy Buckner 교수는 이렇게…

Randy Buckner, 'Neuroimaging of Memory', in Michael S Gazzaniga (ed) (MIT Press, 2001), op. cit.

Page 293 – 그 이후, 토론토의 신경과학자들은 일생 동안 우리의 기억은 두뇌의…
R Cabeza et al., 'Age Related Differences in Effective Neural Connectivity During Encoding and Recall', *NeuroReport,* 1997, vol 8, pp 3479-83

Page 294 – 이러한 시간에 따른 두뇌 연결성의 변화는 암기하고 다시 기억해 내는…
Lars Nyberg, 'Common Prefrontal Activations During Working Memory, Episodic Memory and Semantic Memory', *Neuropsychologia,* 2003, vol 41, pp 371-7; see also Charan Ranganath et al., 'Prefrontal Activity Associated with Working Memory and Episodic Long Term Memory', *Neuropsychologia,* 2003, vol 41, pp 378-89

Page 296 – 기억을 저장하는 가장 단순한 방법은 과거에 단절된 두 아이디어를…
Eric Kandel and Robert D Hawkins, 'The Biological Basis of Learning and Individuality', *Scientific American,* September 1992, pp 53-60; see also Eric Kandel and Christopher Pittenger, 'The Past, the Future and the Biology of Memory Storage', *Phil Trans R Soc Lond B,* 1999, vol 354, pp 2027-52; Larry Squire and Eric Kandel, *Memory from Mind to Molecules* (Scientific American Library, 1999); Eric Kandel, *In Search of Memory* (Norton, 2006); Natalie Tronson and Jane Taylor, 'Molecular Mechanisms of Memory Reconsolidation', *Nature Review: Neuroscience,* 2007, vol 8, pp 262-75

Page 301 – 자유 의지는 두뇌의 물리적 활동 측면에서 인간 정신의 많은 특성을…
자유 의지에 대한 신경과학적 입장은 다음 책에 분명하게 제시되어 있다. Jeffrey Schwartz (Regan Books, 2002), op. cit.; see also Graham Dunstan Martin, *Does it Matter? The Unsustainable World of the Materialists* (Floris Books, 2005); Richard Swinburne, *The Evolution of Soul* (Clarendon Press, 1986); Max Velmans, 'How Could Conscious Experiences Affect Brains', *Journal of Consciousness Studies,* 2002, vol 9, pp 3-29

Page 301 – 또는 과학사가 윌리엄 프로빈William Provine이 표현했듯이, '전통적인…
William Provine, 'Evolution and the Foundation of Ethics', *MBL Science,* 1988, vol 3, pp 25-9

Page 302 – 19세기 후반의 탁월한 심리학자 윌리엄 제임스William James는 이렇게…
William James, *The Principles of Psychology* (Harvard University Press, 1983)

Page 303 – 피실험자 집단에게 몇 가지 그림에 주의를 기울이라고 요구하는 과제…
John Reynolds, 'How are Features of Objects Integrated into Perpetual Wholes that are Selected by Attention?', in J Leo van Hemmen and Terrence J Sejnowski, *Twenty- Three Problems in Systems Neuroscience* (Oxford University Press, 2006)

Page 303 – 자아가 [관련된] 시냅스들의 전기자극을 켜거나 끄는 방식으로…
Ian H Robertson, *Mind Sculpture: Your Brain's Untapped Potential* (Phantom Press, 1999)

Page 304 – 24세의 안나는 철학을 전공하는 대학원생이다… 그녀는 자신의 파트너…
Jeffrey Schwartz (Regan Books, 2002), op. cit.

Page 304 – 예상대로, 슈와르츠 교수는 강박신경증 환자의 두뇌 스캔 영상에서…
Jeffrey Schwartz et al., 'Systematic Changes in Cerebral Glucose Metabolic Rate After Successful Behaviour Modification Treatment of Obsessive Compulsive Disorder', *Arch Gen Psychiatry,* 1996, vol 53, pp 109-13

Page 306 – 슈와르츠 교수의 발견은 수많은 유사 연구에 영감을 불어넣었다. 가령,…
Vincent Paquette et al., 'Change the Mind and you Change the Brain: Effects of Cognitive-Behavioural Therapy on the Neural Correlates of Spider Phobia', *Neurolmage,* 2003, vol 18, pp 401-9

Page 306 – 요약하면, 이런 연구 결과는 정신의 주관적 속성(가령, 사고, 감정, 신념)이…
Mario Beauregard et al., 'Mind Really Does Matter: Evidence from Neuroimaging Studies of Emotional Self Regulation, Psychotherapy and Placebo Effect', *Progress in Neurobiology* 2007, vol 81, pp 482-761

Page 306 – 선구적인 PET 두뇌 촬영 기술 덕분에 보고, 기억하고, 생각할 때 두뇌…
M I Posner and M E Raichle (Scientific American Library, 1994), op. cit.

Page 307 – 그의 동료인 마커스 라이클도 이에 동의한다. 그는 그들의 첫 논문 발표…
Marcus Raichle, 'Behind the Scenes of Functional Brain Imaging: A Historical and Physiological Perspective', *Proc Nat Ac* Sci, 1998, vol 95, pp 765-72

Page 308 – 마지막으로, 활동 중인 두뇌를 관찰하는 '아주 중요한 과학' 으로서의…
William Uttal (MIT Press, 2001), op. cit.; see also Karl Friston, 'Beyond Phrenology: What Can Neuroimaging Tell us About Distributed Circuitry?', *Ann Rev Neurosci,* 2002, vol 25, pp 221-50

Page 308 – '자의식이 있는 지성은 자연적인 현상으로서 수십억 년에 걸쳐…
Paul Churchland, *Matter and Consciousness* (MIT Press, 1988)

Page 309 – "자의식이 있는 인간의 정신은 진화가 우리에게 제공한 병렬 하드웨어…
Daniel Dennett, *Consciousness Explained* (Viking, 1991)

Page 309 – 존 설은 이렇게 썼다. "격자 구조에 들어 있는 얼음의 단단함이 더 높고…
John Searle, *The Rediscovery of the Mind* (MIT Press, 1992)

Page 310 – '정신과 두뇌 사이의 결합은 궁극적인 신비이며, 인간의 정신은 결코…
Colin McGinn, *Mysterious Flame: Conscious Minds in a Material World* (Basic Books, 1999)

Page 312 – "무한하고 영구적인 것처럼 보이는 기억의 능력은 그 자체가 깊은…
Robert Doty, 'The Five Mysteries of the Mind and their Consequences',
Neuropsychologia, 1998, vol 36, pp 1069-76

Page 313 – 다음으로, 신경과학이 보여준 다섯 가지 중요한 신비들은 플라톤이…
인간 영혼의 역사에 대해서는 다음 책에서 자세히 다루고 있다. Rosalie Osmond,
Imagining the Soul: A History (Sutton Publishing, 2003); see also John Foster, *The
Immaterial Self A Defence of the Cartesian Dualist Conception of the Mind*
(Roufledge, 1991); W Jones, 'Brain, Mind and Spirit: Why I am not Afraid of Dualism',
in Kelly Bulkeley (ed), *Soul, Psyche and Brain: New Directions in the Study of
Religion and Brain Mind Science* (Palgrave Macmillan, 2005); Mano Beaureguard, *The
Spiritual Brain* (HarperOne, 2007); Richard Swinburne (Clarendon Press, 1986), op. cit.;
Graham Dunstan Martin (Floris Books, 2005), op. cit.

| 제9장 | 침묵

Page 318 – 〈사이언스〉지는 2006년 11월호에서 최근 완성된 성게의 유전체에 대해…
Eric H Davidson, 'The Sea Urchin Genome: Where Will it Lead Us?', *Science,*
2006, vol 314, pp 93-4

Page 318 – 인간의 두뇌는 인간의 모든 행동, 대부분의 사고, 신념을 설명할 수…
Colin Blakemore, *The Mind Machine* (BBC, 1988)

Page 319 – 학술 잡지 〈사이언티픽 어메리칸Scientific American〉 2000년 7월호에서…
Ernst Mayr, *Scientific American,* July 2000, pp 67-71

Page 320 – 인간이 과학의 방법과 제도 때문에 세계에 대한 물질주의적 설명을…
R C Lewontin, 'Billions and Billions of Demons', *New York Review of Books,* 9
January 1997

Page 322 – 작가이자 생물학자인 스티븐 제이 굴드가 주장하듯이, 이 양자는 '서로…
Stephen J Gould, *Rocks of Ages: Science and Religion in the Fullness of Life*
(Jonathan Cape, 2001)

Page 322 – 세부적인 많은 내용이 앞으로 밝혀져야 하겠지만, 생명 역사의 모든…
George Gaylord Simpson, *The Meaning of Evolution* (Yale University Press, 1967)

Page 323 – "바깥에는 어둠이 있고, 내가 죽으면 안에도 어둠이 있을 것이다. 어디…
Bertrand Russell, *Mysticism and Logic* (Longmans Green, 1918)

Page 324 – 우리는 진보의 개념(기술 진보, 산업 진보, 의학 진보, 사회 진보)에 아주 익숙하고…
Antony O'Hear, *After Progress: Finding the Old Way Forward* (Bloomsbury, 1999)

Page 324 – 캘리포니아 연구소의 리처드 타나스Richard Tarnas 교수는 말한다.…
Richard Tarnas, *The Passion of the Western Mind* (Pimlico, 1991)

Page 324 – 과학 혁명의 발견은 거꾸로 계몽주의에 힘을 불어넣었다. 계몽주의의…
Gertrud Himmelfarb (Vintage, 2004), op. cit.; see also Thomas Hankins, *Science and the Enlightenment* (Cambridge University Press, 1985)

Page 325 – 우리는 지적인 존재이다. 지적인 존재는 원시적이고 눈멀고 무감각한…
Voltaire, *The Philosophical Dictionary,* selected and translated by H I Woolf (Knopf, 1924)

Page 326 – 현미경의 기원은 17세기 초반으로 거슬러 올라간다. 네덜란드 안경…
Brian Bracegirdle, 'The Microscopical Tradition', in W F Bynum and Roy Porter, *Companion Encyclopedia of the History of Medicine* (Routledge, 1993); see also Catherine Wilson, *The Invisible World: Early Modern Philosophy and the Invention of the Microscope* (Princeton University Press, 1995)

Page 327 – 이전에 숨겨졌던 이 세계(복잡한 조직은 저마다의 목적을 수행하기 위해 정교하게…
E Travnikova, 'Jan Evangelista Purkinje 1787-1869', *Physiologia Bohemoslavaca,* 1987, vol 36, pp 181-9

Page 327 – 그러는 동안, 1839년 베를린 대학의 테오도르 슈반Theodore Schwann이…
Henry Harris, *The Birth of the Cell* (Yale University Press, 1999)

Page 327 – 열정적인 현미경 관찰자들은 가장 위대하고, 가장 심오한 신비(모든…
William Coleman, *Biology in the Nineteenth Century: Problems of Form, Function and Transformation* (Cambridge University Press, 1971)

Page 329 – 이렇게 생명의 숨은 구조를 거침없이 밝혀나가는 작업과 아울러 독일…
John Gribbin (Allen Lane, 2002), op. cit.; see also William H Brock, *Fontana History of Chemistry* (Fontana Press, 1992)

Page 332 – 19세기 독일 생리학자이자 두뇌의 전기자극 관찰자인 에밀 뒤부아 레몽…
Émil du Bois-Reymond, *I Confini della Conoscenza della Natura* (Feltrinelli, 1973); see also Giovanni Federspil, 'The Nature of Life in the History of Medical and Philosophical Thinking', *Am J Nephrol,* 1994, vol 14, pp 337-43

Page 333 – 독일의 시인이자 과학 분야에 두루 밝은 요한 괴테는 말했다. "유기체를…
Cited in Fritjof Capra, *The Web of Life* (Flamingo, 1997)

Page 335 – 철학자 그레이엄 던스틴 마틴Graham Dunstan Martin은 이렇게 쓴다. "영적…
Graham Dunstan Martin, *Does it Matter?* (Floris Books, 2005). The contribution of science to the secularisation of Western thought is examined in Owen Chadwick, *The Secularisation of the European Mind in the Nineteenth Century* (Cambridge University Press, 1975); see also Frederick Gregory, 'The Impact of Darwinian

Evolution on Protestant Theology in the Nineteenth Century', in David Lindberg and Ronald Numbers (eds), *God and Nature: Historical Essays on the Encounter Between Christianity and Science* (University of California Press, 1986); John Hedley Brooke, *Science and Religion: Some Historical Perspectives* (Cambridge University Press, 1991); A N Wilson, *God's Funeral* (John Murray, 1999)

Page 336 – '더 나은 미래, 즉 인간이 더 이상 초자연적인 주인에게 복종하는 비천…
Ludwig Btichner, *Force and Matter* (1855), cited in Owen Chadwick (Cambridge University Press, 1975), op. cit.

Page 337 – 생물학자 윌리엄 벡William Beck은 매우 의미심장한 일화를 회상한다.…
Robert Augros and George Stanciu, *The New Biology: Discovering the Wisdom in Nature* (New Science Library, 1988)

Page 337 – "우리는 어떻게 물질적인 것(예를 들어, 두뇌)이 의식을 갖게 되는지…
Jerry Fodor, 'The Big Idea', *Times Literary Supplement,* 3 July 1992

Page 339 – 과학의 영광스러운 시대가 마지막을 향해 다가가고 있다는 인식은…
John Horgan, *The End of Science* (Addison Wesley, 1996); see also Bentley Glass, 'Science: Endless Horizons or Golden Age?', *Science,* 8 January 1971, pp 23-9

Page 339 – 의학 분야도 역시 마찬가지이다. 예를 들어, 제2차 세계대전 후 심장…
James Le Fanu (Little, Brown, 1999), op. cit.

Page 341 – 그러나 그런 발견을 상업적으로 이용하는 생명공학 산업의 운명은…
Editorial, 'Biotech's Uncertain Future', *Lancet,* 1996, vol 437, p 1497; see also Andrew Pollack, 'It's Alive! Meet One of Biotech's zombies', *New York Times,* 11 February 2007; R C Lewontin, 'The Dream of the Human Genome', *New York Review of Books,* 18 May 1992

Page 341 – 그들에게서 받는 압도적인 인상은 거대한 구멍을 파는 노동자의 모습…
Declan Butler, 'Are You Ready for the Revolution?', *Nature,* 2001, vol 409, pp 758-1

Page 342 – 그러한 연구 프로그램은 엄청난 기대 속에서 시작되고, 그들의 접근…
Herbert Dreyfus, *What Computers Still Can't Do* (MIT Press, 1992)

Page 342 – 옥스퍼드 대학 역사가 존 듀란트John Durant가 1980년대 초 영국 과학…
John Durant, 'The Myth of Human Evolution', *New University Quarterly,* 1981, vol 35, pp 425-38; see also Misia Landau, *Narratives of Human Education* (Yale University Press, 1991)

Page 343 – 문화 역사가 마이클 이그내티에프Michael Ignatieff는 말한다. "우리는 잘…
Michael Ignatieff, 'The Ascent of Man', *Prospect,* October 1999, pp 28-31

Page 344 – 작가 케난 말리크Kenan Malik가 표현했듯이 '인간을 철학적인 토론의…

Kenan Malik (Weidenfeld & Nicolson, 2000), op. cit.

Page 345 – 브라이언 애플야드Bryan Appleyard가 썼듯이 '현대 과학이 제공한 지도에…

Bryan Appleyard, *Understanding the Present: Science and the Soul of Modern Man* (Picador, 1992)

Page 346 – 철학자 로저 스크루턴Roger Scruton은 말한다. 물질주의적 시각의 편협한…

Roger Scruton, *An Intelligent Person's Guide to Philosophy* (Duckworth, 1997)

| 제10장 | 인간을 다시 좌대에 올려놓다

Page 350 – 철학적인 관점만이 실재의 이중성을 인정한다. 이것이 보다 더 중요…

Thomas Kuhn, *The Structure of Scientific Revolutions* (Chicago University Press, 1970)

Page 350 – 이제, 자연세계와 우리 자신에 대한 지식에서 그와 비슷한 패러다임의…

R C Stroham, 'The Coming Revolution in Biology', *Nature: Biotechnology,* 1997, vol 15, PP 19-200

Page 351 – 이러한 새로운 지식의 가장 큰 수혜자는 과학 그 자신일 것이다. 과학은…

John Maddox, *What Remains to be Discovered* (Macmillan, 1998); James Trefil, *1001 Things You Don't Know About Science - and No-One Else Does Either* (Cassel, 1996)

Page 352 – 진화론에 복종해야 할 의무에서 해방된 생물학자들은 기존의 익숙한…

Robert Augros and George Stanciu, *The New Biology: Discovering the Wisdom in Nature* (New Science Library, 1988); see also Robert Wesson (MIT Press, 1993), op. cit.

Page 353 – 지난 100년간 무시되었던 수많은 관찰과 실험을 수행하는 것은 더…

Rupert Sheldrake, *The Presence of the Past: Morphic Resonance and the Habits of Nature* (Park Street Press, 1988); Fritjof Capra (Flamingo, 1997), op. cit.; Scott F Gilbert et al., 'Resynthesizing Evolutionary and Developmental Biology', *Developmental Biology,* 1996, vol 137, PP 357-72; Michael J Denton et al., 'The Protein Fields as Platonic Forms: New Support for the Pre-Darwinian Conception of Evolution by Natural Law', *Journal of Theoretical Biology,* 2002, vol 219, pp 324-42; Jeffrey Schwartz et al., 'Quantum Physics in Neuroscience and Psychology: A Neurophysical Model of Mind-Brain Interaction', *Phil Trans R Soc B,* 2005, vol 360, pp 1309-27

Page 354 – 새로운 패러다임은 또한 자연계의 '전율할 정도로 놀라운 신비' 에…

John Polkinghorne, *Beyond Science: The Wider Human Context* (Cambridge University Press, 1995); see also Huston Smith, *Why Religion Matters* (Harper San Francisco, 2001); Keith Ward, *God, Chance and Necessity* (One World Publications, 1996); Denis

Alexander, *Rebuilding the Matrix: Science and Faith in the Twenty-First Century* (Lion Publishing, 2001)

Page 354 – 그러나 광대한 자연의 장관이 게놈 프로젝트가 찾아내는 데 실패한…

지적 설계 이론에 관하여 가장 설득력 있는 현대적인 주장에 대해서는 다음 책을 참고하기 바란다. Michael J Behe, *Darwin's Black Box: The Biochemical Challenge to Evolution* (The Free Press, 1996)

Page 355 – 이것은 거의 보편적인 종교적 신념을 우리 인생의 변덕을 더 좋게…

Mikael Stenmark, *Scientism: Science, Ethics and Religion* (Ashgate, 2001); see also Richard Dawkins, *The God Delusion* (Bantam Press, 2006); Lewis Wolpert, *Six Impossible Things Before Breakfast: The Evolutionary Origins of Belief* (Norton, 2007); Daniel Dennett, *Breaking the Spell: Religion as a Natural Phenomenon* (Penguin, 2007)

Page 357 – 뉴욕 주립대 더글러스 푸투이마Douglas Futuyma 교수는 말한다. "다윈은…

Douglas Futuyma, *Evolutionary Biology* (Sinnauer Assocs Inc, 1986)